普通高等教育“十二五”规划教材

化工工艺学

傅承碧 沈国良 主编

中国石化出版社

内 容 提 要

本书内容主要包括化工生产基础、石油加工、烯烃及其下游化工产品生产工艺、芳烃及其下游化工产品生产工艺、煤化学加工及产品、碳一化学及产品以及无机化工产品生产工艺。书中从化工生产工艺角度出发，重点阐明化工产品生产的基本概念和基本理论，介绍典型化工产品的生产方法与工艺原理、典型流程、关键设备、工艺条件以及一些化工生产问题及案例分析。

本书适用作高等学校化工类专业教材，对化工专业技术人员也有较高的参考价值。

图书在版编目(CIP)数据

化工工艺学/傅承碧，沈国良主编．
—北京:中国石化出版社,2014.1(2018.1 重印)
普通高等教育“十二五”规划教材
ISBN 978-7-5114-2562-1

Ⅰ.①化… Ⅱ.①傅… ②沈… Ⅲ.①化工过程-生产工艺-高等学校-教材Ⅳ.①TQ02

中国版本图书馆 CIP 数据核字(2013)第 299593 号

中国石化出版社出版发行

地址:北京市朝阳区吉市口路 9 号
邮编:100020　电话:(010)59964500
发行部电话:(010)59964526
http://www.sinopec-press.com
E-mail:press@sinopec.com
北京富泰印刷有限责任公司印刷
全国各地新华书店经销

*

787×1092 毫米 16 开本 19.5 印张 488 千字
2018 年 1 月第 1 版第 2 次印刷
定价:48.00 元

前　　言

本书是基于“教育部卓越工程师教育培养计划”，培养造就一大批工程实践能力强、适应社会经济发展需要的高素质工程技术应用型化工类专业人才，根据课程教学改革的需要编写的适用于化工专业本科生化工工艺学课程教材。

为了实施化学工程与工艺专业卓越工程师培养教育计划，编者所在学校遵循“行业指导、校企合作、分类实施、形式多样”的教学和培养原则，联合有关部门和单位制定了相应的培养计划，提出行业领域人才培养需求，指导化学工程与工艺专业教学。与中国石油辽阳石化分公司合作，在本行业领域实施卓越计划，对化学工程与工艺专业课理论教学进行改革，采取“请进来”、“走出去”相结合的教学模式，使大学生在本科阶段就能了解到将来可能从事专业的实际问题和解决方法，培养实践综合能力更强、素质更高的化学工程与工艺工程技术应用型人才。

辽阳石化分公司是我国20世纪70年代建成的大型炼油、化工、化纤基地。炼油部分有常减压蒸馏、加氢裂化、加氢脱硫、延迟焦化等生产装置；烯烃部分有烃类热裂解、固定床催化重整、环氧乙烷与乙二醇、聚乙烯、聚丙烯等生产装置；芳烃部分有移动床催化重整、芳烃分离、甲苯歧化、C_8芳烃异构化、对苯二甲酸、聚酯等生产装置；化工部分有苯加氢、环己醇(酮)、己二酸、己二腈、尼龙66等生产装置。这些生产装置为学生提供了难得的石油加工和石油化工全方位的学习和实践平台。因此，本书的编写体系和内容主要以炼油－乙烯－芳烃为主线，紧扣或围绕这些生产装置展开。

本书编者具有多年丰富的化工专业的教学经验和化工厂的实践经验，编写内容精选、过程叙述通俗易懂，尽可能减少同类教材中较深的纯理论性内容，学生容易掌握，也适于化工专业的专科学生学习。本书内容按照由基本原料通过中间产品到最终产品的顺序编写，每一生产单元的内容都包括其物理化学性质、用途、生产原理、热力学和动力学影响、能量合理应用和回收以及三废处理等。

为了深化学生对化工生产过程本质的理解，强化学生化工操作能力的培养，编者在编写过程中尽可能通过加强基础、面向实际、引导思维、启发创新，使学生能获得广博的化学工艺知识，增加了一些工厂中可能出现的实际问题及其分析和解决方法，培养理论联系实际的能力，为其将来从事化工过程的开发、设计、建设和科学管理打下牢固的化学工艺基础。

通过本门课程学习，能培养学生应用已学过的化工基础理论解决工程实际问题的能力，以便在生产与开发研究工作中开拓思路，触类旁通，灵活运用，不断开发应用新技术、新工艺、新产品和新设备，更好地为社会服务。

本书由傅承碧、沈国良主编。全书共分11章，其中第1章、第2章、第3章由傅承碧执笔，第4章和第5章由沈国良执笔，第6章和第11章由宋菊玲执笔，第7章由傅承碧、傅洪执笔，第8章、第9章和第10章由徐铁军执笔。全书由沈国良审定。

本书编写中，辽阳石化分公司炼油厂侯杰、吴文涛，乙烯厂吴伟、米海田，芳烃厂刘以创、傅洪提供了部分素材并参加了审稿，提出了宝贵的意见，在此表示衷心感谢！由于编者的水平有限，书中必定有许多不当之处，恳请读者指正，提出宝贵意见。

目　录

第1章 绪 论

化学工业在制造工业中有着非常重要的地位，它以自然界丰富的自然资源为原料，制造出成千上万种不同化工产品满足广大消费者的各种需要。化工产品生产技术是指将原料主要经过化学反应转变为产品的方法和过程，包括实现这一转变的其他化学和物理措施。这种由原料到化工产品的转化工艺，在高等学校的课程设置中被称为化工工艺。化工工艺学的基础除了反应动力学和热力学理论外，还涉及净化和分离设备与技术、化学反应器和催化剂的工业应用等，本章简单介绍。

1.1 化工原料和化工产品

最基本的化工原料是自然资源，分为有机原料和无机原料。前者包括石油、天然气、煤和生物质等；后者指空气、水、盐、无机非金属矿物和金属矿物等。

化工原料也可以是化工生产的阶段产品。例如，烧碱是食盐水电解的化工产品，它也是许多化工产品生产的化工原料；乙烯是石油裂解的化工产品，它又是生产聚乙烯的化工原料；合成气($CO+H_2$)是煤、天然气蒸汽转化的产物，它又是生产低级烯烃、芳烃、乙炔、甲醇的化工原料。其中，硫酸、盐酸、硝酸、烧碱、纯碱、合成氨、工业气体(如O_2、N_2、H_2、CO、CO_2和SO_2等无机物)，乙炔、乙烯、丙烯、丁烯(丁二烯)、苯、甲苯、二甲苯、萘、苯酚和乙酸等有机物，经各种反应途径，可衍生出成千上万种无机或有机化工产品、高分子化工产品和精细化工产品，故又将它们称之为基础化工原料。

由基础化工原料制得的结构简单的小分子化工产品称作一般化工原料。例如，各种无机盐和无机化学肥料，各种有机酸及其盐类、醇、酮、醛和酯等。它们因可以直接使用而作为商品出售，也可作为原料继续参与化学反应制造大分子或高分子化合物，例如各种有机染料和颜料、医药、农药、香料、表面活性剂、合成橡胶、塑料、化学纤维等。

到目前为止，已发现和人工合成的无机和有机化合物品种在2000万种以上，作为商品出售的有8万余种，而与工农业生产、国防建设和人们日常生活密切相关的产品仅4000种左右。可以把化工产品分成两种类型：精细化工产品和基本化工产品。

精细化工产品的产量低，单种产品的生产能力每年仅几十吨至几千吨规模，但相对于基本化工产品有非常高的价值和价格。精细化工产品工厂通常以间歇式和多产品生产为特点。其产品有农业化工产品、染料、医药以及特殊聚合物等。

基本化工产品单套装置的生产能力能够达到每年几十万吨至几百万吨，工厂通常只生产单一产品，采用高自动化连续生产方式。这类产品既包括合成氨、硫酸、硝酸、氯碱等无机化工产品，也包括乙烯、丙烯等石化产品以及聚乙烯和聚丙烯通用高分子聚合物。这些产品的特点是生产技术成熟，自动化程度高，产量大，价格相对较低，因此被称为基本化工产品。

基本化工产品分为无机化工产品和有机化工产品两类。无机化工产品生产的原料品种很多，可用空气、焦炭(或者其他的含碳产品)、水、石灰、岩盐、磷石灰、硫和黄铁矿等原料制取，如制造金属、盐的各种金属矿和盐矿。而主要的基本有机化工产品生产的原料来源单一，主要来自于化石燃料石油、天然气和煤，仅有一小部分来自于可再生资源生物质的碳水化合物和动植物油脂。

1.2 原料加工过程

不同化工产品的生产过程复杂程度不尽相同，但一般地可概括为如图1-1的三个主要步骤。

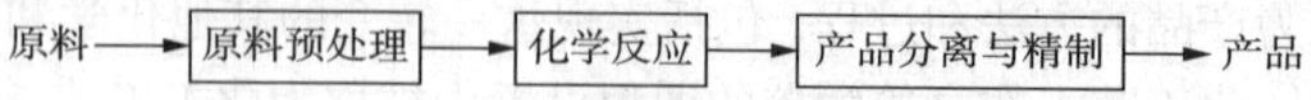

图1-1 化工产品生产过程

(1)原料预处理

为了使原料符合进行化学反应所要求的状态和规格，根据具体情况，不同的原料需要经过净化、提浓、混合、乳化或粉碎(对固体原料)等多种不同的预处理。

(2)化学反应

这是生产的关键步骤。经过预处理的原料，在一定的温度、压力等条件下进行反应，以达到所要求的反应转化率和收率。反应类型是多样的，可以是氧化、还原、复分解、磺化、异构化、聚合、焙烧等。通过化学反应，获得目的产物或其混合物。

除利用一般的无机和有机反应外，工业上还可通过生化反应来生产化工产品。这一类产品统称为生化制品。例如利用微生物发酵和生物酶催化(又称酶促)，可以制得乙醇、丙酮、丁醇、柠檬酸、谷氨酸、各类抗生素药物、人造蛋白质、油脂、调味剂、食品添加剂和加酶洗涤剂等。

(3)产品分离与精制

将由化学反应得到的混合物进行分离，除去副产物或杂质，获得符合组成规格的产品。以上每一步都需在特定的设备中，在一定的操作条件下完成所要求的化学的和物理的转变。

化工生产技术是研究由化工原料加工成化工产品的化工生产过程的一门科学，内容包括生产方法、原理、流程和设备。它通常是对一定的产品或原料提出的，例如乙烯的生产、氨的合成、硫酸的生产和煤气化等。因此，它具有个别生产的特殊性，即生产不同的化学产品要采用不同的化工工艺，即使生产相同产品但原料路线不同时，也要采用不同的化工工艺，如图1-2所示。因此，根据化学反应类型、特点或原料和生产产品的不同，化工工艺又可细分为无机化工工艺、石油化工工艺、煤化工工艺、高分子化工工艺、精细化工工艺和生物化工工艺等。

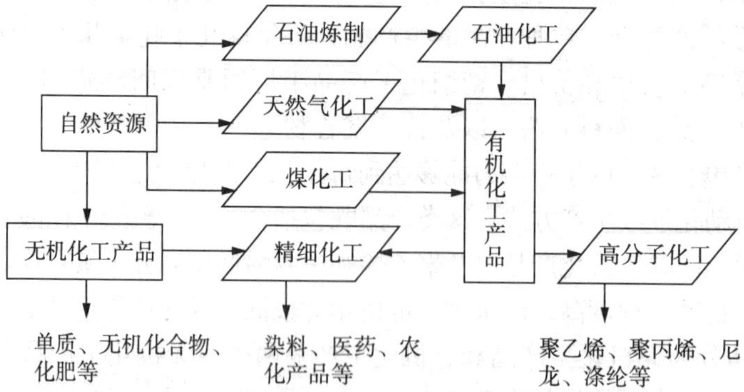

图1-2 不同化工生产过程之间的关系

尽管不同原料的加工和不同产品的生产有其独特性，但化工工艺所涉及的内容是相同的。一般包括原料和生产方法的选择、流程的组织、设备(反应器、分离器、热交换器等)的结构、催化剂的应用、操作条件的确定、生产控制、产品规格及副产品的分离和利用、能量的回收和利用、安全技术和技术经济等问题。

1.3 分离净化技术

分离和净化方法的选择应该服从下列规则：

①选择具有大分离因子的分离方法。所谓“分离因子”是指被分离的两个组分分配系数的比例，对于精馏，即为两个组分的相对挥发度 α。具有大分离因子的分离过程，只需要很少的平衡分离级数或者较少的萃取剂或溶剂等分离剂，即可达到分离的目的，分离费用比较节省。

应当注意，物质的分子性质对一些分离过程的分离因子有影响(如表 1-1 所示)，因此可以根据混合物中各种组分分子性质的差异来选择可能产生较大分离因子的分离方法。

例如，在某种混合物中的各组分的偶极矩或极性存在明显的差别，则采用以极性溶剂为萃取剂的萃取精馏过程比较合适。

表 1-1　影响分离因子的分子的性质

分子的性质	受影响的分离过程	分子的性质	受影响的分离过程
相对分子质量	精馏，蒸发，气相扩散	偶极矩，极性	萃取、吸附
分子的形状	吸附、结晶	分子的电负荷	电除尘、电除雾
分子的体积	吸附	化学活性	化学吸收、反应精制

②尽量避免苛刻的分离要求。如果一个分离过程需要高温、高压，或者低温、低压，需用腐蚀性强的溶剂，以及需要高电场等条件，则分离过程所需的费用高昂。若有其他方法可以取代，应优先考虑可取代的方案。

③当分离过程需要作多级分离时，应先选择如精馏、吸收、萃取等平衡分离过程，而不选择如电渗析、气体扩散等由速率控制的分离过程。因为由速率控制过程的每一级都需加入能量，而平衡过程只需一次加入能量。例如精馏的能量只需加入再沸器即可，而不需要在每一个平衡级上都加入能量。

④当不同分离方法的分离因子相同时，可选择加热汽化等输入能量的方式使物质分离，而不采用加入萃取剂或溶剂的分离方法。因为在混合物料中加入另外的组分后，又面临着与该组分的分离而增加了分离过程的费用。

⑤在选择分离方案时，应首先考虑精馏，只有精馏方案被否定之后，才考虑其他的分离方法。因为精馏具有以下优点。

(a)精馏是平衡分离过程，无其他分离剂加入；

(b)系统内不含固体物料，操作方便；

(c)技术成熟；

(d)无处理物料量的限制，小规模和大规模均可；

(e)对输入的能量要求不高，能量的利用也较好。

如果分离因子小于 1.05 时，采用精馏分离需要很多平衡分离级数，过程进行较为困难，此时可以考虑采用别的分离方法代替。

由于化工分离技术的应用领域十分广泛，决定了分离技术的多样性。按机理划分，大致可分成5类：

① 生成新相进行分离(如蒸馏、结晶)；

② 加入新相进行分离(如萃取、吸收)；

③ 用隔离物进行分离(如膜分离)；

④ 用固体试剂进行分离(如吸附、离子交换)；

⑤ 用外力场和梯度进行分离(如离心分离、电泳技术)。

可以根据被分离物质之间的理化性质差别选择合适的分离方法，这些性质包括沸点、熔点、碱度以及生成络合物的相对稳定性等。

1.3.1 精馏

精馏是最简单、最成熟的分离技术。当被分离混合物中各组分的相对挥发度较大时可以采用精馏。精馏是通过反复的部分汽化与部分冷凝，将混合液中沸点不同的各组分分离成产品。

当关键组分间的相对挥发度小于1.05～1.10，采用普通精馏分离非常困难，甚至无法进行分离时，可以考虑采用质量分离剂分离方法，例如萃取精馏。萃取精馏是通过向精馏塔顶连续加入高沸点添加剂，改变料液中被分离组分间的相对挥发度，使普通精馏难以分离的液体混合物变得易于分离的一种特殊精馏方法。萃取剂可通过普通的精馏进行回收，返回至萃取精馏塔循环使用。

反应精馏是将反应与精馏分离结合在一起的一种新型的分离技术，有的用精馏促进反应，有的用反应促进精馏。

用精馏促进反应，就是通过精馏不断移走反应的生成物，以提高反应转化率和收率。如醇加酸生成酯和水的酯化反应是一种可逆反应，将这个反应放在精馏塔中进行时，一边进行化学反应，一边进行精馏，及时分离出生成物酯和水。这样可使反应持续向酯化的方向进行。这种精馏在同一设备内完成化学反应和产物的分离，使设备投资和操作费用大为降低。但采用这种方法生成物与反应物的沸点必须有一定差别，而且在精馏温度下不会增加副反应等不利影响。目前，该法在工业上主要应用于酯类(如乙酸乙酯)的生产。

用反应促进精馏，就是在混合物中加入一种能与被分离组分发生可逆化学反应的物质(第三组分)，以提高其相对挥发度，使精馏容易进行。如在混合二甲苯中加入异丙苯钠，后者与对二甲苯和间二甲苯反应生成对二甲苯钠和间二甲苯钠，两者反应平衡常数相差很大，可使对二甲苯与间二甲苯的相对挥发度增大很多。这种方法对增大相对挥发度比较有效。但由于第三组分的回收和循环使用比较困难，使其应用受到限制。

目前，反应精馏在醚化、酯化、水解、加氢、烷基化、异构化等过程中已经得到了广泛的应用。

共沸精馏是利用混合物中的组分能形成共沸物的性质实现分离的精馏过程。通常在待分离的溶液中加入共沸剂(夹带剂)，使其与溶液中的一个或两个组分形成共沸物，以增大待分离组分间的相对挥发度而使分离易于进行。如果形成的共沸物是易挥发的塔顶产品，则塔底理论上得纯组分，这种体系称为具有最低共沸物的体系。若共沸物是难挥发的塔底产品，则塔顶理论上可得纯组分，这种体系称为具有最高共沸物的体系。共沸精馏分离原理与萃取精馏基本相同，不同之处是共沸剂在影响原溶液组分的相对挥发度的同时，还要与原溶液中一个或多个组分形成共沸物。

1.3.2 吸收

吸收操作是利用混合气体中各组分在同一种液体(溶剂)中溶解度差异而实现的分离过程。气体吸收操作的目的主要是用于分离和净化原料气，分离和吸收气体中的有用组分和废气的治理，气体吸收操作还可以用于制取气体的溶液。

1.3.3 萃取

液液萃取又称溶剂萃取或抽提，是用溶剂分离和提取液体混合物中的组分的过程。在液体混合物中加入与其不相溶的溶剂(萃取剂)，利用各组分在溶剂中的不同溶解度而达到分离或提取的目的。例如用苯为溶剂从煤焦油中分离酚，用异丙醚为溶剂从稀乙酸溶液中回收乙酸等。按性质来讲，有物理萃取和化学萃取。物理萃取是不涉及化学反应的物理传递过程，在石油化工中得到广泛的应用。化学萃取主要用于金属的提取和分离。

1.3.4 吸附

流体在流经多孔固体粒子时，其中的某些组分分子被固体内孔表面所吸着的过程称作吸附过程。吸附是固体表面作用力的结果，根据表面力的性质可将吸附过程分为物理吸附和化学吸附两大类。

物理吸附主要由范德华力或色散力所引起。气体的吸附类似于凝聚，一般无选择性，过程可逆，吸附热小。吸附作用可以是单分子层，也可以是多分子层吸附。吸附所需的活化能小，所以吸附速度快，比较容易达到平衡。

化学吸附主要由吸附剂表面剩余价力和吸附质之间的作用所致，类似于化学反应，有明显的选择性，多数过程不可逆，吸附热大。化学吸附为单分子层吸附。吸附所需活化能大，所以吸附速度慢，在低温下不易达到平衡。

吸附作用是指各种气体或溶液里的溶质被吸着在固体或液体物质(主要是固体物质)表面上的作用。吸附分离是利用了吸附剂对被吸收物的有选择性地吸附来达到分离、精制的目的。常见的吸附剂有活性炭、硅胶、活性氧化铝、硅藻土等。在生产和科学研究上，常利用吸附和解吸作用进行干燥、脱色、脱臭、净化和防毒。

1.3.5 干燥

干燥是用热能加热物料，使水分或溶剂从物料中汽化，并排除所生成的蒸汽来除去湿分。干燥的目的是为了使物料便于运输、加工处理、贮藏和使用。目前在工业上应用最普遍的是对流干燥，通常使用的干燥介质是空气，被除去的湿分是水分。

1.3.6 结晶

晶体是原子、离子或分子按一定的空间次序排列而形成的固体，结晶是物质从液态(溶液或熔融状态)或气态形成晶体的过程。结晶分离的原理是根据溶液中各组分溶解度的不同，控制操作条件使溶液中溶解度小的组分达到过饱和，从而晶体从溶液中析出。结晶的方法一般有 2 种：一种是蒸发溶剂法，它适用于温度对溶解度影响不大的物质；另一种是降低温度法。结晶是化学工业中的一个基本单元操作过程，许多化工产品及中间产品都是应用结晶方法分离或提取的晶态物质。

1.3.7 膜分离

对多孔膜来说，孔径的大小是决定气体分离组分的关键。一般必须具有与气体分子的平均自由程相近的细孔，且空隙率要大，膜要薄。气体通过微孔进行扩散，相对分子质量不同，分子运动的平均自由程就不同，大分子气体就难以通过选定孔径的多孔膜，因而实现不同相对分子质量气体的分离。

随着现代分离技术的不断发展，膜分离方法在工业上已得到广泛应用。膜分离的关键是分离膜的选择，对不同的分离对象应选择针对性的分离膜，才能达到预期的分离效果。

用于气体分离的分离膜通常有多孔膜、均质膜和非对称膜三类，其分离机理不尽相同。

均质膜分离气体，完全与多孔膜不同，气体组分的分离是通过该组分在膜物质中的溶解扩散来实现的。混合气在膜的一侧压力高，被分离组分溶进膜内，由于浓度差的推动而向另一侧扩散。在该侧，由于控制压力低，溶解组分逸出，达到分离目的。

多孔膜由于渗透性好，处理能力较均质膜大，但由于多孔性，则必然导致其选择性(分离系数)低。而均质膜虽有较高的分离系数，但渗透系数太低，不适应大规模应用。综合两者优点，于是产生了非对称膜。非对称膜就是以多孔膜为基础，在其表面布上一层极薄的均质膜，既提高了膜的分离系数，又得到了较大的渗透系数。

1.4 化学反应器

在化工生产装置中，反应器的投资虽只占装置总投资的一小部分，但却是化工生产的核心。化学反应器在结构上和材料上必须满足以下基本要求。

① 对反应物系，特别是非均相的气－液相、气－固相、液－液相、液－固相、气－固－液三相反应物系，提供良好的传质条件，便于控制反应物系的浓度分布，以利于目的反应的顺利进行。

② 对反应物系，特别是强烈放热或强烈吸热的反应物系，提供良好的传热条件，以利于热效应的移除和供给，以利于反应物系的温度控制。

③ 在反应的温度、压力和介质的条件下，具有良好的机械强度和耐腐蚀性能等。

④ 能适应反应器的操作方式(间歇操作或连续操作)。

1.4.1 反应器的分类

(1)按反应器的构型特征分类

按反应器的构型特征分类，有釜式、管式、塔式，以及固定床和流化床等多种，如图1－3所示。其中釜式反应器的结构主要有三部分：即釜体、搅拌器和换热器。釜体一般是高径比较小的圆筒体；搅拌器则由电动机驱动的安装有桨叶的搅拌轴组成；换热器有壳壁夹套和釜内安装蛇管两种形式。

管式反应器为一个细长的直管或由多管组成的列管，管子的长径比应大于30。

塔式反应器为高大的圆筒体，内安装塔板或者填料。

固定床反应器为管式反应器或塔式反应器，内填充催化剂固体颗粒。

流化床反应器是将细小催化剂颗粒在管式或塔式反应器内借流体自下而上的鼓动作用，使之悬浮在反应器中。

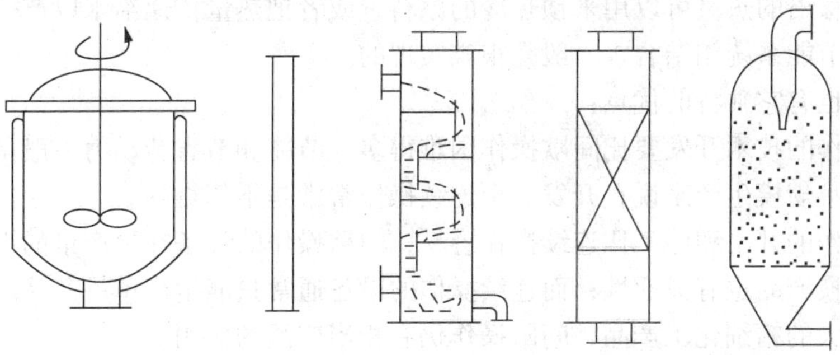

图 1-3　反应器构型示意图

(2)按反应物料的相态分类

按反应物料的相态分类，则有均相反应器和非均相反应器。图 1-3 中的釜式反应器和管式反应器通常是均相反应器，其中釜式反应器多用于均液相反应用，有时也用作非均相反应，用于气-液两相反应或气-液-固三相反应。管式反应器主要用于均气相反应，某些特殊的液相反应有时也采用。塔式反应器、固定床反应器和流化反应器则是典型的非均相反应器。

(3)按操作方法分类

按操作方法分类则有间歇操作、连续操作和半间歇操作几种。

间歇操作反应器的特点是将各种原料按一定顺序和速度加到反应器中，并在一定的温度和压力下经过一定的时间完成特定的反应，然后将生成物料从反应器中放出。因为原料是分批加到反应器中的，所以又称分批操作。间歇操作时，反应物料的组成随时间而改变。

半间歇操作反应器的特点是将反应物料中的一种或几种物料一次加入反应器，而将另一种物料以一定速率连续加入反应器，直至反应过程完成后，停止进料，同时卸出全部物料。如釜式反应器内进行的气-液相反应，液体一次加入釜内，气体则连续通入进行反应。另一种半间歇操作是分批向反应器中加入物料，但连续将反应产物蒸出。

连续操作反应器的特点是将各种反应原料按一定的比例和恒定的速度连续不断地加入到反应器中，并且从反应器中以恒定速度连续不断地排出反应产物。在正常操作下，在反应器中的某一特定部位，反应物料的组成、温度和压力原则上是恒定的。管式反应器和釜式反应器均可作连续操作。

连续操作比间歇操作有许多优点：

①连续操作比较容易实现高度自动控制，产品质量稳定；而间歇操作的程序控制则相当困难，而且费用昂贵，因此间歇操作比连续操作需要较多的劳动，而且反应的效果常常受人的因素影响。

②连续操作可缩短反应时间，而间歇操作除了反应时间以外还需要有加料、调整反应的温度和压力、放料和准备下一批投料等辅助操作时间。因此，对于生产规模大、反应时间短的化学过程都尽可能采用连续操作，特别是气相反应和气-固相接触催化反应则必须采用连

续操作。

③连续操作容易实现节能，例如从反应器中连续移出的反应热以及热的反应物连续冷却时由热交换器移出的热量可以用来预热冷的原料，或者把热量传递给水以产生水蒸气。而要把间歇操作与节能系统相结合，一般是很难实现的。

间歇操作也有它独特的优点：

①连续操作的技术开发要比间歇操作困难得多。节能和节省劳动力一般是与生产规模成正比的，对于小规模生产来说，开发一个连续操作常常是不值得的。

②间歇操作的开工和停工比连续操作容易，间歇操作的设备在生产量的大小上有较多的伸缩余地，更换产品也有灵活性；而连续操作的设备通常只能生产单一产品。因此，对于多品种、产量不大的精细化工产品，间歇操作仍有相当广泛的应用。

1.4.2 常用化学反应器

(1)液相连续反应器

1）理想混合型反应器

装有搅拌器和传热装置的单釜连续反应器是最简单的理想混合型反应器[图1－4(a)]。为了控制反应温度，釜式反应器有夹套传热、盘管传热、外循环传热以及溶剂挥发冷凝传热方式，如图1－5所示。

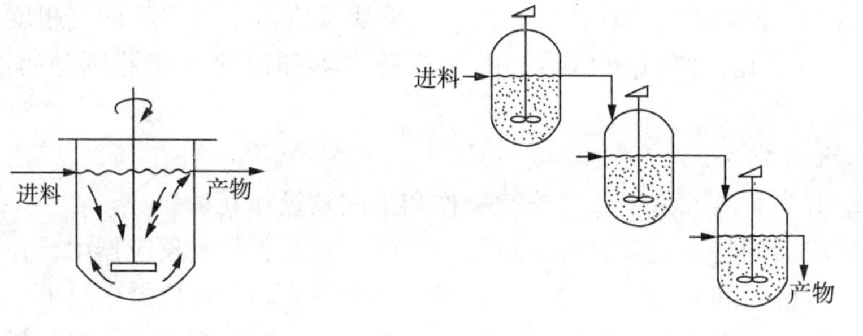

(a) 理想混合型反应器　　(b) 非理想混合多釜串联连续反应器

图1－4　混合型反应器

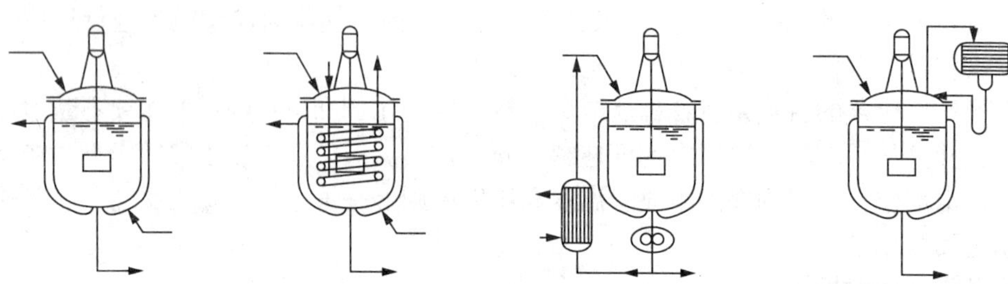

（a）夹套传热　（b）盘管传热　（c）外循环传热　（d）溶剂挥发冷凝

图1－5　釜式反应器的传热方式

理想混合型反应器特点在于在强烈搅拌下产生混合作用，即新加入的原料和已存留在釜中的物料在瞬间混合均匀(亦称反向混合)，所以釜内各处的物料的组成和温度都相同，并且接近于出口处流出物料的组成和温度。

搅拌釜式连续反应器的主要优点是，强烈的搅拌有利于非均相反应原料之间的传质，可加快反应速度。另外，也有利于强烈的放热反应的传热，可加大反应釜的生产能力。

单釜连续操作也有很多缺点：第一，釜内物料的组成接近于流出物料的组成，即釜中反应原料的浓度相当低，从而显著影响反应速度。第二，流出的反应产物中势必残留有一定数量的未反应原料，从而影响产品的收率。第三，釜内已经生成的反应产物的浓度相当高，容易进一步发生连串反应，生成较多的副产物。

为了克服以上缺点，一般采用多釜串联连续反应器，如图 1－4(b)所示。

2)理想置换型反应器

管式连续反应器接近理想置换型反应器。反应原料从管子的入口处进入，在管内向前流动，经过一定时间后，从管子的出口处流出，见图 1－6。

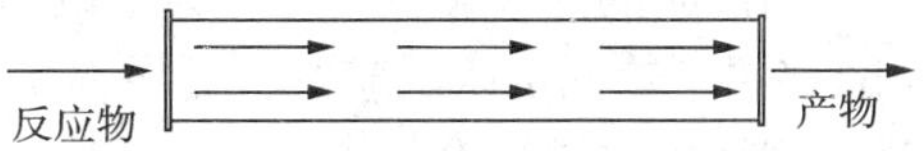

图 1－6　理想置换型反应器

在理想情况下反应物没有返混作用。因为物料在管内平行向前移动，好像一个活塞在汽缸内朝一个方向移动，所以又称“活塞流”或“理想排挤”。

理想置换型反应器的特点是：在高度湍流情况下，在垂直于物料流向的任何一个截面上，所有的物系参数都相同，即在任何一个截面的各点上物料的组成、温度、压力、流速和停留时间都相同；另一方面，在沿着管子长度的不同点上，所有物系参数则各不相同。

这种反应器与釜式串联反应器相比，优点是反应速度比较快，可缩短反应时间，反应产物中未反应物少，可降低消耗定额，提高产品质量，主要适用于热效应不太大，对反应温度不太敏感以及高压操作的化学过程。

对于热效应很大，对温度比较敏感，而且需要良好传质的化学过程以及会有固体物料在管内沉积堵管的化学过程，都不宜采用管式连续反应器。

(2)气－液相连续反应器

一般采用鼓泡塔式反应器，气态原料总是从塔的底部输入，反应后的尾气从塔的顶部排出。液态原料既可以从塔的底部输入，从塔的上部流出(并流法)，也可以从塔的上部输入，从塔的底部流出(逆流法)。因为反应物在塔中有一定的返混作用，为了减少其不利影响，并且加强气－液之间的传质作用，可在塔内装有填料、筛板、泡罩板或各种挡板等内部构件。为了控制反应温度，可采用内部热交换器或外循环式热交换器。

当液体物料相当黏稠或热效应很大时，则需要采用多釜串联喷射环流反应器，例如甲苯用三氧化硫－空气混合物磺化。

(3)气－固相接触催化连续反应器

气－固相接触催化反应是将反应原料的气态混合物在一定的温度、压力下通过固体催化剂的表面而完成的。这类反应都采用连续操作的方式。反应器结构设计的主要问题是传热和催化剂的装卸。这类反应器的结构有多种类型，如绝热固定床反应器、列管式固定床反应器和流化床反应器等。

1)绝热固定床反应器

绝热固定床反应器如图 1－7 所示，该类反应器结构简单，催化剂填充方便，从反应器流出的反应液中不含催化剂，不涉及催化剂的回收循环使用问题，在工业中得到广泛的应用。缺点是颗粒状催化剂的表面利用率低，不适于使用粉状催化剂。而且反应物料和催化剂的温度随着反应的进行是变化的。

对于放热反应，从进口到出口温度逐渐升高。对于吸热反应，从进口到出口温度逐渐降

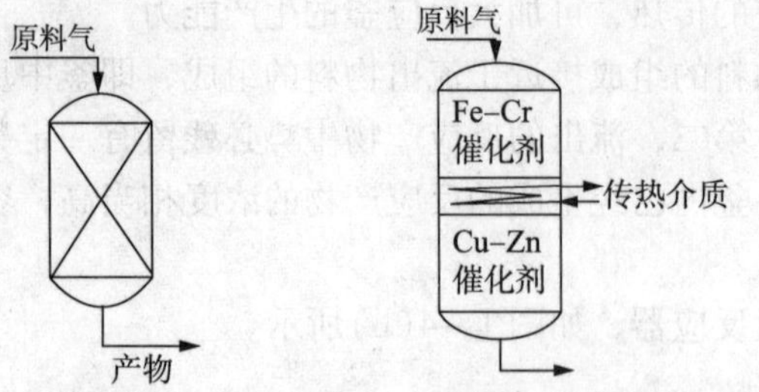

（a）单层绝热固定床反应器　（b）多层绝热固定床反应器

图 1–7　绝热固定床反应器

低。而且反应过程的热效应越大，进出口的温度相差越大。由于这个特点，使得单层绝热固定床反应器[图 1–7(a)]只适用于过程热效应不太大、反应产物比较稳定、对反应温度不太敏感、反应气体混合物中含有大量惰性气体、一次通过反应器时转化率不太高的过程。另外，单层绝热反应器的催化剂层不宜太厚，以免进口和出口的温度差太大。因此只适用于反应物停留时间短的过程。

当反应的热效应较大时，为了改善反应的温度条件，并提高转化率，常常采用图 1–7(b)多层绝热固定床反应器。可根据反应过程的特点，在两层催化剂之间，利用热交换器，对中间反应物进行冷却或加热，调整反应温度。

2)等温列管式固定床反应器

图 1–8 为列管式固定床反应器，该类反应器管程装有固体催化剂，壳程通入换热介质换热，对于放热反应通入冷剂冷却，而对于吸热反应通入热剂加热以减少反应器进出口温度差，所以称为等温反应器。该类反应器主要用于热效应大、对温度比较敏感、要求转化率高、选择性好、必须使用粒状催化剂(特别是表面型催化剂)、催化剂使用寿命长、不需要经常更换催化剂的化学过程。

列管式固定床反应器的主要缺点是反应器结构复杂、加工制造不方便、造价高，特别是大型反应器，需要几万根管子。

3)流化床反应器

流化床反应器也是非均相反应装置，它与固定床反应器不同之处是固体颗粒悬浮在流体中，不断地处于搅动状态，其传热和传质性能都比固定床反应器优越，如图 1–9 所示。

当气体经过分布板，以适当速度(高于最大催化剂颗粒的临界流化速度，低于最小催化剂颗粒的临界吹出速度)均匀地通过粉状催化剂床层时，催化剂的颗粒被吹动，漂浮在气体中做不规则的激烈运动，整个床层类似沸腾的液体，所以又称“沸腾床”。

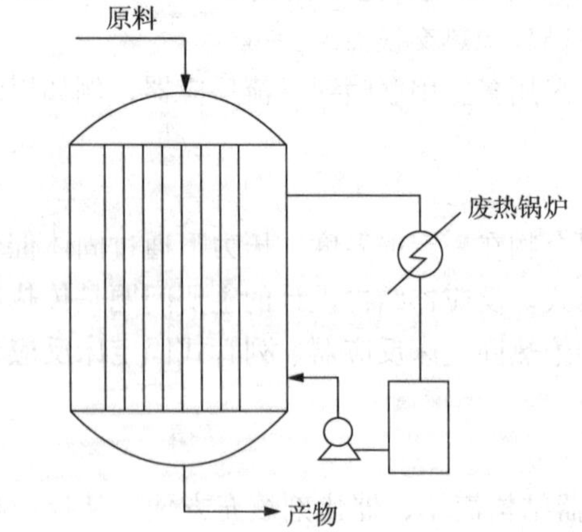

图 1–8　等温列管式固定床反应器

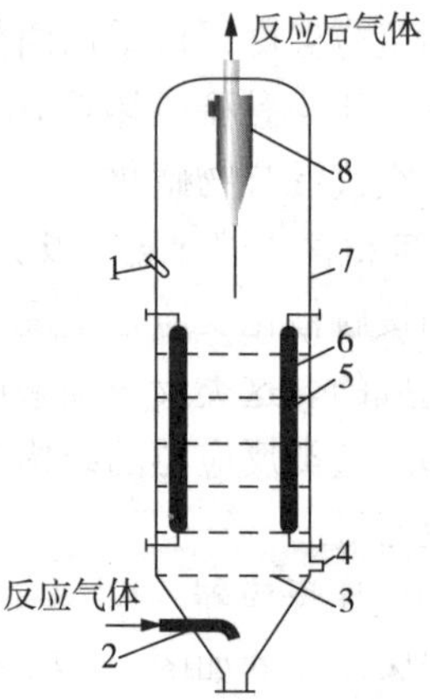

图 1–9　流化床反应器

1—催化剂加入口；2—预分布器；3—分布板；
4—催化剂卸出口；5—内部构件；6—换热器；
7—壳体；8—旋风分离器

流化床反应器的主要优点是反应气体和催化剂充分混合，传热效果好，床层温度均匀，可控制在1~3℃的温度范围内；催化剂可使用多孔性载体，催化剂表面积大、利用率高，催化剂的装载和更换方便，反应器造价低。

流化床的缺点是由于返混作用，对于某些反应的转化率和选择性不如固定床，必须使用细粉状催化剂，这样催化剂容易磨损流失，不能使用低比表面积的催化剂载体。

流化床反应器的重要应用实例是流化床催化裂化(FCC)。

4)移动床反应器

移动床反应器的特征是固体催化剂在反应器上部通入，并借助重力在反应器中与反应物气体相同方向向下移动，反应后催化剂和反应产物分别从反应器下部流出。失活催化剂送去再生循环使用。催化重整制芳烃和高辛烷值汽油采用这种反应器。

5)气流床反应器

气流床反应器的特征是固体催化剂借助反应物气体从反应器下部带入，在反应器中发生催化反应后，催化剂再被反应产物气体带出，分离出失活催化剂送去再生循环使用。这种反应器适合于催化剂寿命短、需要连续再生的催化反应。

1.5 工业催化剂及催化作用

催化剂的研究和发展是现代化学工业的核心问题之一，几乎所有的化学工业至少有一步使用催化剂。据统计，90%以上的化工产品是借助于催化剂生产出来的。无机化学工业、有机化学工业、煤化工、高分子化工、精细化工、能源开发及环保工业无不与催化剂有关。

工业化学反应中使用催化剂能够加速反应速度，简化反应步骤(降低投资成本)，从而提高生产能力，实现较好的经济效益；催化剂能使反应在温和的条件进行，不仅能使反应平稳进行，还能降低能量消耗；催化剂还可以通过改进目的产物的选择性降低原料消耗，减少废物排放；使用催化剂还能够选择易得廉价原料替代有毒有害原料合成化工产品。

1.5.1 催化剂定义与催化作用特征

(1)催化剂定义

催化剂和催化作用定义很多，下列定义可作参考。

催化剂可以定义为能够提高一个反应达到热力学平衡的速度，而自身在反应中基本上不被消耗的物质。也可以把催化剂定义为能够改变化学反应的反应速度，而自身在反应前后物理和化学性质不发生变化的物质。

催化作用是催化剂参加化学反应过程并改变了反应速度，而其自身在反应结束后不被消耗又回到原来状态所起的作用。

要注意催化作用三个关键方面：

① 催化剂参加了反应。在催化过程中与其他反应物/产物分子相互作用，催化剂本身发生了变化。

② 催化剂改变了反应速度。由于催化剂的作用，大多数情况下提高了反应的速度，而在一些情况下，不需要的反应的反应速度选择性受到抑制。

③ 催化剂又回到原来状态。在催化反应循环后，催化剂的性质确实得到再生，没有发生变化。但实际上催化剂在使用过程中会慢慢衰退的，催化剂是有使用寿命的。

(2)催化作用特征

① 催化作用不能改变化学平衡。特别要注意的是使用催化剂并不能改变反应的 ΔG 和 K_{eq} 值。一个反应能否进行或一个反应能进行到何种程度仅取决于反应的热力学，而反应的热力学是由 ΔG 和 K_{eq} 值决定的，而不是由是否存在催化剂决定的。换句话说，反应的热力学提供了反应的推动力，催化剂的存在改变了作用在该过程推动力如何作用的方式。例如

$$CH_4(g) + CO_2(g) = 2CO(g) + 2H_2(g) \quad \Delta G^{\circ}_{373} = 151\ kJ/mol$$

在100℃下，$\Delta G^{\circ}_{373} = 151\ kJ/mol > 0$，很明显，热力学上没有任何的反应推动力，无论是否存在催化剂，该反应都不能进行。当温度升至700℃，$\Delta G^{\circ}_{973} = -16\ kJ/mol < 0$，存在热力学推动力，反应可以进行。然而，简单的把 CH_4 和 CO_2 一起放在反应器中不意味着它们就会反应。假如没有加入催化剂并加热反应器中的混合物，CH_4 和 CO_2 根本不会转化。当在相同温度下往反应器中加入 Pt/ZrO_2 或 Ni/Al_2O_3 催化剂，就能达到平衡转化率(<100%)。

因此，平衡条件是由热力学决定的，催化剂不能改变平衡状态，但能改变反应达到平衡状态速度。

② 催化作用通过改变反应历程而改变反应速度。根据质量作用定律，对于基元反应 $aA + bB \rightarrow cC$，其反应速率与各反应物的浓度的幂的乘积成正比，其中各反应物的浓度的幂的指数即为基元反应方程式中该反应物化学计量数的绝对值。反应速度可以表示为:

$$r = k[A]^a[B]^b \tag{1-1}$$

其中速度常数 k 服从阿仑尼乌斯定律:

$$k = A\exp\left[-\frac{E}{RT}\right] \tag{1-2}$$

由此可见，提高反应速度有下列途径，即提高反应物浓度、提高反应温度、增大反应速度指前因子以及降低反应的活化能。

提高反应物浓度和提高反应温度是通过改变反应操作条件实现的，但由于调节范围条件所限，对反应速度的加速相当有限；而降低反应的活化能是加催化剂实现的，催化剂改变了反应动力学和反应机理，通过改变反应的途径(相对于非催化反应)降低了反应的活化能从而加速了反应的速度(图 1-10)。

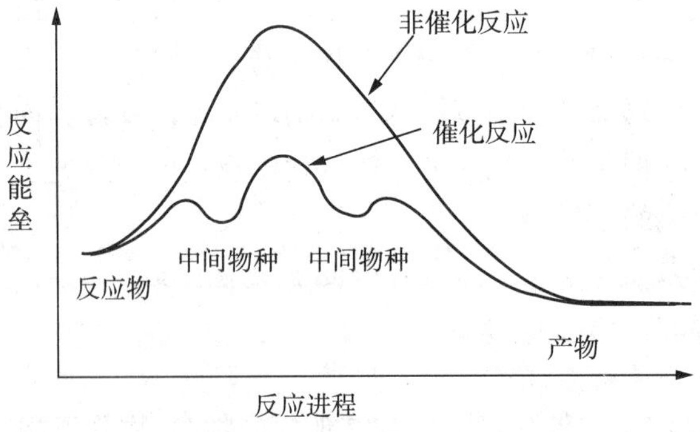

图 1-10　催化剂改变反应的途径降低反应活化能

由图 1-10 可以看出，在催化过程中催化剂与反应物形成了中间物种，控制过程中基元反应的反应速度。由于催化过程改变了反应途径，形成的中间物种不同于非催化过程，反应活化能降低了，反应速度加快，反应能够在较温和的反应条件(如低温、低压)下进行。

由于活化能与反应速度常数的关系是指数关系，催化反应的反应速度比非催化反应的速

度加速幅度相当大。例如，合成氨中，非催化反应使 N_2 和 H_2 分子解离生成（N+3H）活化态的活化能为1129kJ/mol（其中 N_2 的解离能942 kJ/mol），而Fe催化剂上的催化反应只需276 kJ/mol（其中Fe催化剂上 N_2 的解离能31kJ/mol），用式（1-2）估算，催化反应的反应速度比非催化反应的速度约高 10^{60} 倍。

③ 催化剂对加速化学反应具有选择性。催化剂并不是对热力学上允许的所有化学反应都能起催化作用，而是特别有效地加速平行反应或串联反应中的某一个反应。能生成不同产物的同一反应物在不同催化剂作用下，就能得到不同的产物。图1-11是合成气在不同催化剂作用下能生成的产物。如果催化剂不具备对化学反应具有选择性加速这一性质，催化剂就没有工业应用的价值。

④ 催化剂有使用寿命。催化剂寿命指的是催化剂在工业反应器中使用的总时间。如果仅从催化剂的定义考虑，催化剂的使用寿命理论上应该是无穷大，但是，催化剂在使用过程中，由于温度、压力、气氛、毒物的影响以及焦油或积炭的生成等因素，都会或多或少地使催化剂发生某些物理的或化学的变化。实际上催化剂是有一定的使用寿命的，有的只有几秒钟，有的长达数年。

（3）催化循环

由于催化剂参加催化作用，使反应按新的途径进行，而反应终了催化剂的始态与终态并不改变，这说明催化系统中存在着由一系列过程组成的催化循环，它既促使了反应物的活化，又保证催化剂的再生。如图1-12所示。

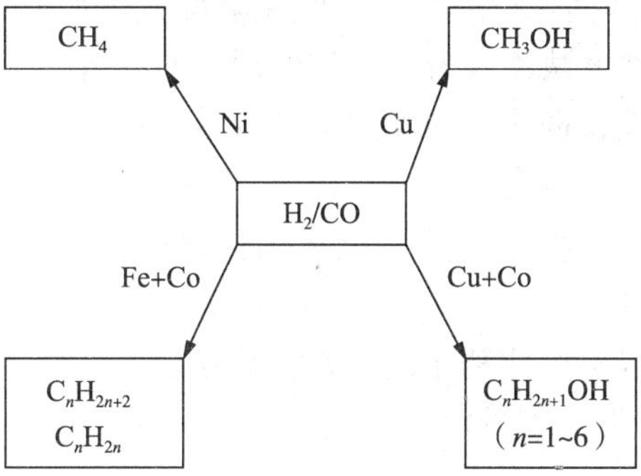

图1-11　催化剂对加速反应有选择性

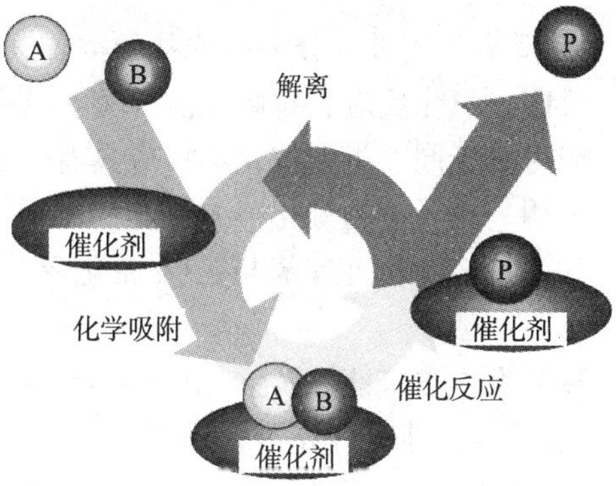

图1-12　催化剂催化循环示意图

催化反应与化学计量反应的差别就在于催化反应可建立起催化循环。在多相催化反应中，催化循环表现为：一个反应物分子化学吸附在催化剂表面活性中心上，形成活性中间物种，并发生化学反应或重排生成化学吸附态的产物，再经脱附得到产物，催化剂复原并进行再一次反应。一种好的催化剂到失活为止可进行百万次转化，这表明该催化剂建立起良好的催化循环。若反应物分子在催化剂表面形成强化学吸附键，就很难进行催化作用，结果成为仅根据催化反应机理和催化剂与反应物化学吸附状态，可将催化循环分为两种类型。

① 非缔合活化催化循环。在催化反应过程中催化剂以两种明显的价态存在，反应物的活化经由催化剂与反应物分子间明显的电子转移过程，催化中心的两种价态对于反应物的活化是独立的，这种催化循环称之为非缔合活化催化循环。

② 缔合活化催化循环。在催化反应过程中催化剂没有价态的变化，反应物分子活化经由催化剂与反应物配位，形成络合物，再由络合物或其衍生出的活性中间物种进一步反应，

生成产物，并使催化剂复原，反应物分子活化是在络合物配位层中发生的，这种催化循环称之为缔合活化催化循环。

1.5.2 催化反应和催化剂的分类

(1)催化反应分类

根据催化反应的不同特点，目前对催化反应可从不同角度进行科学地分类，大致有如下几种方法。

① 按催化反应系统物相的均一性进行分类。按催化反应系统物相的均一性进行分类，可将催化反应分为均相催化，非均相催化和酶催化反应。

(a)均相催化。均相催化指催化剂与所有的反应物和产物均处于同一相，如都处于气相或都处于液相。均相催化剂要么是气体要么是液体。固体催化剂一定是非均相催化剂，因为固体催化剂必然存在相界面，属于多相催化反应。

(b)多相催化。多相催化指催化剂与反应物或产物不处于同一相，即催化反应系统中至少存在两相，催化反应属于多相催化(非均相催化)。最常见的多相催化剂是固体催化剂，工业上最常用的多相催化系统有气－固相催化、液－固相催化以及气－液－固相催化。

(c)酶催化反应。它的特点是催化剂酶本身是一种胶体，可以均匀地分散在水溶液中，对液相反应物而言可认为是均相催化反应。但是在反应时反应物却需在酶催化剂表面上进行积聚，由此而言可认为是非均相催化反应。因此，酶催化反应同时具有均相和非均相反应的性质。

② 按反应类型进行分类。这种分类方法是根据催化反应所进行的化学反应类型分类的，如加氢反应、氧化反应，裂解反应等等。这种分类方法不是着眼于催化剂，而是着眼于化学反应。因为对于同一类型的化学反应具有一定共性，催化剂的作用也具有某些相似之处，这就有可能用一种反应的催化剂来催化同类型的另一反应。

例如 $AlCl_3$ 催化剂是苯与乙烯烃化反应的催化剂，同样它也可用作苯与丙烯烃化催化剂。

这种分类方法未能涉及催化作用的本质，所以不可能利用此种方法准确地预见催化剂。

③ 按反应机理进行分类。按催化反应机理分类，可分为酸碱型催化反应和氧化还原型催化反应两种类型。

(a)酸碱型催化反应。酸碱型催化反应的反应机理可认为是催化剂与反应物分子之间通过电子对的授受而配位，或者发生强烈极化，形成离子型活性中间物种进行催化反应。这种机理可以看成质子转移的结果，所以又称为质子型反应或正碳离子型反应。烯烃若与路易士酸作用也可生成正碳离子，它是通过形成 π 键合物并进一步异裂为正碳离子。

(b)氧化还原型催化反应。氧化还原型催化反应机理可认为是催化剂与反应物分子间通过单个电子转移，形成活性中间物种进行催化反应。如在金属镍催化剂上的加氢反应，氢分子均裂与镍原子产生化学吸附，在化学吸附过程中氢原子从镍原子中得到电子，以负氢金属键键合。负氢金属键合物即为活性中间物种，它可进一步进行加氢反应。

(c)均相配位催化反应。均相配位催化剂是由特定的过渡金属原子与特定的配位体相配位而成。均相配位催化指的是用过渡金属的可溶性配合物作催化剂，在液相对有机反应进行催化的方法。配位催化也是通过催化剂与反应物分子之间通过电子对的授受而配位，然后在络合物分子内进行插入和重排解离出产物。

对于烯烃的加氢、加成、齐聚以及一氧化碳的羰基合成等反应，所用的催化剂是过渡金属原子的低价配合物，并用“软”的或可极化的配位体使其稳定。这类配位体主要有：一氧化碳、胺类、膦类、较大的卤素负离子或 CN^- 负离子等。软的配位体常常是通过 σ 给体键和 π 受体键的相互作用与金属原子配位的。例如，加氢所用的催化剂主要有氯化三苯基膦配铑 $Rh^{I}Cl[P(C_6H_5)_3]_3$ 和氰基钴负离子 $Co(CN)^{3-}$ 等。

对于氧化反应，所用的催化剂是过渡金属的高价正离子，通常用硬的或不可极化的配位体使其稳定。这类配位体主要有：水、醇、胺、氢氧化物和羧酸根负离子等。它们是通过简单的 σ 给体键（通常是完全的离子键）连接到金属正离子上的。例如，烯烃氧化的催化剂 $Pt^{II}Cl_4^{2-}/Cu^{I}Cl^-$ 等。

在均相配位催化剂分子中，参加化学反应的主要是过渡金属原子，而许多配位体只是起着调整催化剂的活性、选择性和稳定性的作用，而并不参加化学反应。

(2) 催化剂分类

① 根据催化剂物理状态分类。根据物理状态催化剂可以分为气体催化剂、液体催化剂和固体催化剂。工业上气体催化剂很少使用，最早 SO_2 用 O_2 氧化制 SO_3 就是采用 NO 气体催化剂的气相均相催化反应。

② 根据构成催化剂的物质分类。这种分类方法把催化剂分为无机催化剂和有机催化剂。无机催化剂包括气体、金属、金属氧化物和无机酸碱等。有机催化剂包括有机酸碱和酶等。

③ 根据催化的作用分类。催化作用分类分为酸碱催化剂、酶催化剂、配位催化、光催化以及电催化。

④ 按固体催化剂的导电性或化合形态分类。根据这一方法可以分为过渡金属（导体）催化剂、过渡金属氧化物或硫化物（半导体）催化剂、氧化物和盐（绝缘体）催化剂。

1.5.3 固体催化剂的组成与结构

(1) 固体催化剂的组成

固体催化剂的组成可以概括为活性组分、助催化剂和载体三部分。催化剂可以是只有活性组分，也可以是活性组分与其他两种组分的复合体。

① 活性组分（主催化剂）。活性组分是催化剂必备的组分，是对目的反应具有良好催化活性的成分。没有它催化剂就失去催化效果。不同的化学反应需要选择不同类型的活性组分。如加氢或脱氢反应选择过渡金属活性组分，异构化反应选择过酸性活性组分等。

② 助催化剂。助催化剂是本身没有催化活性或催化活性很小，但只要加入少量就能明显提高活性组分的活性、选择性或稳定性的物质。通常把助催化剂分为电子型（调变型）助催化剂和结构型助催化剂，前者作用是调变活性组分的电子因素、提高催化剂的催化活性或催化选择性；后者作用是提高催化剂的机械稳定性、化学稳定性或耐热稳定性。在工业催化剂中通常都含有适量的、多种的助催化剂。对一特定的反应，催化剂的活性组分大多是众所周知的，但助催化剂及其含量常常是各不相同，所以催化剂的专利通常是与助催化剂有关。

③ 载体。载体是催化活性物质和助催化剂的支持体、黏结体或分散体。由于使用载体，在催化剂中催化活性物质和助催化剂的含量可以很低。

载体的机械作用是增加催化活性物质的比表面积，抑制微晶增长，使催化剂具有足够的孔隙度、机械强度（硬度、耐磨性、耐压强度等）、热稳定性、比热容和热导率等，从而延长催化剂的寿命。

有些载体(例如三氧化二铝)还常常与催化活性物质发生某种化学作用，改变了催化活性物质的化学组成和结构，起助催化剂作用，从而改善了催化剂的活性和选择性。有时还起共(主)催化剂作用，与活性组分共同作用形成多功能催化剂，如重整催化剂 Pt/Al_2O_3。

(2)固体催化剂的结构

固体催化剂的表面包括外表面和孔隙中的内表面两部分，对于多孔性物质，外表面只占一小部分，内表面积通常占80%以上。每克催化剂的总表面积叫作比表面积，它的单位是 m^2/g；每克催化剂的总孔体积叫作比孔体积(或称比孔容)，它的单位是 cm^3/g。催化剂的表面虽然很大，但只有一小部分特定的部位能起催化作用，这些部位叫作活性中心。反应物分子的特定基团在活性中心发生化学吸附，形成活化配合物。然后活化配合物再与另一个或另一种未被吸附的反应物分子相作用，生成目的产物。或者是两种反应物分子分别吸附在两个相邻的不同的活性中心，分别生成活化配合物，然后两者相互作用而生成目的产物。

1.5.4 催化剂的催化性能

评价催化剂好坏的主要指标包括催化剂的活性、选择性和稳定性。工业对催化剂的要求是催化剂要具有高的活性、高的选择性和长的寿命。

(1)催化活性

催化剂的催化活性的表达方式很多，如给定温度下的原料的转化率、给定原料转化率下的反应温度、给定原料转化率下的空速、给定条件下目的产物的时空收率、给定条件下反应速率、给定温度下的反应速率常数、反应活化能等。

比较催化剂活性时，其他反应条件必须相同方可进行比较，如反应物组成、操作温度、压力、空速和反应时间都要相同。

所谓空速指的是单位催化剂量在单位时间内通过(处理)的反应物量。根据采用物质的单位和状态的不同，空速又分为气时空速、质量空速和体积空速。例如气时空速(气体的时空速度G. H. S. V.)指的是在一定的视体积催化剂上，每小时所通过反应气体的体积，单位是 h^{-1}(即小时$^{-1}$)。这里气体的体积指标准状态下的体积。接触时间是空速的倒数，表示反应物与固体催化剂接触的平均时间，单位是h。

工业上通常用时空收率(或称催化剂负荷、催化剂生产强度)表示催化剂的活性。即一定反应条件下，单位体积(或单位质量)催化剂在单位时间内所得到的目的产物的量来表示。这一指标不要与空速混淆。

为了提高工业生产的效率，通常希望催化剂的活性高一些，即转化原料的能力强一些。但这不是绝对的，对有些热效应较大的反应必须选择适宜的转化率。要求工业催化剂活性适中，以保持反应床层的热平衡。

(2)催化选择性

由于活性中心的特殊性，所以优良的催化剂可以只对某一具体反应有良好催化作用，即对目的反应有良好的选择性。催化剂的选择性与催化剂的组成、制法和反应条件等因素有关。

影响工业生产效率的另一重要因素是催化剂的选择性，通常总是要求工业催化剂具有高选择性。催化剂选择性高不仅降低原料单耗，而且可以简化反应产物的后处理，节约生产费用。在某些场合，选择性也是保证反应过程平稳进行的必要条件。催化剂的高选择性还可避免生成有害的副产物污染环境。

(3)催化剂的寿命

催化剂的使用寿命取决于催化剂的机械稳定性、化学稳定性以及热稳定性。催化剂稳定性差，使用时间短，催化剂的寿命就短。

例如熔结、粉化以及结晶结构或比表面积的变化等，这些都会影响催化剂的活性中心，从而影响催化剂的活性和选择性。催化剂使用一定时间后，因活性或选择性下降，需要活化再生，这个使用时间称作催化剂的活化周期。

1.5.5 催化剂的失活与再生

固体催化剂在使用过程中，活性必然经过诱导期或成熟期、稳定期或使用期、衰退期三个阶段的变化。

(1)催化剂活化

催化剂的活化是催化剂使用前进行的，又称催化剂的预处理，通常是在催化剂装入反应器后进行的。是指使催化剂进入活性状态的化学或物理处理过程。

催化剂的活化可以是热活化和化学活化。

① 热活化。热活化是在惰性气体吹扫下提高反应器中催化剂床层温度，在高温下脱除催化剂上吸附的杂质和水分，提高催化剂的催化性能。

② 化学活化。化学活化是指催化剂的基质不是催化活性物质，需要通过化学反应才能使其进入活性状态。例如氢化催化剂其主要成分大都是过渡金属氧化物或金属盐，而起催化作用的是过渡金属元素催化活性物质，采用还原活化法可以在反应器中通入氢气将过渡金属氧化物或盐还原为金属元素，然后进行反应物的氢化还原反应。又如加氢脱硫催化剂的基质是过渡金属氧化物，必须通过硫化反应使氧化物转变成相应的金属硫化物才能起催化作用。

(2)催化剂失活及其原因

催化剂在使用过程中由于各种原因使催化活性和选择性会出现下降，这一现象称为催化剂的失活。催化剂失活有下列原因。

① 催化剂中毒。催化剂因微量外来物质的影响，使其活性和选择性下降的现象称作催化剂的中毒。这些微量外来物质称作催化剂的毒物。在工业生产中，催化剂的毒物通常来自反应原料。有时毒物也可能是在催化剂制备过程中混入的，或者是来自其他污染源。

一般认为中毒是由于毒物与催化活性中心发生了某种作用，因而破坏或遮盖了活性中心所造成。如果毒物在活性中心吸附较弱或化合较弱，可以用简单的方法使催化剂恢复活性的中毒现象称作“可逆中毒”或“暂时中毒”。毒物与活性中心发生不可逆转的作用或结合很强，不能用一般方法将毒物除去的中毒现象称作“不可逆中毒”或“永久中毒”。催化剂暂时中毒可以再生；催化剂永久中毒就需要更换新催化剂。

② 催化剂积炭。催化剂积炭又称催化剂结焦，指的是催化剂在使用过程中，有机物分子不断脱氢聚合，逐渐在表面上沉积一层炭质化合物，减少了可利用的表面积，引起催化剂活性的衰退。

③ 催化剂烧结。催化剂烧结是金属催化剂在高温下长期使用，金属催化剂微晶熔融黏结导致晶粒长大，减小了催化剂的比表面积，使催化剂失去活性的现象。

④ 催化剂活性组分流失。催化剂的组成是有一定的最佳比例的，由于反应物流体的不断冲击，活性组分会逐渐被流体带出引起催化剂组成变化，催化剂的活性和选择性将降低。

(3)催化剂的再生

催化剂的再生是使失去催化活性的催化剂恢复或基本恢复活性的化学或物理处理过程。

常用的方法有蒸汽处理、空气处理、通入氢气或不含毒物的惰性气体、用酸或碱溶液处理。

催化剂暂时中毒或积炭时，再生的方法通常是将空气、水蒸气或氢气在一定温度下通过催化剂除去催化剂上的积炭、焦油物或硫化物等毒物。当催化剂活性下降很慢，使用较长时间后才需要进行再生时，再生操作可以就在反应器中进行。当催化剂活化周期短，需要频繁活化时，对于固定床反应器，就需要同时使用多台反应器，并且使其中的一台反应器轮换进行催化剂的再生。对于流化床反应器，则需要配上一个流化床再生器，与流化床反应器同时操作，进行催化剂的连续再生、循环。

1.6　本书的编写体系和内容

中国石油辽阳石化分公司(简称辽化)是我国早期最大的化纤基地，随着我国石化工业飞速发展，辽化正在向着“三大”规模发展，现在已初步实现10000kt炼油加工、2000kt芳烃的生产规模，跻身世界级大型芳烃基地行列。在现有200kt乙烯生产能力基础上，未来几年还将建成800kt烯烃装置，实现“大化纤”向“大炼油”、“大芳烃”、“大烯烃”的产业转型。炼油厂中有常减压蒸馏、加氢裂化、加氢脱硫和延迟焦化等装置；烯烃厂中有热裂解、固定床催化重整、环氧乙烷和乙二醇、聚乙烯和聚丙烯等生产装置；芳烃厂中有移动床催化重整、芳烃分离、甲苯歧化、C_8芳烃异构化、对苯二甲酸和聚酯等生产装置；此外，还有己二酸和尼龙66等生产装置。这些生产装置是学生难得的石油炼制和石油化工全方位的学习和实践平台。为此，本书的编写体系和内容主要紧扣或围绕这些生产装置展开。

本书分为三个部分，第一部分以“大炼油”、“大芳烃”、“大烯烃”及其衍生产品生产工艺为主要内容，内容顺序如图1－13所示。第二部分为煤化学加工和一碳化学产品，第三部分为无机化工产品生产工艺。

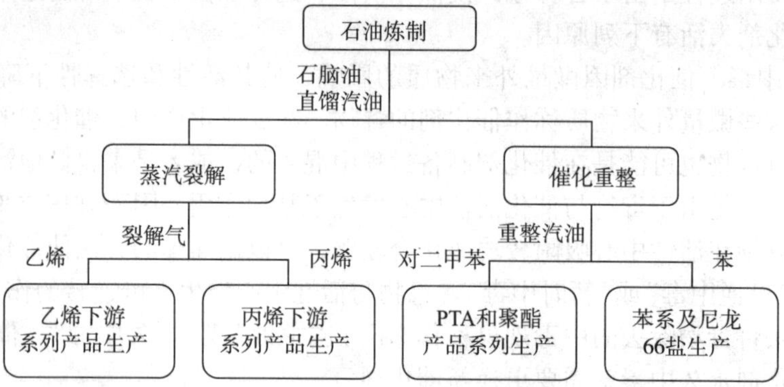

图1－13　石油炼制和石油化工主要过程

第2章　石油炼制及其产品

通过石油的炼制可得到汽油、煤油、柴油等燃料以及各种润滑剂，广泛运用于交通运输行业，经过进一步石油化工加工过程可制得合成纤维、合成橡胶、塑料、农药、化肥、医药、油漆、合成洗涤剂等。因此，石油被称为经济乃至整个社会的“黑色黄金”、“经济血液”。石油炼制是在炼油厂进行的，本章简单介绍石油的加工过程及其产品。

原油一般不直接利用，需经过加工制成各类石油产品。原油加工分为一次加工、二次加工、深度加工等。一次加工主要指包括脱盐脱水等预处理的常减压蒸馏，通过这个物理过程，将原油组分初步分离成各种馏分如石脑油、汽油、柴油等。二次加工指对一次加工产物通过催化裂化、催化重整、加氢精制、加氢裂化等工艺，生产性质更优良的产物或各种有机产品的过程。

2.1　原油常减压蒸馏

常压蒸馏和减压蒸馏习惯上合称常减压蒸馏。常减压蒸馏基本属于物理过程，产品为轻汽油(50～140℃)、汽油(140～200℃)、航空煤油(145～230℃)、煤油(180～810℃)、柴油(260～350℃)、润滑油(350～520℃)和重油(渣油)(＞520℃)等。

原油的一次加工包括三个工序：原油的脱盐、脱水；常压蒸馏；减压蒸馏。

2.1.1　原油的性质与组成

从地下开采出来的未经加工处理的石油称为原油，是一种有浓烈气味的黄到黑褐色的黏稠液体。相对密度为0.75～1.0。

石油组成非常复杂，主要是由碳、氢两元素组成的各种烃类，并含有少量含氮、含硫和含氧化合物。平均碳含量85%～87%，平均氢含量11%～14%，O、S、N含量合计为1%(质量)。

石油中所含烃类有烷烃、环烷烃和芳香烃三种。根据其所含烃类主要成分的不同可以把石油分为三大类：烷基石油(石蜡基石油)、环烷基石油(沥青基石油)和中间基石油。

石油中所含硫化物有硫化氢、硫醇(RSH)、硫醚(RSR)、二硫化物(RSSR)和杂环化合物等。多数石油含硫总量小于1%。这些硫化物都有臭味，对设备有腐蚀性。有些硫化物如硫醚、二硫化物等本身无腐蚀性，但受热后会分解生成腐蚀性较强的硫醇与硫化氢，燃烧生成的二氧化硫会造成空气污染，硫化物还能使催化剂中毒。所以除掉油品中的硫化物是石油加工过程中重要的一环。石油中氮化物含量在千分之几至万分之几，胶质越多，氮含量也越高。氮化物主要是吡咯、吡啶、喹啉和胺类等。石油中氧化物含量变化很大，从千分之几到百分之几，主要是环烷酸和酚类等，也具有腐蚀性。

石油中胶状物质(胶质、沥青质、沥青质酸等)对热不稳定，很容易起叠合和分解作用，其结构非常复杂，具有很大的相对分子质量，不挥发，绝大部分集中在石油的残渣中，油品越重，所含胶状物质也越多。

2.1.2 原油的杂质及其危害

(1)原油的主要杂质

原油中除了含少量泥沙、铁锈等固体杂质外，由于地下水的存在及油田注水原因，开采出的原油一般都含有一定量的水分，并且这些水中都溶有含 Na^+、K^+、Ca^{2+}、Mg^{2+} 阳离子和 Cl^-、SO_4^{2-}、CO_3^{2-} 和 HCO_3^- 阴离子等的盐类。由于原油中的环烷酸、沥青质、胶质等天然乳化剂的存在，这些盐水是以较稳定的油包水型乳化液微粒状态悬浮在原油中，分离困难。

(2)原油杂质的危害

原油含水、含盐给运输、贮存增加负担，也给后续的加工过程带来不利的影响。

水的汽化潜热很大，原油含水会增加燃料消耗和蒸馏塔顶冷凝冷却器的负荷；水的相对分子质量比油品平均相对分子质量小得多，原油中水的汽化会使体积急剧增加，造成系统压力降增大，动力消耗增加，甚至可能引起分馏塔超压或出现冲塔事故。

原油中含无机盐主要是氯化钠、氯化钙、氯化镁等，其中氯化钠占75%左右。这些盐类受热蒸发沉积在管壁上形成盐垢，增加热阻，降低传热效果，严重时会堵塞炉管或换热器，造成装置停工事故；盐还能水解生成盐酸，腐蚀设备。

$$MgCl_2 + 2H_2O = Mg(OH)_2 + 2HCl \tag{2-1}$$

$$CaCl_2 + 2H_2O = Ca(OH)_2 + 2HCl \tag{2-2}$$

另外，原油中盐类大多残留在重馏分油和渣油中，还会影响油品二次加工过程及产品的质量。

2.1.3 原油的预处理

原油的脱盐、脱水又称预处理。

(1)原油脱水、脱盐原理

由于上述原油中水和盐的危害，原油在蒸馏时，要求盐含量不大于0.05 kg/m^3，要求水含量不超过0.2%。常用的办法是加破乳剂和水，使油中的水集聚，并从油中分出，而盐溶于水中，再加以高压电场配合，使形成的较大水滴顺利除去。

原油中含的盐类除少量以晶体状态悬浮在油中以外，95%的原油属于盐水为分散相、油为连续相的稳定油包水型乳化液。破坏这种稳定的乳化液通常需要依靠化学物质、电场以及重力等多种因素的作用，最终使水滴聚结、沉降达到油水分离的目的。

加入破坏稳定乳化液的物质就是破乳剂。破乳剂也是一种表面活性物质，但其作用与原油乳化剂相反。破乳剂必须具备：

①对油水界面有强烈的趋向性。由于乳化剂早已在乳化液中，又往往集中在油水界面上，所以破乳剂必须具有能迅速穿过液相并和乳化剂竞争夺取界面位置的能力。

②能使水滴絮凝。就是聚集在水滴表面位置的破乳剂能强烈吸引其他水滴，使许多小水滴汇聚在一起。

③使水滴聚结。能够破坏包围水滴的乳化膜并使水滴结合，迅速增大利于油水分离。

④湿润固体。大多数原油中都含有硫化铁、污泥、黏土和石蜡等固体颗粒，它们往往聚集在界面上增加乳化液的稳定性。破乳剂应能使之分散在油中或被水湿润同水一道脱除。

一种单一化学结构的破乳剂很少能同时产生上述四种效应，一般可采用两种以上结构不同的物质相配合或根据情况选用某些类型破乳剂。

加入适量的破乳剂并借助电场的作用，使微小水滴聚结成大水滴，然后利用油、水密度差将水从原油中沉降脱除，此即常用的电－化学脱盐、脱水过程。

(2)脱水、脱盐影响因素

除了原油性质、压力、破乳剂品种及其用量等会影响原油脱盐效果外，操作温度、电场强度、原油在强电场内的停留时间以及注水量及油水混合程度也要考虑。

① 温度。温度是原油脱盐过程中一个重要操作条件。提高温度，使原油黏度降低，减少水滴运动阻力，有利水滴运动；温度升高还使油水界面的张力降低，水滴受热膨胀，使乳化液膜减弱，有利破乳和聚结。另外温度升高，增大了布朗运动(分子的无规则热运动)速度，增强了聚结力。因此，适当提高温度有利于破乳。但温度升至一定值时 $CaCl_2$、$MgCl_2$ 开始水解，同时随着温度的升高，原油的电导率也随之增大，电耗随之增高。因此对不同的原油应该有不同的脱盐温度，并且要综合考虑进行优选，找出最佳操作温度。我国目前的几种原油脱盐温度一般控制在 120～135℃左右。

② 电场强度。电场强度(电位梯度)是影响电脱盐效率的一个重要工艺参数。提高电场强度，可以促进小水滴的聚结，同时也促进电分散，脱盐率则随之提高，但超过了一定范围，再提高电场强度，对提高脱盐率效果不大。各种原油都有其合适的脱盐电场强度，通常为 700～1000V/cm。实验证明当电场强度低于 200V/cm 时没有任何破乳效果，高于 4800V/cm 时就容易发生电分散作用，而且电场强度提高电耗急剧增加。

③ 停留时间。原油在电场中停留时间的长短，影响水滴的聚结，时间过短将影响水滴的聚结，但时间过长则增大电耗而且易于产生电分散作用。停留时间 $\tau \leqslant 2min$ 时，增加停留时间 τ 对提高脱盐效率比较明显；当停留时间 $\tau > 2min$ 以上时，增加停留时间，脱盐效果变化不大，过长的停留时间还增加电耗。从我国各炼油厂的实践经验认为，对于低速电脱盐，停留时间 2min 左右较为合适。

④ 注水。原油脱盐，注入一定量的洗涤水与原油混合，可减弱乳化剂的作用，有利于水滴的聚集，还可以溶解悬浮在原油中的盐，使之与水脱除。增加水的注入量破坏原油乳化液的稳定性，对脱盐有利。但注水量过多将增加脱盐罐内乳化液层高度，导致电耗增加、电场强度降低。目前国内炼油厂注水量一级为4%～10%，以5%左右为宜，二级为3%～5%，以3%左右为宜。

注水的 pH 值，也影响着脱盐效果。根据经验，pH 值超过 9 时会产生乳化液，这不仅影响脱盐率，还会使脱盐排水中油含量超过厂控排放标准。

⑤ 破乳剂。破乳剂通过破坏原油乳化液中油与水间的液膜达到其破乳作用。目前生产的破乳剂都有一定的选择性，因此对每一种原油必须进行破乳剂评选。破乳剂不仅影响脱盐率，而且还影响脱盐排水中的含油量。由于破乳剂是通过到达油水乳化液的界面，破坏其乳化膜而达到破乳作用的，因此破乳剂的浓度、注水量、注入点、破乳剂与原油的混合等都直接影响着脱盐效果的好坏。

注入水和破乳剂在油中混合越均匀，分散得越细、脱盐率越高。但混合过度而形成难以破乳的稳定乳化液，不仅影响脱盐效果而且耗能过大。因此需要通过实验找出合适的混合压降值，以便控制一个适宜的混合强度。

(3)脱水和脱盐工艺

目前炼油厂广泛采用的是加破乳剂和高压场联合作用的脱盐方法，即所谓电脱盐脱水。

原油脱盐、脱水工艺流程级数的选定与原油的含盐量和脱后原油的含盐要求有关，一级脱盐率可达90% ~95%。深度脱盐必须采用二级电脱盐工艺流程。

图2-1所示为二级电脱盐原理流程。

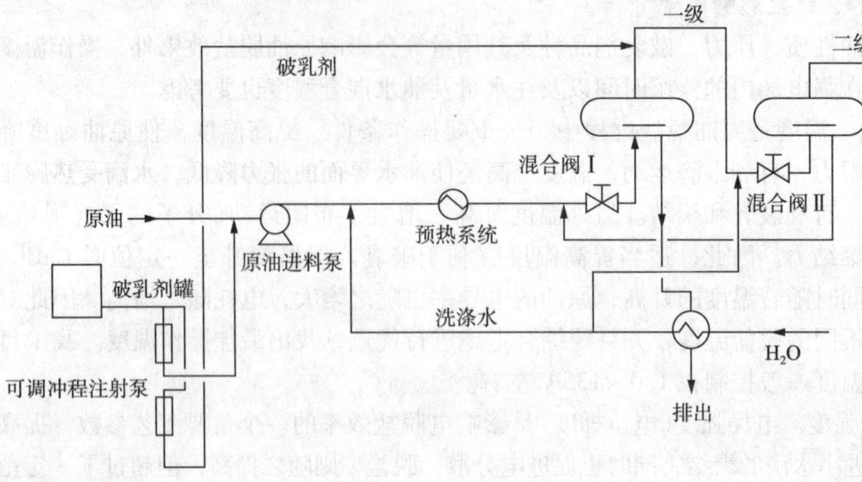

图2-1　二级电脱盐原理流程

原油自油罐抽出，与破乳剂、洗涤水按比例混合后经预热送入一级电脱盐罐进行第一次脱盐、脱水。在电脱盐罐内，破乳剂在高压电场的作用下，乳化液被破坏，小水滴聚结生成大水滴，通过沉降分离，排出污水(主要是水及溶解在其中的盐，还有少量的油)。经一级脱盐后的原油再与破乳剂及洗涤水混合后送入二级电脱盐罐进行第二次脱盐、脱水。通常二级电脱盐罐排出的水含盐量不高，可将它回流到一级混合阀前，这样既节省用水又减少含盐污水的排放量。

经过两次电脱盐工序后，原油中的含盐和含水量已能达到要求，可送炼油车间进一步加工。在加工含硫原油时，由于会产生 H_2S 严重腐蚀设备，应在炼制过程中加入适当的碱性中和剂和缓蚀剂，以减少设备的腐蚀。

2.1.4　原油的蒸馏

(1)常减压蒸馏

最简单的原油蒸馏方式是一段汽化常压蒸馏工艺流程。所谓一段汽化指的是原油经过一次的加热－汽化－冷凝完成了将原油分割为符合一定要求馏出物的加工过程。常压一段汽化蒸馏装置由一台管式加热炉、一个原油分馏塔以及若干台换热器、冷凝冷却器、机泵等组成，流程简单，投资和操作费用较少。

采用一段汽化常压蒸馏工艺流程会有相当数量(25% ~30%左右)的350 ~500℃中间馏分未能合理利用，它们是很多的二次加工原料，又是能从中生产出各种润滑油、蜡、沥青的原料。因此，最常采用的是二段汽化(常压蒸馏－减压蒸馏)或三段汽化蒸馏(预汽化－常压蒸馏－减压蒸馏)。

在原油三段汽化蒸馏的三阶段中，油料在每一阶段都经历一次加热－汽化－冷凝过程，故称之为“三段汽化”。从过程的原理来看，实际上只是常压蒸馏与减压蒸馏两部分，而常压蒸馏部分可采用单塔(仅用一个常压塔)流程或者用双塔(用初馏塔和常压塔)流程。

减压蒸馏的目的主要是切取加氢裂化、催化裂化原料油或润滑油原料。之所以减压操作，是因为液体沸腾的必要条件是蒸气压必须等于外界压力，降低外界压力就相当于降低液体沸腾时所需要的蒸气压，也就是降低了液体的沸点，压力愈低，沸点降的愈低。如果采用抽真空的办法使蒸馏过程在压力低于大气压下进行，降低油品的沸点，使原油中较高沸点组分也能在低于其裂解温度下汽化分馏出来，这就是减压蒸馏的基本原理。例如要从常压重油中分割出沸点高达520～550℃的馏分作为润滑油原料，若加热到这样的温度，油品早已发生裂解，使润滑油品质变坏，为了防止润滑油馏分的分解，重油蒸馏一般在低于420℃以下进行，为此采用在塔顶抽真空的减压蒸馏的方法。

国内大型炼油厂的原油蒸馏装置多采用典型的三段汽化常减压蒸馏流程，示于图2－2。

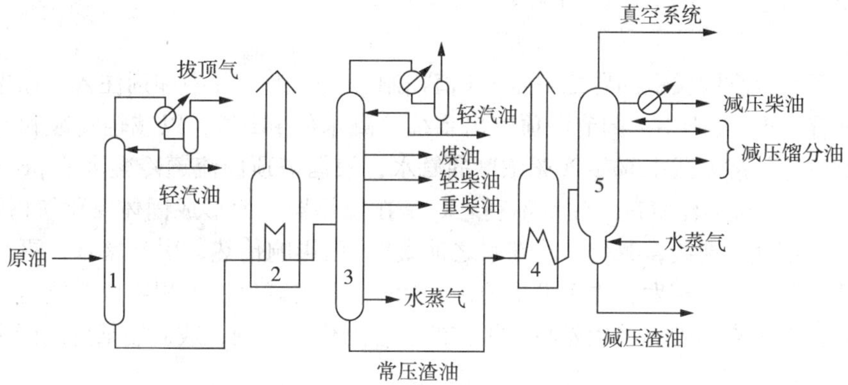

图2－2　原油三段汽化常减压蒸馏流程

1—初馏塔；2—常压加热炉；3—常压塔；4—减压加热炉；5—减压塔

脱盐、脱水后原油换热到230～240℃进初馏塔（又称预汽化塔），塔顶出轻汽油馏分（国外称“石脑油”）或重整原料。塔顶不凝气体称为“原油拔顶气”，可用作燃料或生产烯烃的裂解原料。塔底为拔头原油。

初馏塔底油料经加热炉加热至360～370℃进入常压塔，塔顶出汽油，第一侧线出煤油，第二侧线出柴油。为了与油品二次加工所得汽油、煤油和柴油区分开，在它们前面冠以“直馏”两字以表示它们是由原油直接蒸馏得到的。塔底为常压塔底油。常压分馏塔是装置的主塔，主要产品从这里得到，因此，其质量和收率在生产控制上都应给予足够的重视。

常压塔底油经减压炉加热到405～410℃送入减压塔，采用减压操作可以降低沸点，即可在较低温度下得到高沸点的馏出物，避免在高温下重组分的分解（裂解）。减压塔侧线油和常压塔三、四线油，总称“常减压馏分油”，主要用作炼油厂的催化裂化等装置的原料。在我国某些炼油厂，减压塔切割的油品常用来生产润滑油，此时该塔塔顶出柴油馏分，减压一线出轻质润滑油馏分，减压二线出中质润滑油馏分，减压三线出重质润滑油馏分，塔釜为减压渣油。

（2）原油蒸馏装置设备防腐

原油中所含腐蚀物质有硫化物、盐类、有机酸和氮化物等。通常认为原油含硫0.5%以上，酸值0.5mgKOH/g以上，脱盐未达到5mg/L以下时，在蒸馏过程中将对设备、管线产生较严重的腐蚀。

为了防止和减轻设备的腐蚀，可以有针对性地采取多种措施，包括选用耐腐蚀材料，采用涂料和衬里等。20世纪60年代开始采用的“一脱四注”综合技术措施，使蒸馏塔顶腐蚀大为减轻。

“一脱四注”中“一脱”是指原油电脱盐，原油电脱盐已在前面介绍。“四注”指原油注碱、塔顶馏出线注氨、塔顶馏出线注缓蚀剂和塔顶馏出线注水。

1)原油注碱

对脱盐后的原油注入一定浓度(约5%)的适量碱液，可以中和已生成的氯化氢、硫化氢以及原油中的环烷酸等腐蚀性物质，把脱盐原油中残留的容易水解的氯化镁、氯化钙转化为不易水解的氯化钠，减轻设备的腐蚀。但注碱(特别是注烧碱)可能引起高温部位(如加热炉辐射管)钢材的碱脆，加速设备及炉管的结垢。钠盐残留在渣油中，如果常压渣油作催化裂化原料，过多的钠沉积在催化剂上会使其活性迅速下降。注碱量一般相当于中和脱盐后原油中腐蚀物质所需理论量的100% ~150% 。

2)塔顶馏出线注氨

蒸馏塔顶系统腐蚀关键问题之一是 pH 值控制。氨作为一种中和剂注入，以中和塔顶馏出系统中残存的 HCl、H_2S，调节塔顶馏出系统冷凝水的 pH 值，以减轻腐蚀和发挥缓蚀剂的作用。可以注气态氨或10% ~20%浓度的氨水，根据塔顶回流罐冷凝水的 pH 值要求(例如在7.5 ~8.5)来调节注氨量。注氨不利之处是在换热器表面形成固体氯化铵(因为氯化铵与水有不同的蒸气压曲线，氯化铵将在水之前凝结)而影响传热，引起堵塞，更严重的是造成垢下腐蚀。鉴于氨易挥发，难于准确控制 pH 值，形成氯化铵沉积物以及能与铜合金作用等问题存在，近年来国外有采用氨与有机胺的混合物作中和剂，或研制某些既能中和又起缓蚀作用的新试剂。

3)塔顶馏出线注缓蚀剂

缓蚀剂能在金属表面形成一层保护膜，抑制腐蚀介质对金属侵蚀。有硫化氢存在时，能起作用的一般是脂肪胺、脂肪酸酰胺等。胺类的功效取决于 pH 值，现在多数炼油厂注氨与注缓蚀剂同时进行。注氨用以控制 pH 值，注缓蚀剂则给金属提供保护，因为当缓蚀剂起作用时，胺类的极性基团吸附在金属表面形成一层保护膜，而有机胺上的烃基对金属起遮蔽作用。国产的缓蚀剂有氯化烷基吡啶、酰胺及其衍生物，其中有些是油溶性的，使用方法与水溶性的不尽相同。缓蚀剂注入量一般为：每克塔顶冷凝水量 10 ~15μg 或每克塔顶总馏出物0.5μg。

4)塔顶馏出线注水

注水的作用：①冲洗沉积的铵盐，减轻垢下腐蚀。②使塔顶油气急冷，把初凝区(即蒸气与凝液交界处，最初形成的凝液酸性强，是腐蚀最严重的区域)从塔顶冷凝器向前移至馏出管线内，减轻设备腐蚀。③稀释腐蚀性强的最初凝液。通常抽本系统冷凝水回注，既方便而且使氨和缓蚀剂得到充分利用。不宜用减压塔顶冷凝水作初馏塔、常压塔注水，因为其中可能含柴油馏分影响其塔顶产品质量。采用连续注水方式，注入量约为塔顶馏出量的5% ~10%。

2.2 原油的二次加工

原油经常减压蒸馏得到的直馏汽油、煤油、柴油和润滑油等轻质油品仅有10% ~40%。其余是重馏分(重质油)及渣油。国民经济需要大量的轻质油品，原油的二次加工是对重质油及残渣油进行二次加工，从而得到更多的轻质油品。

原油的二次加工的另一个目的是把不能直接用于发动机燃料低辛烷值直馏汽油(40 ~60)转化成高辛烷值汽油。国内外常用的二次加工方法主要有热裂化、催化裂化、加氢裂化和催化重整等。

汽油重要的质量指标是馏分组分(馏出10%，20%，……，90%和干点的温度)、辛烷值和安定性。其中馏分组成与蒸馏塔的操作有关；而安定性是指生成胶质的难易性，与原油的性能有关，胶质愈多，安定性愈差。

辛烷值是指汽油在内燃机中燃烧时抗爆震性能的量化，与汽油的组分有关。辛烷值的指标是这样规定的，异辛烷用作抗爆性优良的标准，辛烷值定为100；正庚烷用作抗爆性低劣的标准，辛烷值为0。将这两种烃按不同体积比例混合，可配制成辛烷值由0到100的标准燃料。如果汽油的抗爆震性能与某一标准燃料相当，那么该标准燃料的异辛烷的体积分数就是该汽油的辛烷值。辛烷值愈高，它的抗爆性能也愈好。辛烷值愈大，抗爆震性能愈好。

直链烷烃在低压缩比时就会在发动机内产生爆震，该类辛烷值最低；芳烃、环烷烃、异构烷烃即使在高压缩比时，发动机也几乎不产生爆震，该类辛烷值较高。提高汽油辛烷值常采用以下办法：①添加四乙酸铅；②用催化裂化、催化重整方法得到的芳烃、环烷烃和异构烷烃调整汽油；③添加高辛烷值组分如甲基叔丁基醚(MTBE)、异构化油等。

2.2.1 裂化

裂化是一化学加工过程，有热裂化和催化裂化两种工艺。

(1)热裂化

热裂化在加热和加压下进行。根据所用压力的高低，分高压热裂化(2.0~7.0 MPa，450~550℃)和低压热裂化(0.1~0.5 MPa，550~770℃)。热裂化主要是在高温下把碳原子数多的高相对分子质量烃类(重质油)裂化为碳原子数少的低相对分子质量的烃类，同时伴有脱氢、环化、聚合和缩合等反应。产品有热裂化气、裂化汽油、煤油、柴油和石油焦炭等。热裂化汽油辛烷值仍较低，只有50左右，安定性不好，有恶臭，装置开工周期短，因此在炼油厂中热裂化已被催化裂化所取代。

在热裂化方法中，还有一种称为减黏裂化的方法，所用原料仍是重质油，目的是将重质油轻度裂化，使所得的燃料油黏度和凝点降低，以改善其质量，同时还可产生作为裂化原料的重油和少量轻油，操作条件比以生产汽油为目的的热裂化缓和一些，反应温度400~500℃，压力0.4~0.5MPa。

(2)催化裂化

催化裂化是在热裂化工艺上发展起来的。催化裂化装置建立的主要目的是增加汽油的产量，将不能用作轻质燃料的常减压馏分油加工成辛烷值较高的汽油等轻质燃料以及优质的柴油。原料主要是原油蒸馏或其他炼油装置的350~540℃馏分的重质油，工业上把催化裂化原料的重质油料称为“蜡油”。

催化裂化的催化剂是无定形硅酸铝、Y型分子筛、ZSM-5型分子筛以及用稀土改性的Y(或X)型分子筛。直链烷烃在催化裂化条件下，主要发生的化学变化有：

①碳链的断裂和脱氢反应——生成相对分子质量较小的烷烃和烯烃。

②异构化反应——使产物中异构烃含量增加。

③环烷化和芳构化反应——使产物中芳烃含量增加。

④叠合、脱氢缩合等反应——生成相对分子质量更大的烃以及焦炭。由于催化裂化过程中有焦炭生成，故催化剂需频繁再生。

由于使用催化剂，裂化反应可以在较低的压力(常压或稍高于常压)下进行。催化裂化反应器有固定床、移动床和流化床三种。工业上采用的催化裂化装置主要有以硅铝酸为催化剂的流化床催化裂化(FCC)和以高活性稀土 Y 分子筛为催化剂的提升管催化裂化两种。流化床催化裂化工艺流程如图 2－3 所示。

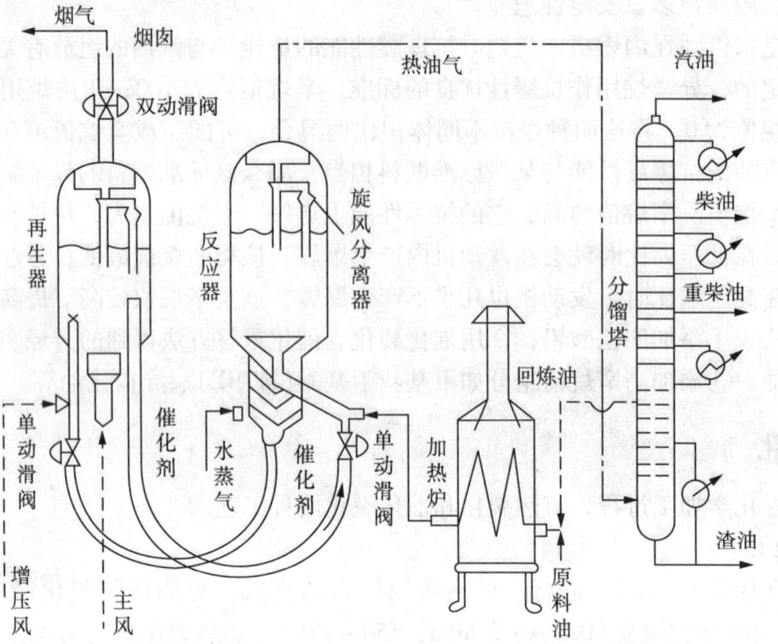

图 2－3 催化裂化工艺流程

该工艺由三部分组成：原料油催化裂化、催化剂再生和产物分离。催化裂化所得的产物经分馏后可得到气体、汽油、柴油和重质馏分油。有部分油返回反应器继续加工称为回炼油。

该流程采用流化床催化裂化反应器，催化剂是平均粒径为 60～80 mm 的微球，故又称微球型催化剂。催化剂在反应器中呈流化状态，油品加热到反应温度，在催化剂作用下发生裂解反应。反应中有少量粒径较小的催化剂随裂解产物一起，在旋风分离器中分开，气体上升，催化剂下降至流化层继续参与催化反应。积满焦炭失去活性的催化剂，送往再生器中，通入空气烧焦，再生后的催化剂再返回反应器重新使用。因此，再生器不仅恢复了催化剂的活性，而且也提供了裂解反应所需的温度和大部分热量。

(3)加氢裂化

加氢裂化是催化裂化技术的改进，是炼油工业中增产航空喷气燃料和优质轻柴油常采用的一种方法。重质原料(常减压直馏蜡油，可以掺炼部分焦化蜡油抽余油)转化成优质的汽油、煤油、柴油和润滑油过程，是在高压、氢气存在条件下进行的催化裂化反应，所以可抑制催化裂化时发生的脱氢缩合反应，也避免了焦炭的生成。

1)加氢裂化催化剂

加氢裂化催化剂是具有加氢活性和裂化活性的双功能催化剂。所用催化剂有贵金属(Pt，Pd)和非贵金属(Ni、Mo、W)两种，常用的载体为固体酸，如硅酸铝分子筛等。其中催化剂加氢活性功能由金属或金属氧化物提供，裂化活性功能由氧化硅－氧化铝或沸石分子筛提供。催化剂的活性金属组分为其氧化物，如 MoO_3、NiO 和 WO_3、NiO，起催化作用的活性组分应该是金属硫化物，所以，催化剂使用前需要在线硫化得到金属硫化物。硫化过程中，这些金属氧化物与硫化剂（CS_2 或 $C_2H_6S_2$）和氢气在一定条件下发生如下主要化学反应（CS_2 为硫化剂）生成硫化物：

$$CS_2 + 4H_2 = 2H_2S + CH_4 \quad (2-3)$$

$$WO_3 + 2H_2S + H_2 = WS_2 + 3H_2O \quad (2-4)$$

$$MoO_3 + 2H_2S + H_2 = MoS_2 + 3H_2O \quad (2-5)$$

$$3NiO + 2H_2S + H_2 = Ni_3S_2 + 3H_2O \quad (2-6)$$

2）加氢裂化的反应

加氢裂化过程有加氢精制和加氢裂解两个作用。

①加氢精制

烯烃饱和：不饱和的单烯、双烯通过加氢后，变成饱和的烷烃。如：

$$R—C=C—R + H_2 \longrightarrow R—CH—CH—R.... + Q \quad (2-7)$$

$$R—C=C—C=C—R' + H_2 \longrightarrow R—C=C—CH—CH—R' + H_2 \longrightarrow R—CH—CH—CH—CH—R' \quad (2-8)$$

脱硫反应：在反应条件下，原料中含硫化合物进行氢解，转化成相应的烃和硫化氢，从而硫原子被脱除。如：

硫醇：$R—S—H + H_2 \longrightarrow R—H + H_2S$ (2-9)

硫醚：$R—S—R' + H_2 \longrightarrow R—S—H + R'—H + H_2 \longrightarrow R—H + R'—H + H_2S$ (2-10)

二硫化物：$R—S—S—R' + H_2 \longrightarrow R—S—H + R'—S—H + 2H_2 \longrightarrow R—H + R'—H + 2H_2S$ (2-11)

噻吩：$C_4H_4S + H_2 \longrightarrow C_4H_8S + H_2 \longrightarrow C_4H_9SH + H_2 \longrightarrow C_4H_{10} + H_2S$ (2-12)

二硫化物加氢转化为烃和硫化氢需经过生成硫醇的中间阶段，即首先在S—S键上断裂，生成硫醇，再进一步加氢生成烃和硫化氢，中间生成的硫醇也转化成硫醚。

而噻吩环状含硫物，在加氢脱硫时首先选定环中双键，发生饱和，然后再发生断环脱硫，脱硫反应速度因分子结构按以下顺序递减：RSH > RSSR > RSR′> 噻吩

加氢脱氮反应：石油馏分中的含氮化合物可分为脂肪胺及芳香胺类；吡啶、喹啉类型的碱性杂环化合物，吡咯、茚和咔唑型的非碱性氮化物三类，氮化物加氢发生氢解反应生成 NH_3 和烃，反应通式：

$$R_1—N—R_2 + H_2 \longrightarrow R_2—NH + R_1H \quad (2-13)$$

$$R_2—NH + H_2 \longrightarrow R_2H + NH_3 \quad (2-14)$$

由此可见，所有的含氮化合物氢解时都要向胺转化，再进一步氢解生成烃和氨。反应速度：脂肪胺 > 芳香胺 > 吡啶类型碱性杂环化合物 > 吡咯类型的非碱性氮化物。

由于氮化物的分子结构都比较复杂，且都很稳定，故而氢解反应需要的条件比较苛刻，要求氢分压在15MPa，温度在400℃，能脱除96%左右的氮，故此加氢裂化设计压力为16MPa，而且精制的空速不能过高。

脱氧反应：原油中含氧化合物有环烷酸、脂肪酸酯和醚、酚等，含氧化合物发生氢解反应后生成烃和水。

这些含氧化合物在加氢精制的条件下很快发生分解。从反应速度上来看，硫化物 > 氧化物 > 氮化物。

加氢脱金属反应：原料中含有少量的金属杂质，如砷、铝、磷、铜、铁、镍、矾等，他们有的来自原油，有的来源于贮存或上游装置的加工过程的腐蚀。这些金属化合物在加氢精

制过程中，发生氢解反应，生成金属都沉积在催化剂表面上造成催化剂失活，并导致催化剂床层压差上升，当床层压差上升到一定值时就须更换催化剂，进行“撇头”，故而在正常生产时要注意原料中的金属杂质量和床层压差的变化。

②加氢裂化反应。加氢裂化反应的结果，很大程度上取决于催化剂的加氢活性和酸性活性中心的配比。加氢裂化催化剂可分为高加氢活性和低酸性活性，低加氢活性和高酸性活性两种，前者以加氢为主，故而产品中的轻组分少，液收大，饱和烃含量大；而后者是以裂化为主，产品中轻组分多，干气产量大，转化率高，不饱和烃含量高。

烷烃的加氢裂化反应：

$$C_nH_{2n+2} + H_2 \longrightarrow C_mH_{2m+2} + C_{n-m}H_{2(n-m)+2} \quad (2-15)$$

烷烃加氢裂化随相对分子质量的增加而加快，而且 C—C 键断裂一般都是在分子的中间部位。因为中间部位的 C—C 键能最小，故而易发生断链。

环烷烃的加氢裂化：一般带侧链的环烷烃加氢反应时大都发生断侧链反应，而单环环烷烃或短侧链单环环烷烃一般比较稳定，它们分解是通过异构化生成五元环衍生物的断环产物。如：

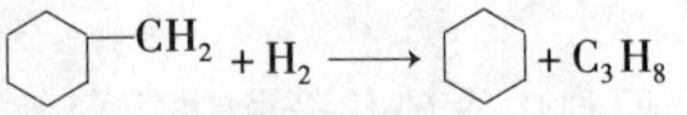

(2-16)

双环烷烃在加氢裂化时首先发生一个环的异构化，生成五元环衍生物而后断裂，当反应继续进行时，第二个环断裂。

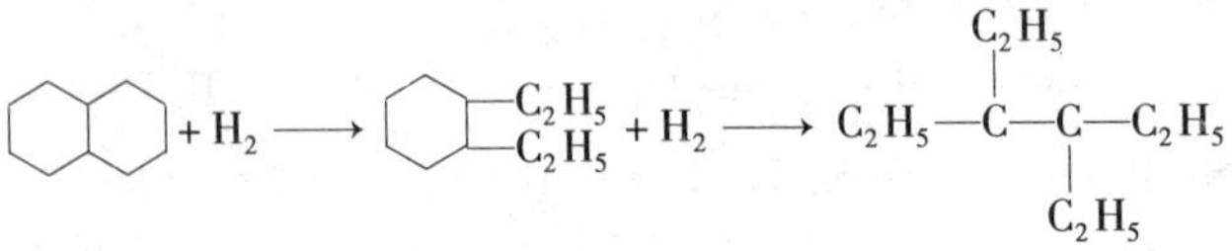

(2-17)

芳烃加氢反应，苯在加氢条件下的反应过程：首先生成六元环烷烃，后发生异构化，五元环开环和侧链断开。

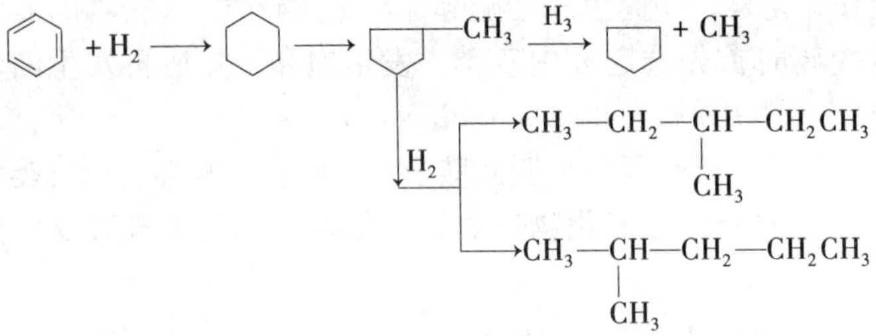

(2-18)

稠环芳烃加氢，首先是一个芳环加氢，接着生成的环烷环发生异构化，后断裂，然后进行第二个环的加氢，如此继续下去。如：

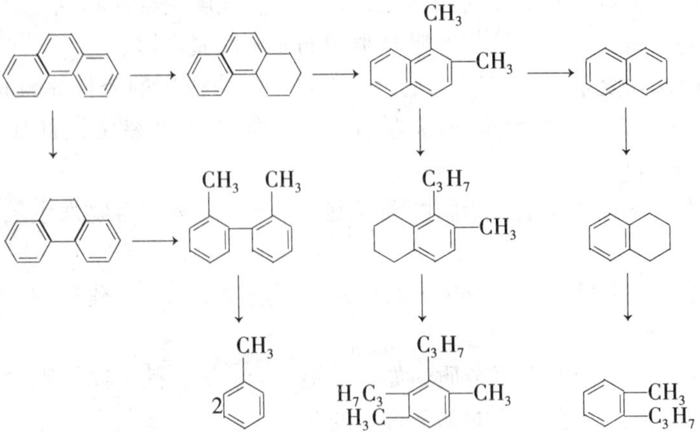

(2-19)

加氢裂化产品收率高，质量好。产品中含不饱和烃少，重芳烃少，杂质含量少，而异构烷烃含量较高。

3）加氢裂化工艺流程

加氢裂化反应器有固定床、沸腾床和悬浮床3种。其中固定床工艺比较成熟，应用普遍；沸腾床工艺复杂，自控要求高，国内尚未工业化；悬浮床又称浆液床，目前处于开发研究阶段。

固定床有3种工艺流程

①一段加氢裂化流程。一段加氢裂化流程指流程中只有一个反应器，原料油的加氢精制和加氢裂化在同一个反应器中进行，上段为加氢精制，下段为加氢裂化。所用催化剂具有一定的抗氮能力，常用于由粗汽油生产液化气、由减压蜡油生产喷气燃料（也称航空煤油）和柴油的过程。如图2－4所示。

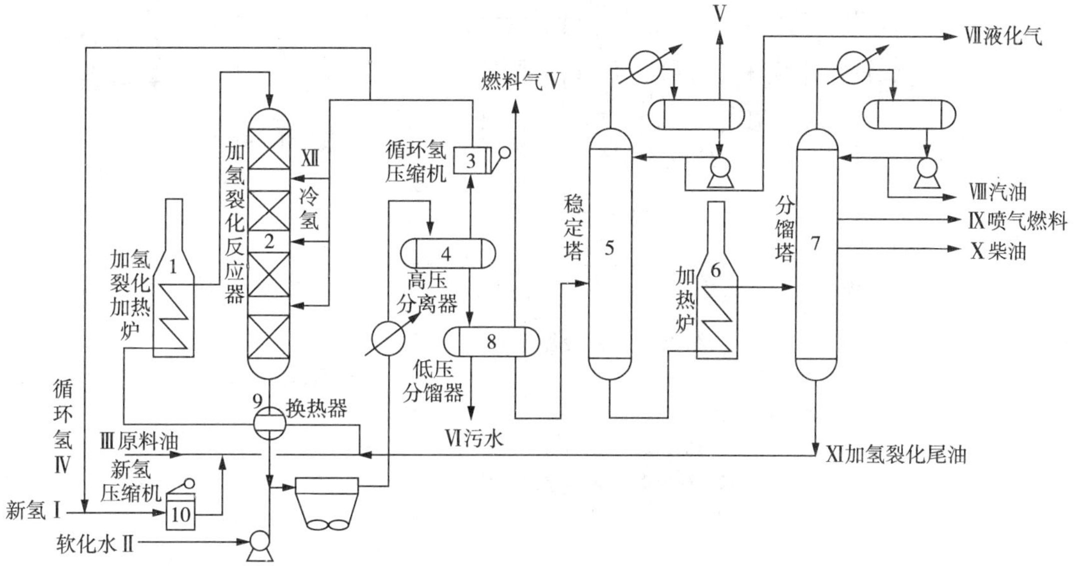

图2－4　一段加氢裂化工艺流程

原料油（直馏柴油）与新鲜氢气及循环氢混合，进入高压换热器与420℃左右的加氢生成油换热至320～360℃，进入加热炉加热至370～450℃进入反应器。为了控制反应温度，向反应器分层注入冷氢。反应产物与原料油换热后降至200℃，再经空气冷却器、冷水器冷却至30～40℃，然后进入高压分离器。为了避免催化剂活性下降和避免碳酸铵、碳酸氢铵及其他水合物析出而堵塞管道，在反应产物进入空冷器之前注入软化水以溶解其中的NH_3、H_2S等。高压分离器分出过剩的氢气，经循环压缩机升压后一部分作循环使用，另一部分作冷氢使用，生成油进入低压分离器分出燃料气和污水，然后进入稳定塔。稳定塔顶分出液化气，塔底油经加热炉加热至320℃后送入分馏塔。由分馏塔分出不同馏分，塔顶为汽油，第一侧线为喷气燃料，第二侧线为柴油。

②两段加氢裂化流程。两段加氢裂化流程中有两个反应器，分别装有不同性能的催化剂。第一个反应器为加氢精制，第二个反应器为加氢裂化。加氢精制的目的是脱除原料油中的氧、硫、氮等杂原子化合物和二烯烃，以改善加氢裂化所得油品的质量。如图2－5所示。

原料油与新氢及循环氢混合，经与第一反应器的生成油换热后，进入一段加热炉加热到一定温度后进入一段加氢精制反应器。为了控制反应温度，向反应器床层各段注入冷氢。第一段反应器的生成油经换热和冷却后，进入第一段高压分离器，分出过剩氢气作循环氢和冷氢，生成油经第一段低压分离器分出燃料气后分两路。一路与分馏塔尾油一起作为第二段加氢裂化的进料，另一路与第二段低压分离器分出的油品一起进入稳定塔。第二段加氢裂化原料油与新氢和循环氢混合，经换热后进入第二段加氢裂化加热炉，再进入第二段加氢裂化反应器。同样，为了控制反应温度，在反应器分层注入冷氢，生成油从反应器底出来经换热后进入第二段高压分离器，分出过剩氢气作循环氢和冷氢，液体油进入第二段低压分离器分出燃料气后，与第一段低压分离器分出的液体油一起进入稳定塔，再经加热炉加热后送入分馏塔分出汽油、喷气燃料和柴油。

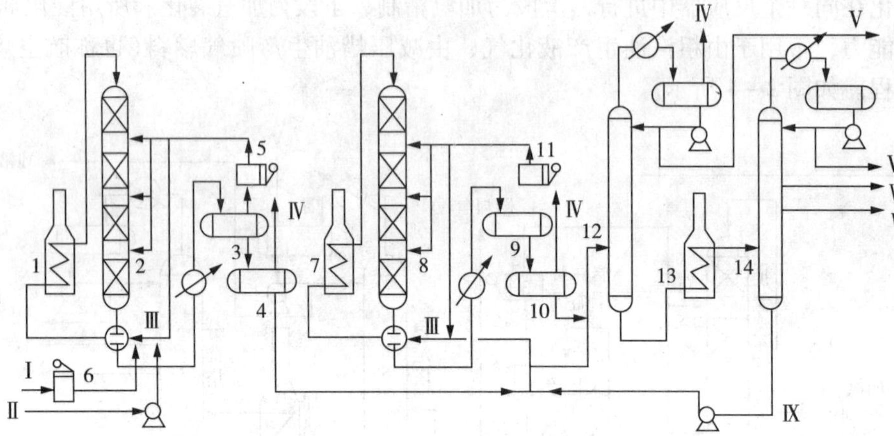

图 2－5　两段加氢裂化工艺流程

1——一段加热炉；2——一段反应器；3——一段高压分离器；4——一段低压分离器；
5——一段循环氢压缩机；6—新氢压缩机；7—二段加热炉；8—二段反应器；
9—二段高压分离器；10—二段低压分离器；11—二段循环氢压缩机；
12—稳定塔；13—蒸馏加热炉；14—分馏搭
Ⅰ—新氢；Ⅱ—原料油；Ⅲ—循环氢；Ⅳ—燃料气；Ⅴ—液态烃；
Ⅵ—汽油；Ⅶ—喷气燃料；Ⅷ—柴油；Ⅸ—加氢裂化尾油

③串联加氢裂化流程。串联流程是两段流程的发展。由于开发研制了抗 NH_3、抗 H_2S 的分子筛加氢裂化催化剂，所以可取消两段流程中的脱氨塔，使加氢精制和加氢裂化两个反应器串联起来，省掉了一整套换热、加热、加压、减压等分离设备。如图 2－6 所示。

三种流程进行加氢裂化的结果表明：从生产喷气燃料角度出发，一段流程喷气燃料收率高，但汽油收率较低。从流程结构和投资来看，一段流程优于其他流程；串联流程有生产汽油的灵活性，但喷气燃料收率偏低；两段流程灵活性最大，喷气燃料收率高，并能生产汽油。和串联流程一样，两段流程对原料油的质量要求不高，可处理高密度、高干点、高硫、高残炭及高氮的原料油；而一段流程对原料油的质量要求严格。根据国内外炼油厂经验，认为两段流程最好，既可处理一段不能处理的原料，又有较大的灵活性，能生产优质喷气燃料和柴油。

4）反应系统操作因素分析

① 原料性质。原料油性质的相对恒定是搞好平稳操作的一个重要因素，原料变重，需升高床层温度以维持一定的转化率。另外，原料杂质，如硫、氮、氧含量的变化对加氢精制和加氢裂化反应影响较大，从脱 S 和脱 N 反应均属放热反应的角度来看，S 和 N 含量升高，都会影响反应温度的上升；但 S 增加，会导致硫化氢浓度增大，催化剂活性上升。N 产生的

氨及盐，则使催化剂活性降低，所以必须严格控制原料的性质。

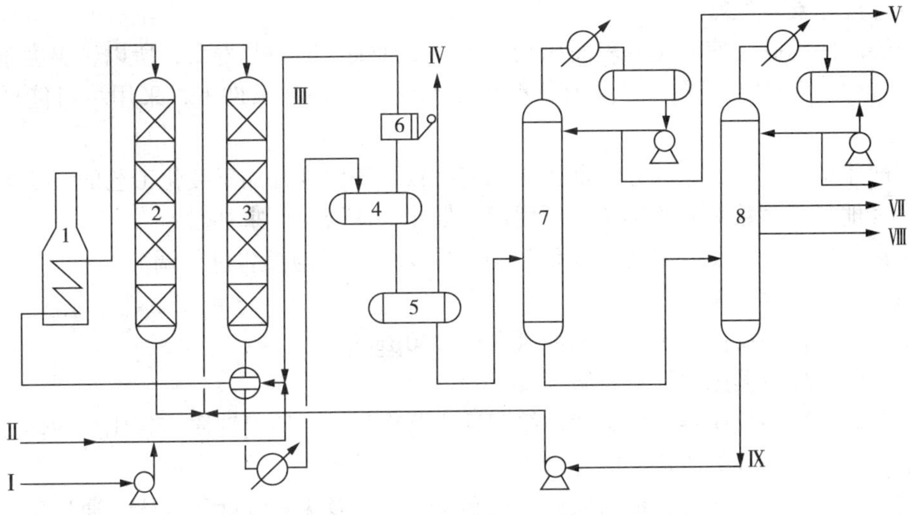

图2－6　串联加氢裂化工艺流程

1—加热炉；2—第一反应器；3—第二反应器；4—高压分离器；

5—低压分离器；6—循环氢压缩机；7—稳定塔；8—分馏塔

Ⅰ—原料油；Ⅱ—新氢；Ⅲ—循环氢；Ⅳ—燃料气；Ⅴ—液态烃；

Ⅵ—汽油；Ⅶ—喷气燃料；Ⅷ—柴油；Ⅸ—加氢裂化尾油

②催化剂活性。催化剂活性对加氢裂化操作条件、产品收率和产品性质有着显著的影响，提高活性可以降低反应器温度和压力，提高空速或降低氢油比，提高催化剂选择性，则可以生产更多的目的产品，减少不必要的副反应，增加催化剂的抗毒能力，随着开工周期延长，催化剂活性逐渐下降，此时必须相应提高反应温度，以保持达到设计的转化率。应当指出，在生产中，操作水平的高低及各种不正确的操作方法，均对催化剂活性有较大影响，必须引起有关人员的注意。

③空速。降低空速则原料反应时间延长，深度加大，转化率提高；但空速过低，二次裂解反应加剧，虽然这时总转化率可以提高，但生成的气态烃也相应增加。同时由于油分子在催化剂中的停留时间延长，在一定温度下，缩合结焦的机会也随之增加，在这种意义下，长期的低空速对催化剂活性不利。空速的选择随原料油性质和催化剂活性的不同而不同，空速的增大意味着处理能力的增加，故在不影响原料转化深度的前提下，应尽量提高空速。但空速的增加受到设备设计负荷的限制和相应的温度限制。

④反应温度。从化学反应来看，裂化过程（化学键断裂）是吸热过程，所以温度越高越有利于裂化反应。加氢过程是断裂的C—C键与氢原子形成C—H键的过程，此过程是放热过程。由于C—H键能大于C—C键能，且一个C—C键断裂形成两个C—H键，故加氢裂化反应总体表现为强放热反应。如果热量不能被及时带走，会使反应温度升高，进一步促进裂化反应进行，导致恶性循环，造成反应器飞温。选择适宜的操作温度和控制好操作温度对加氢裂化来说是至关重要的。

反应温度是控制脱硫、脱氮率和生成油转化率的重要手段，提高反应温度能提高脱硫脱氮率，为裂化反应创造条件。但提高反应温度可使裂解反应速度加快，原料的裂化程度加深，生成油中低沸点组分含量增加，气体产率增高。

提高反应温度对产品化学组成有明显影响，正构烷烃含量增加，异构烷烃含量降低，异烷/正烷比值下降。提高反应温度也可加快加氢速度，故脱硫、脱氮率提高，烯烃的饱和深度也提高，产品安定性好。

反应温度的提高会使催化剂表面积炭结焦速度加快，影响其寿命，所以，温度条件的选择一般受催化剂活性的影响，并且力争在催化剂活性允许的条件下，采用尽可能低的反应温度。

催化剂床层温度是反应部分最重要的工艺参数，该温度是加氢裂化工艺的一个重要的工艺参数，其他工艺参数对应的影响，可用调整催化剂床层温度来补偿。

在正常的运转中，反应温度超过0.5～1℃本岗位人员应报告进行调节。

精制反应器温度控制：

控制目标：精制反应器出口精制油氮含量＜40μg/g。

控制范围：反应器床层任意点温度≤430℃。

影响参数：精制反应器入口温度、精制反应器冷氢量、原料性质、催化剂活性、进料中焦化蜡油比例大、循环氢流量、冷氢量。

控制方式：正常操作时，根据原料组成和杂质变化及床层温度的变化，通过反应进料加热炉出口温度与燃料气压力串级调节控制精制反应器入口温度。精制反应器床层其余入口温度由冷氢的流量控制。精制反应器发生异常的原因和处理方法见表2－1。如果床层温度超过440℃，立即按床层超温事故处理。

表2－1　精制反应器发生异常的原因和处理方法

现　象	原　因	处理方法
床层温度变化	原料性质改变，硫、氮含量、干点增高	适当提高反应器入口温度
	原料带水，反应温度降低	加强原料罐脱水
	瓦斯压力降低(小于0.2MPa)，反应器入口温度降低	联系调度提高瓦斯压力

裂化反应器温度控制：

控制目标：设定反应温度波动不超过1℃。裂化反应器任一床层温升≤15℃。

控制范围：裂化反应器床层任意点温度≤425℃。

影响参数：裂化反应器入口温度、精制反应器出口氮含量、裂化反应器入口及床层冷氢量、循环氢纯度、循环氢流量。

控制方式：正常操作时，根据原料性质变化及床层温度的变化，裂化反应器各床层入口温度由冷氢量控制；裂化反应器出口氮含量由裂化反应器各床层入口温度控制；循环氢流量由循环机转速控制。

如果发生裂化反应器床层温升变化，转化率过高或过低异常现象，原因是原料性质变化或使用新的催化剂，处理方法是手动开大各裂化冷氢阀降温，精制最后一个床层也要降温处理。如果床层温度超过正常操作温度30℃或任一点温度操作425℃，则立即按床层超温事故处理。

⑤ 反应压力。反应压力的实际因素是氢分压，提高系统的氢分压，可促使加氢反应的进行，烯烃和芳烃的加氢速度加快，脱硫、脱氮速率加快，对胶质、沥青质的脱除有好处，故所得产品的溴价低，含硫、含氮化合物少，油品安定性好，同时还可有效防止、减少结焦，利于保护催化剂活性，提高催化剂的稳定性。

反应压力的选择与处理的原料性质有关，原料中含多环芳烃和杂质越多，则反应压力越高。

反应压力的调节：

控制目标：压力 15MPa。

控制范围：14 ~ 16.3MPa。

影响参数：原料油含水量、新氢量、反应温度、加氢裂化深度、耗氢量。

控制方式：正常操作时，根据影响参数的变化控制。原料油含水量增加，压力上升时，加强原料油缓冲罐脱水；新氢量波动时，联系制氢岗位，稳定新氢量；当反应温度升高，加氢裂化深度大，耗氢量增加压力下降时，适当提高新氢及新氢补充量，如果仍不能控制反应压力下降，联系制氢岗位提高新氢量。

发生压力快速下降异常现象时，压缩机一定出现故障，立即启动备台，稳定新氢量。如果发生高低分串压，按高低分串压事故预案处理；如果发生高压系统泄漏，按高压系统泄漏事故预案处理。

⑥ 氢油比。氢油比的大小或循环气量大小直接关系到氢分压和油品的停留时间，并且还影响油的汽化率。循环气的增加可以保证系统有足够的氢分压，有利于加氢反应。另外，过剩的氢气可起到减少催化剂表面缩合结焦的作用。同时，氢油比增加可及时地将反应热从系统带出，有利于反应床层的热平衡，从而使反应器的温度容易控制平稳。但过大的氢油比会使系统的压力降增大，油品和催化剂接触的时间较短，从而会导致反应深度下降，循环机负荷增大，动力消耗增大。

循环氢流量在催化剂整个运转周期内应基本稳定，因为经常改变压缩机的操作是不可取的，通常设计氢油比精制不小于 850，裂化不小于 1200。

循环氢流量的调节：

控制目标：循环氢流量及循环机转速稳定。

控制范围：200 ~ 340km^3/h。

影响参数：循氢机转速、新氢来量、循环氢纯度、反应压力、压缩机控制阀开度、急冷氢阀开度。

控制方式：正常操作时，根据影响参数的变化，通过调整循环机转速，使蒸气压力稳定。循环氢流量在整个系统生产运行中，要尽可能保持恒定，没有特殊原因尽可能不要改变循氢机的操作。反应压力的异常原因和处理方法见表 2 - 2。如果压缩机出现故障紧急停机，按紧急停车事故预案处理。

表 2 - 2　反应压力的异常原因和处理方法

现　象	原　因	处理方法
循环氢量降低	急冷氢阀开大	手动控制急冷氢阀开度，联系仪表人员处理
	反应系统差压上升	查明系统差压上升原因并处理
	循环氢压缩机控制阀开大	手动控制控制阀开度，联系仪表人员处理

⑦ 循环氢纯度。循环氢纯度与催化剂床层内部的氢分压有直接的关系，保持较高的循环氢纯度，则可保持较高的氢分压，有利于加氢反应，是提高产品质量关键的一环。同时保持较高的循环氢纯度，还可以减少油料在催化剂表面缩合结焦，起到保护催化剂表面的作用，有利于提高催化剂活性和稳定性，延长使用期限。但如果要求过高的循环氢纯度势必提高成本费用。

循环氢纯度的调节：

控制目标：循环氢纯度95%以上。

控制范围：≥88%。

影响参数：反应温度、新氢纯度、原料含氮、硫含量、床层温度变化、空冷器注水量的变化。

控制方式：循环氢纯度降低，通过排放调整，补充新氢。正常调整装置一般不作循环氢纯度的调节，如果循环氢纯度低于操作指标，则放空排放部分循环氢，以提高循环氢的纯度。

如果出现循环氢纯度降低异常现象，原因是新氢纯度降低、重整氢用量增加，纯度下降。处理方法是联系制氢查明新氢量及性质变化，调节新氢补充量，放空排放部分循环氢。

2.2.2 重整

催化重整是将轻质原料油，如直馏汽油、粗汽油等经热或催化剂的作用，使油料中的烃类重新调整结构，生成大量芳烃和异构烷烃的工艺过程。采用这一工艺的初始目的和催化裂化一样，是为了提高汽油的辛烷值。现在该法不仅用于生产高辛烷值汽油，且已成为生产芳烃的一个重要方法。以生产高辛烷值汽油为目的的催化重整一般在炼油厂进行，以生产芳烃为目的的催化重整一般在芳烃厂进行。

催化重整的工艺流程主要有三个组成部分：预处理、催化重整、萃取和精馏。催化重整技术将在芳烃生产技术中详细介绍。

2.2.3 焦化

减压渣油、热裂化渣油以及一些不好处理的重质油品(又称重残油)，在炼油厂中常采用“焦化”的方法让它们转化成更有价值的轻质油品，生成的焦炭经焙烧，除去挥发性物质后，可制得电极焦。生成的焦化气体，含较多的轻质烯烃，如乙烯、丙烯和丁烯等，可用作化工原料。实现焦化的工艺过程主要有3种，即釜式焦化、延迟焦化和流化焦化。

(1)釜式焦化

釜式焦化过程简单，工艺陈旧。它是把残油装到焦化釜中，釜底加热使釜内油品焦化。从釜顶引出焦化产生的油品蒸气和低分子烃类气体。焦化完成后，就可以出焦。本法的缺点很多，如间歇操作，生产能力小；钢材和燃料消耗量大；清焦困难，劳动条件差等，已经被淘汰。

(2)延迟焦化

延迟焦化是目前普遍采用的一种方法。它是在较长反应时间下，使原料深度裂化，以生产固体石油焦炭为主要目的，同时获得气体和液体产物。延迟焦化用的原料主要是高沸点的渣油，由于渣油的碳氢比高容易结焦，延迟焦化中将原料油在短时间内加热到较高温度(480~500℃)，并迅速离开炉管进到焦化塔，使原料的裂化、缩合等反应延迟到焦化塔进行，故称延迟焦化。延迟焦化装置有一炉两塔、两炉四塔。典型的延迟焦化流程如图2-7所示。

原料在焦炭塔在稍正压下加热到约500℃反应，所得油气从焦化塔上部引出进入分馏塔，分出焦化气体、汽油、柴油、蜡油以及循环油。生成的焦炭留在反应器中，当焦炭塔中结焦达一定程度后，通过四通阀切换到另一焦炭塔中继续焦化成焦，原先的焦炭塔则进行清焦。为了防止油在炉管内结焦，需向炉管注入软化水。每个塔的切换周期，包括生焦、清焦及辅助操作所需时间，视装置情况而定。对两炉四塔装置来讲，一般48h切换一次，以保证装置的连续运转。

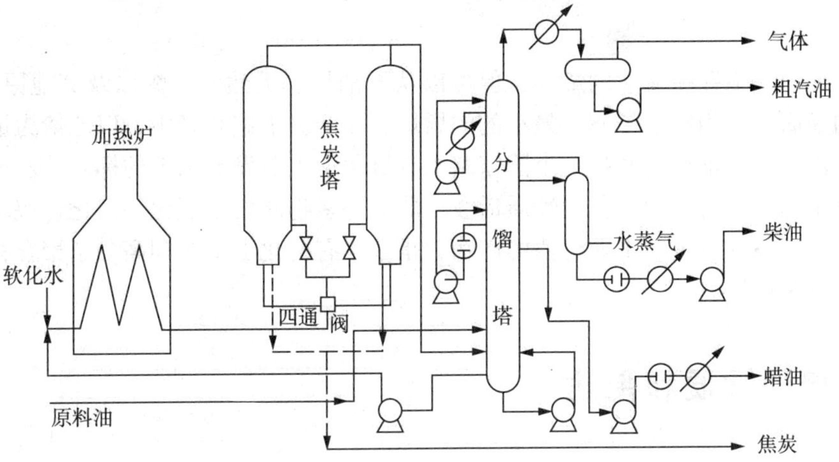

图2-7　延迟焦化流程图

(3)流化焦化

流化焦化原理和延迟焦化一样，即快速加热后在反应器中进行焦化反应。本法的特点是液体产品的产率较高，焦炭产率较低，生产能连续化，不需要繁重的清焦劳动。20世纪60年代后，延迟焦化技术出现，此法难以与它竞争，故不再发展。

2.2.4　炼厂气加工

原油一次加工和二次加工的各生产装置都有气体产出，总称为炼厂气。就组成而言，主要有氢、甲烷、由2个碳原子组成的乙烷和乙烯、由3个碳原子组成的丙烷和丙烯、由4个碳原子组成的丁烷和丁烯等。它们的主要用途是作为生产汽油的原料和石油化工原料以及生产氢气和氨。发展炼厂气加工的前提是要对炼厂气先分离后利用。如分出较纯的乙烯可用于合成乙苯，分出较纯的丙烯可用于合成聚丙烯等。

第3章 热裂解—烯烃生产工艺

在自然界中并不存在天然的烯烃，但可以从石油烃、天然气、煤以及其他原料中制取。乙烯是结构最简单、相对分子质量最小的的烯烃。在低级不饱和烃中，以乙烯为最重要，产量也最大，乙烯产量常作为衡量一个国家基本有机化学工业发展水平的标志。乙烯、丙烯和丁烯等小分子烯烃具有双键，化学性质活泼，能与许多物质发生氧化、卤化、烷基化、水合等反应，生成一系列有重要工业价值的产物，是基本有机化学工业和高分子聚合物的重要原材料，用途非常广泛。

3.1 烯烃的性质和用途

3.1.1 乙烯及其他烯烃的性质

乙烯是一种无色、略带烃类特有臭味的气体，分子式 C_2H_4，相对分子质量 28.05，熔点 -169.15℃，沸点 -103.71℃，溶于乙醚、丙酮、苯，略溶于乙醇，几乎不溶于水。

丙烯为无色、略带芳香味的气体，分子式 C_3H_6，相对分子质量 42.08，熔点 -185.20℃，沸点 -47.70℃，溶于乙醚、乙醇、苯，微溶于水。

1-丁烯在常温下为无色、稍有臭味的气体，分子式 C_4H_8，相对分子质量 56.10，熔点 -185.35℃，沸点 -6.25℃，易溶于醚、醇、苯等溶剂，不溶于水。

异丁烯为无色的气体，分子式 C_4H_8，相对分子质量 56.10，熔点 -140.34℃，沸点 -6.90℃，溶于乙醚、乙醇、苯，不溶于水。

1，3-丁二烯是一种无色、略带芳香味的气体，分子式 C_4H_6，相对分子质量 54.09，熔点 -108.92℃，沸点 -4.41℃，与丙酮、苯、醚、二氯乙烷混溶，极易溶于乙腈、糠醛、二甲基甲酰胺等有机溶剂，稍溶于甲醇和乙醇，微溶于水。

3.1.2 乙烯和丙烯的主要用途

低相对分子质量烯烃是基本有机化工产品生产的重要原料。乙烯可用于生产氯乙烯、乙醇、乙醛、乙酸、环氧乙烷和乙二醇、乙苯和苯乙烯等，也可用作水果和蔬菜的催熟剂。丙烯可制丙烯腈、异丙醇、苯酚和丙酮、丁醇和辛醇、丙烯酸及其酯类以及制环氧丙烷和丙二醇、环氧氯丙烷和合成甘油等。正丁烯主要用于丁二烯的生产，其余用于生产顺丁烯二酸酐和仲丁醇、庚烯、聚丁烯、乙酐等。

低相对分子质量烯烃是重要的聚合物单体，能与多种化合物共聚制造各种合成纤维、合成橡胶、合成塑料、表面活性剂和炸药等。如聚乙烯、聚丙烯、丁苯橡胶、顺丁橡胶、丁腈橡胶、氯丁橡胶及 ABS 树脂等。

3.1.3 乙烯及其他烯烃的来源

由于烯烃的化学性质很活泼，因此乙烯、丙烯等低级烯烃分子在自然界中独立存在的可能性很小，一般需通过化学方法来获得。

19 世纪末，开始了从焦炉煤气中分离乙烯和由乙醇脱水制乙烯。20 世纪初，石油化工开始迅速发展，副产乙烯的数量已不敷需要。1920 年，美国联合碳化物公司(UOC)下属的林德空气产品公司开发了乙烷、丙烷高温裂解制乙烯的方法。1923 年，联合碳化物公司在西弗吉尼亚州建立了第一个石油烃类裂解制乙烯的石油化工厂。

工业上生产乙烯的方法包括烃类蒸汽裂解法、烃类催化裂解法、合成气合成法和乙醇脱水法等。目前，工业上获得低级烯烃的主要方法是将烃类热裂解。烃类热裂解是将烃类原料(乙烷、丙烷、天然气、炼厂气、石脑油、轻油、柴油、重油等)经高温(750℃以上)、低压(无催化剂)作用，使烃类分子发生碳链断裂或脱氢反应，生成相对分子质量较小的烯烃、烷烃和其他相对分子质量不同的轻质和重质烃类。

烃类裂解有多种方法，其中以蒸汽裂解技术为最成熟和最重要，占世界生产能力的 99.5% 以上。将裂解反应器与加热炉融为一体，称为裂解炉。原料在辐射炉管内流过，管外通过燃料燃烧的高温火焰、产生的烟道气、炉墙辐射加热将热量经辐射管管壁传给管内物料，裂解反应在管内高温下进行，管内无催化剂。同时，为降低烃分压，目前大多采用加入稀释蒸汽，故也称为蒸汽裂解技术。

本章主要介绍蒸汽裂解制乙烯和丙烯的生产工艺。生产过程包括烃类热裂解制裂解气和深冷分离两部分。

3.2 烃类热裂解

烃类热裂解的主要目的是生产乙烯，产量也最大，同时可得丙烯、丁二烯以及苯、甲苯和二甲苯等产品，所以烃类热裂解是有机化学工业获取基本原料的主要手段。烃类热裂解过程得到的含有乙烯、丙烯等组分的气态产品称为裂解气。液态产品有轻柴油和燃料油。

3.2.1 烃类热裂解的原料

裂解原料的来源主要有两个方面：一是天然气加工厂或炼厂气的轻烃，如乙烷、丙烷、丁烷等；二是炼油厂加工的石油馏分油产品，如石脑油、柴油、重油等，以及炼油厂二次加工油，如加氢焦化汽油、加氢裂化尾油等。

3.2.2 热裂解过程的化学反应

烃类热裂解的过程是很复杂的，即使是单一组分裂解也会得到十分复杂的产物，例如乙烷热裂解的产物就有氢、甲烷、乙烯、丙烯、丙烷、丁烯、丁二烯、芳烃和碳五以上组分，并含有未反应的乙烷。目前，已知道烃类热裂解的化学反应有脱氢、断链、二烯合成、异构化、脱氢环化、脱烷基、叠合、歧化、聚合、脱氧交联和焦化等一系列十分复杂的反应(如图 3-1)。

为便于分析，将烃类热裂解划分为一次反应和二次反应。一次反应即由原料烃类(主要是烷烃、环烷烃)经热裂解生成乙烯和丙烯的反应，二次反应主要是指一次反应产物(乙烯、丙烯等低分子烯烃)进一步反应生成多种产物，甚至最后生成焦或炭的反应。二次反应不仅降低了乙烯、丙烯的收率，而且生成的焦或炭会堵塞管道及设备，所以二次反应是不希望发生的。

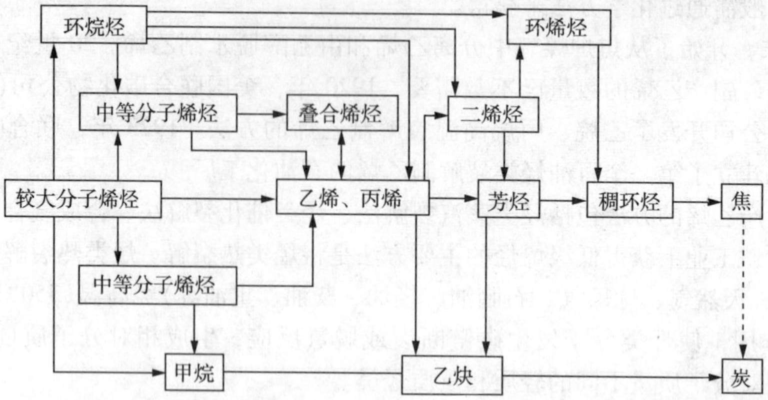

图 3-1　裂解过程中部分化学变化

(1)烃类热裂解的一次反应

不同烃族的原料的裂解反应和产品分布有很大的不同。

① 链烷烃热裂解。烃类热裂解能够发生 C—H 键断裂和 C—C 键断裂两类反应。

同碳原子数的烷烃，C—H 键能大于 C—C 键能，故断链比脱氢容易，且不受平衡限制。C—H 键断裂反应可以生成碳原子数相同的烯烃和氢，脱氢反应是可逆反应，在一定条件下达到动态平衡。其通式为：

$$C_nH_{2n+2} \rightleftharpoons C_nH_{2n} + H_2 \tag{3-1}$$

烷烃的脱氢能力与烷烃的分子结构有关。叔氢最易脱去，仲氢次之，伯氢又次之。

C—C 键断裂的反应产物是碳原子数较少的烷烃和烯烃，C—C 键断裂的反应是不可逆反应，其通式为：

$$C_{m+n}H_{2(m+n)+2} \longrightarrow C_mH_{2m} + C_nH_{2n+2} \tag{3-2}$$

碳原子数$(m+n)$越大，这类反应越易进行。烷烃的相对热稳定性随碳链的增长而降低，碳链越长的烃分子越容易断链。在断链反应中，低分子烷烃的 C—C 键在分子两端断裂比在分子中央断裂占优势，断链所得的较小分子是烷烃，主要是甲烷；较大分子是烯烃。随着烷烃的碳链增长，C—C 键在两端断裂的趋势逐渐减弱，在分子中央断裂的可能性逐渐增大。

带支链烃的 C—C 键或 C—H 键的键能小，易断裂。不论是脱氢反应或断链反应，都是热效应很大的吸热反应。所以烃类裂解时必须供给大量热量。脱氢反应比断链反应所需的热量更多。要使脱氢反应达到较高的平衡转化率，必须采用较高温度，乙烷的脱氢反应尤其如此。

② 环烷烃热裂解。环烷烃热裂解时，可以发生断链和脱氢反应。带侧链的环烷烃首先进行脱烷基反应，脱烷基反应一般在长侧链的中部开始断链，一直进行到侧链为甲基或乙基，然后再进一步发生环烷烃脱氢生成芳烃的反应，环烷烃脱氢比开环生成烯烃容易。裂解原料中环烷烃含量增加时，乙烯和丙烯收率会下降，丁二烯、芳烃的收率则有所增加。

③ 芳香烃热裂解。芳香烃的热稳定性很高，在一般的裂解温度下不易发生芳环开裂的反应，但可发生下列两类反应：一类是烷基芳烃的侧链发生断裂生成苯、甲苯、二甲苯等反应和脱氢反应；另一类是在较剧烈的裂解条件下，芳烃发生脱氢缩合反应。如苯脱氢缩合成联苯和萘等多环芳烃，多环芳烃还能继续脱氢缩合生成焦油直至结焦。

(2)烃类热裂解的二次反应

原料经过一次反应生成氢、甲烷和一些低相对分子质量的烯烃，如乙烯、丙烯、丁烯、异丁烯、戊烯等，氢和甲烷在该裂解温度下很稳定，而烯烃则可继续反应。

烃类热裂解过程的二次反应远比一次反应复杂。在二次反应中除了较大分子的烯烃裂解能增产乙烯、丙烯外，其余的反应都要消耗乙烯，降低乙烯的收率。由烯烃二次反应导致的结焦或生炭还会堵塞裂解炉管，影响正常生产。

① 烯烃在裂解条件下，可以分解生成较小分子的烯烃或二烯烃。

② 烯烃能发生聚合，环化和缩合反应，生成较大分子的烯烃、二烯烃和芳香烃。所生成的芳烃在裂解温度下很容易脱氢缩合生成多环芳烃、稠环芳烃直至转化为焦。

③ 烯烃可以加氢生成相应的烷烃。反应温度低时，有利于加氢平衡。烯烃也可以脱氢生成二烯烃和炔烃。烯烃的脱氢反应比烷烃的脱氢反应需要更高的温度。

④ 低级烃类在高温下经过生成乙炔的中间阶段，然后脱氢稠合成碳原子团，该过程称为生炭。结焦与生炭过程二者机理不同。结焦是在较低温度下（$<1200K$）通过芳烃缩合而成。生炭是在较高温度下（$>1200K$）通过生成乙炔的中间阶段，脱氢稠合形成的。

(3) *烃类热裂解反应机理及动力学*

多数研究者认为，烃类热裂解是按自由基反应机理进行的。反应分三个阶段：链引发、链传递、链终止。

烃类热裂解过程甚为复杂。据研究认为烃类热裂解是自由基型连锁反应。在高温下，C—C 键发生断链，形成非常活泼的反应基团——自由基，它很容易与其他分子发生反应，现以轻柴油中的链烷烃为例说明如下：

自由基连锁反应是分三个阶段进行的：

①链引发

$$R_1H \longrightarrow \cdot R_2 + \cdot R_3$$

②链传递

$$\cdot R_2 + R_1H \longrightarrow R_2H + \cdot R_1$$
$$\cdot R_3 + R_1H \longrightarrow R_3H + \cdot R_1$$
$$\cdot R_1 \longrightarrow C_nH_{2n} + \cdot R_4$$

③链终止

$$\cdot R_1 + \cdot R_4 \longrightarrow \text{生成物}$$

首先，原料烃 R_1H 的 C—C 链在高温下断链生成两个游离自由基（简称游离基）$\cdot R_2$ 和 $\cdot R_3$，然后 $\cdot R_2$ 和 $\cdot R_3$ 与原料烃反应脱氢生成游离基 $\cdot R_1$，由于 $\cdot R_1$ 对热不稳定，所以 $\cdot R_1$ 分解成烯烃 C_nH_{2n} 和游离基 $\cdot R_4$，最后 $\cdot R_4$ 和 $\cdot R_1$ 反应生成稳定的生成物。因此，在高温条件下，各种烃类在这种机理的作用下，不断反应生成各种复杂产物，在合理时间控制下，可得到最佳目的产物。

混合组分裂解时，一个易于裂解的烷烃分子均裂生成的自由基，可以促进另一种难裂解的组分加速裂解。反过来说，难裂解的组分对易裂解组分的裂解有抑制作用。利用原料裂解时各组分的相互作用的协同效应可以提高混合组分裂解时某一种产物的选择性，或者在调整副产物收率（如丙烯或丁烯等）方面起一定的作用。例如石脑油与乙烷共裂解，可使乙烯的选择性比分别裂解时好，但是共裂解的碳四、碳五馏分低于分别裂解收率。当某裂解装置在乙烯生产规模不变情况下，采用混合组分共裂解原理生产，所需石脑油消耗量比分别裂解约降低 2% 左右。

烃类裂解时，一次反应的反应速度基本上可作一级反应动力学处理。

$$r = -\frac{dC}{dt} = kc \tag{3-3}$$

式中 r——反应物的消失速度，mol/L · S；

c——反应物浓度，mol/L；

t——反应时间，s；

k——反应速度常数，s^{-1}。

当反应物浓度由 $c_0 \rightarrow c$，反应时间由 $0 \rightarrow t$ 时，积分方程：

$$\ln c_0/c = kt \tag{3-4}$$

以转化率 α 表示时，因裂解反应是分子数增加的反应，故：

$$c = c_0(1-\alpha)/\beta \tag{3-5}$$

$$\ln\beta/(1-\alpha) = kt \tag{3-6}$$

式中 β 称体积增大率，β 值是指烃类原料气经裂解后所得裂解气的体积与原料气体积之比。其值是随着转化率和反应条件而变化，一般由实验来确定。

热裂解是一体积增大的反应，物料衡算时要考虑体积增大率，注意体积增大率的计算方法，比较例 3-1 和例 3-2 体积增大率的计算。

例 3-1 乙烷裂解装置裂解温度 827℃，原料的处理量为 1000Nm^3/h，进裂解炉的原料气组成(体积分数)：C_2H_6 99.3%，CH_4 0.2%，C_2H_4 0.5%。裂解产物组成(体积分数)：H_2 35.2%，CH_4 3.6%，C_2H_2 0.2%，C_2H_4 33.1%，C_2H_6 26.7%，C_3 0.6%，C_4 0.2%，C_5 0.3%。作物料衡算，并求乙烷单程转化率、乙烷循环量、乙烯产量、乙烯收率、乙烯总质量收率。

【物料衡算】

(1)求体积增大率 β

热裂解是分子数增多的反应，裂解后，裂解气体积增大，但裂解前后原子数不变，以 C 为计算基准，反应前后 C 原子数不变：

100mol 原料含碳：$99.3 \times 2 + 0.2 \times 1 + 0.5 \times 2 = 199.8$mol

100mol 产物含碳：$3.6 \times 1 + 0.2 \times 2 + 33.1 \times 2 + 26.7 \times 2 + 0.6 \times 3 + 0.2 \times 4 + 0.3 \times 5$
$= 127.7$mol

设体积增大率 β，则

$199.8 = \beta \times 127.7$

$\beta = 1.56$

(2)原料物料衡算

1000Nm^3/h 原料气中：

C_2H_6　99.3% × 1000 = 993 Nm^3/h = 1329.9 kg/h

CH_4　0.2% × 1000 = 2 Nm^3/h = 1.43 kg/h

C_2H_4　0.5% × 1000 = 5 Nm^3/h = 6.25 kg/h

合计　1337.58 kg/h

(3)产物物料衡算

出口裂解气量为：

$1000 \times 1.56 = 1560$ Nm^3/h

其中

C_2H_6　26.7% × 1560 = 416.52 Nm^3/h = 557.84 kg/h

CH_4　3.6%×1560 = 56.16 Nm^3/h=40.11 kg/h

C_2H_4　33.1%×1560 = 516.36 Nm^3/h=645.46 kg/h

H_2　35.2%×1560=549.11 Nm^3/h=49.03 kg/h

C_2H_2　0.2%×1560=3.12 Nm^3/h=3.62 kg/h

C_3　0.6%×1560=9.36 Nm^3/h=18.38 kg/h(以链烷烃计)

C_4　0.2%×1560=3.12 Nm^3/h=8.08 kg/h(以链烷烃计)

C_5　0.3%×1560=4.68 Nm^3/h=15.04 kg/h

合计　1337.56 kg/h

(4)生产指标计算。

$$\text{乙烷单程转化率}=\frac{\text{参加反应的原料量}}{(\text{循环+新鲜})\text{原料量}}\times100\%$$

$$=\frac{99.3-1.56\times26.7}{99.3}\times100\%$$

$$=58\%$$

(或$\frac{993-416.52}{993}\times100\%=58\%$)

乙烷循环量=557.84 kg/h

$$\text{乙烯体积(或摩尔)收率}=\frac{516.36}{993}\times100\%=52\%$$

$$\text{乙烯质量收率}=\frac{645.46}{1329.9}\times100\%=48.53\%$$

新鲜原料量=1337.58 − 557.84=779.74 kg/h

乙烯产量=1329.9 kg/h×48.53%=645.45 kg/h

$$\text{乙烯总质量收率}=\frac{645.46}{779.74}\times100\%=82.78\%$$

例 3-2　某裂解装置进料的原料气组成(体积分数)为 C_2H_6 98%，C_2H_4 1%，C_3H_6 1%，裂解按下式进行：

$0.98C_2H_6+0.01C_2H_4+0.01C_3H_6=0.4966H_2+0.0546CH_4+0.4848C_2H_4+$
$0.4434C_2H_6+0.0011C_3H_6+0.0041C_3H_8+0.0071C_4H_8+0.0046C_5H_{12}$

求体积增大率和乙烷单程转化率。如果该装置乙烷的处理量为5000kg/h，求乙烯收率、乙烷循环量、乙烯产量、乙烯总质量收率。

【解】

(1)体积增大率

体积增大率应等于气体产物与原料气的摩尔比，设体积增大率β，则

$$\beta=\frac{0.4966+0.0546+0.4848+0.4434+0.0011+0.0041+0.0071+0.0046}{0.98+0.01+0.01}=1.50$$

(2)生产指标计算

$$\text{乙烷转化率}=\frac{0.98-0.4434}{0.98}\times100\%=54.8\%$$

$$\text{乙烯收率}=\frac{0.4848}{0.98}\times100\%=49.5\%$$

乙烷循环量=(1−54.8%)×5000kg/h=2260 kg/h

新鲜原料量 = 5000 - 2260 = 2740 kg/h

乙烯产量 = 5000 kg/h × 49.5% × 28/30 = 2310 kg/h

$$乙烯总质量收率 = \frac{2310}{2740} \times 100\% = 84.3\%$$

烃类热裂解过程除了一次反应外还伴随着大量的二次反应。烃类热裂解的二次反应动力学是相当复杂的。在二次反应中，烯烃的裂解、脱氢和生炭等反应都是一级反应，而聚合、缩合、结焦等反应都是大于一级的反应。

3.2.3 烃类热裂解影响因素

烃类热裂解过程有如下特点：

①烃类热裂解是强吸热反应，因此需在高温下进行，反应温度一般在750℃以上。

②烃类热裂解存在二次反应，为了避免烃类热裂解过程二次反应发生，反应停留时间应很短，一般在0.05 ~ 1s之间。

③由于反应时间很短，需要快速升温，要求裂解炉管有高的传热强度。

④热裂解反应是分子数增加的反应，降低烃的分压，有利于原料分子向反应产物分子的反应平衡方向移动。

⑤裂解反应产物是一复杂的混合物，除了裂解气和液态烃(指裂解轻柴油和裂解燃料油)之外，有焦炭生成。

因此，影响裂解结果有许多重要因素。如原料特性、裂解工艺条件、裂解反应器型式和裂解方法等。

(1)原料特性对裂解结果的影响

衡量裂解结果的几个指标有：

① 转化率。转化率表示参加反应的原料数量占进入反应器原料数量的百分率。

$$转化率 = \frac{参加反应的原料量}{进入反应器的原料量} \times 100\% \tag{3-7}$$

② 产气率。产气率表示液体油品作裂解原料时所得的气体产物总质量与原料质量之比。一般小于 C_4 的产物为气体。

$$产气率 = \frac{气体产物总质量}{原料质量} \times 100\% \tag{3-8}$$

③ 选择性。表示实际所得目的产物量与按反应掉原料计算应得产物理论量之比。

$$选择性 = \frac{实际所得目的产物量}{按反应掉原料计算应得产物理论量} \times 100\%$$

$$= \frac{转化为目的产物的原料量}{反应掉原料量} \times 100\% \tag{3-9}$$

④ 收率和质量收率。收率有多种表达方式：

$$摩尔收率 = \frac{转化为目的产物的原料物质的量}{通入反应器原料物质的量} \times 100\%$$

$$= 转化率 \times 选择性 \tag{3-10}$$

$$质量收率 = \frac{实际所得目的产物质量}{通入反应器原料质量} \times 100\% \tag{3-11}$$

当有循环物料时，产物总收率和总质量收率的计算：

$$总收率 = \frac{转化为目的产物的原料物质的量}{新鲜原料物质的量} \times 100\% \tag{3-12}$$

$$总质量收率 = \frac{所得目的产物质量}{新鲜原料质量} \times 100\% \tag{3-13}$$

烃类裂解所得烯烃收率与裂解原料的性质密切相关。对相同裂解原料而言，则裂解所得产品收率取决于裂解过程的工艺条件。只有选择合适的工艺条件，并在生产中平稳操作，才能达到理想的裂解产品收率分布，并保证合理的清焦周期。

① 原料烃的族组成对裂解产物分布的影响。石油烃主要由链烷烃 P、烯烃 O、环烷烃 N 和芳香烃 A 四大烃族组成。原料烃的族组成(简称 PONA 值)是指各族烃在裂解原料中的质量含量，常被用来判断其是否适宜作裂解原料的重要依据。

相同碳原子数时，烷烃含氢量最高，环烷烃含氢量次之，芳烃含氢量最低。含氢量高的原料裂解不易结焦，裂解深度可深一些，产物中乙烯收率也高。所以，高含量的烷烃、低含量的芳烃是理想的裂解原料。

各类烃热裂解的易难顺序可归纳为：异构烷烃 > 正构烷烃 > 环烷烃($C_6 > C_5$) > 芳烃。

② 原料含氢量对裂解产物分布的影响。原料含氢量是指原料中氢的质量分数。测定其原料的含氢量比测定其族组成更简单。烃类裂解过程也是氢在裂解产物中重新分配的过程。原料含氢量对裂解产物分布的影响规律，大体上和 PONA 值的影响是一致的。相同碳原子数时，烷烃含氢量最高，环烷烃含氢量次之，芳烃含氢量最低。含氢量高的原料，裂解深度可深一些，产物中乙烯收率也高。

对重质烃的裂解，按目前技术水平，气态产物的含氢量控制在 18%(质量分数)，液态产物含氢量控制在稍高于 7% ~8%(质量分数)为宜。因为液态产物含氢量低于 7% ~8%(质量分数)时，就易结焦，堵塞炉管和急冷换热设备。

PONA 值与含氢量以及裂解产物分布的关系可概括为：

含氢量：P > N > A

乙烯收率：P > N > A

液体产物收率：P < N < A

容易结焦倾向：P < N < A

③ 芳烃指数对裂解产物分布的影响。芳烃指数即美国矿务局关联指数(U. S. Bureau of Mines Correlation Index)，简称 BMCI，用于表征柴油等重质馏分油中烃组分的结构特性。

正构烷烃的 BMCI 值最小(正己烷为 0.2)，芳烃则相反(苯为 99.8)。因此烃原料的 BMCI 越小，乙烯收率越高；相反烃原料 BMCI 值越大，不仅乙烯收率低，而且裂解时结焦的倾向性也越大。

(2)裂解温度的影响

从热力学分析，裂解是吸热反应，需要在高温下才能进行。温度越高对生成乙烯、丙烯越有利，同时对烃类分解生成碳和氢的副反应也越有利；从动力学角度分析，升高温度，烃类裂解生成乙烯的反应速度的提高大于烃类分解为碳和氢的反应速度，一次反应在动力学上占优势。因此，选择一个最适宜的裂解温度既可提高转化率也可得到较高的乙烯收率。

一般地，当温度低于 750℃时，生成乙烯的收率较低，在 750℃以上生成乙烯可能性增大。温度越高，生成乙烯反应的可能性越大，乙烯的收率越高。但当反应温度太高，特别是超过 900℃时，对结焦和生炭反应极为有利，同时生成的乙烯又会经历乙炔中间阶段而生成炭，这样原料的转化率虽有增加，产品的收率却大大降低。

不同的裂解原料具有不同的最适宜的裂解温度。当采用较轻的裂解原料时，裂解温度应较高；采用较重的裂解原料，裂解温度应较低。如某厂乙烷裂解炉的裂解温度是850～870℃，石脑油裂解炉的裂解温度是840～865℃，轻柴油裂解炉的裂解温度是830～860℃。若改变反应温度，裂解反应进行的程度就不同，一次产物的分布也会改变，所以可以选择不同的裂解温度，达到调整一次产物分布的目的，如裂解目的产物是乙烯，则裂解温度可适当地提高，如果要多产丙烯，裂解温度可适当降低。

提高裂解温度还受炉管合金的最高耐热温度的限制，也正是管材合金和加热炉设计方面的进展，使裂解温度从最初的750℃提高到900℃以上。目前，某些裂解炉管已允许壁温达到1115～1150℃。

(3)停留时间的影响

停留时间是影响裂解选择性的一个重要指标。所谓停留时间，是指物料从反应开始到达某一转化率时在反应器内经历的反应时间。在管式裂解反应器中，是指裂解原料由进入裂解辐射管到离开裂解辐射管所经过的时间。停留时间一般用τ来表示，单位为s。

如果裂解原料在反应区停留时间太短，原料的转化率很低，就增加了未反应原料的分离、回收的能量消耗；如果原料在反应区停留时间长，虽然转化率较高，但将更多地发生二次反应，乙烯收率反而下降。同时，二次反应的进行，生成更多焦和炭，缩短了裂解炉管的运转周期，既浪费了原料，又影响正常的生产进行。

所以选择合适的停留时间，既可使一次反应充分进行，又能有效地抑制并减少二次反应。停留时间的选择主要取决于裂解温度。当停留时间在适宜的范围内，乙烯的生成量较大，乙烯的损失较小，即有一个最高的乙烯收率称为峰值收率。

不同的裂解温度，所对应的峰值收率不同。温度越高，乙烯的峰值收率越高，相对应的最适宜的停留时间越短。这是因为二次反应主要发生在转化率较高的裂解后期，如控制很短的停留时间，一次反应产物还没来得及发生二次反应就迅速离开了反应区，从而提高了乙烯的收率。

裂解温度与停留时间对提高乙烯收率来说是一对相互依赖相互制约的因素。提高温度，缩短停留时间，能得到更多的乙烯，而丙烯以上的单烯烃收率有所下降。工业上可利用温度与停留时间相互影响的效应，根据市场变化的需要，调节产物中乙烯/丙烯的比例，争取更多的经济效益。

停留时间的选择除与裂解温度有关外，也与裂解原料和裂解工艺技术等有关。在一定的反应温度下，每一种裂解原料，都有它最适宜的停留时间，如裂解原料较重，则停留时间应短一些，原料较轻则可选择稍长一些。

20世纪50年代，由于受裂解技术限制，停留时间为1.8～2.5s。目前，一般停留时间为0.15～0.25s(二程炉管)，单程炉管可达0.1s以下，即以毫秒计。

(4)烃分压和稀释剂的影响

① 压力对平衡转化率的影响。烃类裂解的一次反应是分子数增加的反应，降低压力对反应平衡向正反应方向移动是有利的，但是高温条件下，断链反应的平衡常数很大，几乎接近全部转化，反应是不可逆的。因此，改变压力对断链反应的平衡转化率影响不大。对于脱氢反应，它是一可逆过程，降低压力有利于提高转化率。二次反应中的聚合、脱氢缩合、结焦等二次反应，都是分子数减少的反应，降低压力不利于平衡向产物方向移动，可抑制此类反应的发生。所以，从热力学分析可知，降低压力对一次反应有利，

对二次反应不利。

② 压力对反应速度和反应选择性的影响。压力不能改变速度常数的大小，但能通过改变浓度大小来改变反应速度的大小。降低压力会使气相的反应分子的浓度减少，也就减少了反应速度。从动力学分析，降低压力可增大一次反应对于二次反应的相对速度。

无论从热力学还是动力学分析，降低裂解压力对增产乙烯的一次反应有利，可抑制二次反应，从而减轻结焦的程度。

③ 稀释剂的降压作用。在生产中，不能直接采用减压操作，因为裂解是在高温下进行的，当某些管件连接不严密时，有可能漏入空气，不仅会使裂解原料和产物部分氧化而造成损失，更严重的是空气与裂解气能形成爆炸性混合物而导致爆炸。另外，如果在裂解阶段采用减压操作，对后继分离部分的裂解气压缩操作就会增加负荷，即增加了能耗。工业上常用的办法是在裂解原料气中添加稀释剂以降低烃分压。

稀释剂可以是惰性气体或水蒸气。一般都是采用水蒸气作为稀释剂，其优点是：

(a)易于从裂解气中分离。水蒸气在急冷时可以冷凝，很容易就实现了稀释剂与裂解气的分离。

(b)可以抑制原料中的硫对合金钢管的腐蚀。

(c)可脱除炉管的部分结焦。水蒸气在高温下能与裂解管中沉淀的焦炭发生 $C + H_2O \longrightarrow H_2 + CO$ 反应，使固体焦炭生成气体，随裂解气离开，延长了炉管运转周期。

(d)减轻炉管中铁和镍对烃类气体分解生炭的催化作用。水蒸气对金属表面起一定的氧化作用，使金属表面的铁、镍形成氧化物薄膜，可抑制这些金属对烃类气体分解生炭反应的催化作用。

(e)稳定炉管裂解温度。水蒸气的热容大，升温时耗热较多。稀释水蒸气的加入，可以起到稳定炉管裂解温度、防止过热、保护炉管的作用。

(f)具有降低烃分压的作用。稀释水蒸气可降低炉管内的烃分压，水的摩尔质量小，同样质量的水蒸气其分压较大，在总压相同时，烃分压可降低较多。

水蒸气的加入量随裂解原料而异，一般地说，轻质原料裂解时，所需稀释水蒸气量可以降低，随着裂解原料变重，为减少结焦，所需稀释水蒸气量将增大。

综合以上讨论，烃类热裂解的操作条件宜采用高温、短停留时间、低烃分压。

3.2.4 管式裂解炉

(1)管式炉的结构组成及作用

管式炉就是外部加热的管式反应器，主要由炉体和裂解炉管两大部分组成。炉体用钢构件和耐火材料砌筑，分为对流室和辐射室，原料预热管和蒸汽加热管安装在对流室内，裂解炉管布置在辐射室内。在辐射室的炉侧壁和炉顶或炉底，安装一定数量的燃料烧嘴。管式裂解炉的基本结构如图 3－2 所示。

1)炉体

炉体由两部分组成，即对流段和辐射段。对流段内设有数组水平放置的换热管用来预热原料、工艺稀释水蒸气、急冷锅炉进水和过热的高压水蒸气等；辐射段由耐火砖(里层)和隔热砖(外层)砌成，在辐射段炉墙或底部的一定部位安装有一定数量的燃烧器，所以辐射段又称为燃烧室或炉膛，裂解炉管垂直放置在辐射室中央。为放置炉管，还有一些附件如管架、吊钩等。

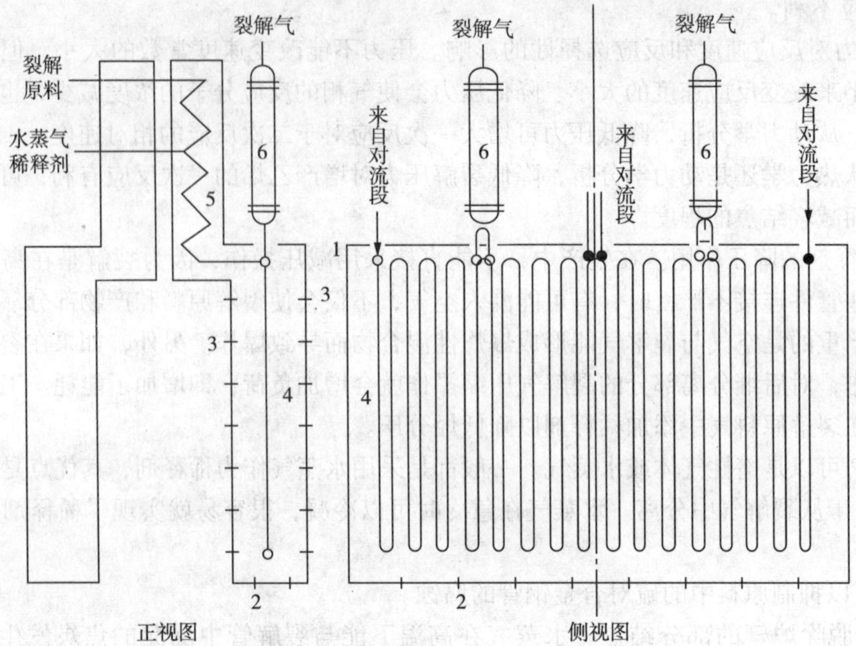

图 3-2　立管式 SRT-Ⅰ型裂解炉简图

1—炉体；2—油气联合烧嘴；3—气体无焰烧嘴；

4—辐射段炉管(反应管)；5—对流段炉管；6—急冷锅炉

2)炉管

炉管前一部分安置在对流段的称为对流管，对流管内物料被管外的高温烟道气以对流方式进行加热并汽化，达到裂解反应温度后进入辐射管，故对流管又称为预热管。炉管后一部分安置在辐射段的称为辐射管，通过燃料燃烧的高温火焰、产生的烟道气、炉墙辐射加热将热量经辐射管管壁传给物料，裂解反应在该管内进行，故辐射管又称为反应管。

在管式炉运行时，裂解原料的流向是先进入对流管，再进入辐射管，反应后的裂解产物离开裂解炉经急冷段给予急冷。燃料在燃烧器燃烧后，则先在辐射段生成高温烟道气并向辐射管提供大部分反应所需热量。然后，烟道气再进入对流段，把余热提供给刚进入对流管内的物料，然后经烟道从烟囱排放。

3)燃烧器

燃烧器又称为烧嘴，它是管式炉的重要部件之一。管式炉所需的热量是通过燃料在燃烧器中燃烧得到的。性能优良的烧嘴不仅对炉子的热效率、炉管热强度和加热均匀性起着十分重要的作用，而且使炉体外形尺寸缩小、结构紧凑，燃料消耗低，烟气中 NO_x 等有害气体含量低。烧嘴因其所安装的位置不同分为底部烧嘴和侧壁烧嘴。管式裂解炉的烧嘴设置方式可分为三种：一是全部由底部烧嘴供热；二是全部由侧壁烧嘴供热；三是由底部和侧壁烧嘴联合供热。按所用燃料不同，又分为气体燃烧器、液体(油)燃烧器和气油联合燃烧器。

(2)管式裂解炉的炉型

在乙烯工业生产装置中，裂解炉能耗约占装置总能耗的 50%～60%，投资约占整个乙烯装置的三分之一。裂解技术的发展主要在热效率高、选择性高、操作弹性大、原料适应性强、运行周期长、投资省及大型化几个方面。

目前，国内外一些有代表性的裂解炉型有：美国鲁姆斯公司开发的短停留时间 SRT 型裂解炉；美国斯通—韦伯斯特超选择性 USC 型裂解炉；美国凯洛格公司开发的 MSF 毫秒裂解炉等十几种，尽管各种炉型外观结构各具特色，但共同点都是按高温、短停留时间、低烃分压的裂解原理进行设计制造的。

由于裂解炉管构型及布置方式和烧嘴安装位置及燃烧方式的不同，管式裂解炉的炉型有多种，现列举一些有代表性的炉型。

1)鲁姆斯裂解炉

美国鲁姆斯(LUMMUS)公司于 1963 年开发出 SRT 型裂解炉，即短停留时间炉，1965 年工业化，以后又不断地改进了炉管的炉型及炉子的结构，先后推出了 SRT－Ⅰ～Ⅵ型裂解炉(见表 3－1)。该炉型的不断改进，是为了进一步缩短停留时间，改善裂解选择性，提高乙烯的收率，对不同的裂解原料有较大的灵活性。

表 3－1　SRT 型裂解炉管排布

炉　型	SRT－Ⅰ	SRT－Ⅱ(HC)	SRT－Ⅲ	SRT－Ⅳ
炉管排布形式	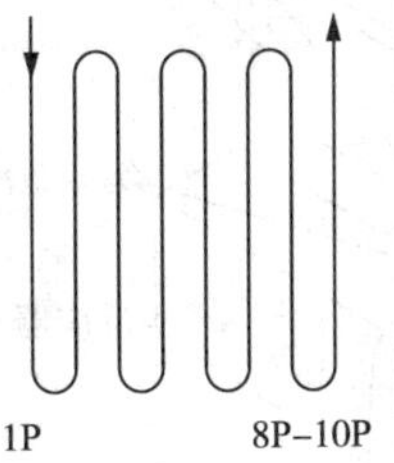	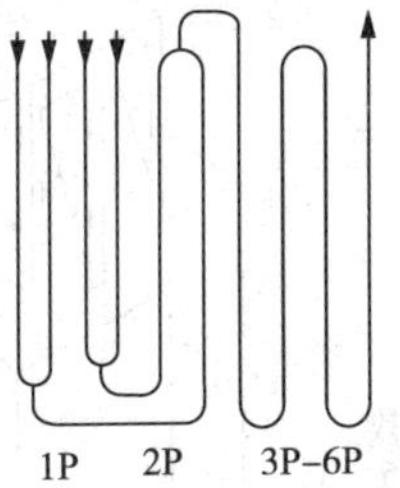	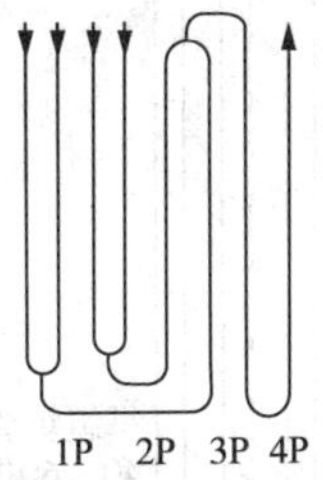	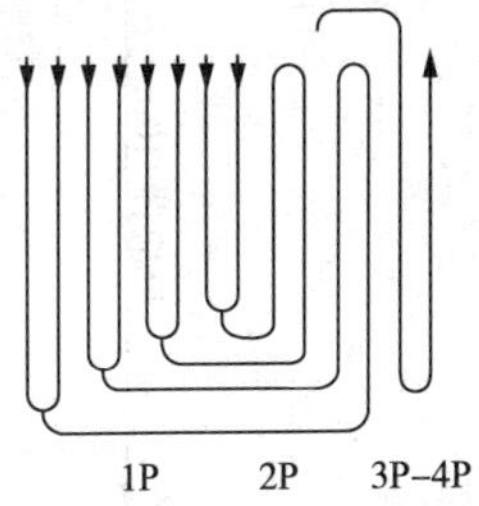

注：p—程，炉管内物料走向，一个方向为一程，如 3P 为第 3 程。

SRT 型炉是目前世界上大型乙烯装置中应用最多的炉型。我国的燕山石化公司、扬子石化公司和齐鲁石化公司的乙烯生产装置均采用此种裂解炉。

在研究辐射炉管的管径、程数和炉管长度等问题时，为了在短停留时间内使原料能迅速升到高温进行裂解反应，必须有高热强度的辐射炉管，因此采用双面接受辐射能量的垂直单排管，以最大限度地接受辐射能量。由于裂解反应是体积增大的反应，辐射炉管径采用先细后粗，小管径有利于强化传热，使原料迅速升温，缩短停留时间。炉管后部管径变粗，有利于减小 Δp 降低烃分压，减少二次反应。在相同质量流速下，辐射炉管越短压降越小；停留时间越短，乙烯收率越高。SRT－Ⅰ、Ⅱ、Ⅲ、Ⅳ型裂解炉每经过一次改型，都使乙烯收率提高 1%～2%。

2)凯洛格毫秒裂解炉

美国凯洛格(Kellogg)公司在 20 世纪 60 年代开始研究开发一种超短停留时间裂解炉，简称 USR 炉，1978 年开发成功。在高裂解温度下，使物料在炉管内的停留时间缩短到0.05～0.1s(50～100ms)，所以也称为毫秒裂解炉(MSF)，如图 3－3 所示。

毫秒裂解炉由于管径较小，所需炉管数量多，致使裂解炉结构复杂，投资相对较高。因裂解管是一程，没有弯头，阻力降小，烃分压低，乙烯收率比其他炉型高。我国兰州石化公司采用此技术。

3)USC 裂解炉

美国斯通－韦伯斯特公司在 20 世纪 70 年代开发了一种超选择性裂解炉，简称 USC 炉(如图 3－4 所示)。

超选择性裂解炉连同两段急冷(USX＋TLX)构成三位一体的裂解系统，每台 USC 裂解炉有 16 组管，每组 4 根炉管成 W 型，每两台炉构成一个门式结构。毫秒炉的特点是在高裂解温度下，物料在炉管内的停留时间缩短到 100 ms 左右，仅为一般裂解炉停留时间 1/4 ~ 1/6。裂解炉管由一程单排垂直管构成，管径 25 ~ 30 mm，管长 10m。阻力降小，烃分压低。因此乙烯收率比其他炉型高。

短停留时间和低烃分压使裂解反应具有良好的选择性。大庆石化公司以及世界上很多石油化工厂都采用它来生产乙烯及其联产品。

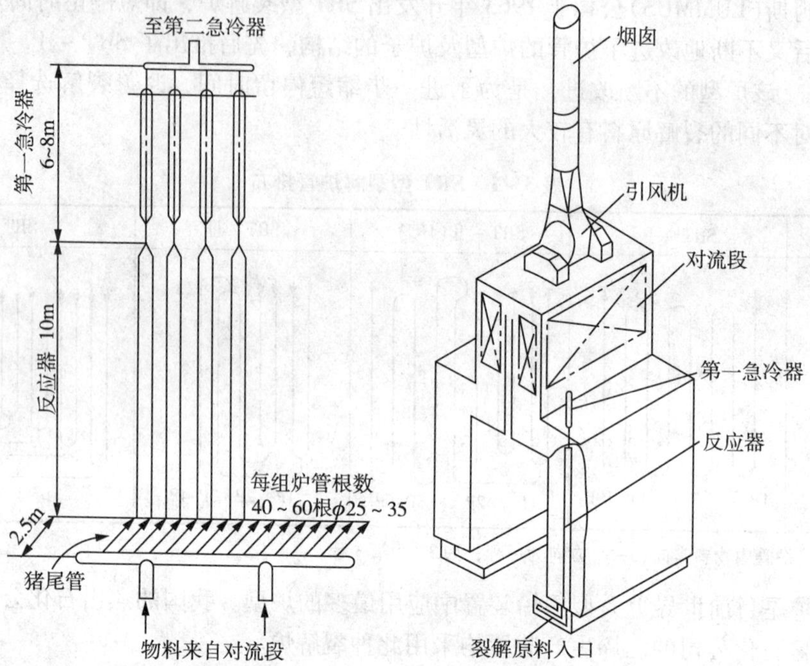

图 3 – 3　美国凯洛格公司 MSF 毫秒裂解炉

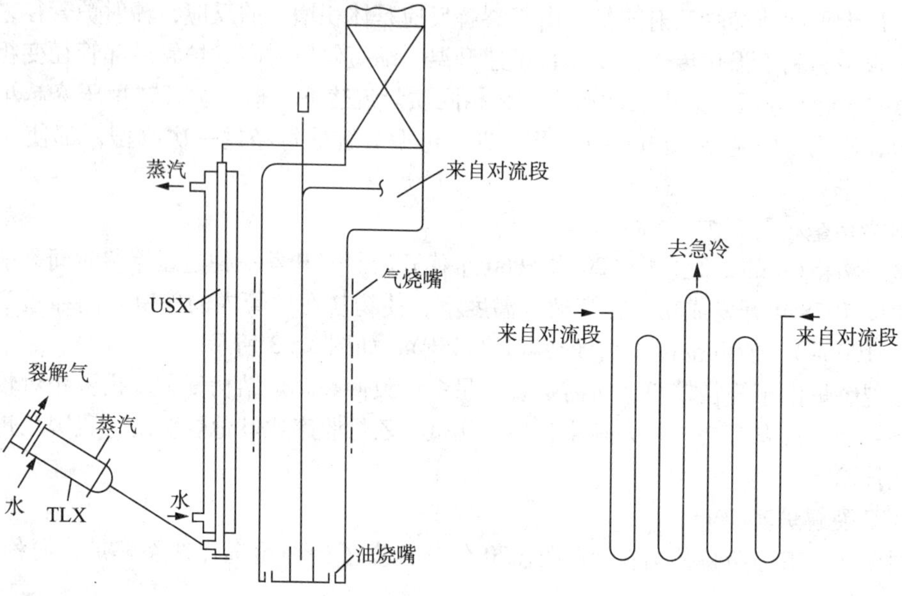

图 3 – 4　美国斯通 – 韦伯斯特超选择性 USC 型裂解炉

4)CBL 裂解炉(北方炉)

1984 年由中国石油化工总公司组织了中国石化工程建设公司、北京化工研究院、兰州化工机械研究院及中国石油辽阳石化公司进行了国产裂解炉的科研开发。1988 年在辽阳石化公司建成，我国第一台自主开发的单台乙烯生产能力为 20kt/a 的工业试验炉一次开车成功，取名北方炉，炉型为 CBL－I。CBL－I 型炉炉管构型为 2－1 型、稀释蒸汽二次注入和二级急冷，1991 年 CBL－Ⅰ型炉通过了国家鉴定。1994 年 6 月又开发成功 CBL－Ⅱ型炉，CBL－Ⅱ型炉比 CBL－Ⅰ型炉的三烯收率增加 1.18 个百分点，热效率也有所提高。其主要技术指标较 CBL－Ⅰ型炉有了较大提高，达到了 90 年代引进裂解炉水平。1996 年 8 月单台乙烯生产能力为 40kt/a CBL－Ⅲ型炉在辽阳石化公司建成并通过鉴定。1998 年 11 月辽阳石化公司又建成了单台乙烯生产能力为 60kt/a 的 CBL－Ⅳ型炉。CBL－Ⅲ型炉设计的原料为石脑油(NAP)和常压柴油(AGO)，CBL－Ⅳ型炉设计的原料为 NAP 和加氢裂化尾油(HVGO)。从 1998 年开始，中国石油化工总公司又组织开发 100kt/a 裂解炉，设计的原料为 NAP、加氢尾油(HGO)和 HVGO。

CBL 炉辐射段炉管自 1984 年第一次提出 2－1 型炉管以来，CBL－Ⅰ－Ⅲ型及与鲁姆斯公司合作开发 SL－Ⅰ型炉大多采用此种炉管构型。CBL－Ⅳ型炉采用的为 4－1 型炉管。2003 年开发出改进 2－1 型炉管，裂解炉液体原料裂解采用高选择性两程炉管。其共同点是一程采用小直径炉管以快速升温，二程采用较大直径炉管有利于降低烃分压，并可根据不同的原料和能力要求，选用相应的炉管构型。无论 2－1 型、改进 2－1 型还是 4－1 型炉管，均有较大的比表面积，加快了物料在入口端的升温速度，提高了炉管前端的管壁温度，缩小了整个炉管的管壁温差，有效地利用了整体炉管。其中 2－1 型、改进 2－1 型炉管可配置线性或 U 型急冷锅炉。这几种高选择性炉管都很好地体现了高温、短停留时间、低烃分压的特点。炉管构型参数选择符合世界裂解技术发展趋势，其选择性相近，均具有良好的裂解选择性和适宜的运行周期。国产化 CBL 裂解炉技术开发经历了试验、巩固和成熟并全面推广应用阶段，技术水平在工艺及工程化方面均达到了国际同等的水平。在重质油裂解方面比国际水平还要高，可以满足国内新建和改造的需要。裂解炉能力从最初的 20kt/a 发展到 100kt/a，原料可以从乙烷到加氢尾油。

5)SL 型炉

SL 型炉是 1999 年由中国石化与鲁姆斯公司合作开发的 100kt/a 以上裂解炉，以 CBL 技术为主设计的为 SL－Ⅰ型，其特征是液体原料采用 2－1 型辐射段炉管，气体原料采用 2－1－1－1 型辐射段炉管。以鲁姆斯公司技术 SRT－Ⅵ型炉为基础设计的 SL－Ⅱ型裂解炉，其特征是液体原料采用 4－1 或 5－1 型辐射段炉管，气体原料采用 4－2－1－1－1－1 型辐射段炉管。

SL－Ⅰ型裂解炉技术特点是：①单辐射段单对流段结构，高选择性两程炉管，采用改进的 2－1 型炉管结构，停留时间短、烃分压低、较大的比表面积和良好的机械性能。②对原料及操作具有较大的灵活性。③对流段采用二次 DS 注汽工艺，在对流段设有超高压蒸汽过热段。④裂解气采用一级急冷(浴缸式)。⑤供热采用底部 80%、侧壁 20%。⑥引风机采用变频控制，节能和降噪音。⑦炉管吊架采用衡力弹簧。⑧原料适应性强。⑨操作弹性大。⑩热效率高达 93%～94%。⑪操作周期长。⑫投资省。

例 3－3 表 4－1 中从 SRT－Ⅰ型裂解炉发展到 SRT－Ⅳ型裂解炉，管程由 10 程减少到 4 程，管径由不变径发展到三变径(由细到粗)，进料路数从 1 路变成 4 路和 8 路，管长度从

73.2m 分别缩短至 66.6m、48.8m 和 38.9m；试分析炉型发展原理和所要达到的目的。

【分析】

高效和高选择性裂解炉炉管都必须实现高温、短停留时间、低烃分压的特点。

烃类热裂解反应存在二次反应，为了减少副反应，要求短的停留时间，减少管程和缩短管长可以实现短的停留时间的目的，实际上 SRT－Ⅰ型到 SRT－Ⅳ型裂解炉的变化使停留时间从 0.6s 分别缩短到 0.47s、0.43s 和 0.35s。

烃类热裂解反应是体积增大的气相反应，减小烃类的分压对提高乙烯收率有利，进出口管径由细到粗变径能够减少烃的进出口压差，达到提高乙烯收率的目的。

烃类热裂解反应是强吸热反应，又存在二次反应，要求在短时间内把温度提升到反应温度，需要高的传热强度，进料路数从 1 路变成 4 路和 8 路，增加了管壁传热面积从而提高了传热强度。裂解炉管壁温度从 SRT－Ⅰ型的 1000℃提高到 SRT－Ⅳ型的 1115℃。裂解原料的适用性从轻组分的石脑油发展到重组分轻柴油。

实际上，不管什么炉型，其共同点是 1 程采用多股进料小直径炉管以快速升温，2 程采用较大直径炉管有利于降低烃分压，并可根据不同的原料和能力要求选用相应的炉管构型。

例如 SL－Ⅱ型裂解炉气体原料采用 4－2－1－1－1－1 型辐射段炉管，由于是气态轻组分，裂解原料不易结焦，采用 6 程炉管增加裂解深度以提高乙烯收率。第 1 程用小直径炉管 4 股进料，第 2 程加大管径汇成 2 股，后 4 程采用 1 股，管径更粗。SL－Ⅱ型裂解炉液体原料采用 4－1 或 5－1 型辐射段炉管，这是因为液体原料属于重组分，裂解深度深容易结焦，所以采用 2 程炉管，第 1 程用小直径炉管 5 股进料，第 2 程加大管径汇成 1 股。

(3)裂解气急冷与急冷换热器

1)裂解气急冷的目的

从裂解炉出来的裂解气是富含烯烃的气体和大量的水蒸气，温度 727～927℃，烯烃反应性很强，若任它们在高温下长时间停留，仍会发生二次反应，引起结焦、烯烃收率下降及生成经济价值不高的副产物，因此需要将裂解炉出口高温裂解气尽快冷却，以终止其裂解反应。急冷的方法有两种：一种是直接急冷，另一种是间接急冷。

直接急冷用急冷剂与裂解气直接接触，使裂解气迅速冷却，急冷剂用油或水。急冷下来的油水密度相差不大，分离困难，污水量大，不能回收高品位的热量。水直接急冷必须考虑急冷水的闭合循环，另外因有油水的乳化现象，必须设法提高油水的分离效果。油直接急冷要考虑急冷油在 200～300℃的温度下很快聚合，黏度增大，容易在急冷系统内结焦，所以必须维持急冷油的黏度稳定。

间接急冷用冷剂通过器壁间接与裂解气接触，使裂解气迅速冷却，一般采用急冷换热器进行间接急冷，目的是回收高品位的热量，产生高压水蒸气作动力能源以驱动裂解气、乙烯、丙烯的压缩机、汽轮机发电及高压水泵等机械，同时终止二次反应。

生产中一般都先采用间接急冷，即裂解产物先进急冷换热器，取走热量，然后采用直接急冷，即油洗和水洗来降温。裂解原料的不同，急冷方式有所不同，如裂解原料为气体，则适合的急冷方式为“水急冷”；而裂解原料为液体时，适合的急冷方式为“先油后水”。

2)急冷换热器

采用间接急冷法，关键设备是急冷换热器(常以 TLE，SLE 表示)。急冷换热器与汽包所构成的水蒸气发生系统称为急冷废热锅炉(简称废锅)。急冷废热锅炉的作用是迅速终止二次反应，回收裂解气的高温热能。型号有施密特(SHG)型，包西格(BORSIG)型，目前

LUMMUS公司多采用“浴缸式”废热锅炉，S&W、KBR 等公司多采用双套管线性废热锅炉。通过废热锅炉可以产生12MPa左右的超高压蒸汽。

一般急冷换热器管内走高温裂解气，裂解气的压力约低于0.1 MPa，温度高达800~900℃，进入急冷换热器后要在极短的时间(一般在0.1s以下)下降到350~600℃，传热强度约达418.7 MJ/m^2·h左右。管外走高压热水，压力约为11~12 MPa，在此产生高压蒸汽，出口温度为320~326℃。因此，急冷换热器具有热强度高，操作条件极为苛刻，管内外必须同时承受较高的温度差和压力差的特点。同时，在运行过程中还有结焦问题。所以，生产中使用的不同类型的急冷锅炉都是考虑这些特点来研究和开发的，与普通的换热器不同。

裂解气经过急冷换热器后，进入油洗和水洗。油洗的作用：一是将裂解气继续冷却，并回收其热量；二是使裂解气中的重质油和轻质油冷凝洗涤下来回收，然后送去水洗。水洗的作用：一是将裂解气继续降温到40℃左右；二是将裂解气中所含的稀释蒸汽冷凝下来，并将油洗时没有冷凝下来的一部分轻质油也冷凝下来，同时也可回收部分热量。

(4)裂解炉和急冷锅炉的结焦与清焦

1)裂解炉和急冷锅炉的结焦

在裂解和急冷过程中不可避免地会发生聚合、缩合等二次反应，最终会结焦，积附在裂解炉管的内壁上和急冷锅炉换热管的内壁上。随着裂解炉运行时间的延长，焦的积累量不断地增加，结成坚硬的环状焦层，使炉管内径变小，阻力增大；并且有焦层的地方局部热阻大，导致反应管外壁温度升高，增加了燃料消耗，影响反应管的寿命。此外，当急冷锅炉出现结焦时还引起急冷锅炉出口裂解气温度上升，以致减少副产高压蒸汽的回收，并加大急冷油系统的负荷。因此在炉管结焦到一定程度时即应及时清焦。

2)裂解炉和急冷锅炉的清焦

当出现下列任一情况时，应进行清焦：

①裂解炉管管壁温度超过设计规定值。

②裂解炉辐射段入口压力增加值超过设计值。

③废热锅炉出口温度超过设计允许值或废热锅炉进出口压差超过设计允许值。

清焦方法有停炉清焦法和不停炉清焦法(也称为在线清焦法)。

停炉清焦法又可分为蒸汽-空气烧焦法、水力清焦法和机械清焦法几种方式。蒸汽-空气烧焦法是将进料及出口裂解气切断(离线)后，将裂解炉和急冷锅炉停车拆开，分别进行除焦，用惰性气体和蒸汽清扫管线，逐渐降低炉温，然后通入空气和蒸汽烧焦。由于氧化(燃烧)反应是强放热反应，所以需加入蒸汽以稀释空气中的氧的浓度，以减慢燃烧速度。烧焦期间，不断检查出口尾气的二氧化碳含量，当二氧化碳浓度降至0.2%以下时，可以认为在此温度下烧焦结束。在烧焦过程中，裂解管出口温度必须严格控制，不能超过750℃，以防烧坏炉管。

在裂解炉进行清焦操作时，废热锅炉均在一定程度上可以清理部分焦垢，管内焦炭不能完全用燃烧方法清除，所以一般需要在裂解炉1~2次清焦周期内对废热锅炉进行水力清焦或机械清焦。水力清焦采用50 MPa的高压水枪，将高压水射入对流段炉管和急冷换热器套管内除焦。机械清焦类同于水力清焦，一般用于清除水力清焦不起作用的刚硬存焦。

停炉清焦需3~4天时间，会减少全年的运转日数。

不停炉清焦是一个改进，有交替裂解法、水蒸气法、氢气清焦法等。交替裂解法是使用重质原料(如轻柴油等)裂解一段时间后有较多的焦生成，需要清焦时切换轻质原料(如乙烷)去裂解，并加入大量的水蒸气，这样可以起到裂解和清焦的作用。当压降减少后(焦已大部分被清除)，再切换为原来的裂解原料。水蒸气、氢气清焦是定期将原料切换成水蒸气、氢气，方法同上，也能达到不停炉清焦的目的。对整个裂解炉系统，可以将炉管组轮流进行清焦操作。不停炉清焦时间一般在24h之内，这样裂解炉运转周期大为增加。

此外，近年研究添加结焦抑制剂。结焦抑制剂主要是一些含硫化合物，添加很少的量即能起到抑制结焦和减弱结焦的作用。但当裂解温度很高时(例如850℃)，温度对结焦的生成是主要的影响因素，抑制剂的作用就无能为力了。

3.2.5 裂解工艺流程

裂解工艺流程很多，如SRT型裂解工艺流程、斯通－韦伯斯特法裂解工艺流程、三菱倒梯台炉裂解工艺流程等。所有裂解工艺流程都包括原料油供给和预热系统、裂解和高压水蒸气系统、急冷油和燃料油系统、急冷水和稀释水蒸气系统。现在以图3－5轻柴油裂解工艺流程加以说明。

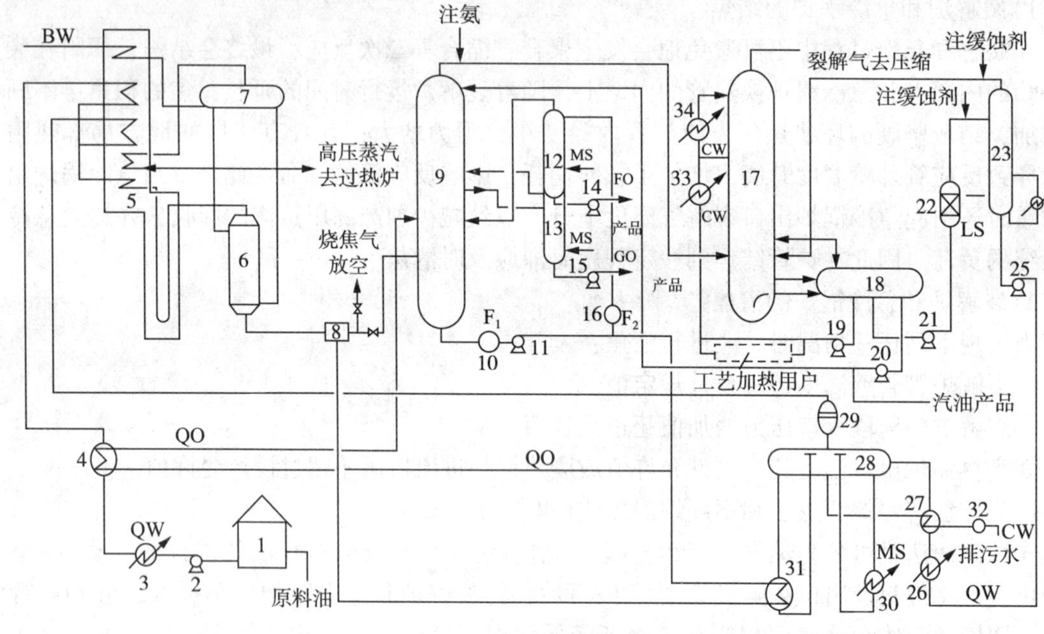

图3－5 轻柴油裂解工艺流程

1—原料油贮罐；2—原料油泵；3，4—原料油预热器；5—裂解炉；6—急冷换热器；7—汽包；8—急冷器；9—油洗塔；10—急冷油过滤器；11—急冷油循环泵；12—燃料油汽提塔；13—裂解轻柴油汽提塔；14—燃料油输送泵；15—裂解轻柴油输送泵；16—燃料油过滤器；17—水洗塔；18—油水分离器；19—急冷水循环泵；20—汽油回流泵；21—工艺水泵；22—工艺水过滤器；23—工艺水汽提塔；24—再沸器；25—稀释蒸汽发生器给水泵；26，27—预热器；28—稀释蒸汽发生器汽包；29—分离器；30—中压蒸汽加热器；31—急冷油换热器；32—排污水冷却器；33、34—急冷水冷却器；QW—急冷水；CW—冷却水；MS—中压水蒸气；LS—低压水蒸气；QO—急冷油；BW—锅炉给水；GO—轻柴油；FO—燃料油

1）原料油供给和预热系统

原料油从贮罐(1)经换热器(3)和(4)与过热的急冷水和急冷油热交换后进入裂解炉的预

热段。原料油供给必须保持连续、稳定，否则直接影响裂解操作的稳定性，甚至有损毁炉管的危险。因此，原料油泵须有备用泵及自动切换装置。

2)裂解和高压蒸汽系统

预热过的原料油进入对流段初步预热后与稀释蒸汽混合，再进入裂解炉的第二预热段预热到一定温度，然后进入裂解炉辐射段(5)进行裂解。炉管出口的高温裂解气迅速进入急冷换热器(6)中，使裂解反应很快终止。

急冷换热器的给水先在对流段预热并局部汽化后送入高压汽包(7)，靠自然对流流入急冷换热器(6)中，产生 11 MPa 的高压水蒸气，从汽包送出的高压水蒸气进入裂解炉预热段过热，过热至470℃后供压缩机的蒸汽透平使用。

3)急冷油和燃料油系统

从急冷换热器(6)出来的裂解气再去油急冷器(8)中，用急冷油直接喷淋冷却，然后与急冷油一起进入油洗塔(9)，塔顶出来的气体为氢、气态烃和裂解汽油以及稀释水蒸气和酸性气体。

裂解轻柴油从油洗塔(9)的侧线采出，经汽提塔(13)汽提其中的轻组分后，作为裂解轻柴油产品。裂解轻柴油含有大量的烷基萘，常称为制萘馏分。塔釜采出重质燃料油。自油洗塔釜采出的重质燃料油，一部分经汽提塔(12)汽提出其中的轻组分后，作为重质燃料油产品送出，大部分则作为循环急冷油使用。循环急冷油分两股进行冷却，一股用来预热原料轻柴油之后，返回油洗塔作为塔的中段回流，另一股用来发生低压稀释蒸汽(31)，急冷油本身被冷却后循环送至急冷器作为急冷介质，对裂解气进行冷却。

急冷油系统常会出现结焦堵塞而危及装置的稳定运转，结焦产生原因有二：一是急冷油与裂解气接触后超过300℃时不稳定，会逐步缩聚成易于结焦的聚合物，二是不可避免地由裂解管、急冷换热器带来的焦粒。因此在急冷油系统内设置6mm 滤网的过滤器(10)，并在急冷器油喷嘴前设较大孔径的滤网和燃料油过滤器(16)。

4)急冷水和稀释水蒸气系统

裂解气在油洗塔(9)中脱除重质燃料油和裂解轻柴油后，由塔顶采出进入水洗塔(17)，此塔的塔顶和中段用急冷水喷淋，使裂解气冷却，其中一部分的稀释水蒸气和裂解汽油就冷凝下来。冷凝下来的油水混合物由塔釜引至油水分离器(18)，分离出的水一部分供工艺加热用，冷却后的水再经急冷水换热器(33)和(34)冷却后，分别作为水洗塔(17)的塔顶和中段回流，此部分的水称为急冷循环水，另一部分相当于稀释水蒸气的水量，由工艺水泵(21)经过滤器(22)送入汽提塔(23)，将工艺水中的轻烃汽提回水洗塔(17)，保证塔釜中含油少于100μg/g。此工艺水由稀释水蒸气发生器给水泵(25)送入稀释水蒸气发生器汽包(28)，再分别由中压水蒸气加热器(30)和急冷油换热器(31)加热汽化产生稀释水蒸气，经气液分离器(29)分离后再送入裂解炉。这种稀释水蒸气循环使用系统，节约了新鲜的锅炉给水，也减少了污水的排放量。

油水分离槽(18)分离出的汽油，一部分由泵(20)送至油洗塔(9)作为塔顶回流而循环使用，另一部分从裂解中分离出的裂解汽油作为产品送出。经脱除绝大部分水蒸气和裂解汽油的裂解气，温度约为40℃送至裂解气深冷分离的压缩系统。

3.2.6 裂解系统主要设备的操作与控制

以某乙烯厂热裂解装置为例。

(1)裂解炉出口温度的控制

① 按工艺指标设定炉出口温度的给定值。

② 对于初次投用裂解炉的炉出口温度值，通过炉出口在线色谱分析并用人工取样分析校核在线色谱的结果，作为设定炉出口温度的依据。

③ 在烃进料、燃料气稳定后，炉出口温度与各组烃进料、燃料气系统设自动和串级调节，使各组出口温度相一致。

控制目标：裂解石脑油时 835℃；裂解加氢尾油时 825℃；裂解石脑油+乙烷 840℃。

控制范围：裂解石脑油时 830~840℃；裂解加氢尾油时 820~830℃；裂解石脑油+乙烷时 835~845℃。

相关参数：燃料气流量和燃料气压力；烃进料流量；稀释蒸汽流量，如图 3-6 所示。

控制方式：正常调整如表 3-2 所示，异常处理如表 3-3 所示。

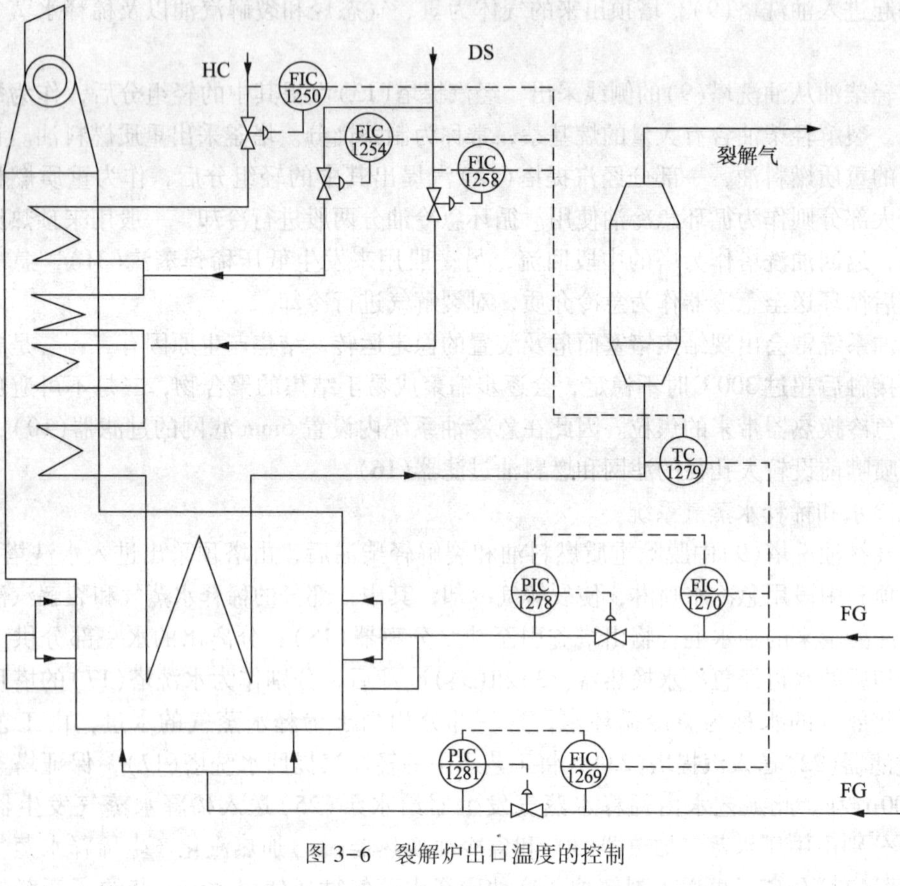

图 3-6 裂解炉出口温度的控制

表 3-2 裂解温度正常调整方法

影响因素	调节方法
烃进料量	烃进料量降低，出口温度上升，相应增加各组烃进料量；烃进料量增加，出口温度下降，相应降低各组烃进料量
稀释蒸汽进料量	稀释蒸汽进料量降低，则出口温度上升，相应增加各组稀释蒸汽进料量；稀释蒸汽进料量增加，则出口温度下降，相应降低各组稀释蒸汽进料量
燃料气流量和压力	燃料气流量和压力降低，则出口温度下降，相应增加燃料气流量和压力；燃料气流量和压力增加，则出口温度上升，相应降低燃料气流量和压力

表 3－3　裂解温度波动异常原因和处理

现　象	原　因	处理方法
裂解温度波动	1. 燃料气压力和组成变化 2. 烃进料量不稳 3. 稀释蒸汽量不稳	1. 根据燃料组成和压力调节燃料量 2. 查找原因，尽快稳定烃进料量 3. 查找原因，尽快稳定稀释蒸汽量

(2)过热高压蒸汽出口温度的控制

控制目标：500℃。

控制范围：490～510℃。

影响参数：炉膛温度和减温增湿器注水。

控制方式：正常调整见表 3－4，异常处理时见表 3－5。

表 3－4　过热高压蒸汽出口温度正常调整

影响因素	调节方法
炉膛温度	炉膛温度升高，过热高压蒸汽温度升高，适当降低炉膛温度；炉膛温度降低，过热高压蒸汽温度降低，适当增加炉膛温度
减温增湿器注水量	注水量增大，过热高压蒸汽出口温度降低，适当降低注水量；注水量减少，过热高压蒸汽出口温度升高，适当增加注水量

表 3－5　过热高压蒸汽出口温度的控制异常处理

现　象	原　因	处理方法
高压蒸汽出口温度高	减温增湿器注水量过小	增加注水量，必要时降低炉温
高压蒸汽出口温度低	减温增湿器注水量过大	降低注水量

(3)裂解炉高压汽包液位的控制

①裂解炉投油后，要严格控制汽包液位，及时投用汽包排污系统，杜绝出现汽包液位满和锅炉干锅现象。

②严格控制汽包水质，一旦发生汽包水质不合格，应加大排污量，以提高锅炉水的水质。

控制目标：液位 50%；

控制范围：液位 40%～60%；

相关参数：裂解炉出口温度和锅炉给水量，如图 3－7 所示。

控制方式：裂解炉高压汽包液位正常调整见表 3－6，异常处理时见表 3－7。

表 3－6　裂解炉高压汽包液位正常调整

影响因素	调节方法
锅炉给水量	锅炉给水量增大，高压汽包液位升高，适当降低锅炉给水量；锅炉给水量减少，高压汽包液位降低，适当增加锅炉给水量
裂解炉出口温度	炉出口温度升高，高压汽包液位降低，适当降低炉出口温度； 炉出口温度降低，高压汽包液位升高，适当提高炉出口温度

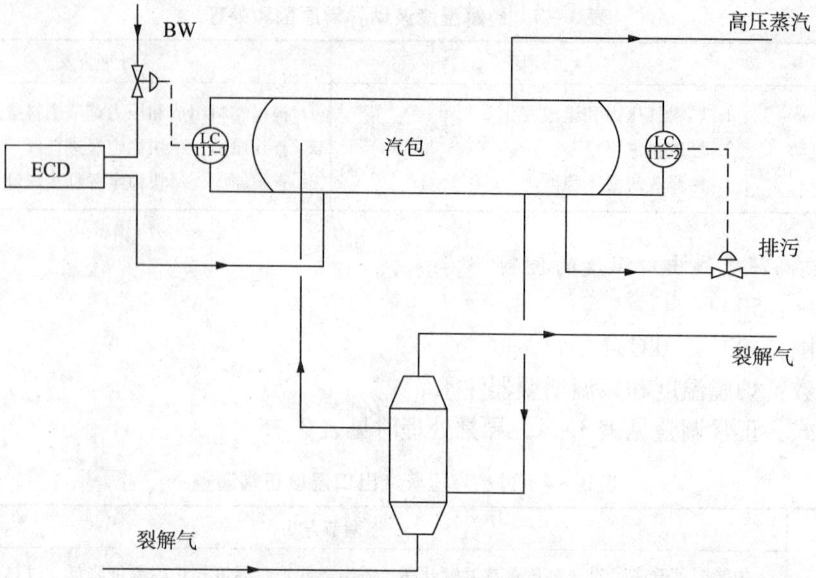

图 3－7　裂解炉高压汽包液位的控制

表 3－7　裂解炉高压汽包液位异常处理

现　象	原　因	处理方法
高压汽包液位高	1. 进水量过大 2. 炉温过低	1. 降低进水量 2. 提高炉温
高压汽包液位低	1. 进水量过小 2. 炉温过高 3. 控制阀失灵	1. 提高进水量 2. 降低炉温 3. 先改旁路，后找仪表处理

3.3　裂解气的净化与分离

裂解气是含有氢和各种烃类(已脱除了大部分 C_5 以上的液态烃)的复杂混合物，还含有少量硫化氢、二氧化碳、乙炔、丙二烯和水蒸气等杂质。裂解气的净化与分离目的是除去裂解气中有害杂质，分离出单一烯烃或烃的馏分，为基本有机化学工业和高分子化学工业等提供原料。

裂解气的分离方法主要有深冷分离法和油吸收精馏分离法两种。见图 3－8。

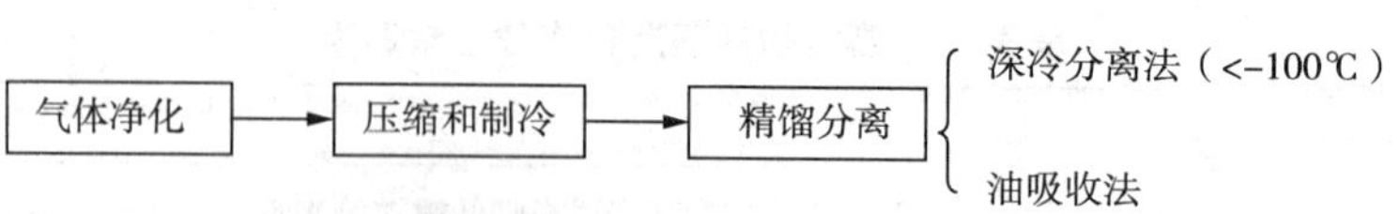

图 3－8　裂解产物净化与分离过程的简图

裂解气的分离包括三个过程系统：

① 气体净化系统：包括脱酸性气体、脱水、脱炔和脱一氧化碳。

② 压缩和冷冻系统：使裂解气加压降温，为分离创造条件。

③ 精馏分离系统：包括一系列的精馏塔，以便分离出甲烷、乙烯、丙烯、C_4 馏分以及 C_5 等馏分。

(1) 油吸收精馏分离

利用 C_3(丙烯、丙烷)、C_4(丁烯、丁烷)作为吸收剂，将裂解气中除了 H_2、CH_4 以外的其他组分全部吸收下来，然后根据各组分相对挥发度不同，再将各个组分分开。此法得到的裂解气中烯烃纯度低，操作费用高(动力消耗大)，一般适用小规模，操作温度高(-70℃左右)，可节省大量的耐低温钢材和冷量。

(2) 深冷精馏分离

工业上一般将冷冻温度在 -100℃以下的称为深冷；冷冻温度在 -100 ~ -50℃之间的称为中冷；冷冻温度在 -50℃以上的称为浅冷。

深冷分离是将裂解气冷却到 -100℃以下，此时裂解气中除了 H_2、CH_4 以外的其他组分全部被冷凝下来，然后利用各种烃的相对挥发度不同，在不同精馏塔内进行多组分精馏分离，将各种烃逐个分离出来。该方法采用了 -100℃以下的冷冻系统，故称为深冷分离法，其实质是冷凝精馏过程。

深冷分离所得烯烃纯度、收率高，是裂解气分离常用的方法。目前，国内外大型裂解气分离装置广泛采用深冷分离法。

3.3.1 裂解气的净化与压缩

裂解气中含有的少量杂质一是原料中带来的，二是裂解反应过程生成的，三是裂解气处理过程引入的。这些杂质的含量虽不大，但对深冷分离过程是有害的。而且这些杂质进入乙烯，丙烯产品，会使产品达不到规定的标准。因此，在分离前必须先进行净化和干燥脱除这些杂质。

(1) 酸性气体的脱除

裂解气中的酸性气体主要是指 CO_2 和 H_2S，此外还有少量有机硫化物，如氧硫化碳、二硫化碳(CS_2)、硫醚(RSR′)、硫醇(RSH)、噻吩等，可以在脱酸性气体操作过程中脱除。

这些酸性气体含量过多时，对分离过程会带来危害。H_2S 能腐蚀设备管道，使干燥用的分子筛寿命缩短，还能使加氢脱炔用的催化剂中毒；CO_2 则在深冷操作中会结成干冰，堵塞设备和管道，影响正常生产。

工业上用化学吸收方法，采用适当的吸收剂来洗涤裂解气，可同时除去 H_2S 和 CO_2 等酸性气体。吸收过程是在吸收塔内进行。吸收剂要求 H_2S 和 CO_2 的溶解度大，反应性能强，而对裂解气中的乙烯、丙烯的溶解度小，不起反应；在操作条件下蒸气压低，稳定性高；黏度和腐蚀性小，来源丰富，价格便宜。工业上已采用的吸收剂有 NaOH 溶液、乙醇胺溶液、*N* - 甲基吡咯烷酮等，具体选用何种吸收剂要根据裂解气中酸性气体含量多少、净化要求程度、酸性气体是否回收等条件来确定。

管式炉裂解气中一般 H_2S 和 CO_2 含量较低，多采用 NaOH 溶液洗涤法，简称碱洗法。如果裂解气中含硫较高时，因碱液不能回收，耗碱量太大，可考虑先用乙醇胺作吸收剂脱除大部分硫，吸收剂可以再生，再进一步用碱洗法脱除残余的硫，称为胺 - 碱联合洗涤法。下面着重介绍碱洗脱酸性气体方法。

1) 碱洗法原理

碱洗法是用氢氧化钠(NaOH)为吸收剂，通过化学吸收使 NaOH 与裂解气中的酸性气体发生化学反应，以达到脱除酸性气体的目的。

碱洗法原理是使裂解气中 H_2S 和 CO_2 等酸性气体和硫醇、氧硫化碳等有机硫与 NaOH 溶液发生下列反应而除去：

$$CO_2 + 2NaOH \longrightarrow Na_2CO_3 + H_2O \tag{3-14}$$

$$H_2S + 2NaOH \longrightarrow Na_2S + 2H_2O \tag{3-15}$$

$$COS + 4NaOH \longrightarrow Na_2S + Na_2CO_3 + 2H_2O \tag{3-16}$$

$$RSH + NaOH \longrightarrow RSNa + H_2O \tag{3-17}$$

上述反应的化学平衡常数很大，在平衡产物中 H_2S、CO_2 的分压几乎可降到零。因此，可使裂解气中的 H_2S、CO_2 的摩尔分数含量降到 1×10^{-6} 以下，反应生成的 Na_2CO_3、Na_2S、RSNa 等溶于碱液中。但是，NaOH 吸收剂不可再生。此外，为保证酸性气体的精细净化，碱洗塔釜液中应保持 NaOH 含量在 2% 左右，因此，碱耗量较高。

2)碱洗法流程

碱洗可以采用一段碱洗，也可以采用多段碱洗。为提高碱液利用率，目前乙烯装置大多采用多段(两段或三段)碱洗。图 3-9 为三段碱洗的工艺流程。

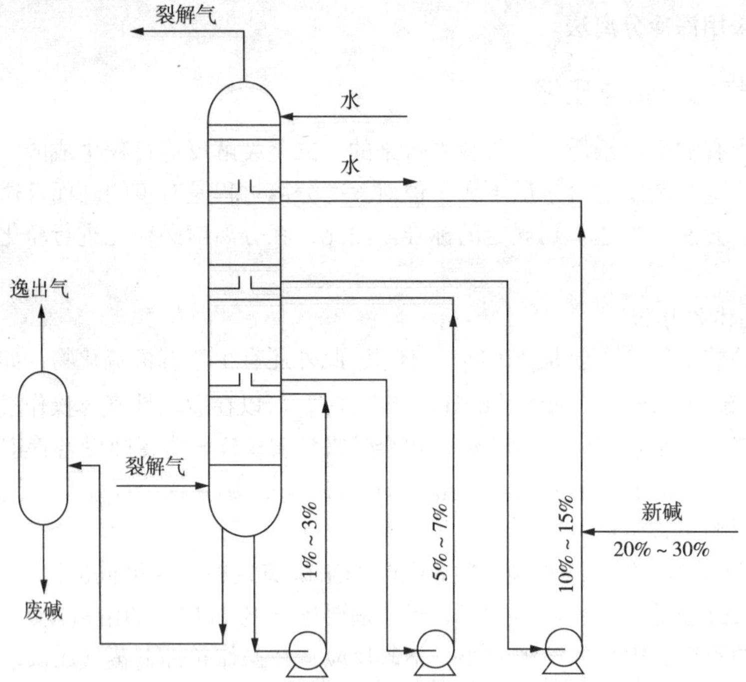

图 3-9　碱洗法流程

裂解气进入碱洗塔底部，塔分成四段。上段为水洗，以除去裂解气中夹带的碱液，下部三段为碱洗，最下段用稀碱洗，其浓度为 1%~3%。最上碱洗段用 10%~15% 浓度碱洗。碱液用泵循环。新鲜碱液用补充泵连续送入碱洗的上段循环系统。塔底排出的废碱液中含有硫化物，不能直接用生化方法处理，经由水洗段排出的废水稀释后，送往废碱处理装置。

裂解气在碱洗塔内与碱液逆流接触，酸性气体被碱液吸收，除去酸性气体的裂解气由塔顶引出，去下一个净化分离设备。

碱洗塔的工艺操作条件，不同的裂解气分离装置其指标不同，通常塔内温度控制在

40℃，碱洗压力控制在1.0 MPa。碱洗后含酸性气体杂质小于5×10^{-6}（体积分数）。

碱洗操作参数控制：

①压力。提高碱洗塔的操作压力就等于提高了对CO_2的吸收和反应的推动力，是有利于CO_2的脱除的。但操作压力过高会使裂解气中的重烃的露点升高，使重烃在碱洗塔中冷凝，同时也有发生碱液浓缩的危险。碱洗塔设在裂解气压缩机的三段出口，其操作压力为四段吸入压力。

②温度。由于碱洗操作为化学吸收，升高操作温度能加速化学反应的进行，尤其对有机硫的脱除较为有利。但温度太高，硫化氢和CO_2的平衡分压会相应增加，会影响裂解气的净化度；同时过高的温度也会导致裂解气中重烃的聚合，有堵塞设备和管道的危险。另外超过50℃的热碱对设备会有腐蚀性。

降低操作温度，碱液的黏度会增加，流动阻力提高，硫化钠和碳酸钠的溶解度降低容易沉淀而堵塞设备和管道。温度过低，还会发生裂解气带液、带碱，造成四段吸入罐液位升高。

碱洗塔的操作温度主要是由入口的裂解气温度决定的。碱洗塔的入口温度通过调节进入急冷水换热器的水量来控制，正常范围应为40℃ ±2℃。

③循环的碱浓度。同样对于碱洗这个化学吸收过程，提高碱浓度能加速化学反应的进行，有利于对裂解气中硫化氢和CO_2的脱除，同时可以相对减少新碱消耗量和废碱的排放量。

但如果循环碱浓度过高，一方面会使碱液的黏度增加，造成输送困难和带液的现象；另一方面还会造成反应生成物硫化钠和碳酸钠在循环碱中的溶解度的降低，一但发生析出则会立即沉淀并堵塞管道。同时，循环碱浓度过高还会使裂解气中某些烯烃的聚合速度加快而形成聚合物，从而带来更多的麻烦。

循环碱的浓度调节手段主要为新鲜碱的注入量和下段的循环量。操作中应随时根据装置负荷的变化来调整操作，确保上、下段碱浓度控制在下列范围内：

下段循环：碱浓度2% ~4%（质量分数）。

上段循环：碱浓度5.0% ~8.0%（质量分数）。

④裂解气中酸性气体的浓度。碱洗塔入口裂解气中酸性气体的浓度直接关系到整个碱洗系统的操作，对出口裂解气的酸性气体浓度有明显影响（各种负荷条件下碱洗塔顶采出的裂解气中，CO_2含量不应高于1 mL/m^3）。若酸性气体总含量升高，则新鲜碱的补入量也应同时加大。

⑤液位。碱洗塔釜液位是保证碱洗塔下段碱循环的基础，正常应控制在50% ~80%。控制过低会造成系统窜压，控制过高会造成满塔和晃塔，甚至会阻塞裂解气的流通。

水洗段液位应保证水洗段液位不过低，可以减少碱液夹带；水洗段液位也不能控制太高，以防止水落入碱洗段而造成碱浓度过低。水洗段液位控制在40% ±5%。

（2）脱水

1）水的危害

由于在烃裂解过程中加入了稀释蒸汽，在脱酸性气体过程中又经过水洗，尽管裂解气在压缩过程中加压、降温，能脱除大部分重质烃和水，但裂解气中仍含有大约5×10^{-4}（质量分数）的水。裂解气分离是在－100℃以下进行的，此时水能冻结成冰。在一定的温度压力下，水还能和轻质烃形成白色结晶水合物，这些水合物在高压低温下是稳定的，与冰雪相似。冰和水合物冻结在设备管壁上，既增大动力消耗，又使设备管道堵塞，影响正常生产。为了排除这个故障，可用甲醇、乙醇或热甲烷－氢解冻，因为这些物质都能降低水的冰点和降低生成烃水合物的温度。这种解冻方法是一种消极办法，积极的办法是对裂解气进行脱水干燥，使其水含量小于 5×10^{-6}（质量分数），即裂解气露点低于－60℃。

工业上是采用吸附方法脱水，用分子筛、活性氧化铝或硅胶作吸附剂。吸附是用多孔性的固体吸附剂处理流体混合物，使其中一种或几种组分被吸附于固体表面上，以达到分离的目的。

2）分子筛脱水

分子筛是人工合成的具有稳定骨架结构的多水合硅铝酸盐晶体，具有许多相同大小的孔洞和内表面很大的孔穴，可筛分不同大小的分子。其化学通式如下：

$$Me_{x/n}[(AlO_2)_x(SiO_2)_y]\cdot mH_2O$$

式中 Me——阳离子，主要是 Na^+、Ca^{2+} 和 K^+；

x/n——可交换的阳离子数；

n——阳离子价数；

m——水分子数。

分子筛脱水效率高，使用寿命长，工业上已广泛使用。用分子筛脱除裂解气体中微量水，比硅胶或活性氧化铝的脱水效率高数倍。这是由于分子筛的比表面积大于一般吸附剂。但是在相对湿度较高时，活性氧化铝和硅胶的吸附水容量都大于分子筛。故有的脱水流程是采用活性氧化铝与分子筛串联，含水分气体先进入活性氧化铝干燥器，然后再进入分子筛干燥器脱除残余水分。

裂解气脱水常用的是 A 型分子筛，A 型分子筛的孔径大小比较均匀，它只能吸附小于其孔径的分子，有较强的吸附选择性。例如 4A 分子筛能吸附水和乙烷分子，而 3A 分子筛只吸附水而不吸附乙烷分子，所以裂解气、乙烯馏分以及丙烯馏分脱水用 3A 分子筛比用 4A 分子筛好。此外分子筛是一种离子型极性吸附剂，它对于极性分子特别是水分子有极大的亲和力，易于吸附。H_2、CH_4 是非极性分子，所以虽能通过分子筛的孔口进入空穴也不易吸附，仍可以从分子筛孔口逸出。

分子筛吸附水蒸气的容量对温度变化很敏感。分子筛吸附水是放热过程，所以低温有利于放热的吸附过程，高温则有利于吸热的脱附过程。温度低时水的平衡吸附容量高，温度高时水的平衡吸附容量低。因此，在常温下，进行吸附脱水使裂解气得到深度干燥。分子筛吸附水分以后，可以用氮气或甲烷氢尾气加热后作为分子筛的再生载气，这是因为 N_2、H_2、CH_4 等分子较小，可以进入分子筛的孔穴内，又是非极性分子，不会被吸附，而能降低水蒸气在分子筛表面上的分压，起到携带水蒸气的作用。在温度高于 80℃ 时就开始有较好的再生效果。

3）分子筛脱水与再生流程

图 3－10 是裂解气的脱水干燥与再生工艺流程。

裂解气干燥用 3A 分子筛作吸附剂，采用两台干燥器，其中一台进行脱水干燥，另一台再生或备用。湿裂解气自上而下通过分子筛床层，干燥过程是在常温下进行的，干燥后的气体从干燥器底部送出。分子筛经过一段时间会逐渐接近或达到平衡吸附量，这时必须进行再生。分子筛再生操作很重要，它关系到分子筛的活性和使用寿命。分子筛的再生一般分为排液、泄压、预热、逆流再生和并流冷却几个步骤，再生温度保持在 250℃ 左右进行。

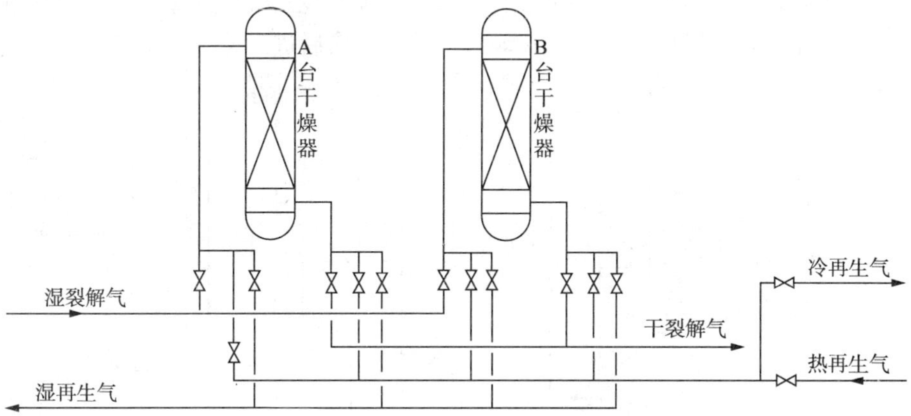

图 3－10　分子筛脱水与再生流程

(3)脱炔

裂解气中含有少量乙炔、丙炔和丙二烯等，它们是在裂解过程中生成的。其中乙炔含量一般为$(2\sim7)\times10^{-3}$(体积分数)，丙炔含量一般为$(1\sim1.5)\times10^{-3}$(体积分数)，丙二烯含量一般为$(6\sim10)\times10^{-4}$(体积分数)。少量炔烃的存在严重地影响乙烯产品、丙烯产品的质量和用途，恶化乙烯聚合物的性能，使合成或聚合催化剂中毒。工业上脱炔主要采用催化加氢法，少数采用溶剂(丙酮、二甲基甲酰胺和 *N*－甲基吡咯烷酮等)吸收法。

1)碳二馏分催化加氢脱乙炔

从化学平衡分析，乙炔加氢反应在热力学上是很有利的，几乎可以接近全部转化。要使乙炔选择性加氢为乙烯，必须采用选择性良好的催化剂。目前大多采用钴(Co)、镍(Ni)、钯(Pd)作乙炔加氢催化剂的活性组分，用铁(Fe)和银(Ag)作助催化剂，用分子筛或$\alpha-Al_2O_3$作载体。在这些催化剂上乙炔的吸附能力比乙烯强，能进行选择性加氢。

乙炔的加氢反应如下：

$$C_2H_2+H_2=\!=\!=C_2H_4 \tag{3-18}$$

催化加氢脱乙炔时可能发生的副反应有乙烯加氢生成乙烷的反应、乙炔的聚合生成液体产物即绿油和乙炔分解生成碳和氢：

$$C_2H_2+2H_2=\!=\!=C_2H_6 \tag{3-19}$$

$$C_2H_2=\!=\!=2C+H_2 \tag{3-20}$$

$$nC_2H_2\longrightarrow\text{绿油} \tag{3-21}$$

反应温度高时，有利于上述这些副反应的发生。H_2/C_2H_2摩尔比大，有利于乙烯生成乙烷的反应；摩尔比小时则有利于乙炔的聚合，有较多绿油生成。

加氢脱乙炔流程如图 3－11 所示。

在乙炔加氢过程中，有乙炔聚合反应和分解生炭反应发生，这些聚合物和炭沉积在催化剂表面上，降低了催化剂的活性，因此反应器要定期再生。

碳二加氢采用气相产品加氢，加氢产品要求乙炔含量小于 5 mL/m³。从脱乙烷塔来的气相碳二馏分与加氢后的出料换热，再与 PSA 来的氢气按流量比例混合，送入碳二加氢反应器的反应床层进行加氢。加氢反应器分为二段，段间在用冷却水进行冷却。加氢反应器为一开一备，用过热蒸汽和空气的混合物对催化剂进行再生。经过两段加氢后，乙炔含量合格的碳二馏分冷却到－18℃送入绿油分离罐，在此用乙烯产品泵打出的部分乙烯产品进行洗涤，以清除碳二馏分中的绿油，洗涤下来的绿油经绿油泵送回脱乙烷塔回流中，并最终进入粗裂解汽油产品中。洗涤后的气相碳二馏分经碳二干燥器干燥后进入乙烯精馏塔。

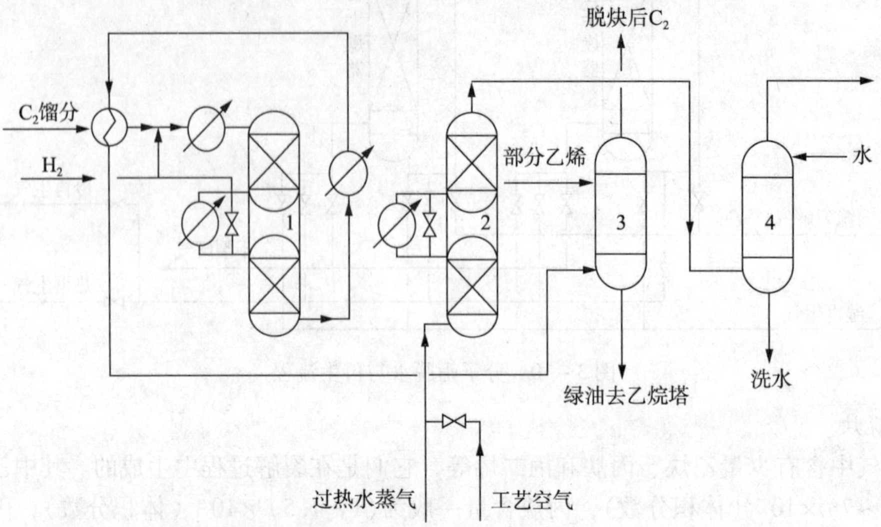

图 3-11　加氢脱乙炔流程

1—加氢反应器；2—再生反应器；3—绿油洗涤塔；4—再生气洗涤塔

①碳二加氢反应器入口温度调节。控制目标：碳二加氢反应器入口温度为 45℃。

控制范围：碳二加氢反应器入口温度 30~95℃。

相关参数：换热器的低压蒸汽流量、旁路上设置一遥控阀。

控制方式：反应器进口温度是由温度控制器通过调节进碳二加氢预热器管程的低压蒸汽的量来控制的。在预热器有一旁路，旁路上设置一遥控阀。旁路对快速降低反应器进口温度是特别有用。碳二加氢反应器入口温度正常操作和异常处理分别见表 3-8 和表 3-9。

表 3-8　碳二加氢反应器入口温度正常操作

影响因素	调节方法
碳二加氢预热器中低压蒸汽流量控制阀	碳二加氢预热器中低压蒸汽流量增加，入口温度上升；碳二加氢预热器中低压蒸汽流量流量减少，入口温度下降
碳二加氢预热器旁路控制阀	碳二加氢预热器旁路控制阀开度越大，入口温度下降；碳二加氢预热器旁路控制阀开度越小，入口温度上升

表 3-9　碳二加氢反应器入口温度异常处理

现　象	原　因	处理方法
碳二加氢反应器入口温度高	碳二加氢预热器中低压蒸汽流量大	减少碳二加氢预热器中低压蒸汽流量
碳二加氢反应器入口温度低	1. 碳二加氢预热器中低压蒸汽流量小 2. 碳二加氢预热器旁路控制阀开度大	1. 减少碳二加氢预热器中低压蒸汽流量 2. 关闭碳二加氢预热器旁路控制阀

②碳二加氢反应器出口乙炔含量超标调整。

控制目标：乙炔 0 mL/m^3。

控制范围：乙炔 $\leq 5mL/m^3$。

相关参数：催化剂选择性低、催化剂活性低、氢炔比过小、氢气不合格、催化剂运行到末期等。

控制方式：正常情况下，一段根据乙炔分析（入口），设定氢炔比，根据设定得氢炔比控制一段的氢气流量；二段根据中间乙炔分析，设定氢炔比，根据设定得氢炔比控制二段的氢气流量。

下列用示例说明碳二加氢反应器出口乙炔含量发生异常时的分析和处理。

例3－4 某热裂解装置的深冷分离采用顺序分离流程（参看图4－13），流程中碳二加氢采用气相产品加氢，加氢产品要求乙炔含量小于 $5mg/m^3$。加氢反应器分为二段，段间用冷却水进行冷却。加氢反应器为一开一备，用过热蒸汽和空气的混合物对催化剂进行再生。某日出现催化加氢脱炔反应器出口乙炔的含量严重超标导致装置停车。试分析原因及其可采取的解决方案。

【分析】

催化加氢脱炔反应器出口乙炔的含量超标可能是催化剂选择性或催化剂活性低、氢炔比过小、催化剂运行到末期等；也可能是外部因素引起，如原料纯度或氢气纯度不合格等。

(1)催化加氢操作条件影响

氢炔比过小：正常情况下，根据一段反应器入口乙炔含量和二段反应器入口乙炔含量分析设定氢炔比。氢炔比设定小，反应器出口乙炔含量超标；但氢炔比设定过大，乙烯转化为乙烷，造成乙烯损失。解决方法是根据乙炔含量适当提高氢炔比。

反应温度过高：提高反应温度能够提高催化加氢反应速度，但催化加氢反应是一个强放热的可逆反应，反应温度过高化学平衡向逆方向移动，乙炔的平衡转化率降低，反应器出口乙炔含量升高。解决方法是降低物料的入口温度。

(2)催化剂的影响

催化剂经长期使用到了末期，催化剂的活性和选择性降低，致使反应器出口乙炔含量超标。解决方法是切换反应器，对催化剂进行再生。

(3)外部因素的影响

催化加氢脱炔单元发生异常也可能是本单元之外的因素引起，如外来的原料纯度或氢气质量不合格等。如果送来的粗氢带有加氢催化剂毒物，或碱洗塔和干燥塔单元操作出现异常，原料中会含有超标的硫或氧等化合物，使加氢催化剂严重中毒，失去催化加氢功能，致使反应器出口乙炔含量超标。这种情况可调整碱洗塔参数或增加氢炔比或切换反应器进行活化。

2) C_3 馏分加氢脱炔

C_3 馏分中含有甲基乙炔（MA），丙二烯（PD）。一般采用液相加氢工艺，在 C_3 加氢反应内将甲基乙炔、丙二烯（MAPD）选择性加氢生成丙烯。其反应方程式如下：

主反应：

$$CH_3—C\equiv CH + H_2 \longrightarrow CH_3—CH=CH_2 \quad (3-22)$$

$$CH_2=C=CH_2 + H_2 \longrightarrow CH_3—CH=CH_2 \quad (3-23)$$

副反应：

$$CH_3—CH=CH_2 + H_2 \longrightarrow CH_3CH_2CH_3 \quad (3-24)$$

$$nCH_2=C=CH_2 \longrightarrow 聚合物 \quad (3-25)$$

$$nCH_3—C\equiv CH \longrightarrow 聚合物 \quad (3-26)$$

C_3 馏分液相加氢采用钯催化剂，流程也分两段加氢，一段是主反应器，使丙炔和丙二烯由含量2%左右降至 2×10^{-3}(体积分数)左右；二段是副反应器，使余下的丙炔和丙二烯再加氢脱除到 1×10^{-6}(体积分数)以下。

(4)脱一氧化碳(CO)

裂解炉管中的焦炭以及乙烷与稀释水蒸气作用能够产生一氧化碳。因此，从裂解气中分离出的氢气中含有少量一氧化碳，一般含量在0.4% ~0.8%(体积分数)。若用这样的氢气进行乙炔催化加氢反应，由于一氧化碳含量过高会使加氢催化剂中毒，一般要求一氧化碳含量不大于3μg/g；烯烃中含有少量一氧化碳时，会影响烯烃聚合物性质，要求一氧化碳在乙烯产品中体积分数低于 5×10^{-6}。

同时，当将一氧化碳脱除到小于 1×10^{-5}(体积分数)时，由于一氧化碳在催化剂上的吸附能力比乙烯强，可以抑制乙烯在催化剂上的吸附，所以微量的一氧化碳存在又可进一步提高加氢反应的选择性。

一氧化碳的脱除方法工业上称为甲烷化法，即一氧化碳加氢法。在温度250 ~300℃、压力3MPa、Ni催化剂条件下，加氢可使一氧化碳转化成甲烷和水，并放出大量的热。

$$CO+3H_2 = CH_4+H_2O+Q \quad (3-27)$$

若一氧化碳浓度小于1%、且温度小于150℃时，一氧化碳与加氢催化剂中的镍反应产生四羰基镍。使催化剂活性组分镍流失，催化剂结构改变，活性降低，且四羰基镍毒性大。所以，加氢反应时，升温到150℃前或降温至150℃后，需用氮气代替原料气。

有的装置脱一氧化碳随脱乙炔一同进行。有的装置为最大化地从乙烯装置回收氢气，纯度为92%左右的氢气流在甲烷化单元内脱除CO后，一部分去炼油厂PSA装置进一步提纯，另一部分可用于装置内 C_2、C_3 加氢单元及汽油加氢单元。

(5)裂解气的压缩与冷冻

裂解气中许多组分在常压下都是气体，其沸点都很低。如果把裂解气在常压下进行各组分的冷凝分离，则分离温度很低，需要消耗大量冷量，因此裂解气的分离要在适宜的压力、温度下进行。工业上设置裂解气压缩机将低压裂解气加压，使其达到深冷分离所需要的压力。设置乙烯制冷压缩机和丙烯制冷压缩机可提高循环制冷剂(乙烯和丙烯)的压力，使其能在较高温度下冷凝，然后进行节流膨胀，在较低温度下汽化，通过换热使裂解气降低到所需要的温度。

1)裂解气的压缩

图3-12和图3-13分别是顺序分离流程的压缩工艺流程和前脱丙烷分离流程时的压缩工艺流程。

将略高于大气压的裂解气压缩到深冷分离所要求的压力，是裂解气压缩的主要目的。现在大规模乙烯生产厂都是采用离心式裂解气压缩机。为了节省能量，降低压缩消耗功，压缩比(p_2/p_1)一般控制在2 ~3之间。气体压缩采用多段压缩，一般为4 ~5段，段与段间设置中间冷却器，避免裂解气经过压缩，因压力提高和温度上升引起其中二烯烃的聚合，须控制每段压缩后气体温度不高于100℃。另外压缩机采用多段压缩也便于在压缩段之间进行裂解气的净化与分离，例如脱酸性气体，脱水和重组分等。

由于裂解炉的急冷换热器(又称废热锅炉)副产高压水蒸气，因此离心式压缩机多采用蒸汽透平驱动，达到能量合理利用。

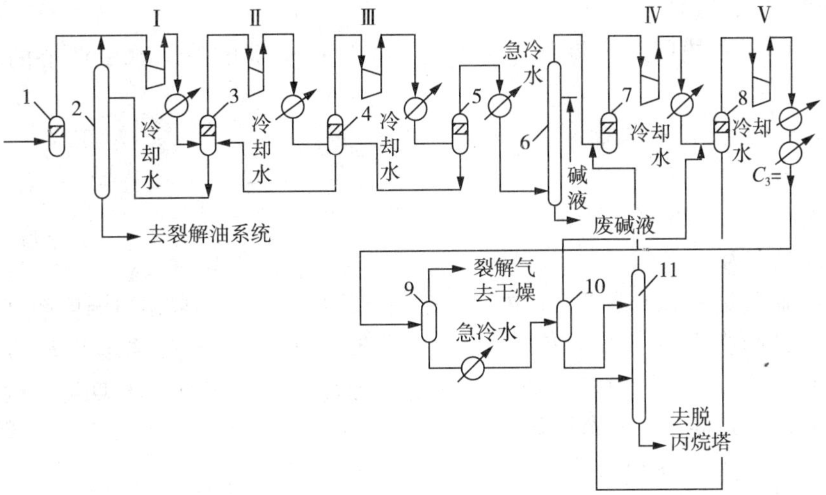

图 3－12　顺序分离流程的压缩工艺流程

1—Ⅰ段入口分离罐；2—汽油闪蒸塔；3—Ⅰ段出口分离罐；4—Ⅱ段出口分离罐；
5—Ⅲ段出口分离罐；6—碱洗塔；7—Ⅳ段入口分离罐；8—Ⅳ段出口分离罐；
9—Ⅴ段出口分离罐；10—凝液闪蒸罐；11—凝液汽提塔

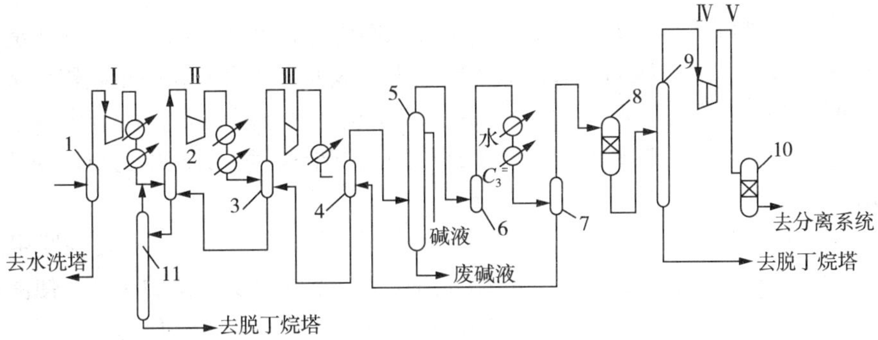

图 3－13　前脱丙烷分离流程的压缩工艺流程图

1—Ⅰ段入口分离罐；2—Ⅱ段入口分离罐；3—Ⅱ段入口分离罐；4—Ⅲ段出口分离罐；
5—碱洗塔；6—碱洗塔出口气体分离罐；7—低压干燥入口分离罐；8—低压分子筛干燥器；
9—脱丙烷塔；10—高压分子筛干燥器；11—汽油汽提塔

①裂解气压缩机的压力控制。一段吸入压力裂解气压缩机运行控制的主要对象，应当努力靠近其控制指标 0.03～0.06 MPa。裂解炉的切入切出、装置负荷的改变、高压蒸汽条件的变化、冷却水温度的变化、压缩机 4 段后系统的状态都会影响它的稳定。在一段吸入压力发生变化时，可以调节进入透平的高压蒸汽量，从而调节压缩机的转数。随着吸入压力的升高，透平转数也应相应的增加。

正常运行期间两台压缩机 4 段出口压力是由深冷系统出口氢气压力控制的。为了保证后部分离系统的正常运行，其应当稳定在(3.45 ±0.10)MPa，在 4 段出口压力超高或偏低时，除对本系统作全面检查外，还应与冷分离岗位联系，查看冷分离及甲烷化系统操作是否正常，并作相应调整。装置负荷和压缩机的转数同样影响压缩机的出口压力。如果压力超过 3.55MPa，将自动的将 4 段出口气体排火炬。

②裂解气压缩机的温度控制。裂解气压缩机的 1 段吸入温度是由水洗塔的顶温控制的，

正常范围应为(36 ±4)℃。

裂解气压缩机各段间吸入温度，是由进入段间冷却器的冷却水量调节的。正常范围如下：

1 段吸入温度为(42 ±3)℃

2 段吸入温度为 (25 ±2)℃

3 段吸入温度为 (25 ±2)℃

4 段吸入温度为 (25 ±2)℃

各段排出温度是由吸入温度、压缩比、裂解气组成决定。如果出口温度超高，对转子和缸体等部位的热膨胀不利，加剧转子的振动。另外，由于裂解气中含有少量的双烯烃、炔烃，当超过排气温度的设计值时，可使这些组分聚合成垢，对压缩机长期运行构成威胁。

压缩机各段出口温度正常范围如下：

1 段排出温度为(80 ±3)℃

2 段排出温度为(80 ±3)℃

3 段排出温度为(80 ±3)℃

4 段排出温度为(80 ±3)℃

压缩机各段缸体分别注入低压段透平冷凝水对降低各段出口温度有一定的作用。如果某段的排出温度较低，并且其出口缓冲罐的液位持续偏高，则说明注水量偏大，需要调整。

③液面控制。裂解气在压缩前，必须先在吸入罐内进行气液分离。离心式压缩机不允许液相进入机体，进行压缩。压缩机各段吸入罐均设有液面超高报警和停车联锁。裂解气压缩机由于 1 段吸入罐、2 段吸入罐、4 段吸入罐的液位超高触碰联锁开关而造成停车是压缩机所有停车事故当中发生几率较高的。另外，还要防止由于液面过低产生的窜压现象。

2)制冷

裂解气经压缩达到深冷分离(主要是脱甲烷塔)所要求的压力后，还要为脱甲烷塔提供 -100 ~ -136℃左右的低温冷剂，并为其他分离塔提供不同温度级位的冷剂，使能量得到合理应用。制冷的基本原理是：将低压低温的制冷剂气体压缩，用提高压力的办法提高其冷凝温度；使其在较高的压力和温度下冷凝，所放出的液化潜热传给“高温物质”；冷凝后的液态制冷剂经节流膨胀，产生低压低温的饱和液体；将低压低温的液态制冷剂汽化，从被冷却的“低温物质”中吸收汽化潜热，产生制冷效果，以实现将热量由低温物质向高温物质传递的目的。

制冷温度不仅取决于不同的压力，还要由冷冻剂的物理化学性质决定，所以选择适当的冷冻剂是很重要的。

工业上常用的冷剂有氨、丙烯、丙烷、乙烯、乙烷和甲烷。由于甲烷、乙烯和丙烯是深冷分离的产物，用它们作冷冻剂，可以就地取材。工业生产为安全起见，使冷冻剂在正压下进行，避免制冷系统中漏入空气引起爆炸的危险，这样各种冷冻剂的沸点就决定了它的最低蒸发温度，要获得低温就必须采用沸点低的冷剂。利用乙烯在正压下可以获得 -100℃低温，若要获得更低的温度，可以采用甲烷作冷冻剂。

欲获得低温的冷量，而又不希望冷剂在负压下蒸发，则需要采用常压下沸点很低的物质为冷剂，但这类物质临界温度也很低，不可能在加压的情况下用水冷却使之冷凝。为了获得 -100℃温度级位的冷量，需用乙烯为冷剂，但是乙烯的临界温度为 9.7℃，低于冷却水的温度。用液态丙烯作为使乙烯冷凝的冷剂较为合适，因此要设置丙烯循环制冷系统，如图 3 -14

所示。乙烯气体冷凝过程向液体丙烯排热，丙烯气体冷凝过程向冷却水排热，这样丙烯的冷冻循环系统就和乙烯的制冷循环系统复迭起来，构成复迭制冷系统(或称串级制冷系统)。复迭制冷循环中水向丙烯制冷，丙烯向乙烯制冷，乙烯向 -100℃冷量用户制冷。

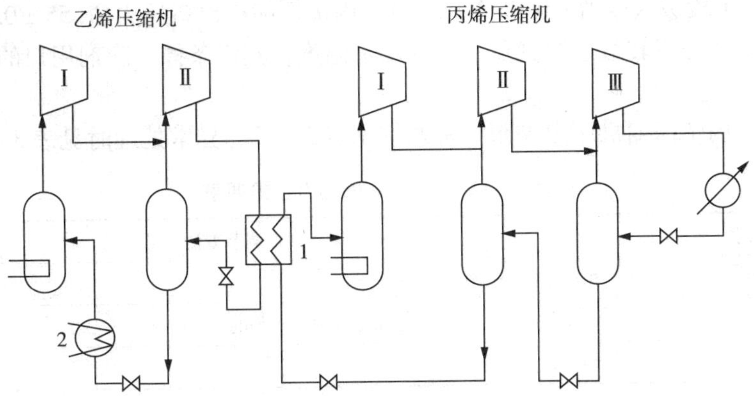

图 3-14　乙烯丙烯复迭制冷流程

1—换热器；2—冷量用户

对于深冷分离过程中需要低于 -100℃的冷量用户，可以采用甲烷 - 乙烯 - 丙烯三元复迭制冷循环系统，工作原理与前面讲的相同。通过两个复迭换热器，使冷却水向丙烯制冷，丙烯向乙烯制冷，乙烯向甲烷制冷，甲烷向低于 -100℃冷量用户制冷。

①乙烯压缩机压力控制和调节。乙烯压缩机为两段，乙烯冷剂压缩系统为分离工段提供 -67℃、-96℃两个等级的冷量。

控制目标：1 段吸入压力 0.155 MPa(G)，乙烯压缩机出口压力 1.55 MPa(G)；

控制范围：1 段吸入压力 ±0.01 MPa(G)，乙烯压缩机出口压力(1.55 ±0.2) MPa(G)；

影响参数：压缩机转数、装置负荷、冷却水温度、蒸汽条件、冷剂用户的调整、丙烯制冷机的调整。

控制方式：乙烯压缩机压力控制正常调整见表 3-10，异常处理时见表 3-11。

表 3-10　乙烯压缩机压力正常调整

影响因素	调节方法
装置负荷变化	相应地改变压缩机转速
冷剂用户的调整	相应地改变压缩机转速和冷剂用户冷剂的量
蒸汽条件的变化	调整蒸汽用量
压缩机出口压力的影响	调整压缩机转速

表 3-11　乙烯压缩机压力异常处理

现　象	原　因	处理方法
压力迅速下降，转速负荷等无变化	深冷分离系统物流中断	迅速降低转速，打开防喘振阀，联系分离系统调整
	分离系统脱甲烷塔操作不当	迅速降低转速，打开防喘振阀，联系分离系统调整
压力连续波动	分离系统氢气、甲烷波动	稳定压缩机操作，通知分离岗位查明原因
如果 1 段吸入压力异常失控，则停车处理		

②丙烯压缩机压力控制。丙烯压缩机分为3段，丙烯冷剂压缩系统为分离工段提供+15℃、+6℃、-23℃、-40℃4个等级的冷量。

控制目标：1段吸入压力0.140 MPa(G)，丙烯压缩机出口压力1.55 MPa(G)；

控制范围：1段吸入压力±0.05 MPa(G)，丙烯压缩机出口压力(1.55±0.2) MPa(G)；

影响参数：压缩机转数、装置负荷，冷却水温度，蒸汽条件、冷剂用户的调整、乙烯制冷机的调整。

控制方式：丙烯压缩机压力控制正常调整见表3-12，异常处理时见表3-13。

表3-12 丙烯压缩机压力正常调整

影响因素	调节方法
装置负荷变化	相应地改变压缩机转速
冷剂用户的调整	相应地改变压缩机转速和冷剂用户冷剂的量
蒸汽条件的变化	调整蒸汽用量
压缩机出口压力的影响	调整压缩机转速

表3-13 丙烯压缩机压力异常处理

现　象	原　因	处理方法
压力迅速下降，转速负荷等无变化	分离系统物流中断	迅速降低转速，打开防喘振阀，联系分离系统调整
	乙烯压缩机突然停机	迅速降低转速，打开防喘振阀，查明原因，迅速恢复乙烯制冷机
压力连续波动	分离系统氢气、甲烷波动	稳定压缩机操作，通知分离岗位查明原因
如果1段吸入压力异常失控，则停车处理		

3.3.2 裂解气深冷分离

裂解气各组分分离的先后，在不违反其组分沸点的顺序下，是可以采用多种排列的方法分离的。裂解气深冷分离流程主要有三大代表性流程：顺序分离流程(俗称123流程)、前脱乙烷流程(俗称213流程)和前脱丙烷流程(俗称312流程)。

(1)深冷分离顺序特点

1)分离组分顺序

三种典型流程均采用了先易后难的分离顺序，即先分开不同碳原子数的烃(相对挥发度大，见表3-14)，再分开相同碳原子数的烷烃和烯烃；产品塔(乙烯塔、丙烯塔)均并联置于流程最后，这样物料中组分接近二元系统，物料简单，可确保这两个主要产品纯度，同时也可减少分离损失，提高烯烃收率。

表3-14 各关键组分的相对挥发度和操作条件

塔器	关键组分		操作条件			平均相对挥发度 α_{12}
	塔釜	塔顶	顶温/℃	釜温/℃	压力/MPa	
丙烯塔	丙烯	丙烷	26	35	1.23	1.10
乙烯塔	乙烯	乙烷	-69	-49	0.57	1.77
脱丙烷塔	丙烷	异丁烷	89	72	0.75	2.24
脱乙烷塔	乙烷	丙烯	-12	76	2.88	2.82
脱甲烷塔	甲烷	乙烯	-96	0	3.40	7.22

2)冷箱位置

裂解气深冷分离流程中，脱甲烷塔系统有些冷凝器、换热器和气液分离罐操作温度在-100～-160℃，为了防止散冷，减少与环境接触的表面积，用绝热材料将这些冷设备集中装在一台箱体内，称为冷箱。它的工作原理是用节流膨胀来获得低温。它的用途除依靠低温回收乙烯之外，还可制取富氢和富甲烷馏分。

冷箱放在脱甲烷塔之前，处理进脱甲烷塔的裂解气，这种流程称为前冷流程。冷箱放在脱甲烷塔之后，处理的是脱甲烷塔塔顶气，这种流程称为后冷流程。

裂解气后冷流程中，冷箱处理的是脱甲烷塔塔顶气，冷箱的负荷较小。在前冷流程中，采用冷箱将裂解气中大部分氢气先分出，提高了进脱甲烷塔气体中甲烷与氢的摩尔比，深冷分离原料中甲烷与氢的摩尔比越大，乙烯回收率越高。此外，进料气体在冷箱中分级冷凝，冷凝液分多股送入脱甲烷塔，较重组分进入塔的下部，较轻组分进入塔的上部，这相当于进塔前已作了预分离，减轻了脱甲烷塔的分离负荷，可节省冷量。故国内乙烯生产装置中采用前冷流程较多。

3)加氢脱炔反应器位置

根据加氢脱乙炔过程在裂解气分离流程中所处的位置不同，可分为前加氢脱乙炔和后加氢脱乙炔两种方法。

在脱甲烷塔前进行加氢脱炔称为前加氢。前加氢的加氢气体可以是裂解气全馏分，即H_2、C_1、C_2、C_3馏分或H_2、C_1、C_2馏分。可见加氢馏分中就含有氢气，不再需要外来氢气，所以前加氢又叫作自给加氢。

在脱甲烷塔后进行加氢脱炔称为后加氢。裂解气经过脱甲烷、氢气后，将C_2、C_3馏分用精馏塔分开，然后分别对C_2和C_3馏分进行加氢脱炔。被加氢的气体中已不含有氢气组分，需要外部加入氢气。后加氢工艺几乎都采用钯催化剂。

从能量利用和流程繁简来看，前加氢流程有利。氢气可以自给，但是氢气是过量的。氢气的分压高，会降低加氢选择性，增大乙烯损失。后加氢的氢气是按需要加入的，馏分的组分简单，杂质少，加氢选择性高，催化剂使用寿命长，产品纯度也较高。目前国内外乙炔加氢采用后加氢工艺的较多。

(2)深冷分离流程

1)顺序分离流程(鲁姆斯)

顺序分离流程是裂解气经过压缩、净化后，各组分按碳原子数的顺序从低到高依次分离。该流程技术成熟，运转周期长，稳定性好，对不同组成的裂解气适应性强，目前国内外乙烯工业上广泛采用顺序分离流程。前脱氢(前冷)后加氢顺序深冷分离流程如图3-15所示。

2)前脱乙烷深冷分离流程(布朗路特)

前脱乙烷分离流程是裂解气经过压缩、净化后，将裂解气先分为氢气和C_1～C_2烃及其他重组分两部分，然后再逐个分离，后脱氢(后冷)前加氢脱炔前脱乙烷深冷分离流程见图3-16。

3)前脱丙烷深冷分离流程(林德)

前脱丙烷分离流程是裂解气经过压缩、净化后，先分出氢气和C_1～C_3烃和其他重组分两部分，然后再分别按碳原子数由少到多依次分离，前脱氢(前冷)前加氢脱炔前脱丙烷流程见图3-17。

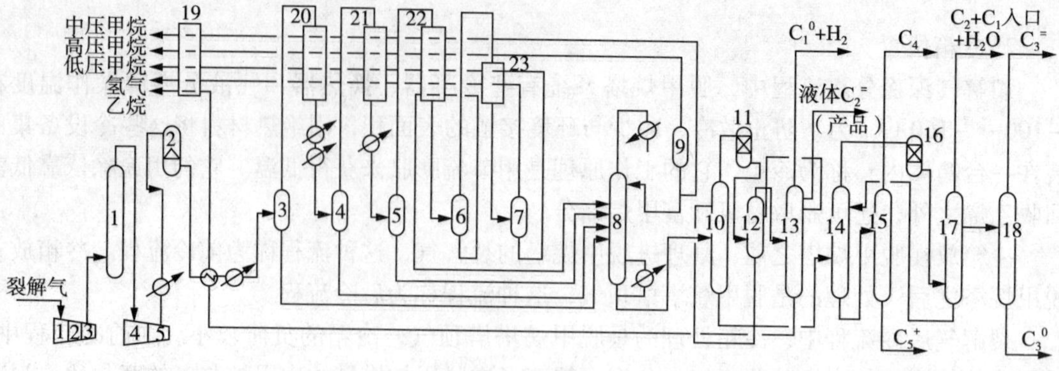

图 3－15　顺序深冷分离流程简图

1—碱洗塔；2—干燥器；3，4，5，6，7—气液分离罐；8—脱甲烷塔；9—回流罐；10—脱乙烷塔；11—加氢脱炔反应器；12—绿油洗涤塔；13—乙烯精馏塔；14—脱丙烷塔；15—脱丁烷塔；16—加氢反应器；17—C_3 绿油塔；18—丙烯精馏塔；19，20，21，22，23—板式换热器

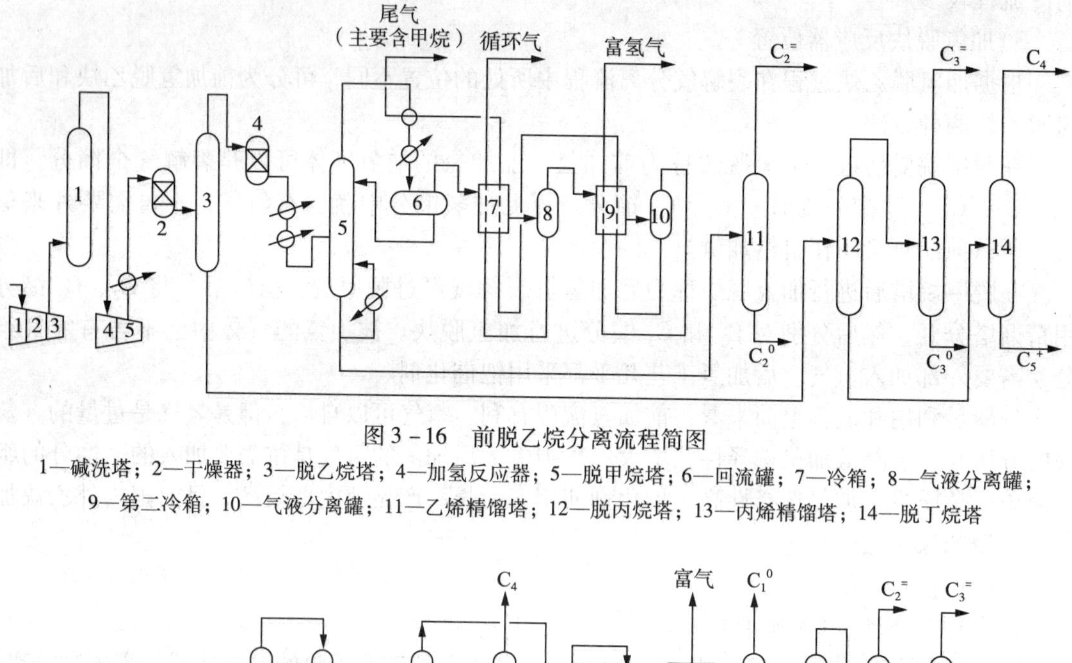

图 3－16　前脱乙烷分离流程简图

1—碱洗塔；2—干燥器；3—脱乙烷塔；4—加氢反应器；5—脱甲烷塔；6—回流罐；7—冷箱；8—气液分离罐；9—第二冷箱；10—气液分离罐；11—乙烯精馏塔；12—脱丙烷塔；13—丙烯精馏塔；14—脱丁烷塔

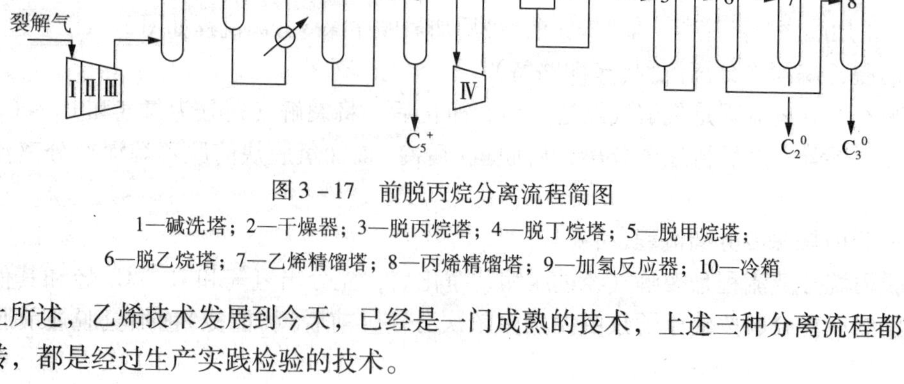

图 3－17　前脱丙烷分离流程简图

1—碱洗塔；2—干燥器；3—脱丙烷塔；4—脱丁烷塔；5—脱甲烷塔；6—脱乙烷塔；7—乙烯精馏塔；8—丙烯精馏塔；9—加氢反应器；10—冷箱

综上所述，乙烯技术发展到今天，已经是一门成熟的技术，上述三种分离流程都能连续稳定运转，都是经过生产实践检验的技术。

有些专利商认为，应依裂解原料的不同，采用不同的流程，气体原料宜采用前脱乙烷前加氢流程，液体原料宜采用前脱丙烷前加氢流程。在流程的细节上，各专利商的技术水平还是有差别的。有的专利商几十年来对主流程都没有什么变化，但有的专利商在顺序分离流程的基础上开发了前脱丙烷前加氢的第二代分离流程，并加入了急冷油黏度控制、渐近分离、热泵等技术，使能量消耗显著降低。有的专利商注重减少投资，分离流程比较短，设备台数少；有的专利商注重节能，流程比较长，设备台数多；在选择时应根据条件予以权衡。

(3)影响乙烯回收率的因素分析

乙烯分离装置的乙烯回收率是评价分离装置先进程度的一项重要技术经济指标。为了分析影响乙烯回收率的因素，先讨论乙烯分离的物料平衡(见图3－18，图上数据表示100份乙烯进料在各物流中被带出的乙烯份数)。由图可见乙烯回收率为97%，乙烯损失有4处。

①冷箱尾气(C_1、H_2)中带出损失。

②乙烯塔釜液乙烷中带出损失。

③脱乙烷塔釜液 C_3 馏分中带出损失。

④压缩段间凝液带出损失。

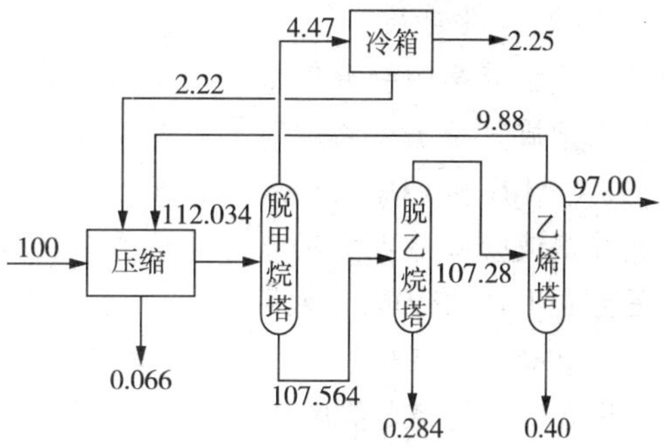

图3－18　乙烯物料平衡图

正常生产中②、③、④项损失是很难避免的，而且损失量也较小，因此第①项是影响乙烯回收率高低的关键。影响尾气中乙烯损失的主要因素是原料气中甲烷与氢的摩尔比、操作温度和压力。甲烷与氢的摩尔比通过相平衡关系影响脱甲烷塔塔顶的露点，这是因为氢气的存在降低了甲烷的分压，所以甲烷与氢的摩尔比愈大，尾气中乙烯损失就愈小。

当甲烷与氢的摩尔比值一定时，增大压力或降低温度都有利于减少尾气中乙烯损失。在工业生产中从投资、流程复杂程度和操作难易程度等各种因素综合考虑采用3.0～4.0 MPa的压力时，脱甲烷塔塔顶温度为－96℃左右，用液态乙烯为冷剂，其在稍高于常压下的最低蒸发温度为－101℃，用乙烯－丙烯二元复迭制冷系统就能满足工艺要求，流程较简单。采用0.608 MPa的压力时，由于压力低则塔顶温度也低，需用甲烷－乙烯－丙烯三元复迭制冷系统，还要耗用大量的耐低温合金材料，流程较复杂。与高压法相对比较而言，尾气中乙烯损失较少。

例3－5　裂解气深冷分离的顺序分离流程、前脱乙烷流程和前脱丙烷流程目前在生产中都在应用。试分析确定这三种流程的依据(参看图3－15、图3－16和图3－17)。

【分析】

深冷分离是多组分气体的冷冻精馏过程，确定分离顺序的规则如下：

①不稳定的和有害的组分先分离；

②难分离组分(分离因子接近于1)最后分离；

③回收率要求高的组分放在后面分离；

④轻组分按分离因子的大小顺序，逐个依次分离；

⑤应尽可能减少进入冷冻系统的组分数(节省冷量)；

⑥混合物组分分成摩尔流量相接近的轻、重两股物流，以平衡精馏塔的上升蒸汽和回流液量，避免降低热力学效率。

(1)裂解气压缩

从裂解气各组分的沸点看，丙烷和轻于丙烷的组分沸点都在42.1℃以下，如果采用加压精馏，可以降低冷凝时的冷量消耗，所以应先进行压缩，然后分离。

裂解气压缩是绝热压缩，如果单段压缩到深冷分离所需压力，例如裂解气自20℃，p_1为0.105MPa压缩到 p_2 等于3.6MPa，则单段压缩排气温度（已知裂解气绝热指数 $k=1.228$）：

$$T_2=T_1\left(\frac{p_1}{p_2}\right)^{\frac{1-k}{k}}=(273+20)\times\left(\frac{3.6}{0.105}\right)^{\frac{1.228-1}{1.228}}=566\text{K}=293℃$$

此时压力提高和温度上升会引起烯烃的聚合，因此气体压缩采用多段压缩，一般为4～5段，压缩比（p_2/p_1）控制在2～3之间，每段压缩后气体温度不高于100℃。段与段间设置中间冷却器，裂解气经冷却，在气液分离罐脱水和重组分。此外，多段压缩也可降低压缩功，节省能量（参看图3－12和图3－13）。

(2) 净化杂质

三种流程的裂解气原料相同，同样含有CO、CO_2、H_2S、乙炔、丙炔和丙二烯、水分等有害杂质。根据分离规则①，应考虑首先除去。

①H_2S 和 CO_2 同样属于酸性气体，在潮湿的气氛中腐蚀性很强，应先除去。流程中均用碱性溶液吸收除去。压力高，对脱除 H_2S 和 CO_2 有利。故把碱液吸收安排在压缩机的出口，压力在1.0～2.0MPa左右。

②碱性溶液吸收后的裂解气含有水分，由于水分在低温下结冰，堵塞管道，故碱洗后裂解气进入低温精馏之前应将水分脱除。必须除去水分。脱水的方法可采用分子筛干燥剂脱水。

③CO的沸点为－191.5℃，若采用精馏方法分离，则需深度冷冻，而一氧化碳的量又很少，可采用催化转化方法使之变成甲烷再除去。

④乙炔和乙烯有共沸点，不易分离完全。采用催化加氢使乙炔转变成乙烯和乙烷。

⑤丙炔和丙二烯组分也用催化加氢方法使之转变成丙烯和丙烷，作液化气使用。

(3) 确定深冷分离顺序

①乙烯与乙烷，丙烯与丙烷的沸点差都很小，且回收率要求高，根据深冷分离规则②和③，把乙烯与乙烷的分离、丙烯与丙烷的分离放在最后。

根据不同的试探法则可以有几种不同的流程安排。

②根据深冷分离规则④，采用被分离组分沸点由低至高的逐个脱除流程，即为按沸点顺序排列的顺序分离流程。

③根据深冷分离规则⑤，应减少进入深冷系统的物料量。故第一塔为脱乙烷塔，使得比C_2 重的馏分不进入深冷系统，即前脱乙烷分离流程。

④根据深冷分离规则①，把容易聚合结焦的丁二烯首先分离。即前脱丙烷的流程。

其中前脱丙烷流程的能量消耗较低，操作也方便。但采用该流程的厂家反而比采用顺序流程少。其原因主要是用户对乙烯中乙炔含量的要求愈来愈苛刻，所以在该流程中增加了一个前加氢脱炔的步骤。在前加氢步骤中，如果催化剂活性高，由于原料中存在大量氢，会造成烯烃的损失，而且反应器温度会迅速跃升而易引起事故；如果催化剂活性低，又达不到脱除乙炔的要求。因此，限制了前脱丙烷流程的应用。

3.3.3 裂解气深冷分离操作条件

(1) 脱甲烷塔

脱甲烷塔的任务就是将裂解气中 C_1、H_2 以及惰性气体与 C_2 以上组分进行分离。从甲烷对乙烯的相对挥发度来看是比较容易分离的，但由于含有大量的氢气，必须使塔顶温度低于 -100℃以下才能保证塔顶尾气中乙烯含量少，以提高乙烯收率。另一方面要求塔釜中甲烷含量尽可能少，以提高产品乙烯纯度。

在深冷分离流程中，脱甲烷过程是裂解气分离的关键，因为脱甲烷塔温度最低，消耗冷量最多，工艺过程复杂，所以脱甲烷塔的操作效果对产品回收率、纯度以及经济性的影响最大。工业上脱甲烷过程有高压与低压法之分。

1)低压法

低压法脱甲烷流程由于操作压力低，所以分离温度低。操作条件为压力 0.608 MPa，顶温 -140℃左右，釜温 -50℃左右。低压法脱甲烷由于压力低，$C_1/C_2^=$ 的相对挥发度 α 值较大，分离效果好，乙烯回收率高。对于含氢及甲烷较多的裂解气也能分离。虽然需要用低温级冷剂，但因易分离，回流比较小，折算到每吨乙烯的能量消耗，低压法仅为高压法的 70% 多一些。低压法也有不利之处，如需要耐低温钢材，多一套甲烷制冷系统，流程比较复杂。

2)高压法

高压法操作压力高，分离温度低也高。脱甲烷塔顶温度为 -96℃左右，不必采用甲烷制冷系统，只需用液态乙烯冷剂即可。由于脱甲烷塔塔顶尾气压力高，可借助高压尾气的自身节流膨胀获得额外的降温，比甲烷冷冻系统简单。此外提高压力可缩小精馏塔的容积，所以从投资和材质要求来看，高压法是有利的。

有些深冷分离装置脱甲烷塔采用两塔串联。以设有预脱甲烷的双塔低压脱甲烷工艺为例，第一脱甲烷塔主要作用是预脱甲烷，使塔底的液相不含甲烷，分离出的 C_2^+ 送去脱乙烷塔中段，塔顶含甲烷的气相用 -67℃的乙烯冷剂部分冷凝后进入第二脱甲烷塔下部(第33 块塔盘)，这样可减少第二脱甲烷塔的塔内负荷并节省冷量。塔底再沸器用 +15℃的丙烯气体作为加热介质，以利于回收冷量。第一脱甲烷塔塔顶温度 -42.5℃，压力 2.49MPa(G)，塔底温度 2.1℃。塔顶压力通过调节塔顶气相流量来控制，塔釜温度可通过调节进再沸器的丙烯冷剂流量来控制，塔釜液位通过塔底液体流量来调节。

第二脱甲烷塔有三股进料，整个塔分为上下两塔，下塔塔顶气相用 -96℃的乙烯冷剂部分冷凝后进入上塔塔釜，出下塔塔釜的液相分出一部分作为第一脱甲烷塔的回流返回第一脱甲烷塔顶部，另一部分经回收冷量后送去脱乙烷塔顶部作为进料。第二脱甲烷塔的上塔釜液相一部分进入第二脱甲烷塔下塔作为下塔的回流液，另一部分在流量控制下进入冷箱，为冷箱提供冷量(目的是减少乙烯机的负荷)后，循环回裂解气压缩机一段吸入罐或二段吸入罐。第二脱甲烷塔上塔的气相经冷箱回收冷量后一部分作为高压燃料气去燃料气系统，其余部分去甲烷压缩机。压缩后的高压甲烷气，在冷箱中逐级冷却至 -118℃(在此温度下全凝)，一部分液相返回冷箱提供 -127℃冷量，另一部分进入脱甲烷塔顶闪蒸罐。脱甲烷塔顶闪蒸罐的气相回收冷量后与少量氢气混合后进甲烷精制预热器被低压蒸汽加热至 120℃，然后在甲烷精制反应器中通过加氢反应除去炔烃后送乙二醇装置。液相一部分作为第二脱甲烷塔的回流液，另一部分进乙烯回收罐，用以回收氢/甲烷气中的乙烯。第二脱甲烷塔塔顶温度 -118.5℃，压力 1.16MPa(G)，塔底温度 -42.6℃。塔顶压力通过调节冷箱出口的高压甲烷燃料气的流量来控制，塔灵敏板温度可通过调节进再沸器的裂解气流量来控制，塔釜液位通过调节去脱乙烷塔的液相流量来控制。

(2)脱乙烷塔

在顺序分离流程中，裂解气经脱甲烷系统脱除氢气和甲烷等轻组分后，由脱甲烷塔塔釜所得碳二和碳二以上的馏分，送入脱乙烷塔。由塔顶切割出碳二馏分，送入乙烯精馏塔，进一步精馏得到乙烯产品；塔釜则为碳三和碳三以上组分，需送至脱丙烷塔进一步分离。

对于双塔低压脱甲烷工艺，脱乙烷塔有两股进料，一股来自第二脱甲烷塔塔底的物料含有96%的碳二和少量碳三，送入脱乙烷塔顶部；另一股自第一脱甲烷塔底的物料包括全部重组分，送入脱乙烷塔中部。两股进料可减少脱乙烷塔冷凝器的负荷，有利于降低丙烯机的负荷。脱乙烷塔底液相不含碳二，送到高压脱丙烷塔，塔顶的气体碳二物流经 -40℃的丙烯冷剂部分冷凝后，液相作为塔顶回流，气相经加氢和干燥后去乙烯塔。脱乙烷塔塔用急冷水为再沸器加热，急冷水不足时还可提供低压蒸汽作热源。脱乙烷塔塔顶温度 -20.1℃，压力2.32MPa(G)，塔底温度69.5℃。塔顶压力通过调节冷凝器的 -40℃的丙烯冷剂进料量来控制，塔灵敏板温度可由进再沸器的热水流量或蒸汽流量来调节，塔釜液位通过调节塔底液相流量来控制。

(3)乙烯塔

乙烯塔即乙烯精馏塔。碳二馏分经过加氢脱炔之后，进入乙烯塔进行精馏，塔顶得产品乙烯，塔釜液为乙烷。塔顶乙烯纯度要求达到聚合级。由于乙烯塔温度仅次于脱甲烷塔，所以冷量消耗占总制冷量的比例也较大，约为38%~44%，对产品的成本有较大的影响。乙烯塔在深冷分离装置中是一个比较关键的塔。

从乙烯精馏塔底部得到的乙烷，用裂解气蒸发后，在冷箱中用丙烯冷剂进一步加热后去裂解炉裂解。塔上部得到的乙烯产品，大多数在气相状态下用管道输送至下游加工装置。另一部分乙烯则送去贮存，以满足乙烯生产装置和下游生产装置的衔接或作为商品。

经干燥后的碳二馏分进入乙烯精馏塔精馏，塔底液相乙烷在换热器中汽化，并在冷箱中回收冷量后循环至乙烷裂解炉。塔顶气相在冷箱经换热回收冷量后进入热泵压缩机压缩到4.0MPa(G)，出口的乙烯经水冷后进入冷箱冷却到7℃后去乙烯塔再沸器作为热源并自身被冷却冷凝，而后返回冷箱继续冷凝到 -3.2℃，再用 -23℃的丙烯冷剂全部冷凝。然后乙烯凝液在乙烯回流罐中减压至2.0MPa(G)闪蒸，液相(-32℃)作为回流返回乙烯精馏塔顶部，气相大部分去冷箱，少部分采出(目的是把进料中夹带的氢气和甲烷带出系统)返回脱甲烷塔。乙烯产品从乙烯精馏塔第11块塔板抽出，由乙烯产品泵送至乙烯产品贮罐。

乙烯精馏塔塔顶温度 -29.8℃，压力1.89MPa(G)，塔灵敏板温度可通过调节从冷箱到乙烯精馏塔再沸器的乙烯的旁路流量来控制，塔釜液位通过调节乙烷经冷箱后排燃料气的调节阀来控制。

(4)脱丙烷塔

在顺序分离流程中，脱乙烷塔塔釜液为碳三和碳三以上馏分，碳三以下组分基本脱除。脱乙烷塔塔釜液送入脱丙烷系统，塔顶分离出丙烷和丙烯，塔釜为碳四和碳四以上馏分。

为避免碳二等轻组分带入脱丙烷系统，须将进料中碳二含量控制在 10^{-4}(体积分数)以下。如果脱丙烷系统进料中碳二馏分含量较高以致影响丙烯产品质量时，则需在碳三馏分进入丙烯精馏塔之前采取措施，以脱除其中过量的碳二馏分。

为节省冷量，同时为避免因塔釜温度过高而形成的聚合物结垢和堵塞问题，经常采用双塔脱丙烷工艺。进料首先进入高压脱丙烷塔，塔顶蒸气用冷却水冷凝，一部分馏出物作为塔的回流，另一部分用分子筛进行干燥后，送至加氢脱炔；高压脱丙烷塔塔底物料送入低压脱丙烷塔。低压塔塔顶物料，在返回高压塔之前，用高压塔塔底物料预热。

脱丙烷系统采用高、低压脱丙烷工艺流程，高压脱丙烷塔顶冷凝器用直流水，降低了丙烯机的负荷。另外低压脱丙烷塔的应用使得塔釜温度较低，有利于减轻塔釜结垢现象。脱乙烷汽提塔塔底的 C_3^+ 物流进入低压脱丙烷塔中部(第 14 块塔盘)，脱乙烷塔底 C_3^+ 物流进入高压脱丙烷塔中部(第 20 块塔盘)。低压脱丙烷塔塔顶气相经冷凝器 +15℃丙烯冷剂及 +6℃丙烯冷剂全部冷凝后由泵送入高压脱丙烷塔底部(第 48 块塔盘)。低压脱丙烷塔底部液相为 C_4^+ 烃类，由泵送去脱丁烷塔中部(第 22 块塔盘)，高压脱丙烷塔底部液体在换热器中与进料换热后，作为回流返回低压脱丙烷塔，顶部的碳三馏分冷凝后，部分在流量控制下被泵送回塔顶作回流，部分在回流罐的液位与流量的串级控制下，由泵送去碳三干燥及加氢。

高压脱丙烷塔塔顶温度 26℃，压力 1.1MPa(G)，塔底温度 71.5℃，塔灵敏板温度可通过调节进再沸器的低压蒸汽流量来控制，塔釜液位通过调节塔底液相流量来控制。低压脱丙烷塔塔顶温度 31.5℃，压力 0.4MPa(G)，塔底温度 52℃，塔灵敏板温度可通过调节进再沸器的急冷水流量来控制，塔釜液位通过调节塔底液相出料流量来控制。

(5)丙烯塔

丙烯塔即丙烯精馏塔是分离裂解气得到丙烯产品的最终产品塔之一。丙烯与丙烷的相对挥发度接近 1，非常难分，是乙烯厂中回流比最大、塔板数最多、塔最高的一个，经常采用两塔或三塔串联使用。在裂解气分离工艺中也是十分重要的。

由脱丙烷塔塔顶获得含有丙烯、丙烷、丙炔(甲基乙炔和丙二烯，以 MAPD 表示)的碳三馏分。由于碳三馏分中含有 MAPD，一般在进入丙烯精馏塔之前，都设置碳三馏分加氢脱炔系统。除炔后，再去汽提塔，从碳三产品中汽提掉过剩的氢和甲烷。汽提塔塔底物料进入丙烯精馏塔。丙烯精馏塔塔顶得到丙烯产品，可直接送至下游生产装置或去球罐贮存；塔底得到丙烷产品，可返回裂解炉裂解。

丙烯塔进料基本上只含丙烯和丙烷。所以丙烯塔也可以看作二元精馏系统。丙烯与丙烷相对挥发度受操作压力和丙烯在液相中浓度的影响较大，塔的操作压力越大，或者塔顶产品纯度要求越高，则相对挥发度越小，所需要的塔板数越多。塔的操作压力低，相对挥发度大，可减少回流比和塔板数。

丙烯精馏有的采用两塔也有的采用三塔。以三塔流程为例，第一塔为精馏段，其余两塔并联作为提馏段。加氢干燥后的碳三馏分进入丙烯塔第一塔底部(第 123 块塔盘)，第一塔底部液相进入并联的两塔顶部，同时并联的两塔塔顶的气相返回第一塔塔釜。第一塔塔顶冷凝器用循环水冷凝，并联的两塔再沸器用急冷水加热。聚合级丙烯产品从第一塔的第 11 块塔板采出，经用水冷却后(46℃)送出界区。塔釜产品丙烷用急冷水汽化后循环至乙烷裂解炉。第一塔塔顶温度 45℃，压力 1.70MPa(G)，塔釜温度 47.4℃，塔顶压力可通过调节塔顶冷凝器的循环水流量来控制，塔釜液位由塔釜出料流量控制。并联的两塔塔顶温度 47.4℃，压力 1.77MPa(G)，塔釜温度 56.6℃，塔灵敏板温度可通过调节进再沸器的急冷水流量来控制，塔釜液位通过调节塔底液相流量来控制。第一塔塔顶物流在冷凝器冷凝后，在闪蒸罐闪蒸，液相全部回流，气相进入丙烯最终冷凝器用直流水冷却，冷却下来的液相返回闪蒸罐，富含丙烯的不凝气被送回脱乙烷汽提塔和脱乙烷汽提塔的塔顶。

(6)脱丁烷塔

从脱丙烷塔底得到的含有碳四和碳四以上的馏分送至脱丁烷塔，脱丁烷塔塔顶得到混合碳四产品，送至贮罐贮存。一般混合碳四经丁二烯抽提装置获得丁二烯产品，也可直接作为产品出售。脱丁烷塔塔底物料与来自汽油气提塔的汽油混合，送至裂解汽油加氢装置。

(7)乙烯塔和丙烯塔比较

乙烯塔是分离裂解气得到乙烯产品的最终精馏塔，丙烯塔是分离裂解气得到丙烯产品的最终精馏塔。这两个塔设计和操作的好坏直接关系到乙烯和丙烯产品的质量、收率及冷量消耗。故这两个塔在裂解气分离工艺中也是十分重要的。

1)两塔的共性

乙烯塔进料中乙烯和乙烷占99.5%以上，所以乙烯塔可以看作是二元精馏系统。丙烯塔进料基本上只含丙烯和丙烷。所以丙烯塔也可以看作二元精馏系统。根据相律，对于二元气液精馏系统的自由度为2。在塔顶乙烯纯度或丙烯纯度根据产品质量要求确定后，塔的操作温度或压力两个因素只能规定一个。例如规定了压力，相应温度也就定了。

当乙烯产品纯度规定后，压力对相对挥发度有较大影响，一般可以采取降低压力的办法来增大相对挥发度，从而使塔板数或回流比降低。乙烯塔适宜的操作压力的选择要综合考虑冷剂的温度级别、乙烯的输出压力以及塔材质的投资等确定。丙烯丙烷相对挥发度受操作压力和丙烯在液相中浓度的影响较大，塔的操作压力越大，或者塔顶产品纯度要求越高，则相对挥发度越小，所需要的塔板数越多。

2)两塔特点

乙烯精馏塔的特殊性在于乙烯、乙烷的相对挥发度随乙烯浓度的增加而降低。即乙烯塔沿塔板的温度分布和组成分布并不是线性的关系。在精馏段沿塔板向上温度下降很少，板与板间物料的浓度梯度很小，因此，乙烯塔精馏段塔板数较多，回流比较大。而在提馏段温度变化很大，即乙烯的浓度下降很快，因此提馏段不需要较大的回流比。近年来采用安装中间再沸器的办法使精馏塔的精馏段和提馏段回流比保持不同的数量。安装中间再沸器，可以回收比塔底温度低的冷量。例如乙烯塔压力为1.9 MPa，塔底温度为-5℃，可以用丙烯蒸气作为塔底再沸器的热剂，丙烯被冷凝为液体，回收3~5℃的冷量。而中间再沸器引出物料温度为-23℃，用裂解气作为它的热剂，相当于回收了-23℃温度级的冷量。

乙烯进料中常含有少量甲烷，如不分离出将要影响乙烯产品的纯度。乙烯塔采用塔顶脱甲烷、精馏段侧线出产品乙烯的精馏方案，简化了流程，节省了能量。

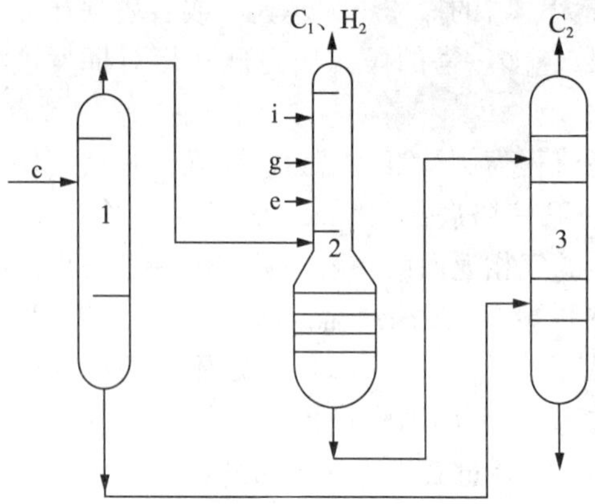

图3-19　预分馏塔示意图

1—预分馏塔；2—脱甲烷塔；3—脱乙烷塔

c、e、g、i分别为预分馏塔和脱甲烷塔进料

3.3.4　裂解气深冷分离系统的节能技术

(1)脱甲烷塔前增设预分馏塔

一般脱甲烷塔多股进料中，组分最重的一股进料，不仅数量最多，而且含有大量的碳三和碳四组分。如果如图3-19所示，在脱甲烷塔前增设预分馏塔，把一般进料进行预分离，将其中碳三和碳四等重组分分离出来，不再进入脱甲烷塔，而直接由预分馏塔底送脱乙烷塔进料。这样不仅减轻脱甲烷塔的负荷，节省了低温冷量，而且由于脱乙烷塔多了一股进料，相当于事先进行一次分离，使脱乙烷塔的冷凝器和再沸器的负荷降低。

预分馏塔采用填料塔，操作压力为3.1 MPa，塔顶温度约为-30℃，塔釜温度为10℃，主要控制塔釜中甲烷含量低于0.62%。

(2) 分凝分离技术在脱甲烷塔中的应用

分凝分离技术是近几年发展起来的分离新技术。它将几个成熟的单项技术组合在一起，主要包括分凝分离器、膨胀机、板翅式热交换器、精馏塔等设备。该技术的关键设备是分凝分离器，其工作原理如图 3 - 20。该设备在间接供冷条件下，工艺气体混合物自下而上流动时，使部分物料冷凝在通道器壁上，冷凝物沿器壁下流与上升物料逆向接触，产生传质、传热效果。使凝液中轻组分进入气相，而气相中不易挥发组分则冷凝下流。因此分凝分离器实际上是一台可产生回流的冷交换器。

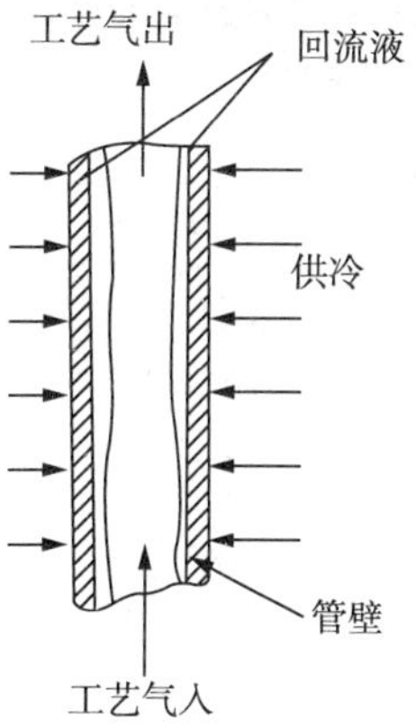

图 3 - 20　分凝分离器示意图

深冷分离传统工艺流程与分凝分离工艺流程的区别(见图 3 - 21)在于，传统工艺流程中工艺气体在冷凝和闪蒸过程之后，产生相同温度的气液两相，而分凝分离器具有一定的分离理论板数，故传质、传热后产生低温的气相和相对较高温度的液相。两种过程的液相组成也不相同；还能节省冷量。

采用分凝分离技术对裂解气分离装置可带来很大的经济效益，与同样生产规模的传统深冷分离工艺相比，可使能耗降低 5% ~10%，投资可减少 8% ~10%。

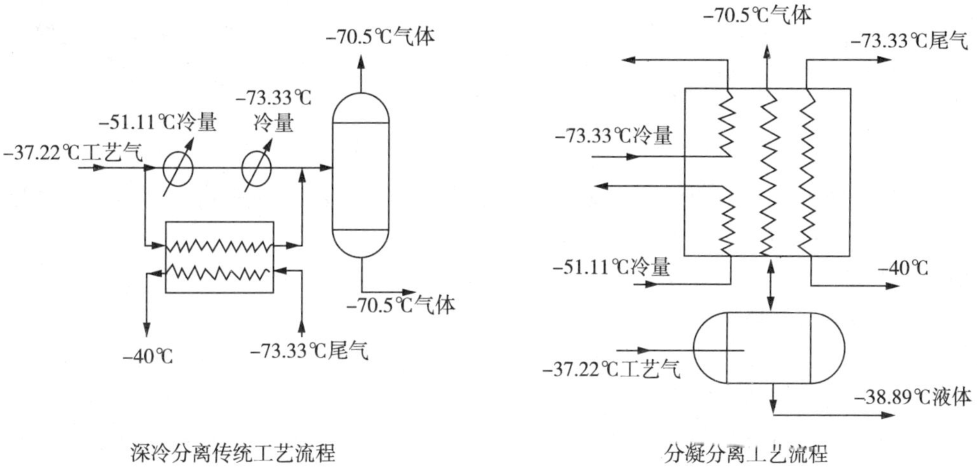

图 3 - 21　传统深冷分离和分凝分离工艺比较

(3) 甲烷膨胀补充制冷

高压法脱甲烷工艺中，脱甲烷塔顶 - 96℃的气体必须用冷箱进一步降温才能冷凝。此时，采用甲烷膨胀补充制冷可以有效降低能耗。如图 3 - 22 所示。

塔顶尾气经第一冷凝器(2)用乙烯制冷剂冷却到 - 98℃后，再进入第二冷凝器(3)进一步冷却。第二冷凝器所用的冷剂是经节流膨胀阀(5)节流降压，使温度降低到 - 110℃的甲烷尾气，可取得比乙烯制冷更好的效果。

(4) 中间再沸器和中间冷凝器

通常精馏塔的冷凝和加热是在塔外进行的，这种塔称为绝热精馏塔。如果在塔的中间对物料进行冷却和加热，称为非绝热精馏塔。两种不同的精馏方式如图 3 - 23 所示。

精馏塔的温度分布是自下而上降低的，裂解气分离过程塔顶与塔釜温差较大，塔顶温度低于环境温度，需要低温致冷剂提供冷量。此时，可在精馏段中间设置冷却器，利用冷冻温度级位比塔顶冷凝器稍高的较廉价的冷剂作冷源，以代替一部分塔顶低温位的冷剂所提供的冷量，以节省低温位级的冷量消耗。同理，在提馏段设置中间再沸器，可以用比塔底再沸器加热介质温度稍低的介质作热源。实践证明，脱甲烷塔采取这一措施，可节省 27% 左右。

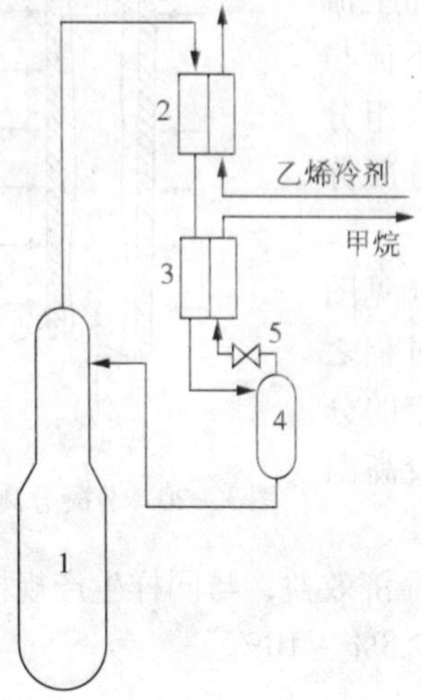

图 3－22　节流膨胀补充制冷示意图

1—脱甲烷塔；2—第一冷凝器；3—第二冷凝器；4—气液分离罐；5—节流阀

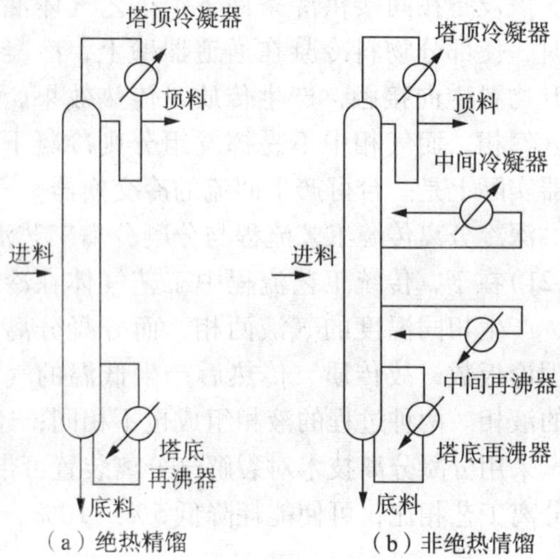

图 3－23　绝热与非绝热精馏塔示意图

(5)热泵

精馏塔有用外来冷剂的一般制冷方式，也是用热泵制冷的。一般制冷只供冷不供热，而深冷分离中所习惯称为热泵的是既供冷又供热。

在精馏过程中，塔顶需要引入冷量。塔釜需要加入热量。按照常规塔顶用外来冷剂制冷，从塔顶移出热量，塔釜又要用外来热剂供热。理想的是把塔顶低温处的热量传递给塔釜高温处。最简单的办法就是将精馏塔和制冷循环给合起来，这是一个很好的热泵系统。

图 3－24 是精馏塔的制冷方式，其中图 3－24(a)是一般制冷，一般制冷只供冷不供热；制冷循环系统对精馏塔顶冷凝器提供冷剂，别无其他联系。而热泵是既对塔顶供冷又对塔釜供热的方式。

图 3－24(b)是闭式热泵流程，采用外来冷剂。冷剂与塔顶物料换热后吸收热量蒸发为气体，气体经压缩提高压力和温度后，送去塔釜加热釜液，而本身凝成液体。液体经节流减压后再去塔顶换热，完成一个循环。于是，塔顶低温处的热量通过冷剂媒介传递到塔釜高温处。在此流程中，制冷循环中的冷剂冷凝器与塔釜再沸器合为一个设备，在此设备中冷剂冷凝放热而釜液吸热蒸发。此流程特点是物料与冷剂自成系统，互不相干。

图 3－24(c)是开式 A 型热泵流程，不用外来的冷剂作媒介，直接以塔顶蒸出的低温烃蒸气作为制冷循环冷剂，经压缩提高压力和温度后送去塔釜换热，放出热量而凝成液体。凝液部分出料，部分经节流降温后回流入塔。此流程从精馏过程的角度看，可理解为塔顶冷凝器和塔釜再沸器合为一个设备。从制冷循环的角度看，可理解为节省了塔顶冷凝器，将以外来冷剂作媒介的间接换热改为直接换热，即节省了能量，又节省了低温换热设备。

图 3－24(d)为开式 B 型热泵流程，直接以塔釜出料为冷剂，经节流后送至塔顶换热，吸收热量蒸发为气体，再经压缩升压升温后，返回塔釜。塔顶烃蒸气则在换热过程中放出热

量凝成液体。从精馏过程的角度看，可理解为再沸器与塔顶冷凝器为一个设备。从制冷角度看，则可理解为节省了塔底再沸器，将间接换热改成了直接换热。

丙烯塔采用低压操作时，多用热泵系统。当采用高压操作时，由于操作温度提高，冷凝器可以用冷却水作为冷剂，故不需用热泵。近年来丙烯塔大多采用高压水冷系统。

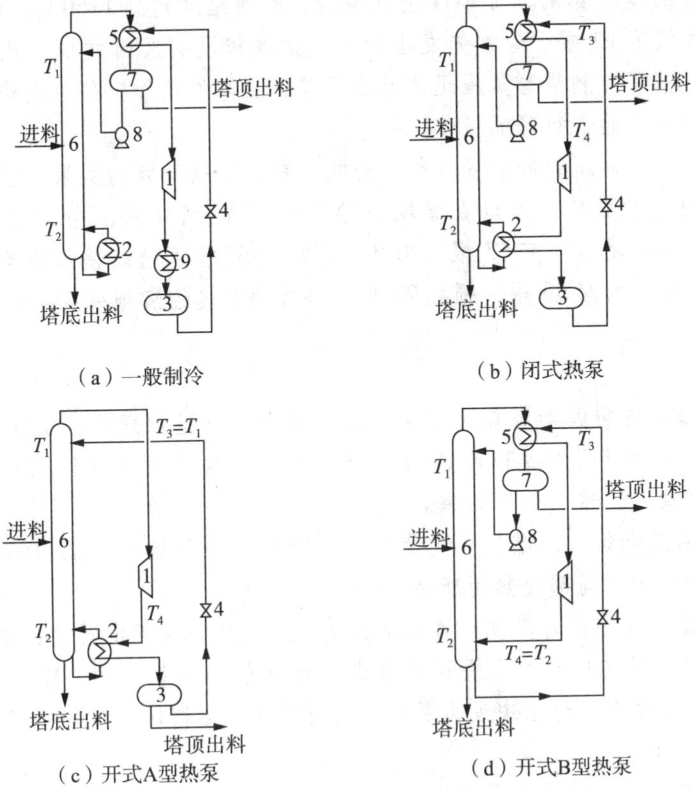

（a）一般制冷　（b）闭式热泵

（c）开式A型热泵　（d）开式B型热泵

图3－24　精馏塔制冷方式

1—压缩机；2—再沸器；3—冷凝液贮罐；4—节流阀；5—塔顶冷凝器；6—精馏塔；7—回流罐；8—回流泵；9—冷剂冷凝器

3.4　裂解装置生产事故案例分析

乙烯装置在开工投产、运行、停车检修等过程中，均存在着安全问题，因为乙烯生产所用的原材料、中间产品和产品，多为易燃、易爆、有毒的气体或液体。乙烯、丙烯等在空气中达到一定浓度就可以使人失去知觉，一氧化碳对心脑毒害严重，甲醇对人的眼睛有毒害，严重时可导致失明，而氨对上呼吸道有刺激作用。

乙烯装置具有高温、高压、深度冷冻等特点，同时还有硫、碱等腐蚀介质存在，所以易使压力容器、设备、管道发生裂纹、断裂、腐蚀穿孔，造成可燃介质泄漏。乙烯装置加工处理的是大量的易燃易爆油品和轻烃，其中大部分物料的闪点低，爆炸范围宽，处理不当极易发生重大火灾和爆炸事故，其危险性极大。因此，乙烯装置首要的安全设施就是防火防爆设施。现在介绍其中个别案例分析，引以为鉴。

例3－6　违规操作导致炉管大面积烧断事故分析。事故经过：

某石化公司裂解分公司裂解炉A需要由投料改为烧焦状态，此时裂解炉A由被用状态作烧焦准备。室外操作工将工业风流程设定完毕后通知中控室裂解炉主操作可以烧焦，裂解炉主操作将工业风调节阀逐渐开大，7min 后达到 100%。同时逐渐提高燃料气流量以便提高炉膛温度和 COT(裂解炉出口温度)进行烧焦。在 A 炉烧焦的同时，由于 B 炉在进行投料，裂解炉主操作将主要精力集中在投料炉的操作调整中，对 A 炉只监视裂解炉的 COT 温度的变化，忽视了炉膛的温度变化。而 COT 变化较慢，炉膛温度达到 1160℃，而 COT 仅 840℃。此时，A 炉膛第 8 组第 10 根炉管首先发生断裂，主操作没有及时发现，几分钟后炉管发生大面积断裂。这种情况导制炉膛负压迅速升高报警，主操作通知室外检查炉膛状况，发现炉管大面积断裂，于是开始进行降温操作。

发生事故后，工厂对断裂的炉管进行了金相检查，根据检验的结果并经过专家评定，入口文丘里管、压力表管嘴段、入口直管段、“Y”管、“Y”管上的直管，异形管均可继续使用，B 炉出口管可继续使用的有 67 根，损坏 13 根：“S”管可继续使用的有 67 根，损坏 13 根：“U”管可继续使用的有 53 根，损坏 27 根。事故的直接经济损失 48.64 万元。

【分析】

(1)事故原因

① 裂解炉主操作在裂解炉烧焦过程中，没有完全执行操作规程，工业风的通入量不是分步提高而是在很短的时间内提高到 100%，使炉膛温度快速上升到 1160℃，使炉管内燃烧发生剧烈的放热的反应，造成炉管断裂。

② 在裂解炉通风烧焦后，燃料气流量过大，炉膛温度逐渐上升到 1160℃，使炉管内焦质开始燃烧，使炉管发生局部过热而断裂。

③ 裂解炉主操作没有及时发现炉膛温度的变化，造成炉膛温度过高，使炉管断裂。

④ A 炉投入烧焦状态以后，主操作过多地进行 B 炉的投料操作，而对烧焦的全部参数监视不够，在炉膛温度上升过程中没有及时发现可能的超温情况，没能进行及时调整。

(2)事故主要教训

① 操作工在进行工作时没有严格执行操作规程，一是没有做到随时掌握参数的变化情况；二是烧焦通风的幅度过大，没有按比例进行通风操作。

② 操作工对烧焦炉的监护不全面，没有及时发现炉膛温度超高的异常现象。

③ 技术员安排工作时，认为操作工已具备操作经验并熟练掌握烧焦操作步骤，没有针对本次烧焦给出详细的烧焦指导。

④ 对于主操作的操作过程，当班班长、技术管理人员疏于监督检查，没有及时发现炉膛温度超高。

⑤ 当班操作人员对炉管发生断裂事故的可能性认识不够，尤其在烧焦过程中缺乏对炉管的保护意识。

⑥ 由于裂解炉经常性地进行烧焦切换，烧焦过程属于岗位常规熟练操作，车间管理人员忽视了这方面的管理。

(3)预防措施

① 严格执行裂解炉烧焦操作规程。

② 有投料炉和烧焦炉同时操作时，先将投料炉操作正常并检查确认无误以后，再对烧焦炉进行通风烧焦操作，以保证对投料过程和烧焦过程进行全程监护。

③ 安排裂解炉烧焦过程时，在工作中要给出详细操作指导。

④ 进行投料和烧焦工作时要求主操作对裂解炉的运行参数全面监护，随时掌握各控制

参数的变化情况。例如在裂解炉烧焦通入工业风时，裂解炉室外操作工作要检查裂解炉炉管是否有过热点，用红外测温仪现场对裂解炉炉管进行温度测量。如果炉管的最高温度接近最高限时，减少工业风的流量直到炉管金属温度下降。

⑤ 加强培训，使每一个操作人员熟练掌握裂解炉的操作规程，重点加强培训操作工在异常和事故状态下的操作能力，尽量避免和减少事故。

例 3－7 设计存在严重错误使操作人员无辜遇难事故分析。事故经过：

某石化公司乙烯装置裂解火炬时有波动。经裂解、仪表车间相关技术人员现场多处检查，判断裂解装置放火炬压缩机平台某仪表调节阀有内漏。乙烯调度开始安排调试。调度中心值班主任、乙烯车间副值班班长、仪表车间 2 名仪表工，到压缩机房外平台调试内漏仪表调节阀。值班主任和副值班长关闭消音器后手阀，以放裂解气向火炬大量排放，造成分离区进料中断停工。值班主任调试阀杆，调节阀后的消音器突然发生爆裂，喷出的物料随之着火。事故造成调度中心值班主任、乙烯车间副值班班长当场死亡，两名仪表工在压缩机平台发生内漏的仪表调节阀南侧被火烧伤。事后，对该仪表调节阀解体检查发现，阀内有电焊条、焊渣等施工残留物。

(1)事故原因

直接原因是设计单位违反设计规范。

乙烯装置放火炬压缩机平台仪表调节阀及前手阀压力设计是 4.03MPa，阀后压力设计是 1.74 MPa。查设计单线图，该调节阀及前手阀为 4.03 MPa，阀后及后手阀为 1.74 MPa，消音器未标注。

根据设计单位的设计，依据《化工装置工艺系统工程设计规定》第 3.0.2.1 的规定："当控制阀后的压力降低时，控制阀后的切断阀和旁路阀的材料等级应取与控制阀材料等级相等，均采用上游管道的材料等级"。仪表调节阀后的消音器至后手阀应保持同一压力等级，均应为 4.03 MPa。实际上控制阀后的管道及阀门承压为 1.74 MPa，严重违反了设计规范的规定。工艺车间和仪表车间的操作人员在对内漏的调节阀在线调节时，3.8 MPa 的裂解气进入受压仅为 0.3 MPa 的消音器，导制消音器超压发生爆裂着火，是事故发生的直接原因。

依据 PID 图，消音器是作为管道附件。事前发现设计违反了《工业金属管道设计规范》第 3.1.2.2 条第 3 款："没有压力泄放装置保护或与压力泄放装置隔离的管道，设计压力不应低于流体可达到的最大应力"的规定。而现场 14 处类似排放火炬系统，只有这一处是没有按标准设计的，说明设计单位出现明显失误，是这起事故发生的主要原因。

间接原因是在清理事故调节阀时，发现该阀内有电焊条、焊渣等施工残留物，造成该阀关闭不严、内漏。施工质量存在问题是导致事故发生的间接原因。

(2)预防措施

① 要克服麻痹思想，提高各级管理人员的安全意识。要强化法制观念，全面贯彻落实《安全生产法》，进一步落实安全生产责任制。

② 从设计入手，查找事故隐患。认真检查设计单位是否依据安全预评价提出的要求进行设计的。

③ 加强施工管理，杜绝遗留问题，工程项目管理部及工程监理单位必须认真参照有关规范、标准核实设计参数。设备、零部件选型必须严格执行国家、行业标准规范。

④ 持续改进，全面运行 QHSE 管理体系。

⑤ 突出以人为本，强化技术技能的培训，提高员工素质。

第4章　乙烯主要衍生产品生产工艺

4.1　乙醇

4.1.1　乙醇的性质

乙醇俗称酒精。是一种具有香味、刺激性的辛辣味的无色透明液体，易挥发，极易燃烧，火焰淡蓝色。

乙醇结构式为 C_2H_5OH，相对分子质量 46.07。熔点 -117.3℃，沸点 78.32℃，闪点(开口)16℃，燃点 390~430℃，相对密度 0.7893(20/4℃)，折射率 1.3614，黏度(20℃) 1.41 mPa·s，表面张力(20℃)22.27×10^{-3}N/m，蒸气压(20℃)5.732 kPa。

乙醇能与水、甲醇、乙醚、乙酸、丙酮、氯仿、四氯化碳、乙二醇、甘油、吡啶、苯、甲苯等溶剂混溶，能溶解许多有机化合物和若干无机化合物。由于存在氢键，乙醇具有吸湿性，与水形成共沸混合物。与铬酸、次氯酸钙、过氧化氢、硝酸、硝酸铂、过氧酸盐及氧化剂反应剧烈，有发生爆炸的危险。与 $CaCl_2$ 或 $MgCl_2$ 形成结晶络合物。乙醇蒸气与空气能形成爆炸混合物。微毒，有麻醉性，饮入乙醇中毒剂量 75~80g，致死剂量为 250~500g。空气中最高容许浓度 1880mg/m^3。

工业乙醇(又称工业酒精)中的乙醇质量分数为95.57%。含乙醇质量分数在99.5%以上(其余为水)的乙醇称为无水乙醇，又称无水酒精。化工生产及科学实验中有不少场合需要使用无水乙醇。

4.1.2　乙醇的用途

乙醇是重要的基本化工原料，可用于制乙醛、乙酸、乙胺、丁二烯、氯乙烷等有机产品及多种酯类。乙醇还是生产医药、染料、涂料、香料、合成橡胶、洗涤剂、农药等行业中间体的原料，制品达300种以上。近年来，虽然乙醛、乙酸等已不再使用乙醇作原料，乙醇作为化工产品中间体的应用范围逐步缩小，但许多精细化工产品，尤其是乙醇酯类，仍要消耗大量乙醇。

乙醇又是重要的有机溶剂，广泛用于医药、卫生用品、涂料、化妆品等各个方面，占乙醇总耗量的50%左右。近年来，乙醇用于洗涤剂和液体去污剂的消费量增长很快，用于化妆品的消费量也在相应增加。

乙醇有消毒、防腐、杀菌作用，能使蛋白质(构成包括病毒、细菌在内的生物体的主要成分)脱水变性而失去活性。用75%的乙醇溶液消毒，就能渗透到细菌、病毒等细胞内部，将其所含蛋白质全部凝结、变性死亡，从而达到完全消毒的目的。因此，75%的乙醇水溶液具有强杀菌能力，是医疗上常用的消毒剂，也常用于对器材表面进行杀菌及食品容器等的杀菌。

乙醇的另一重要用途是用作汽车燃料。自20世纪50年代以来，乙醇已在一些国家作为汽车燃料的一种掺和剂。如美国1980年所生产的无铅汽油中就有70%为掺和汽油。有的国家(如巴西)已使用100%乙醇燃料，在美国、澳大利亚、爱尔兰等国家多使用掺合5%～20%乙醇的燃料。自2000年以来，中国已开始单独用乙醇作汽车燃料或掺到汽油(10%以上)中使用，以节约汽油。

4.1.3 乙醇的生产方法

乙醇的生产是在酿酒的基础上发展起来的。远在上古时代人们已将淀粉物质发酵制酒。12世纪在蒸馏葡萄酒时，第一次从酒中分离出酒精。20世纪30年代以前，发酵法是乙醇的唯一工业生产方法。1930年，美国联合碳化物公司建立了第一个用石油热裂化产品乙烯为原料，经硫酸吸收再水解制乙醇的工业装置(简称乙烯间接水合法)。1947年，美国壳牌化学公司又实现了乙烯直接水合制乙醇的方法。由于该法比间接水合法有显著优点，现已成为生产乙醇的主要方法。

随着石油化工的迅速发展，合成法乙醇的产量越来越大。但合成法乙醇中夹杂的异构高碳醇，对人的高级神经中枢的麻痹作用，不适宜用作饮料、食品、医药及香料等。因此，即使在石油化工发达的国家，发酵法制取乙醇仍然占有一定的比例。

按原料来源，乙醇的工业生产主要有两类：以糖类、淀粉和纤维素等碳水化合物为原料的发酵法和以乙烯为原料的水合法。

(1)发酵法

发酵法是将富含淀粉的农产品如谷类、薯类等或野生植物果实经水洗、粉碎后，进行加压蒸煮，使淀粉糊化，再加入一定量的水，冷却至60℃左右并加入淀粉酶，使淀粉依次水解为麦芽糖和葡萄糖，然后加入酵母菌进行发酵制得乙醇：

$$(C_6H_{10}O_5)_n \longrightarrow C_{12}H_{22}O_{11} \longrightarrow C_6H_{12}O_6 \qquad (4-1)$$

$$C_6H_{12}O_6 \longrightarrow 2CH_3CH_2OH + 2CO_2 \qquad (4-2)$$

由发酵法制取乙醇时，生产1t乙醇，约需消耗3～4t粮食，放出约0.955t二氧化碳。

发酵液中乙醇的质量分数约为6%～10%，并含有乙醛、高级醇、酯类等杂质，经精馏可制得一定含量的乙醇饮料以及质量分数为95.6%的工业乙醇，并副产杂醇油。

糖厂副产物糖蜜含有蔗糖、葡萄糖等糖类50%～60%(质量分数)，是发酵法制乙醇的良好原料。糖蜜经用水稀释、酸化和加热灭菌处理后，加入硫酸铵、磷酸盐、镁盐等酶的营养盐以及酵母菌，便可发酵生成乙醇。

以含纤维素的工、农业副产物如木屑、植物茎秆等为原料时，需先用盐酸或硫酸加压、加热处理，使纤维素水解为葡萄糖，中和后再用酵母菌发酵，得到乙醇。造纸厂的亚硫酸废液中含有可发酵糖，也可用于发酵制乙醇。这两种过程由于技术经济指标差，在工业上没有得到推广应用。

(2)乙烯水合法

工业上有两种方法，一种是以硫酸为吸收剂的间接水合法；另一种是乙烯催化直接水合法。

1)间接水合法

早在1825年首次用乙烯和硫酸反应合成出乙醇，通常称为间接水合法，也称硫酸酯法，简称硫酸法。1930年，首先由美国联合碳化物公司(UCC)实现工业化，生产工艺分二步进行：

首先，将乙烯在一定温度、压力条件下通入浓硫酸中，生成硫酸酯：

$$CH_2=CH_2+H_2SO_4 \longrightarrow CH_3CH_2SO_4H \tag{4-3}$$

$$CH_3CH_2SO_4H+CH_2=CH_2 \longrightarrow (CH_3CH_2)_2SO_4 \tag{4-4}$$

反应的工艺条件为：硫酸浓度94%～98%，反应温度60～90℃，压力1.7～3.5 MPa。

再将硫酸酯在水解塔中加热水解而得乙醇：

$$CH_3CH_2SO_4H+H_2O \longrightarrow CH_3CH_2OH+H_2SO_4 \tag{4-5}$$

$$(CH_3CH_2)_2SO_4+2H_2O \longrightarrow 2\ CH_3CH_2OH+H_2SO_4 \tag{4-6}$$

同时，有副产物乙醚生成。水解用通直接蒸汽加热实现，同时蒸出醇。

先把95%～98%的硫酸和50%～60%的乙烯按2∶1(质量比)在塔式反应器吸收反应，在60～80℃、0.78～1.96 MPa条件下生成硫酸酯。然后将硫酸酯在水解塔中，于80～100℃、0.2～0.29 MPa压力下水解而得乙醇，同时生成副产物乙醚。

间接水合法可用低纯度的乙烯作原料，反应条件较温和，乙烯转化率高。但是，反应过程中，硫酸浓度几乎被稀释至原来的50%左右，处理生成的大量稀硫酸就成为该工艺的一大难题。把硫酸浓缩至70%～75%是比较容易的，再提浓时有SO_3烟雾产生，而且提纯的浓度愈高，SO_3烟雾愈多。为此需要采用特殊的蒸发器进行真空蒸发，费用大、污染严重。到目前为止还没有找到既经济又不产生污染的好方法，设备腐蚀非常严重。此外，间接水合法由于副反应多，故原料消耗高，生产成本比直接水合法高20%，生产流程长，已为直接水合法取代。

2)直接水合法

直接水合法有气相法和液相法两种，但已工业化的仅气相法一种。

主反应为：

$$CH_2=CH_2+H_2O \longrightarrow CH_3CH_2OH+40\text{kJ/mol} \tag{4-7}$$

反应是放热、分子数减少的可逆反应。理论上低温、高压有利于平衡向生成乙醇的方向移动，但实际上低温、高压受到反应速率和水蒸气饱和蒸气压的限制。

副反应主要有生成二乙醚和乙醛的反应：

$$CH_2=CH_2+CH_3CH_2OH \longrightarrow C_2H_5OC_2H_5 \tag{4-8}$$

$$CH_3CH_2OH \longrightarrow CH_3CHO+H_2 \tag{4-9}$$

此外，还有乙烯齐聚生成C_8以下异构烷的反应，乙烯脱氢缩合生成焦的反应等。实验研究表明，转化的乙烯消耗于生成各种产物的分配比例(质量分数)大致为：乙醇94.5%、乙醛2%、二乙醚2.5%、聚合物和其他醚类1%。

用作烯烃水合的催化剂有以用3类：

①无机酸及其盐类。无机酸主要是磷酸、硫酸、盐酸和硼酸等；盐类有Fe、Ti、Cu、Cd等的磷酸盐，Ni、Fe、Al等的硫酸盐，以及$CdCl_2$、$ZnCl_2$、$CuCl_2$、$FeCl_3$等。其中在工业上得到最广泛使用的是以多孔物质(如硅藻土、硅胶、硅酸铝、膨润土和活性炭等，最常用的是硅藻土)为载体的磷酸。

②酸性氧化物。有氧化铝、氧化钍、氧化钛、氧化钨、氧化铬，以及用氧化锌活化了的氧化铝。其中活性较好的是氧化钨，若用氢气或异丙醇将氧化钨在550～600℃进行还原，得到钨的"蓝色氧化物"，它具有比氧化钨更高的催化活性。

③杂多酸类。有硅钨酸、硼钨酸、硅硼钨酸、磷钨酸、磷钼钨酸、硅磷酸等，其中有代表性的是硅钨酸($SiO_2 \cdot 12WO_3 \cdot xH_2O$)及其盐类。

此外，强酸性离子交换树脂也可作为烯烃水合催化剂，并在工业上已成功地用于丙烯水合生产异丙醇。

目前，乙烯水合制乙醇几乎全部采用磷酸－硅藻土催化剂，它是将以酸处理过的硅藻土，用55%～65%磷酸溶液浸渍，再经干燥和高温焙烧制得。工业上采用负载于硅藻土上的磷酸催化剂，反应温度260℃～290℃，压力约7MPa，H_2O/C_2H_4(摩尔比)为0.6:1。此工艺条件下，乙烯的单程转化率在5%左右，乙醇的选择性约为95%，大量乙烯在系统中循环。主要副产物是乙醚，此外尚有少量乙醛、丁烯、丁醇和乙烯聚合物等。乙醚与水反应能生成乙醇，故将其返回反应器，以提高乙醇的产率。

直接水合法流程简单，不存在治理大量废酸问题，环境污染也比硫酸水合法小得多，腐蚀性小，不需特殊钢材，副产乙醚量少。但要求乙烯纯度高，转化率低，绝大多数乙烯需循环使用。

4.1.4 乙醇的生产工艺

目前，工业上乙烯直接水合法制取乙醇采取的工艺都是气相直接水合工艺路线。

(1)乙烯气相直接水合法工艺流程

乙烯气相直接水合法工艺流程示于图4－1，分为合成、精制和脱水三部分。反应器的操作条件为反应温度325℃，反应压力6.9MPa，催化剂是以硅藻土为载体的H_3PO_4，转化率4%～5%，选择性95%～97%。因反应液中含有磷酸，所以在工艺流程中设置一个洗涤塔(又称中和塔)，用碱水溶液或含碱稀乙醇溶液中和。这一工序一定要放在换热器后，因高温易使磷酸盐在换热器表面结垢，甚至会堵塞管道。含乙醇10%～15%的粗乙醇水溶液，分别由洗涤塔和分离塔底进入乙醇精制部分。

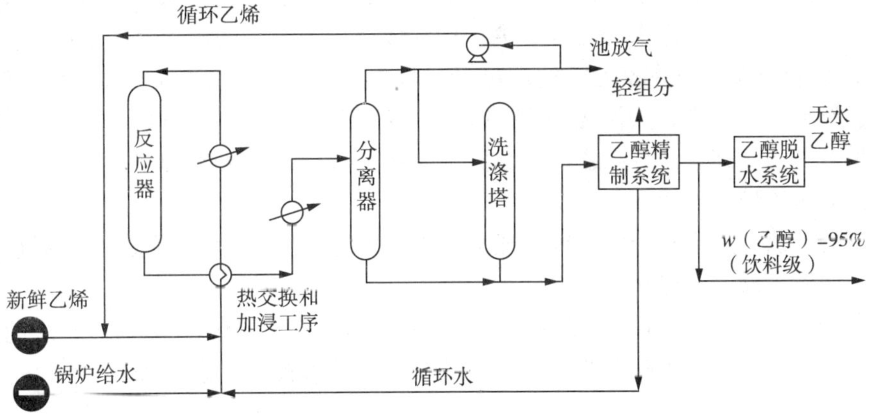

图4－1 美国联合碳化物公司乙烯水合制乙醇工艺流程图

(2)气相水合反应的影响因素

1)反应温度和压力

气相水合反应是一个放热和体积缩小(物质的量减少)的反应，低温对化学平衡有利，但受催化剂需要的反应温度的限制。对磷酸/硅藻土催化剂而言，反应温度为250～300℃。反应温度过高，不仅转化率更低，还会促进副反应，使齐聚物和焦化物等副产物增多。提高反应压力对热力学平衡和加快反应速度都有利。乙烯转化率和乙醇空时收率(g/L催化剂·h)均随压力增大而增加，但系统总压不宜太高。当系统中水蒸气的压力大于所需的磷酸水溶液的压力，气相中的水蒸气就会溶于磷酸中，使催化剂表面的磷酸被稀释。

综上所述，乙烯气相直接水合是可逆的、物质的量减少的放热反应，降低反应温度和提高反应压力，对反应是有利的。目前工业上应用的催化剂（如磷酸/硅藻土）只能在250～300℃时才能发挥正常活性，为防止乙烯聚合，工业上采用的压力在7.0 MPa左右，相应的平衡转化率在10%～20%，考虑到动力学因素，实际的转化率是很低的。

2）水/烯比

水/烯比（摩尔比）对乙烯转化率和副产物生成量也有影响。随着水/烯比的提高，乙烯转化为乙醇的量是增加的，而且系统压力愈高，增加愈多。但水/烯比不宜过高，因会稀释酸膜中磷酸浓度，降低催化剂活性。更严重时，会现水的凝聚相；水/烯的摩尔比过高，消耗的蒸汽量增多，冷却水用量增大，为蒸浓乙醇溶液消耗的热量增加，这些都会使工厂能耗增加，生产成本提高。现在，工业上当总压为7.0MPa，反应温度为280～290℃时，水/烯摩尔比一般采用0.6～0.7。

3）循环气中乙烯浓度

实验研究表明，循环气中乙烯浓度与乙醇空时收率之间呈线性关系。循环气中乙烯浓度愈高，乙醇空时收率愈大，但乙烯进料中有1%～2%的惰性气体（主要是甲烷和乙烷），它们不参与反应。为保持反应器的生产能力，需将反应循环气少量放空。循环气中乙烯浓度愈高，放空损失也愈大，使生产成本增加。因此，循环气中乙烯浓度宜保持在85%～90%。

4）乙烯空速

在一定范围内，提高乙烯空速对反应有利（可减少乙烯进入催化剂酸膜的扩散阻力），但不宜太高，太高会因在酸膜表面停留时间过短，来不及进入酸膜参与反应就离开催化剂，导致反应速度下降。工业上空速选择在2000 h^{-1}为宜。

不论用发酵法还是乙烯水合法制得的乙醇溶液，其浓度都是很低的（6%～15%），含有大量水分，需要通过蒸馏把水与乙醇分离。标准大气压力下水的沸点是100℃，乙醇的沸点是78.3℃，它们的沸点相差较大，按理可经过反复蒸馏（分馏）制得无水乙醇。但事实上，乙醇与水能形成共沸溶液，共沸温度78.13℃，共沸组成中乙醇的质量分数为95.57%。在常压下，采取普通精馏方法分离乙醇，乙醇的质量分数只能提高到95.57%。

为获得无水乙醇，可用下列方法进一步脱水。

①古老的方法。用生石灰（CaO）处理工业乙醇，使水转变成氢氧化钙，然后加热蒸出乙醇，再用金属钠干燥，可得99.5%的乙醇。

②用离子交换剂或分子筛脱水。把95.57%的工业乙醇在65℃左右通过干燥的钾型阳离子交换树脂，利用树脂的多孔性吸附水分子以及K^+对水较强的亲合作用使水与乙醇分离，制得无水乙醇。

③共沸精馏脱水。目前工业上常用的方法，用苯、甲苯等化合物作带水剂，将乙醇中少量水以三元共沸物形式带走，工业上需要两个塔进行连续分离。

④加盐精馏。在乙醇水的混合液中加入氯化盐等无机盐，采用特殊结构的精馏塔，可以在单塔实现乙醇与水的连续分离。

例4－1 工业上乙烯水合制乙醇和乙醇脱水制乙烯采用相同的酸催化剂，CO加氢制CH_4和CH_4的蒸汽转化制合成气（CO和H_2混合物）都是采用Ni催化剂。用催化原理分析其原因。

【分析】

乙烯水合制乙醇和乙醇脱水制乙烯互为逆反应：

$$CH_2=CH_2+H_2O \rightleftharpoons CH_3CH_2OH \tag{4-10}$$

CO加氢制 CH_4 和 CH_4 的蒸汽转化制合成气也是互为逆反应：

$$CO+3H_2 \rightleftharpoons CH_4+H_2O \tag{4-11}$$

根据催化作用特征，催化剂只能改变反应速度，不能改变化学平衡，所以，平衡常数不变，即 $K_p=k_{正}/k_{逆}$ 不变，当催化剂能加速正反应速度时，正反应速度常数 $k_{正}$ 增加，反应速度常数 $k_{逆}$ 必然也会同时增加以保证平衡常数 K_p 值不变。换句话说，催化剂只有同时加速正逆反应的反应速度才能缩短化学反应达到化学平衡的时间。该结果说明对于任何可逆反应，正方向反应的催化剂同样可以作为逆方向反应的催化剂。

4.2 乙醛

4.2.1 乙醛的性质和用途

(1)乙醛的性质

乙醛的相对分子质量44.06。乙醛是一种无色透明液体，具有特殊的刺激性气味。熔点-123.5℃，沸点20.8℃，闪点-27~-38℃，在18℃时密度为783kg/m³。溶于水，易燃，与空气能形成爆炸混合物，爆炸极限为4%~57%。乙醛对眼和皮肤有刺激作用，在厂房中最大允许浓度为0.1mg/L，浓度很大时会引起气喘、咳嗽、头痛。乙醛的沸点较低，极易挥发，因此在运输过程中，先使乙醛聚合为沸点较高的三聚乙醛，到目的地后再解聚为乙醛。

(2)乙醛的用途

乙醛和甲醛一样是极宝贵的有机合成中间体，乙醛氧化可制乙酸、乙酐和过乙酸；乙醛与氢氰酸反应可得氰醇，由它转化得乳酸、丙烯腈、丙烯酸酯。可利用醇醛缩合反应制季戊四醇、1，3-丁二醇、丁烯醛、正丁醇、2-乙基己醇、三氯乙醛、三羟甲基丙烷等。乙醛与氨缩合可生产吡啶同系物和各种乙烯基吡啶(聚合单体)。

(3)乙醛的工业生产方法

传统的工业生产乙醛的方法主要有以下4种：

1)乙炔水合法

以电石为原料制乙炔，然后在汞盐催化剂作用下液相水合生成乙醛的工艺路线曾一度被淘汰。但由于催化剂研究的突破，目前采用磷酸镉钙等催化剂实现了乙炔气相水合工艺，所以技术成熟、产品纯度高的乙炔水合法仍是一种有前途的工艺路线。

2)乙醇脱氢法

该法有两种路线：吸热脱氢和放热氧化脱氢。

吸热脱氢采用金属铜为催化剂，操作温度为260~290℃，具有无深度氧化、副产高纯氢气的优点。

放热氧化脱氢用金属银为催化剂，在空气或氧气存在下进行脱氢，再将脱出的氢氧化成水，氧化反应同时提供脱氢反应所需的热量。此法在550℃左右的温度下进行，过程中易发生一些深度氧化，使乙醇消耗量增大。工业上也有将上述吸热和放热两种方法组合起来的工艺，以解决热平衡问题。

用乙醇生产乙醛的工艺，应参考乙醇来源做评价。如乙醇由粮食发酵而得，显然不合理。若是从乙烯水合而得，则该法也是生产乙醛的重要方法之一。

3) C_3/C_4 烷烃氧化法

该法以丙烷/丁烷混合物气相氧化得到乙醛混合物，1943 年在美国实现工业化。在 425 ~ 426℃，1.0 MPa 条件下进行的气相氧化反应是非催化自由基反应。由于产物是沸点相近的混合物，分离很困难，一般采用不多。

4) 乙烯直接氧化法

该法是赫斯公司在 1957 ~ 1959 年间开发的，具有原料便宜、成本低、乙醛收率高、副反应少等优点。目前，世界上 70% 的乙醛均用此法生产。下面重点介绍此法。

4.2.2 乙烯液相直接氧化法生产原理

该法以乙烯、氧气(空气)为原料，在催化剂 $PdCl_2-CuCl_2$ 的盐酸水溶液中进行气液相反应生产乙醛。总化学反应式为：

$$H_2C=CH_2+O_2 \longrightarrow CH_3CHO \tag{4-12}$$

乙烯液相氧化法的副反应主要是乙烯深度氧化及加成反应。实际过程分为如下三步：

快速的乙烯氧化反应：

$$H_2C=CH_2+PdCl_2+H_2O \longrightarrow CH_3CHO+Pd+2HCl \tag{4-13}$$

Pd 的再生反应：

$$Pd+2CuCl_2 \longrightarrow PdCl_2+2CuCl \tag{4-14}$$

Cu^+ 的再生反应：

$$2CuCl+1/2O_2+2HCl \rightarrow 2CuCl_2+H_2O \tag{4-15}$$

在上述反应体系中，当乙烯氧化生成乙醛时，氯化钯被还原成金属 Pd，Pd 从催化剂溶液中析出而失去催化活性。随后氯化铜把 Pd 氧化成 Pd^{2+}，自身被还原成 Cu^+ 而失去活性，最后 Cu^+ 被 O_2 氧化成 Cu^{2+} 而复原。这样构成非缔合活化共氧化催化循环过程：

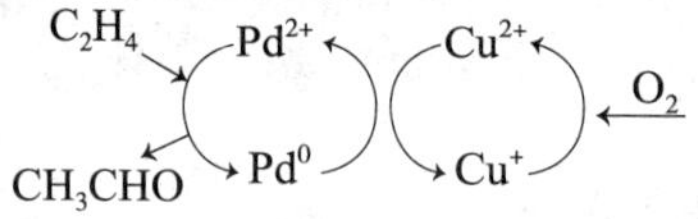

在反应过程中，由于生成一些含氯副产物消耗氯离子，因此要不断补加适量的盐酸溶液。氯化钯浓度必须控制在一定范围内，浓度过高将有金属钯析出。为了节约贵金属钯，在溶液中氯化铜的量很大，一般控制铜盐与钯盐之比在 100 以上。氯化铜是氧化剂，一般常用二价铜离子与总铜离子(一价与二价铜离子总和)的比例，即 $n(Cu^{2+})/n(Cu^{+}+Cu^{2+})$ 来表示催化剂溶液的氧化度。氧化度太高，会使氧化副产物增多，氧化度太低，会使金属钯析出。

乙烯络合催化氧化生成乙醛，反应速率方程为

$$\frac{-d[C_2H_4]}{dt}=K\frac{[(PdCl_4)^{2-}][C_2H_4]}{[Cl^-]^2[H^+]} \tag{4-16}$$

根据上述方程式，25℃时 Pd^{2+} 在盐酸溶液中，有 97.7% 以上的钯以络离子 $[PdCl_4]^{2-}$ 形式存在，提出了如下乙烯氧化生成乙醛的反应机理：

(1) 烯烃 - 钯 σ - π 络合反应

$PdCl_2$ 在盐酸溶液中以络合阴离子 $[PdCl_4]^{2-}$ 的形式存在，乙烯取代配位体 Cl^-，生成钯 σ - π 络合物。

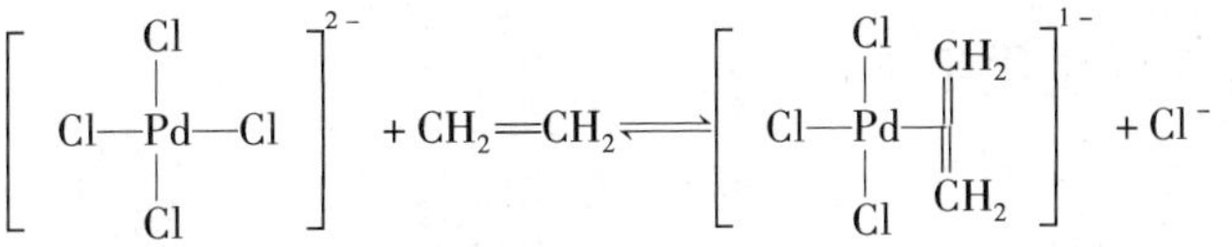

(4-17)

乙烯与 Pd^{2+} 络合以后，使乙烯的 C—C 键增长了，由 0.134nm 增长到 0.147nm，这表明络合的结果使双键削弱而被活化，这就为乙烯的双键打开创造了条件。生成的 σ-π 络合物是以 σ 给予为主，使乙烯带部分正电荷，有利于—OH 基进攻。

(2)引入弱基反应

生成的烯烃-钯 σ-π 络合物在水溶液中发生水解：

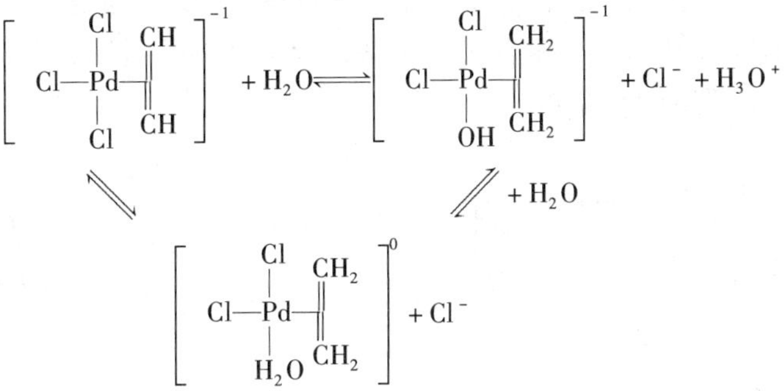

(4-18)

配位体被 H_2O 取代，并迅速脱去 H^+，络合物中引入—OH 基，形成烯烃-羟基 σ-π 络合物。

(3)插入反应

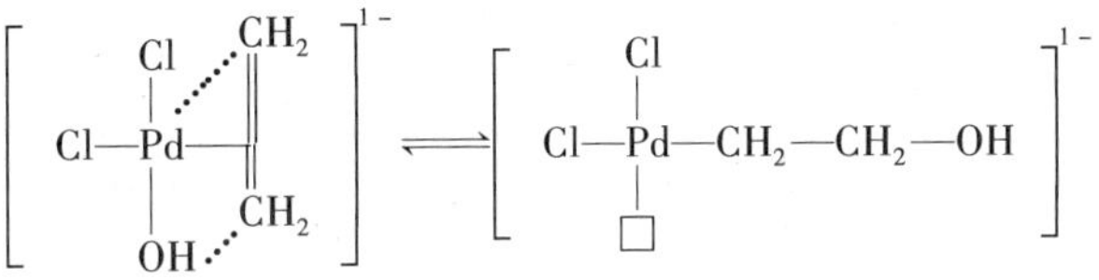

(4-19)

σ-π 络合物　　　　σ 络合物

烯烃-羟基 σ-π 络合物发生顺式插入反应。使配位的乙烯打开双键插入到金属-氧(Pd-O))键中去，转化为 σ 络合物，同时产生络合空位。

(4)重排和分解

上述的 σ 络合物很不稳定，迅速发生重排和氢转移，得到产物乙醛和不稳定的钯氢络合物，后者分解析出金属钯。

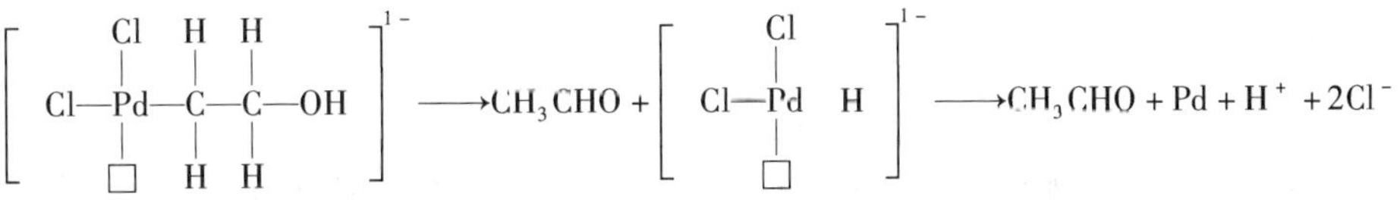

(4-20)

(5)催化剂的复原——钯的氧化

由上述反应可以看出，络合物催化剂氧化乙烯生成乙醛，络合物中心 Pd^{2+} 被还原为 Pd，为使反应连续进行，金属钯经氧化铜氧化后再参与催化反应，构成催化循环。

$$Pd^0 + 2CuCl_2 \longrightarrow PdCl_2 + 2CuCl \qquad (4-21)$$

$$2CuCl + 2HCl + \frac{1}{2}O_2 \longrightarrow 2CuCl_2 + H_2O \qquad (4-22)$$

4.2.3 乙烯液相直接氧化工艺

乙烯液相氧化法有两种生产工艺，即一步法和二步法。

所谓一步法是指上述的三步基本反应在同一反应器中进行，用氧气作氧化剂，又称为氧气法。二步法是指乙烯羰化和 Pd^0 的氧化在一台反应器中进行，Cu^+ 的氧化在另一反应器中进行。因为用空气作氧化剂，又称空气法。

(1)一步法工艺

用一步法生产乙醛时，要求羰基化速度与氧化速度相同，而这两个反应都与催化剂溶液的氧化度有关，因此，一步法工艺特点是催化剂溶液具有恒定的氧化度。

工业上采用具有循环管的鼓泡床塔式反应器，催化剂的装量约为反应器的 1/2 ~ 1/3 体积，反应部分工艺过程如图 4 - 2 所示。

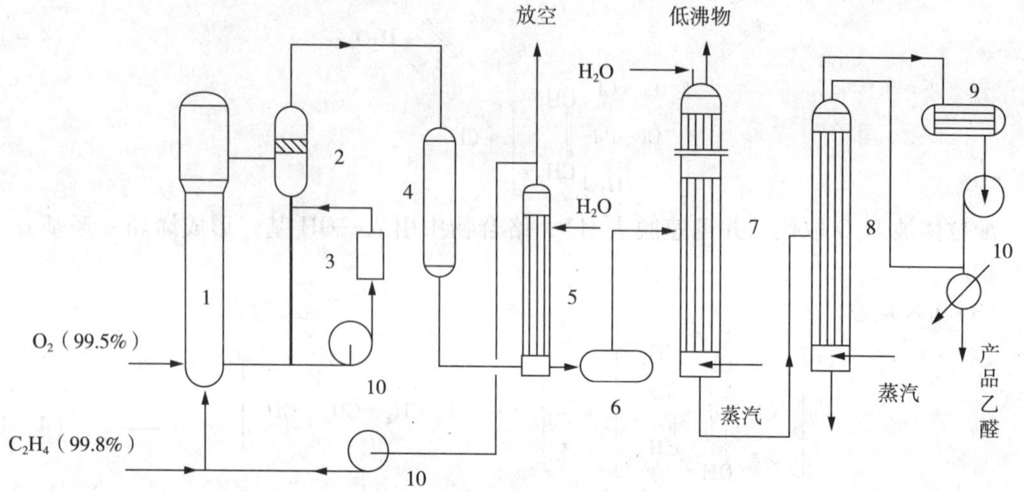

图 4 - 2　一步法反应部分工艺过程

1—反应器；2—除沫分离器；3—催化剂再生器；4—冷凝器；5—洗涤塔；
6—粗乙醛贮槽；7—脱低沸物塔；8—精馏塔；9—冷凝器；10—泵

原料乙烯和循环乙烯混合后从反应器底部进入，新鲜氧气从反应器下部侧线进入，氧化反应在 125℃，0.3 MPa 左右的条件下进行。为了有效地进行传质，气体的空塔线速很高，流体处于湍流状态，气液两相能较充分地接触。反应生成热由乙醛和部分水汽化带出。

反应段的主要影响因素有原料纯度、转化率、进气组成、温度与压力等。

1)原料纯度

如原料气中含炔类、硫化氢、一氧化碳等杂质，均能使金属钯析出。一般使用的原料乙烯要求乙炔体积分数 $<3\times10^{-5}$，硫化物体积分数 $<3\times10^{-6}$，乙烯纯度高于 99.5%，氧的纯度也要大于 99.5%。

2)转化率及进反应器的混合气组成

进反应器的混合气是由原料乙烯、氧气和循环气所组成，虽然氧的体积分数达 17%，但由于采取了氧和乙烯分别进料的方式，故不会形成爆炸混合物，它们在液相中稳定地进行氧化反应。但自反应器出来的气相混合物(即循环气)的组成必须严格控制。据研究，当循环气中氧的体积分数 >12%，乙烯体积分数 <58% 时，就会形成爆炸混合物。工业生产上从安全和经济两方面，要求循环气中氧的体积分数在 8% 左右，乙烯体积分数在 65% 左右。当

循环气中氧的体积分数达到9%或乙烯的体积分数降至60%时，需立即停车，用 N_2 置换系统中气体，将气体排入火炬烧掉。为确保安全，要求配置自动报警联锁停车系统。

由于副反应要消耗一部分氧，一般氧的用量比理论值过量10%，当进反应器混合气的组成体积分数为 $\varphi(C_2H_4)=65\%$、$\varphi(O_2)=17\%$、惰性气体的体积分数为18%时，如果要求循环气中氧的体积分数为8%左右，乙烯的转化率只能控制在35%左右。

3)反应温度和压力

乙烯氧化生成乙醛是气液相反应，虽增加压力有利于气体溶解在液体中而加速反应，但从能量消耗、设备的防腐蚀及形成副产物等几方面考虑，反应压力不宜过高，一般选择在0.3 MPa左右。反应温度必须与反应压力相对应。这是因为乙烯氧化生成乙醛的反应是放热量较大的反应，反应热量需由乙醛与水的汽化带走，所以应保证反应在沸腾状态下进行，0.3 MPa的反应压力相应的反应温度为120～130℃。

生成的粗乙醛工业上一般采取两步法将粗醛精馏。第一步是脱轻组分，将沸点比乙醛低的二氧化碳、氯甲烷、氯乙烷等轻馏分从塔顶脱去；第二步是脱除废水和高沸物，并从乙醛精馏塔中部侧线引出副产的丁烯醛。由于乙醛沸点较低，要将其冷却下来必须在分馏塔顶使用大量冷冻盐水，故轻馏分塔和乙醛精馏塔均在加压条件下操作，这样可节省能量。

催化剂溶液再生是通过将需再生的催化剂溶液自循环管引出，并通入氧和补充盐酸，使 Cu^+ 氧化，然后降压并降温到100～105℃，在分离器中使催化剂溶液与逸出的气体－蒸汽混合物分离。气体－蒸汽混合物经冷却冷凝和水吸收，以回收乙醛，和捕集夹带出来的催化液雾滴后排至火炬烧掉，含乙醛的水溶液经除沫器返回反应器。分离器底部的催化剂溶液经泵升压后，送至分解器，直接通入水蒸气，加热至170℃，借催化剂中 Cu^{2+} 离子的氧化能力将草酸铜氧化分解，放出 CO_2 并生成 Cu_2Cl_2，再生后催化剂送回反应器。

一段法生产乙醛，乙烯的单程转化率为35%～38%，选择性为95%左右，1m³ 催化剂每小时生产乙醛为150kg，所得乙醛纯度可达99.7%以上。

(2)二步法工艺

乙烯的羰基化反应和氯化亚铜的氧化反应分别在两个串联的管式反应器中进行的工艺称二步法。反应在1.0～1.2 MPa，105～110℃条件下操作，乙烯转化率达99%，且原料乙烯纯度达60%以上即可用空气代替氧气。由于乙烯和空气不在同一反应器中接触，可避免爆炸危险。

二步法工艺的特点是催化剂溶液的氧化度呈周期性变化，在羰基化反应器中，入口高，出口低。另外，二步法采用管式反应器，需要用钛管，同时流程长，钛材消耗比一步法高。但二步法用空气作氧化剂，避免了空气分离制氧过程，减少了投资和操作费用。二步法反应部分工艺流程如图4－3所示。

粗乙醛精制与一步法相似，不再重复。

4.3 环氧乙烷

环氧乙烷又名氧化乙烯(简称EO)，是一种最简单的环状醚。环氧乙烷是乙烯衍生物中仅次于聚乙烯而占第二位的重要有机化工产品。

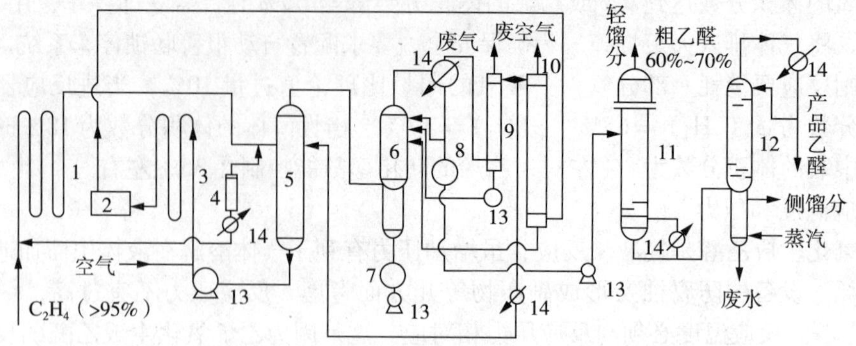

图4-3　二步法反应部分工艺过程

1—反应器；2—废空气分离器；3—氧化器；4—再生器；5—闪蒸塔；
6—粗馏塔；7—反应用水贮槽；8—粗乙醛贮槽；9—废氧洗涤塔；
10—废空气洗涤塔；11—脱轻馏分塔；12—精馏塔；13—泵；14—换热器

4.3.1　环氧乙烷性质

在常温下是无色的气体，在低于10.7℃时是无色易流动的液体，有乙醚的气味，高浓度有刺激臭味。蒸气对眼和鼻黏膜有刺激性具有温和麻醉性。

分子式 C_2H_4O，相对分子质量44.05，熔点-111.3℃，沸点10.7℃，密度0.8711g/cm³，闪点<-17.78℃(开杯)，自燃点429℃。易溶于水、乙醇、乙醚等多数有机溶剂。

气态环氧乙烷易在空气中爆炸，爆炸范围为体积分数3%~100%，但液态环氧乙烷无爆炸性。

化学性质非常活泼，能与许多化合物起加成反应，温度高于40℃时开始聚合。环氧乙烷是一种高毒性物质，空气中允许浓度为0.001g/m³，吸入环氧乙烷能引起麻醉中毒。

久贮会起聚合反应，贮存温度需控制在0℃以下。注意防晒、防火、防爆。

4.3.2　环氧乙烷的用途

环氧乙烷是一种最简单的环醚，因分子中有三元环氧结构，易断裂，可发生多种反应，所以环氧乙烷的应用领域十分广泛。

环氧乙烷的最大消费量是生产乙二醇，我国环氧乙烷主要用来联产乙二醇，占70%左右。并广泛用于生产非离子型表面活性剂、缩乙二醇类、药物中间体、乙醇胺、合成洗涤剂、农药、油品添加剂、乳化剂、防腐涂料等，形成所谓环氧乙烷系列精细化工产品。环氧乙烷的产量在乙烯系产品中仅次于聚乙烯而居第二位，是石油化工需求量最大的中间体之一。

环氧乙烷的其他应用主要包括聚乙二醇、聚醚多元醇、氯化胆碱、乙氧基化合物等。其中聚乙二醇由环氧乙烷聚合而成，可作为润滑剂、分散剂、黏接剂等，在医药、兽药及化妆品行业中作为软膏、栓剂的基质和片剂的载体、成型剂和针剂中的溶剂等，均有着极为广泛的应用。

4.3.3　环氧乙烷的生产方法

1859年，法国化学家Wurtz首次发现2-氯代乙醇(氯乙醇)与氢氧化钾作用可制得环氧乙烷，此法经过改进和开发成为早期用于工业生产的氯乙醇法。

20世纪20年代初，美国联碳公司(UCC)进行了氯醇法工业化生产，之后公司基于Lefort 有关银催化剂的研究成果，使用银催化剂，推出空气法乙烯直接氧化生产环氧乙烷工艺。20 世纪 50 年代末，美国壳牌化学开发公司(Shell)采用近乎纯氧代替空气作为生产环氧乙烷的氧原料，推出氧气法乙烯直接氧化生产环氧乙烷工艺，经过不断改进，目前较先进的生产方法是用银作催化剂，在列管式固定床反应器中，用纯氧与乙烯反应，采用乙烯直接氧化生产环氧乙烷。

(1)氯醇法

氯醇法生产环氧乙烷分两步进行：首先氯气与水反应生成次氯酸，再与乙烯反应生成氯乙醇；然后氯乙醇用石灰乳皂化生成环氧乙烷。

1)次氯酸化反应

$$Cl_2 + H_2O \longrightarrow HOCl + HCl \tag{4-23}$$

$$CH_2{=}CH_2 + HOCl \longrightarrow ClCH_2CH_2OH \tag{4-24}$$

$$CH_2{=}CH_2 + H_2O + Cl_2 \longrightarrow ClCH_2CH_2OH + HCl \tag{4-25}$$

主要副反应有：

$$CH_2{=}CH_2 + Cl_2 \longrightarrow ClCH_2CH_2Cl \tag{4-26}$$

$$CH_2{=}CH_2 + Cl_2 + ClCH_2CH_2OH \longrightarrow ClCH_2CH_2OCH_2CH_2Cl + HCl \tag{4-27}$$

次氯酸化反应温度为 40 ~ 60℃，$C_2H_4:Cl_2 = (1.1 \sim 1.2):1$，即乙烯是过量的。压力对反应没有影响，只需满足克服系统阻力就行。

2)氯乙醇的皂化(环化)反应

在石灰乳 $Ca(OH)_2$ 作用下发生反应：

$$2ClCH_2CHOH + Ca(OH)_2 \longrightarrow 2C_2H_4O + CaCl_2 + H_2O \tag{4-28}$$

副反应为：

$$2ClCH_2CHOH + Ca(OH)_2 \longrightarrow 2HOCH_2CH_2OH + CaCl_2 \tag{4-29}$$

$$2ClCH_2CHOH + Ca(OH)_2 \longrightarrow 2CH_3CHO + CaCl_2 + 2H_2O \tag{4-30}$$

工业上除用 $Ca(OH)_2$ 作皂化剂外，还采用 NaOH 溶液。操作中应将皂化剂缓慢加入氯乙醇中。否则，在碱性介质中生成的环氧乙烷会大量水解生成乙二醇。皂化反应压力为 0.12 MPa，温度为 102 ~ 105℃，在此条件下，可保证生成的环氧乙烷立即从液相逸出(环氧乙烷沸点 10.7℃)，避免环氧乙烷的水解。

氯醇法可以采用低浓度乙烯(50% 左右)为原料，设备简单、操作容易控制，但生产成本高，生产 1t 产品，需消耗 0.9t 乙烯、2t 氯气和 2t 石灰，产品质量差，只能用来生产表面活性剂。氯气和氢氧化钙没有进入产品分子中，而是变成工业废渣，不仅浪费了氯气和石灰资源，而且还会严重污染环境。此外，氯气、次氯酸和 HCl 等都会造成设备腐蚀和环境污染。因此，本法从 20 世纪 50 年代起，已被直接氧化法取代。

(2)直接氧化法

乙烯直接氧化法分为空气直接氧化法和氧气直接氧化法。

纯氧直接氧化技术的优点是排放气体含乙烯比空气法少，乙烯的消耗定额比空气法小(前者为 0.83 ~ 0.9 t 乙烯/t 环氧乙烷，后者为 0.90 ~ 1.05 t 乙烯/t 环氧乙烷)，设备和管道比空气法少。

空气氧化法乙烯直接氧化生产环氧乙烷的工艺流程与氧气氧化法相似。在大型工厂里反应器有两个，可使乙烯转化率达到 95%，在经济上更为合理。

目前，世界上环氧乙烷工业化生产装置几乎全部采用以银为催化剂的乙烯直接氧化法。全球环氧乙烷生产技术主要被美国 UCC 公司、美国 Shell 公司、美国科学设计公司(SD)等三家公司所垄断，90%以上的生产能力采用上述三家公司生产技术。此外拥有环氧乙烷生产技术的还有日本触媒公司、美国 DOW 公司、德国赫斯公司等。

4.3.4 直接氧化法环氧乙烷生产工艺

(1)乙烯的环氧化反应

在银催化剂上乙烯用空气或纯氧氧化，除得到产物环氧乙烷外，主要副产物是二氧化碳和水，并有少量甲醛、乙醛生成。其反应的动力学图式如下：

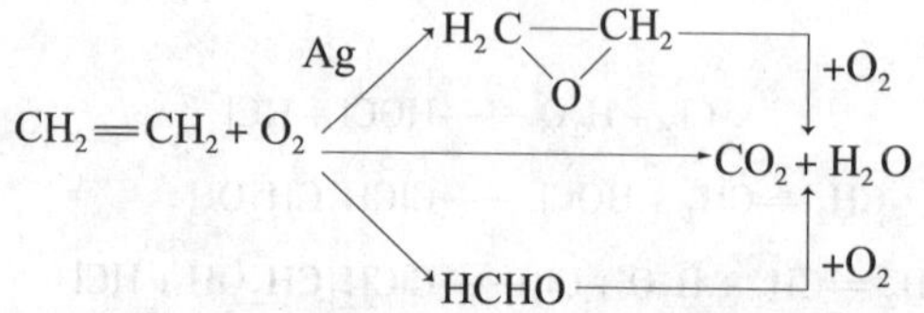

用示踪原子研究表明，完全氧化反应主要由乙烯直接氧化而成，环氧乙烷氧化为 CO_2 和 H_2O 的连串副反应也有发生，但是次要的。从热力学角度来讲，乙烯的完全氧化是强放热反应，其反应热效应比乙烯环氧化反应大十几倍。

主反应

$$CH_2{=}CH_2+1/2O_2 \longrightarrow C_2H_4O(g) \qquad \Delta H^0_{298}=-103.4\ \mathrm{kJ/mol} \tag{4-31}$$

乙烯的完全氧化

$$CH_2{=}CH_2+3O_2 \longrightarrow 2CO_2+2H_2O(g) \qquad \Delta H^0_{298}=-1324.6\ \mathrm{kJ/mol} \tag{4-32}$$

故完全氧化副反应的发生，不仅使生成环氧乙烷的选择性下降，对反应热效应也有很大影响。在实际生产条件下，副产的乙醛很快被氧化生成 CO_2 和水：

$$CH_3CHO+2O_2 \longrightarrow 2CO_2+H_2O \tag{4-33}$$

因此，所得反应产物主要是环氧乙烷、二氧化碳和水，生成的乙醛量小于环氧乙烷的 0.1%，生成的甲醛量则更少。但它们对环氧乙烷产品质量影响很大，会严重妨碍环氧乙烷的深度加工。因此，在工艺流程中，有专门的脱醛设备将醛脱至符合产品质量要求。

从反应(4-31)和反应(4-32)可知，它们虽都是放热反应，但反应(4-32)释放出的热量是反应(4-31)的 12.5 倍，因此必须采用优良催化剂和严格控制操作条件(其中对选择性的控制尤为重要)，使反应(4-32)不会太激烈。否则，若反应进行较快，释放出的热量又来不及传出系统，这就会导致反应温度迅速上升，产生飞温现象，这不仅会使催化剂因烧结失活，甚至还会酿成爆炸事故。这一点也是为什么直接氧化法迟迟不能进行大规模工业生产的重要原因之一。

(2)氧化催化剂

乙烯环氧化反应对催化剂的要求一是反应活性要好，二是选择性要高，三是使用寿命要长。乙烯氧化生产环氧乙烷的关键在于催化剂。乙烯在绝大部分金属或其氧化物上进行氧化时，生成产物为二氧化碳和水，只有采用银为催化剂才可以获得环氧乙烷。这种催化剂不仅能抑制副反应，还能加速主反应。因此，空气法或氧气法生产环氧乙烷均以银为催化剂。

金属银是主催化剂，其质量分数一般在 10% ~20%。载体一般多采用低比表面积、大孔径、无孔隙或粗孔隙型、传热性能良好、热稳定性高 α-氧化铝或含有少量 SiO_2 的 α-氧化铝为载体。对于乙烯环氧化反应，银催化剂是一种结构敏感型催化剂，因此负载银颗粒大小、载体性质及助催化剂等都对其有很大影响。助催化剂常见的是碱金属(常见的碱金属离子为 Na^+、K^+)盐、碱土金属(常见的碱土金属离子为 Ca^{2+}、Ba^{2+})盐和稀土金属盐，其中阴离子为卤素元素离子 Cl^-、Br^-、I^- 及 S^{2-}、SO_4^{2-} 等。

催化剂中加入碱金属盐，例如 KCl 和 NaCl，能够提高催化剂活性组分 Ag 的催化选择性。选择性提高的原因是调节 Ag 催化剂的电子输出功使 O_2 活化形式主要以 O_2^- 为主。而 Cl^-、S^{2-}、SO_4^{2-} 等负离子富集在催化剂表面形成负电场，提高电子输出功，也有利于 O_2^- 吸附物种生成。

催化剂中加入碱土金属盐能够提高催化剂活性组分 Ag 的稳定性。例如钡盐中的 Ba^{2+} 在反应条件下转变为 $BaCO_3$，它能和 Ag 原子充分混杂在一起。随钡盐加入量增加，活性提高。当钡盐含量为 6% ~8%(质量)时达到最大值。钡盐含量再增加，其活性降低，而选择性随 BaO 含量增加而降低。钡盐和钙盐被认为起结构型助催化剂作用，它们可以把 Ag 颗粒隔开，防止银烧结。同时还观察到它们也是电子型助催化剂，可将银的逸出功从 4.40eV 降低到 3.80eV，从而提高其催化活性。

在乙烯环氧化过程中，伴随有乙烯原料和产物环氧乙烷的完全氧化。在银催化剂中加入硒、碲、氯、溴等对抑制二氧化碳的生成，提高银催化剂的选择性有较好的效果，但活性却降低。这类物质称为调节剂，也称抑制剂。在原料气中添加这类抑制剂物质也能起到同样效果和作用，现工业上通常采用二氯乙烷作为抑制剂。在正常操作时，可连续将二氯乙烷加入原料气中，以补偿其在反应过程中的损失，用量一般为原料气的 $1\times10^{-6}\sim3\times10^{-6}$。用量过大，往往造成催化剂中毒，活性显著降低。但这种中毒不是永久性中毒，停止通入二氯乙烷后，催化剂的活性可逐渐恢复。

这类催化剂的特点是，当乙烯转化率高时，其相应的选择性有所下降。所以，现行工业生产的空气法或氧气法，原料转化率较低，一般控制为 30% 左右，以使选择性保持在 70% ~80%。

(3) 乙烯环氧化反应机理

通常认为乙烯在 Ag 催化剂上环氧化机理如下：

$$2Ag + O_2 \longrightarrow Ag_2O_2(\text{吸附}) \tag{4-34}$$

$$Ag_2O_2 + C_2H_4 \longrightarrow C_2H_4 + Ag_2O \tag{4-35}$$

$$4Ag_2O + C_2H_4 \longrightarrow 2CO + 2H_2O + 8Ag \tag{4-36}$$

$$CO + Ag_2O \longrightarrow CO_2 + 2Ag \tag{4-37}$$

这个机理符合于大量实验结果，其最大选择性 <80%。但是最近发现一些工业 Ag 催化剂的环氧乙烷选择性大于 80%，这一结果与上述反应机理相矛盾。H. Mimoun 根据均相配合物催化剂在氧插入反应中的作用机理研究结果提出如下机理：

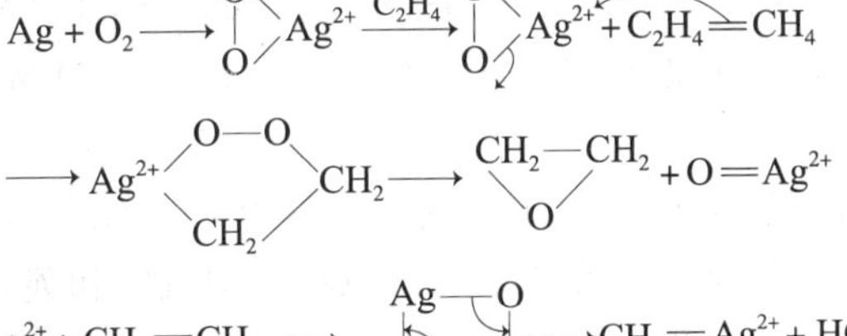

(4-38)

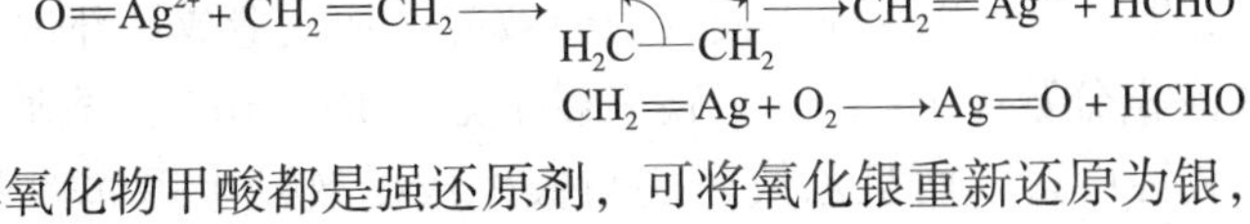

(4-39)

由于甲醛及其氧化物甲酸都是强还原剂，可将氧化银重新还原为银，构成催化循环。按

照这一机理，反应化学计量式为

$$7C_2H_4 + 6O_2 \longrightarrow 6C_2H_4O + 2CO_2 + 2H_2O \qquad (4-40)$$

按化学计量式计算，其最大选择性为85%。目前我国生产的银催化剂的环氧乙烷选择性已达83%。

(4)环氧乙烷生产工艺条件

1)温度

在乙烯氧化生产环氧乙烷的反应中，存在着完全氧化反应的剧烈竞争，而影响竞争的主要因素是反应温度。由于乙烯氧化生产环氧乙烷的反应是强放热反应，较低温度下对反应是有利的。当反应温度略高于100℃时，氧化产物几乎全部是环氧乙烷，选择性可近似为100%。然而，在这样低的温度下进行反应，反应速度慢，转化率低，没有现实生产意义。随着温度的升高，主反应速度加快，完全氧化的副反应也开始发生。当反应温度超过300℃时，银催化剂几乎对生成环氧乙烷反应不起催化作用，但转化率很高，此时的反应产物主要是乙烯完全氧化生成的二氧化碳和水。

乙烯氧化生产环氧乙烷应选择一个较为适宜的温度，一般控制在220～280℃，并按所用氧化剂及催化剂活性稍有不同。当用空气作氧化剂时，反应温度为240～290℃；若用氧气作氧化剂时，反应温度以230～270℃为宜；按常规，在操作初期催化剂活性较高，宜控制在低限；在操作终期催化剂活性较低，宜控制在高限。

2)空速

空速是影响反应转化率和选择性的另一因素。空速有体积空速和质量空速之分。前者为单位时间内通过单位体积催化剂的物料体积数；后者为单位时间内通过单位质量催化剂的物料质量。体积空速常用于气－固相反应，质量空速常用于液－固相反应。空速大，物料在催化剂床层停留时间短，若属表面反应控制，则转化率降低，选择性提高；反之，则转化率提高，选择性降低。适宜的空速与催化剂有关，应由生产实践确定。

在乙烯环氧化过程中主要竞争反应是平行副反应，空速提高虽转化率略有下降，但反应选择性将有所增加。对强放热反应而言，空速高还有利于迅速移走大量的反应热，有利于维持反应温度。但空速过高，虽提高了生产能力，而反应气中的环氧乙烷量却很少，造成大量循环气体，增大了分离工序的负荷，使动力费用增加。空速过低，生产能力不仅低，反应选择性也会下降。对空气氧化法而言，工业上主反应器空速一般取$7000h^{-1}$左右，此时的单程转化率在30%～35%之间，选择性可达65%～75%；对氧气氧化法而言，空速为5500～$7000h^{-1}$，此时的单程转化率在15%左右，选择性大于80%。

3)压力

由于主、副反应都可视作不可逆反应，操作压力对反应影响不大。但考虑到加压可提高反应器的生产能力，而且对后续的吸收操作是必不可少的。因此，直接氧化法均在加压下进行。但压力不能太高，现在，工业上广为采用的压力是1.0～3.0 MPa。

4)原料纯度

原料气中杂质会带来不利影响，因此不论空气法和氧气法都要求原料乙烯体积分数在98%以上，且不得含有易使催化剂中毒的物质。原料气中氢气和碳三以上烷烃和烯烃，在氧化过程中比乙烯更易发生完全氧化反应，使反应热效应增加，造成局部过热，并使催化剂失活。因而，要求氢气体积分数$<5\times10^{-6}$，碳三以上烃$<10\times10^{-6}$。当原料气中含有乙炔，不仅能使银催化剂永久性中毒，而且乙炔还能与银生成受热发生爆炸性分解的乙炔银。为

此，严格要求原料气中乙炔体积分数 $<5\times10^{-6}$。原料空气中的尘埃、硫化氢、二氧化硫和卤素同样会对催化剂产生不利影响。例如，一般要求硫化物体积分数 $<1\times10^{-6}$、氯化物体积分数 $<1\times10^{-6}$。若用氧气作为氧化剂，其体积分数必须为99.5%以上，氮气和氩气的体积分数要求在0.4%以下。氩气因会降低反应气的爆炸极限浓度而增加爆炸危险性，所以其体积分数越低越好。

抑制剂二氯乙烷中的含铁量应控制在 0.5×10^{-6} 以下，因为铁离子存在会使目的产物环氧乙烷催化异构为乙醛，最终生成二氧化碳和水，从而使反应选择性下降。因此，要求反应器及有关管道使用不锈钢材质或经酸洗钝化处理后的碳钢。

5) 原料气的配比

进入反应器的原料是由循环气和新鲜气混合而成，它的组成不仅影响经济效益，也关系到安全生产。氧的含量必须低于爆炸极限浓度。乙烯浓度也必须控制，它不仅会影响氧的极限浓度，也影响催化剂的生产能力和放空损失。尤其像乙烯环氧化这类强放热气固相反应，必须考虑到反应器的热稳定性。乙烯和氧的浓度高，反应速度快，催化剂生产能力大，但单位时间释放的热量也大，反应器的热负荷增大，如放热和散热不能平衡，就会造成飞温。故乙烯和氧的浓度都有一适宜值，由于所用氧化剂不同，原料混合气的组成也不同。用空气为氧化剂时，空气中有大量惰性气体氮存在，乙烯的浓度以5%左右为宜，氧的浓度为6%左右。当以纯氧为氧化剂时，混合原料气需用氮稀释，使反应不致太剧烈，一般乙烯的浓度为15%～20%，氧的浓度为7%左右。混合气中氧浓度低较为安全，但使反应速度下降，催化剂生产能力降低。

二氧化碳对氧化反应有抑制作用，但含量适当对提高反应的选择性有好处，且可提高氧的爆炸极限浓度，故进反应器的原料混合气中允许含有一定量二氧化碳。氩不仅使氧的爆炸极限浓度降低，且热容较小，会影响热量的带走，故氩的含量必须控制。

6) 致稳气的作用

原料气中的一些惰性气体（如二氧化碳、氮气、氩气或加入的一些甲烷或乙烷）能显著提高乙烯和氧的爆炸浓度极限，特别当以纯氧为氧化剂时，它们对氧有稀释作用，将气体组成调节在爆炸范围之外，使反应平稳进行，这些惰性气体又称为致稳气或稀释气体。惰性气体还可影响乙烯转化率、反应选择性及设备能力。甲烷热容大，可及时移走反应热，有利于反应和操作的稳定；其相对分子质量小，可节约循环压缩机能耗；甲烷的存在还可以提高氧的爆炸极限浓度，有利于氧气允许浓度增加。实践表明加入甲烷还可提高环氧乙烷收率，增加反应选择性。所以，各环氧乙烷装置大多由过去的氮气致稳改用甲烷致稳，也有用乙烷和二氧化碳混合气作致稳气的。然而，原料气中惰性物质含量也不宜过高，过高将使乙烯放空损失增加。为了获得所需的反应选择性，在原料混合气中还需加入约 $1\times10^{-6}\sim3\times10^{-6}$ 的二氯乙烷抑制剂。

(5) 氧气氧化法工艺流程

氧气氧化法乙烯直接氧化生产环氧乙烷的工艺流程如图4－4所示。

乙烯原料经加压后分别与氧气、致稳气甲烷、循环气进入原料混合器，迅速而均匀地混合达到安全组成，在进入反应器前加入微量的二氯乙烷。原料混合气与反应后气体热交换预热后进入装有银催化剂的列管式固定床反应器。反应器在平均压力2.02 MPa下操作，反应温度为235～275℃，空速为 $4300h^{-1}$，乙烯的单程转化率（体积分数）为9%，对环氧乙烷的选择性为79.6%。反应器采用加压沸腾水散热，并设置高压蒸汽发生系统，供本装置使用。

反应后的气体经换热产生中压蒸汽，冷却到87℃后进入环氧乙烷吸收塔。该塔顶部用来自环氧乙烷解吸塔的贫循环水喷淋，吸收反应生成的环氧乙烷。未被吸收的气体中含有许多未反应的乙烯，其大部分作为循环气经循环压缩机升压后返回反应器循环使用。为控制原料气中氩气和烃类等杂质在系统中积累，可在循环压缩机升压前，间断排放一小部分送去焚烧。为维持反应系统中二氧化碳体积分数在7%左右，需把部分气体送二氧化碳脱除系统处理，脱除二氧化碳后再返回循环气系统。

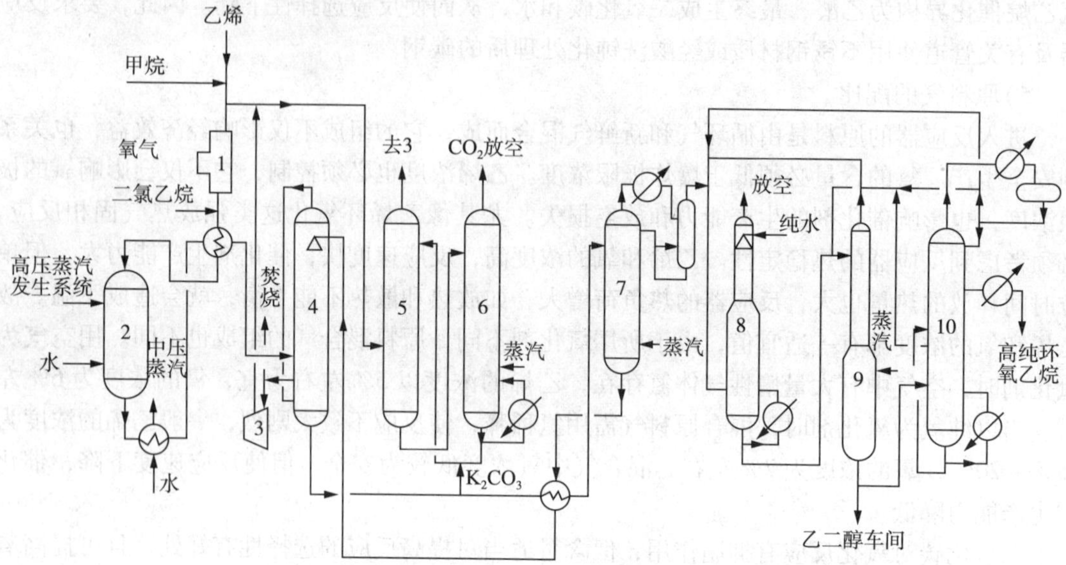

图4-4　氧化法乙烯直接氧化生产环氧乙烷工艺流程

1—原料混合器；2—反应器；3—循环压缩机；4—环氧乙烷吸收塔；
5—二氧化碳吸收塔；6—碳酸钾再生塔；7—环氧乙烷解吸塔；
8—环氧乙烷再吸收塔；9—乙二醇原料解吸塔；10—环氧乙烷精制塔

二氧化碳脱除系统由二氧化碳吸收塔与碳酸钾再生塔组成。本工艺采用在100℃，2.2 MPa压力下，以质量分数为30%以上的碳酸钾溶液为吸收剂，将二氧化碳吸收，使二氧化碳体积分数降至3.5%以下。二氧化碳吸收塔釜液进入碳酸钾再生塔，此塔在0.2MPa压力下操作，把碳酸钾溶液中的氧化碳用蒸汽汽提出来，大量富含CO_2的气体在塔顶放空排放。再生后的碳酸钾溶液泵回二氧化碳吸收塔。

碳酸钾溶液中常含有铁、油和乙二醇等不纯物，在加热过程中这些物质易产生发泡现象，使塔设备压差增大，故生产中常加入消泡剂。

从环氧乙烷吸收塔底部流出的环氧乙烷水溶液进入环氧乙烷解吸塔，目的是将产物环氧乙烷通过汽提从水溶液中解吸出来。解吸出来的环氧乙烷、水蒸气及轻组分进入该塔冷凝器。大部分水及重组分冷凝后返回环氧乙烷解吸塔，未冷凝气体与乙二醇原料解吸塔顶气，以及环氧乙烷精制塔顶馏出液汇合后，进入环氧乙烷再吸收塔。环氧乙烷解吸塔釜液作为环氧乙烷吸收塔的吸收液。解吸后的环氧乙烷在再吸收塔用冷的工艺水再吸收，将二氧化碳与其他不凝气体从塔顶放空。再吸收塔釜液环氧乙烷质量分数约8.8%，在乙二醇原料解吸塔中，用蒸汽加热进一步汽提除去水溶液中的二氧化碳和氮气，即可作为生产乙二醇原料或再精制为高纯度的环氧乙烷产品。

环氧乙烷精制塔以直接蒸汽加热，上部塔板用于脱甲醛，中部用于脱乙醛，下部用于脱水。靠近塔顶侧线抽出质量分数>99.99%的高纯度环氧乙烷，中部侧线采出含少量乙二醇的环氧乙烷(返回乙二醇原料解吸塔)，塔釜液返回精制塔中部，塔顶馏出含有甲醛的环氧乙烷返回乙二醇原料解吸塔，回收环氧乙烷。

例 4-2 乙烯和氧气混合物可能发生以下三种反应：

$$C_2H_4+\frac{1}{2}O_2 \longrightarrow \underset{\diagdown\ O\ \diagup}{CH_2—CH_2} \qquad K_{p_1}=1.6\times10^{6} \tag{4-41}$$

$$C_2H_4+\frac{1}{2}O_2 \longrightarrow CH_3CHO \qquad K_{p_2}=6.3\times10^{13} \tag{4-42}$$

$$C_2H_4+3O_2 \longrightarrow 2CO_2+2H_2O \qquad K_{p_3}=4.0\times10^{120} \tag{4-43}$$

其中式(4-41)用 Ag 作催化剂，式(4-42)用 $PdCl_2-CuCl_2$ 作催化剂，式(4-43)无催化的燃烧反应；生成的环氧乙烷和乙醛产物可以进一步过度氧化成二氧化碳和水。用催化原理分析：

(1)三种情况的主产物；各 K_p 值的变化。

(2)前两种情况是为了得到环氧乙烷和乙醛产物，工业生产中是否让其达到热力学平衡？如果达到热力学平衡的主产物有何变化？

【分析】

(1)根据催化作用特征，催化剂对催化反应具有选择性。所以，用 Ag 作催化剂主产物是环氧乙烷，用 $PdCl_2-CuCl_2$ 作催化剂主产物是乙醛，无催化的燃烧反应主产物是二氧化碳和水。虽然加入催化剂目的产物的选择性提高了，但各平衡常数 K_p 值不变，因为平衡常数是反应温度的函数，与催化剂无关。

(2)用 Ag 作催化剂得到产物环氧乙烷和用 $PdCl_2-CuCl_2$ 作催化剂得到产物乙醛时，让其达到热力学平衡。如果达到热力学平衡，因为该反应的 K_p 值最大，所以最终反应物、环氧乙烷和乙醛基本全部转化成二氧化碳和水，因为催化剂只能改变反应达到平衡的时间，而不能改变化学平衡组成。

例 4-3 银作催化剂的乙烯直接催化环氧化反应采用气-固相反应，反应温度 220~280℃之间，该反应为生成环氧乙烷的反应，副反应只考虑深度氧化生成 CO_2 和 H_2O 反应。已知初始气体混合物的组成(体积分数)：乙烯 10%，空气 90%；乙烯转化率为 25%，环氧乙烷的选择性 80%。当混合原料气为 4480 Nm^3/h 时，作物料衡算。

【衡算】

主反应：

$$CH_2=CH_2+0.5O_2 = CH_2OCH_2 \tag{4-44}$$

副反应：

$$CH_2=CH_2+3O_2 = 2CO_2+2H_2O \tag{4-45}$$

计算基准 1000kmol/h

进料：$CH_2=CH_2$　　100 kmol/h

N_2　　$900\times79\%=711$ kmol/h

O_2　　$900\times21\%=189$ kmol/h

转化的 $CH_2=CH_2$：$100\times25\%=25$ kmol/h

转化的 O_2：　　$25\times80\%\times\frac{1}{2}+25\times20\%\times3=25$kmol/h

出料：$CH_2=CH_2$　　　　$100-25=75$ kmol/h

　　　O_2：　　　　　　$189-25=164$ kmol/h

　　　CH_2OCH_2　　　　$25\times80\%=20$ kmol/h

　　　CO_2　　　　　　$25\times20\%\times2=10$ kmol/h

　　　H_2O　　　　　　$25\times20\%\times2=10$ kmol/h

　　　N_2　　　　　　　711 kmol/h

混合原料气 4480 Nm^3/h ＝200kmol/h，则衡算结果如表 4－1 所示。

表 4－1　物料衡算结果

组成	进料		出料	
	kmol/h	kg/h	kmol/H	kg/h
$CH_2=CH_2$	20	560	15	420
N_2	142.2	3981.6	142.2	3981.6
O_2	37.8	1209.6	32.8	1049.6
CH_2OCH_2	—	—	4	184
CO_2	—	—	2	88
H_2O	—	—	2	36
合计	200	5751.2	198	5751.2

4.4　乙二醇

乙二醇(简称 EG)又名甘醇、乙撑二醇。工业上主要由环氧乙烷水合制得，是环氧乙烷最重要的衍生物，是最简单和最重要的脂肪族二元醇。

4.4.1　乙二醇的性质

乙二醇外观为无色澄清黏稠液体，略有味甜。分子式 $C_2H_6O_2$，相对分子质量 62.07，凝固点 －11.5℃，沸点 197.6℃，闪点 115.56℃，自燃点 412.8℃，相对密度 1.1135(20/4℃)，折射率 1.4306，黏度 20.93 mPa·s(20℃)，比热容 2.35 J/(g·℃)(20℃)，溶解热 187.025 J/g，蒸发热 799.14 J/g，表面张力 48.4 mN/m(20℃)，蒸气压 7.999 Pa(20℃)。

乙二醇溶于水、低级醇、甘油、丙酮、乙酸、吡啶、醛类，微溶于醚，几乎不溶于苯及苯的同系物、石油醚、二硫化碳、氯仿和四氯化碳。

4.4.2　乙二醇的用途

乙二醇是一种重要的石油化工基础有机原料，主要用于生产聚酯树脂、醇酸树脂、防冻液、增塑剂、不饱和聚酯树脂、润滑剂、非离子表面活性剂以及炸药等，其中最大用途是用来生产聚酯，其次是防冻液(与水混合后，结冰温度可以降至 －70℃)。此外，还可用于照像显影液、刹车液以及油墨等行业，用作过硼酸铵的溶剂和介质，用于生产特种溶剂乙二醇醚等。乙二醇还可以用作溶剂。

乙二醇重要衍生物有两类：一类是聚乙二醇，它包括二甘醇、三甘醇和高相对分子质量聚乙二醇等；另一类是醚、酯和醚－酯。

4.4.3　乙二醇的合成工艺

目前，合成乙二醇的方法有环氧乙烷直接加压水合法、环氧乙烷催化水合法、碳酸乙烯酯法、甲醛电化加氢法、甲醇二聚合法、氧化偶联法等多种方法。乙二醇合成方法虽然有多种，但目前仍以环氧乙烷为主。世界环氧乙烷生产装置几乎全部配套生产乙二醇。本节介绍环氧乙烷水合生产乙二醇的工艺。

(1)化学反应

主反应：

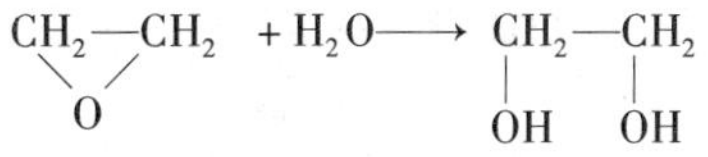

(4-46)

副反应：

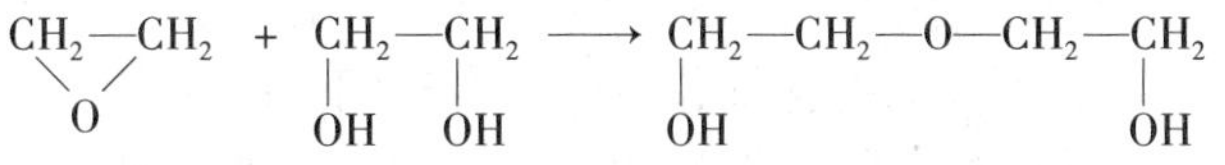

(4-47)

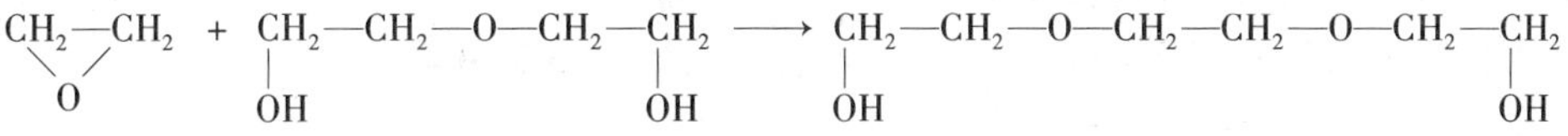

(4-48)

三甘醇还可与环氧乙烷反应生成多甘醇。此外，在环氧乙烷水合过程中，尚可能进行异构化和氧化反应。异构反应需在高温下进行，氧化则在碱金属或碱土金属氧化物存在时才能进行。乙醛生成量比二甘醇和三甘醇少得多，但它能氧化为乙酸，对设备有腐蚀作用。因此要求在生产中应用的工艺用水中的碱金属或碱土金属离子浓度一定要符合规定的质量指标。

(2)工艺条件的选择

1)原料配比

生产实践证明，无论是酸催化液相水合或非催化加压水合，只要水与环氧乙烷的摩尔比相同，乙二醇的收率非常接近。表4-2所示为原料中不同水与环氧乙烷摩尔比对产品分布的影响，反应温度为90~95℃，环氧乙烷转化率在95%。

由表4-2可见，乙二醇的选择性随原料中水与环氧乙烷摩尔比的提高而增大，但摩尔比不能无限提高。因在同等生产能力下，设备容积要增大，设备投资要增加；在乙二醇提浓时，消耗的蒸汽量会增加，能耗上升。另外，还须考虑副产物问题。因为二甘醇、三甘醇等也是非常有用、用其他方法难以合成的化工产品，售价比乙二醇还高，适当多产二甘醇等副产品可提高工厂经济效益。根据以上理由，一般将水与环氧乙烷的摩尔比定在10~20范围内，且没有必要用加酸的办法来抑制副反应的发生。

表4-2　水与环氧乙烷摩尔比对产品分布的影响

原料中水与环氧乙烷的摩尔比	水合产物所消耗的环氧乙烷占总环氧乙烷的分数/%			
	乙二醇	二甘醇	三甘醇	多甘醇
10.50	82.3	12.7	—	—
7.90	77.5	17.5	—	—
4.20	65.7	27.0	2.3	—
2.10	47.2	34.5	13.0	0.3
0.61	15.7	26.0	19.8	33.5

2)水合温度

在非催化加压水合的情况下，由于反应活化能较大，为加快反应速度，必须适当提高反应温度。但反应温度提高后，为保持反应体系为液相，相应的反应压力也要提高。为此，对设备结构和材质会提出更高的要求，能耗亦会增加。工业生产中，通常水合温度为150~220℃。

3）水合压力

在无催化剂时，水合反应温度较高。为保持液相反应，必须进行加压操作。在工业生产中，当水合温度为150~220℃时，水合压力相应为1.0~2.5 MPa。

研究表明，在工业生产的压力范围内，压力的变化对反应速度和产品分布没有显著影响。

4）水合时间

环氧乙烷水合是不可逆的放热反应。在一般工业生产条件下，环氧乙烷的转化率可接近100%。为保证达到高的转化率，需要保证相应的水合时间。但反应时间太长，一方面无此必要，另一方面由于停留时间过长会降低设备的生产能力。工业生产中，当水合温度为150~220℃、水合压力1.0~2.5 MPa时，相应的水合时间为35~20 min。

（3）环氧乙烷水合的工艺流程

Shell、DOW和SD三家公司氧气氧化法生产环氧乙烷/乙二醇的主要工艺流程大同小异，其乙二醇生产工艺由乙二醇水合反应、多效蒸发及干燥、乙二醇精制及储存等主要单元组成。典型的工艺流程方框图见图4-5。

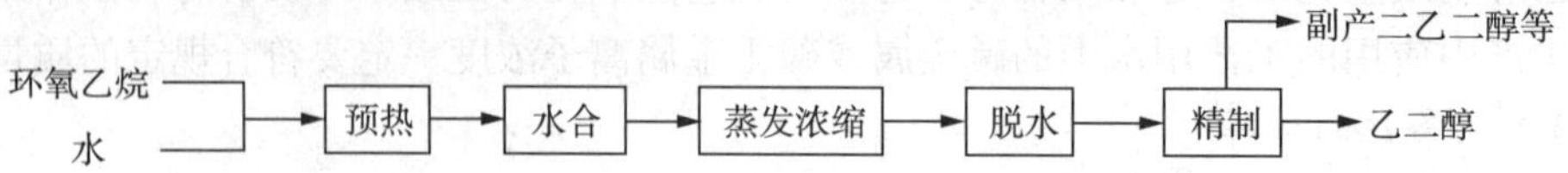

图4-5　环氧乙烷水合生产乙二醇典型的工艺流程

来自环氧乙烷单元的环氧乙烷与适量水混合配比，预热后进入乙二醇反应器。在反应器中环氧乙烷与水发生水合反应生成单乙二醇（MEG），同时副产二乙二醇（DEG）、三乙二醇（TEG），反应过程中还生成少量乙醛、巴豆醛、乙酸酯及聚合物。反应温度为150~250℃，压力为3.0~4.0MPa。

经过水合反应所得的乙二醇溶液浓度约为15%（质量）。因此需将其中大量的水蒸发掉，才能得到高浓度的乙二醇。经过多效蒸发直到乙二醇溶液浓缩至80%左右，送脱水塔进行脱水干燥。脱水塔在减压下操作，水自塔顶蒸出，使乙二醇溶液中的水含量降至0.05%以下，然后进行精馏。

脱水塔塔釜的乙二醇依次送至MEG精馏塔、DEG精馏塔及TEG精馏塔，依次分离得到MEG、DEG及TEG产品。

4.5　聚乙烯

4.5.1　聚乙烯的性质和用途

聚乙烯（简称PE），是乙烯经聚合制得的一种热塑性树脂。在工业上，也包括乙烯与少量α-烯烃的共聚物。聚乙烯无臭，无毒，手感似蜡，具有优良的耐低温性能（最低使用温度可达-70~-100℃），化学稳定性好，能耐大多数酸碱的侵蚀（不耐具有氧化性质的酸），常温下不溶于一般溶剂；吸水性小，电绝缘性能优良；但聚乙烯对于环境应力（化学与机械作用）很敏感，耐热老化性差。聚乙烯的性质因品种而异，主要取决于分子结构和密度，采用不同的生产方法可得不同密度(0.91～0.96 g/cm^3)的产物。

聚乙烯可用一般热塑性塑料的成型方法加工。聚乙烯用途十分广泛，主要用于制造薄膜、容器、管道、单丝、电线电缆、日用品等，并可作为电视、雷达等的高频绝缘材料。

4.5.2 聚乙烯的分类

PE 有多种分类方法，按密度可分为高密度聚乙烯、低密度聚乙烯和线型低密度聚乙烯。

高密度聚乙烯是不透明的白色粉末，造粒后为乳白色颗粒。由于高密度聚乙烯是在低压和催化剂存在下定向聚合而成的，分子为线型结构，很少支化现象，是较典型的密度高的结晶高聚物，又称低压聚乙烯。机械性能均优于低密度聚乙烯，熔点比低密度聚乙烯高，约126～136℃，其脆化温度比低密度聚乙烯低，约 -100～ -140℃。

低密度聚乙烯是无色、半透明颗粒。由于低密度聚乙烯是在高压和引发剂存在下通过自由基机理聚合而成的，分子中有长支链，分子间排列不紧密，密度低，又称高压聚乙烯。

线型低密度聚乙烯的分子中一般只有短支链存在，机械性能介于高密度和低密度聚乙烯两者之间，熔点比普通低密度聚乙烯高 15℃，耐低温性能也比低密度聚乙烯好，耐环境应力开裂性比普通低密度聚乙烯高数 10 倍。

按相对分子质量可分为低相对分子质量聚乙烯、普通相对分子质量聚乙烯和超高相对分子质量聚乙烯。

工业上为了简化测定聚乙烯相对分子质量的方法，而采用熔体流动速率/(g/10min)(MFR)来相对地表示相应的相对分子质量(见表 4 -3)及流动性。

表 4 -3 低密度聚乙烯熔体流动速率/(g/10min)与数均相对分子质量对照表

熔体流动速率/(g/10min)	数均相对分子质量	熔体流动速率/(g/10min)	数均相对分子质量	熔体流动速率/(g/10min)	数均相对分子质量
20.9	24000	1.80	32000	0.05	53000
6.40	28000	0.25	48000	0.01	76000

熔体流动速率仅表示了相应的熔融黏度，相对地表示了平均相对分子质量，但不能表示聚乙烯的相对分了质量分布。而相对分子质量分布对于聚乙烯的性能也有显著影响。因此，密度和熔体流动速率都相同的聚乙烯由于生产条件不同，其性能和用途可能不同。

熔体流动速率的含义是，在标准的塑性计中加热到一定温度(一般为 190℃)，使聚乙烯树脂熔融后，承受一定的负荷(一般为 2160g)在 10min 内经过规定的孔径(2.09mm)挤压出来的树脂质量(g)。在相同的条件下，熔融黏度越大，被挤压出来的树脂质量越小。因此聚乙烯的熔体流动速率越小，其相对分子质量越高。

目前我国生产的低密度聚乙烯树脂的熔体流动速率/(g/10min)分别为 0.3，0.4，0.5，0.7，2.0，2.5，5.0，7.0，20 等。

4.5.3 烯烃的定向聚合催化剂及络合催化机理

烯烃的定向聚合，所采用的催化剂是齐格勒 - 纳塔催化剂。其主要催化剂是 $TiC1_4$ 或 $TiC1_3$，其次是烷基铝化物。这种催化剂能使许多单体聚合成线型的、立体规整的高分子化合物。

尽管对烯烃聚合机理存在各种观点，但总的步骤与上述络合催化的一般机理是一致的，即包括络合反应、插入反应和空位中心复位3个步骤。

乙烯聚合最常用的络合物催化剂是[$(Cp)_2TiC1_2 + AlEt_2Cl$]，其中Cp代表环戊二烯基($—C_5H_5$)，Et代表乙基($—C_2H_5$)。主催化剂为$(Cp)_2TiCl_2$，催化活性中心是连有烷基的Ti离子。该催化体系中有机铝化物是不可缺少的，它具有还原和烷基化作用，即在烷基化反应中它将烷基连接到Ti离子上，引入弱基(烷基)，可供后继插入反应，使链增长反应进行。此外，由于有机铝中的Al^{3+}离子半径小(0.051nm)，诱导作用使得Ti—C键部分极化，导致Ti离子的形式正电荷增加，有利于烯烃的络合，而烷基中与钛相连的碳原子上部分负电荷增加(有点像碳阴离子)，这种聚合机理被称为阴离子络合配位机理。具体过程如下：

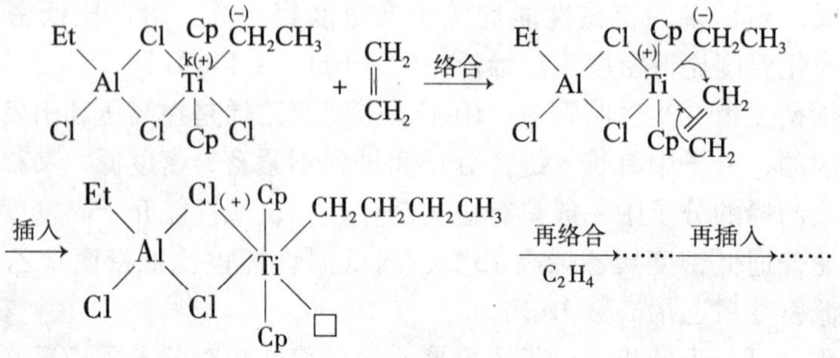

(4-49)

催化剂络合乙烯分子形成σ-π络合，活化了乙烯分子的双键，有利于插入反应进行，腾出的空位可继续再络合，再插入，以此循环到聚合物相对分子质量一定为止。

聚合物相对分子质量可通过加入阻聚剂来控制。如不加阻聚剂，上述聚合体系相对分子质量大小由β-氢转移而定：

$$M—CH_2—CH_2—CH_2—CH_2\sim\sim\sim \longrightarrow M—H + CH_2—CH—CH_2—CH_2\sim\sim\sim \qquad (4-50)$$

$$\xrightarrow{+C_2H_4} M—CH_2—CH_3$$

β-氢转移的难易取决于络合物中心离子的电子亲和力，而这种亲和力又与其配位体性质和中心离子的价态有关。用上述催化剂催化乙烯聚合可得到固体的高分子聚合物。当上述络合物催化剂Ti上的两个配位体CP被Cl^-替换后，由于β-氢转移能力较强，聚合产物为相对分子质量较小的液体产物。这是因为Cl^-亲电子能力强，使Ti的电子亲和力增大，β-氢转移能力增加。除配位体影响之外，金属离子的价态也有影响，$Ti^{4+} > Ti^{3+}$。由此可见，可通过调节配位体类型来调节聚合物相对分子质量的大小。

4.5.4 聚乙烯生产工艺

(1)低密度聚乙烯(LDPE)

在高压条件下，乙烯由过氧化物或微量氧引发，经自由基聚合反应生成密度为0.910~0.930g/cm^{3}左右的低密度聚乙烯(LDPE)。

乙烯高压聚合生产流程如图4-6所示。该流程适用于釜式聚合反应器或管式聚合反应器，虚线部分为管式聚合反应器。

压力为3.0~3.3 MPa的精制新鲜乙烯进入一次压缩机的中段经压缩至25 MPa。来自低压分离器的循环乙烯，压力<0.1 MPa，与相对分子质量调节剂混合后进入二次压缩机。二次压缩机的最高压力因聚合设备的要求而不同。管式反应器要求最高压力达300 MPa或更高，釜式反应器要求最高压力为250 MPa。经二次压缩达到反应压力的乙烯经冷却后进入聚合反应器。引发剂则用高压泵送入乙烯进料口，或直接注入聚合设备。反应物料经适当冷却

后进入高压分离器，减压至 25 MPa。未反应的乙烯与聚乙烯分离并经冷却脱去蜡状低聚物以后，回到二次压缩机吸入口，经加压后循环使用。聚乙烯则进入低压分离器，减压到 0.1 MPa 以下，使残存的乙烯进一步分离循环使用。聚乙烯树脂在低压分离器中与抗氧化剂等添加剂混合后经挤出切粒，得到粒状聚乙烯，被水流送往脱水振动筛，与大部分水分离后，进入离心干燥器，以脱除表面附着的水分，然后再经振动筛分去不合格的粒料后，成品用气流输送至计量设备计量，混合后为一次成品。然后再次进行挤出、切粒、离心干燥，得到二次成品。二次成品经包装出厂为商品聚乙烯。

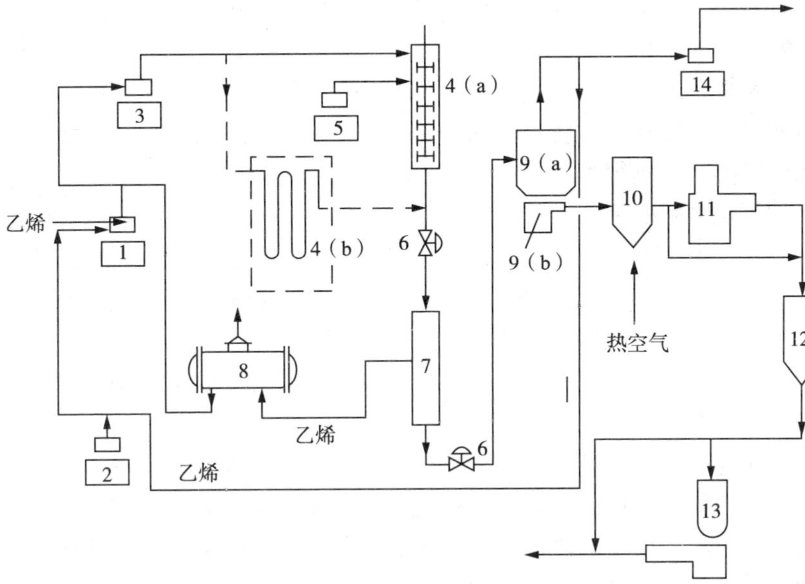

图 4－6　乙烯高压聚合生产流程图

1——一次压缩机；2—相对分子质量调节剂泵；3—二次高压压缩机；4(a)—釜式聚合反应器；
4(b)—管式聚合反应器；5—催化剂泵；6—减压阀；7—高压分离器；8—废热锅炉；
9(a)—低压分离器；9(b)—挤出切粒机；10—干燥器；11—密炼机；
12—混合机；13—混合物造粒机；14—压缩机

生产工艺包括以下几个过程。

1)原料准备

①乙烯。乙烯高压聚合过程中单程转化率仅为 15% ~30%，所以大量的单体乙烯(70% ~85%)要循环使用。因此所用乙烯原料一部分是新鲜乙烯，一部分是循环回收的乙烯。对于乙烯的纯度要求应超过 99.95%。循环乙烯中的杂质主要是不易参加聚合反应的惰性气体，如氮、甲烷、乙烷等。多次循环使用时，惰性杂质的含量可能积累，此时应采取一部分气体放空或送回乙烯精制车间精制。

②相对分子质量调节剂。在工业生产中为了控制产品聚乙烯的熔体流动速率，必须加适量的相对分子质量调节剂，可用的调节剂包括烷烃(乙烷、丙烷、丁烷、己烷、环己烷)、烯烃(丙烯、异丁烯)、氢、丙酮和丙醛等，而以丙烯、丙烷、乙烷等最常应用。调节剂的种类和用量根据聚乙烯牌号的不同而不同，用量一般是乙烯体积的 1% ~6.5%。调节剂应在一次压缩机的进口进入反应系统。

③添加剂。聚乙烯树脂在隔绝氧的条件下受热时是稳定的，但在空气中受热则易被氧化。聚乙烯塑料在长期使用过程中，由于日光中紫外线照射而易老化，性能逐渐变坏。为了

防止聚乙烯在成型过程中受热时被氧化，防止使用过程中老化，所以聚乙烯树脂中应添加防老剂(抗氧剂)，如4－甲基－2，6－二叔丁基苯酚、防紫外线剂等。此外，为了防止成型过程中粘结模具而需要加入润滑剂，如油酸酰胺或硬脂酸铵、油酸铵、亚麻仁油酸铵三者的混合物。聚乙烯主要用来生产薄膜，为了使吹塑制成的聚乙烯塑料袋易于开口而需要添加开口剂，如高分散性的硅胶(SiO_2)、铝胶(Al_2O_3)。为了防止表面积累静电，有时需要添加防静电剂。

④催化剂配制。乙烯高压聚合需加入自由基引发剂，工业上常称为催化剂，所用的引发剂主要是氧和过氧化物，早期工业生产中主要用氧作为引发剂。其优点在于：价格低，可直接加于乙烯进料中。而且在200℃以下时，氧是乙烯聚合阻聚剂，不会在压缩机系统中或乙烯回收系统中引发聚合。其缺点是氧的引发温度在230℃以上，低于200℃时反而阻聚。由于氧在一次压缩机进口处加入，所以不能迅速用改变引发剂用量的办法控制反应温度，而且氧的反应活性受温度的影响很大。因此，目前除管式反应器中还用氧作引发剂外，釜式反应器已全部改为过氧化物引发剂。

工业上常用的过氧化物引发剂为：过氧化二叔丁基，过氧化十二烷酰，过氧化苯甲酸叔丁酯，过氧化3，5，5－三甲基乙酰等。此外尚有过氧化碳酸二丁酯、过氧化辛酰等。

乙烯高压聚合引发剂应配制成白油溶液或直接用计量泵注入聚合釜的乙烯进料管中，或注入聚合釜中，在釜式聚合反应器操作中依靠引发剂的注入量控制反应温度。

2)压缩和聚合过程

乙烯经压缩成高压气体，高压条件下虽仍是气体，但其密度达0.5 g/cm^3，已接近液态烃的密度，近似于不能再被压缩的液体，称气密相状态。此时乙烯分子间的距离显著缩短，从而增加了自由基与乙烯分子的碰撞几率，易于发生聚合反应。由于乙烯聚合时可产生大量的热量，乙烯聚合转化率升高1%则反应物料将升高12～13℃。如果热量不能及时移去，温度上升到350℃以上则发生爆炸性分解。因此在乙烯高压聚合过程中应防止聚合反应器内产生局部过热点。

聚合过程反应温度一般在130～350℃范围；反应压力一般为122～303 MPa或更高；聚合停留时间较短，通常为15s～2min。反应条件的变化不仅影响聚合反应速度，而且也影响产品聚乙烯的相对分子质量。当反应压力提高时，聚合反应速度加大，但聚乙烯的相对分子质量降低，而且支链较多，所以其密度稍有降低。

3)单体回收与聚乙烯后处理

自聚合反应器中流出的物料经减压装置进入高压分离器，高压分离器内的压力为20～25MPa，大部分未反应的乙烯与聚乙烯分离。气相经冷却，脱除蜡状的低聚物后回收循环使用。聚乙烯则进入内压小于0.1MPa(表压)的低压分离器，使残存的乙烯分离回收循环使用。同时将防老剂等添加剂，根据生产牌号的要求注入低压分离器，与熔融的聚乙烯树脂充分混合后进行造粒。

聚乙烯与其他品种的塑料不同，需经二次造粒，其目的是增加聚乙烯塑料的透明性，并且减少塑料中的凝胶微粒。

(2)线型低密度聚乙烯(LLDPE)

线型低密度聚乙烯(LLDPE)分子结构的特点是仅含有由α－烯烃共聚单体引入分子中的短支链。LLDPE分子中短支链的长度与数目取决于α－烯烃共聚单体的相对分子质量及其用量。常用的α－烯烃共聚单体为1－丁烯，1－已烯或1－辛烯。

所用催化剂体系主要为齐格勒催化剂（$TiCl_4 + R_3Al$）；其次为 Phillips 催化剂（CrO_3/SiO_2）。由于所用催化剂效率甚高，不需要与 LLDPE 进行分离。由于低压下生产低密度 PE 可减少基建投资和运行成本，所以 LLDPE 的产量近年来迅速上升。

工业生产中，通常采用有机溶剂淤浆聚合法、溶液聚合法或无溶剂的低压气相聚合法进行乙烯聚合，聚合反应压力明显低于 LDPE 的生产。典型的聚合反应条件和所需物料见表 4－4 和表 4－5。单程转化率较低，经数次循环以达到要求。

表 4－4　LLDPE 主要生产条件

聚合方法	反应温度/℃	反应压力/MPa	反应时间
淤浆法	55～70	1.5～2.9	1～2h
溶液法	250	8	数分钟
气相法	85～20	2	—

表 4－5 生产 LLDPE 所需物料

聚合方法	单体	催化剂	反应介质	共聚单体
淤浆法	有	有	有	有
溶液法	有	有	有	有
气相法	有	有	无	有

淤浆法根据所用反应器类型和反应介质种类的不同，又分为以下类型：

环式反应器、轻介质法：乙烯在异丁烷中连续通过双环反应器进行聚合，生成的聚乙烯颗粒悬浮于异丁烷中。

环式反应器、重介质法：与上法相似，而用较重质的己烷作反应介质。

釜式反应器、重介质法：用具有搅拌的釜式反应器，重质介质如己烷、庚烷作为反应介质。

液体沸腾法：用丙烷或异丁烷为反应介质，使乙烯在沸腾的反应介质中聚合。

环式反应器轻介质法流程见图 4－7。新鲜的乙烯和共聚单体经干燥与精制后会同循环的异丁烷和催化剂浆液进入双环反应器，乙烯聚合生成颗粒悬浮于反应介质中，在反应器底部沉降增浓，浆液含固量达 50%～60% 时进入闪蒸器。闪蒸出来的异丁烷和未反应的单体进入溶剂回收系统经分离、精制后循环使用。聚乙烯则通过净化干燥器得到成品或添加必要助剂后经选粒得到聚乙烯塑料粒子。

溶液聚合法中乙烯在烃类溶剂中于高于聚乙烯的熔融温度下进行聚合。溶液法分为 3 种类型：

中压法：乙烯在高压下绝热聚合，由溶剂蒸发带走聚合热，由于温度高而采用较高压力，以保持液相状态。

低压法：乙烯在较低温度和较低压力下聚合，一部分聚合热由溶剂汽化带走。进料可先经冷却。

低压冷却法：反应压力和温度相似于低压法，但所进物料不经冷却过程，反应热由冷却回流带走。

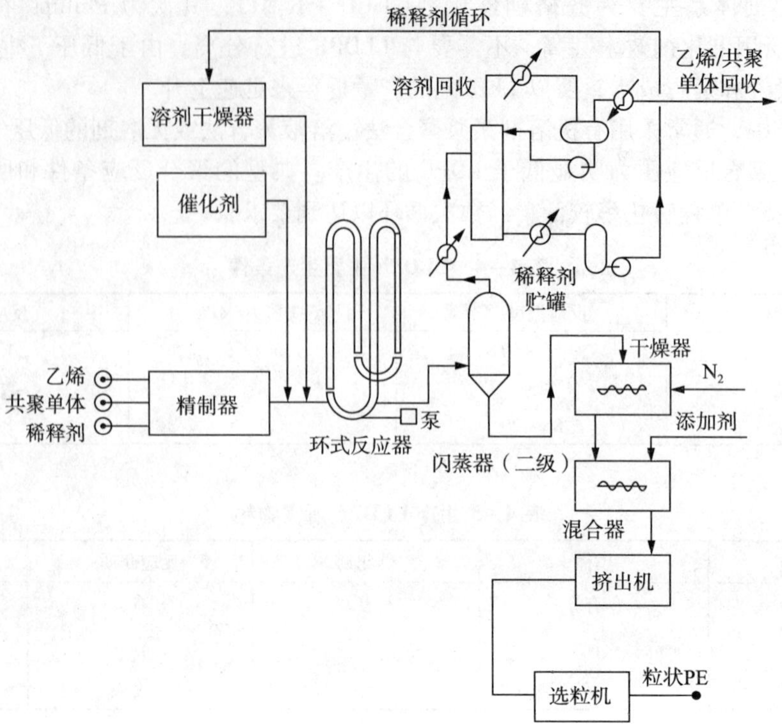

图4－7　低压淤浆法（环式反应器）流程图

中压法流程见图4－8。乙烯和共聚单体经精制后溶解于环已烷中，加压、加热到反应温度送入第一级反应器，乙烯在压力为10MPa和约200℃条件下聚合。催化剂溶液则加热到与进料相等温度送入聚合釜，聚乙烯溶液由第一级反应器进入管式反应器，进一步聚合达到聚合物浓度约10%。出口处注入螯合剂以络合未反应的催化剂，并进一步加热使催化剂脱活。残存的催化剂经吸附脱除。

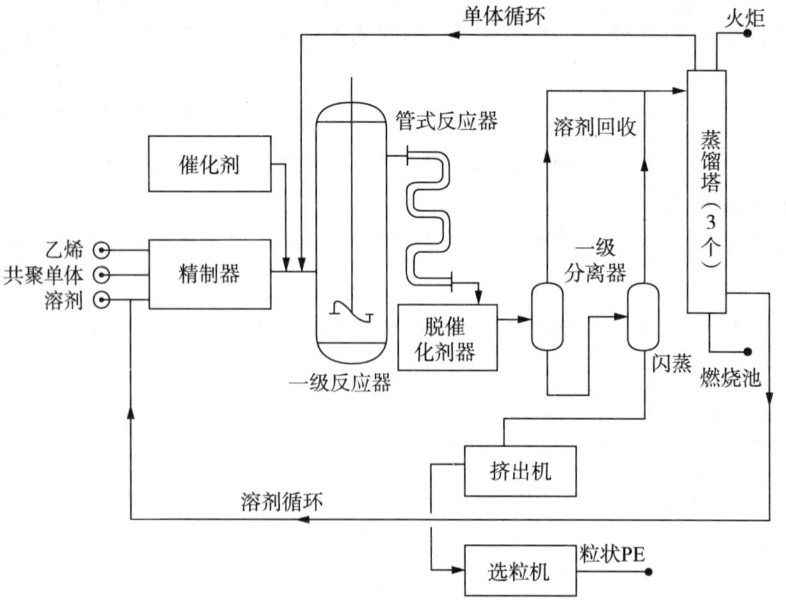

图4－8　中压溶液法流程

热的聚乙烯溶液降压到0.655 MPa进行闪蒸，以脱除未反应单体和90%的溶剂。含有约65%聚乙烯的浓溶液进一步在0.207 MPa压力下闪蒸。熔融的聚合物送入挤出机进行造粒使溶剂质量分数低于5×10^{-4}。

低压气相聚合法流程见图4－9。

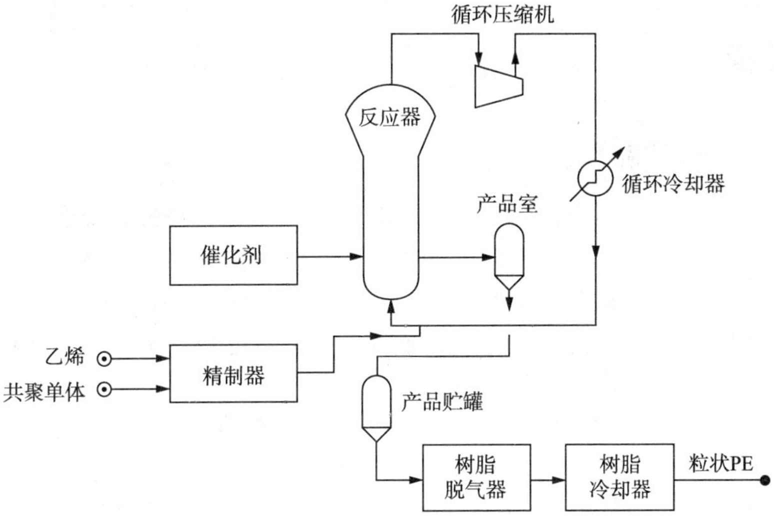

图4－9　低压气相聚合法流程

精制的乙烯和共聚单体连续送入流动床反应器，同时直接加入催化剂。反应温度低于100℃，压力低于2 MPa。用压缩机进行气流循环，以保证物料处于沸腾流动状态，并移除反应热。气流经冷却器冷却后再进入反应器。反应生成的固体颗粒状聚乙烯经减压阀流出，脱除残存单体后，添加所需助剂后造粒得到商品聚乙烯。

第5章 丙烯主要衍生产品生产工艺

5.1 丙烯腈

5.1.1 丙烯腈的性质和用途

丙烯腈的分子式为 C_3H_3N，结构式为 $CH_2=CH-C\equiv N$，相对分子质量 53.6，沸点 77.3℃，凝固点 -83.6℃，闪点 0℃，自燃点 481℃，相对密度为 0.8060。丙烯腈在室温和常压下，是具有刺激性臭味的无色液体。有毒，在空气中的爆炸极限为 3.05% ~17.0%。能溶于许多有机溶剂，与水部分互溶，丙烯腈在水中溶解度为 3.3%，水在丙烯腈中溶解度 3.1%，与水形成最低共沸物，沸点 71℃。

在丙烯腈分子中有双键和氰基存在，性质活泼、易聚合，也易与其他不饱和化合物共聚，是三大合成材料的重要单体。如图 5-1 所示，丙烯腈主要用于生产聚丙烯腈纤维、ABS 树脂等工程塑料和丁腈橡胶。经过二聚、加氢制得的己二腈是聚酰胺单体己二胺的原料。丙烯腈用途分配为：合成纤维约占 40% ~60%，树脂和橡胶约占 15% ~28%。

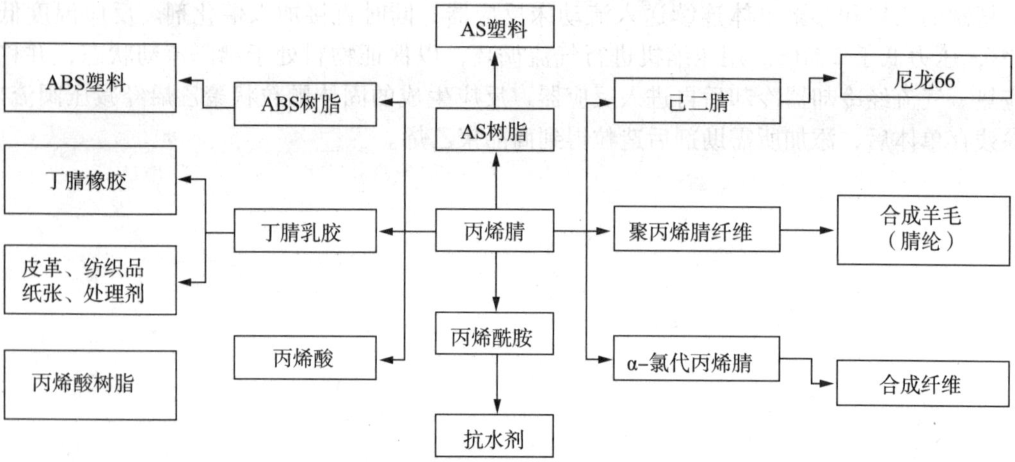

图 5-1 丙烯腈的主要用途用途

5.1.2 丙烯腈的生产方法

生产丙烯腈的方法有环氧乙烷法、乙炔氢氰酸法和丙烯氨氧化法。由于环氧乙烷法和乙炔氢氰酸法在技术经济上落后于丙烯氨氧化法，所以目前丙烯氨氧化法是丙烯腈生产的主要路线。该法以丙烯、氨和空气在流化床反应器中反应生成丙烯腈，并副产乙腈和氢氰酸。

现正开发的丙烷氨氧化新工艺可比丙烯路线生产成本降低 30%。BP 公司已在美国得州绿湖建有验证装置。日本三菱化学和 BOC 公司也在日本水岛试验丙烷氨氧化工艺。日本旭化成公司开发的丙烷制丙烯腈工艺，将丙烷、氨和氧气在装填专用催化剂的管式反应器中反应，其催化剂在二氧化硅上负载20%~60%的Mo、V、Nb或Sn金属，反应中采用惰性气体进行稀释，温度415℃，压力0.1 MPa。当丙烷转化率为90%时，丙烯腈选择性为70%，丙烯腈总收率约为60%。

5.1.3 丙烯氨氧化生产丙烯腈原理

(1) 丙烯氨氧化反应

丙烯氨氧化生产丙烯腈的反应如下(反应温度为460℃)。

$$CH_2=CHCH_3+NH_3+1.5O_2 \longrightarrow CH_2=CHCN+3H_2O+518.8kJ/mol \quad (5-1)$$

丙烯氨氧化副反应很多，副产物可分为3类：一类是氰化物，主要有氢氰酸和乙腈及少量丙腈，其中乙腈和氢氰酸用途较广，故应设法回收。第二类是有机含氧化合物，主要有丙烯醛及少量丙酮和其他含氧化合物。丙烯醛虽然量不多，但不易除去，给精制带来不少麻烦，应该尽量减少。第三类是深度氧化产物一氧化碳和二氧化碳。由于丙烯完全氧化生成二氧化碳和水的反应热是主反应的3倍多，所以在生产中必须注意控制反应温度以避免这类副反应的发生。

(2) 丙烯氨氧化催化剂

丙烯氨氧化生产丙烯腈所用催化剂主要有钼系和锑系催化剂。

钼系催化剂的结构为$[RO_4(H_2XO_4)_n(H_2O)_n]$。R为P，Mn，As，Si，Th，Ti，Cr，La，Ce等；X为Mo，W，Mn，V等。其代表性的催化剂为美国SOHIO公司的C-41、C-49及我国的MB-82和MB-86。一般认为Mo，Bi为催化剂的活性组分，其余为助催化剂。P_2O_5是较典型的助催化剂，加入微量后可使催化剂的活性提高。催化剂中加入钾可降低催化剂表面酸度，从而提高催化剂活性及选择性。其他组分的引入与氧化催化剂的性能相似。

锑系催化剂的活性组分为Sb、Fe，为克服催化剂易还原劣化的缺点可向催化剂中添加V、Mo、W等元素。为提高催化剂的选择性，可添加电负性大的元素，如B、P、Te等元素。为消除催化剂表面的Sb_2O_4不均匀的白晶粒，可添加Mg，Al等元素。

各类催化剂载体与反应器形式有关，使用流化床时对催化剂强度及耐磨性能要求甚高，一般用粗孔微球形硅胶载体。采用固定床时，载体的导热性能显得很重要，一般采用低比表面积没有微孔结构的惰性物质作载体，如刚玉、碳化硅等。

(3) 丙烯氨氧化催化反应机理

丙烯氨氧化催化剂中Mo为第一活性组分，其高价金属阳离子的电负性较大，Mo^{6+}为2.1，Mo^{4+}为1.6，是受电子组分，能吸附活化丙烯和氨；Bi是第二活性组分，其低价金属离子的电负性较小，Bi^{3+}为1.9，Bi^{+}为1.7，是给电子组分，能吸附活化氧。在钼酸铋催化剂上，丙烯氨氧化反应的电子转移机理示意如下：

①丙烯和氧气的吸附与反应

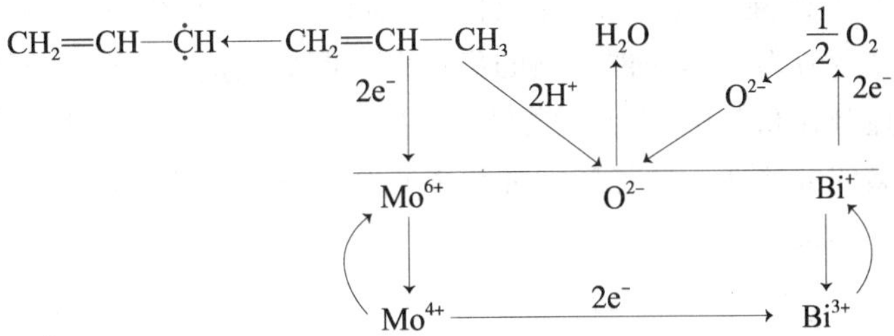

②氨和氧气的吸附与反应

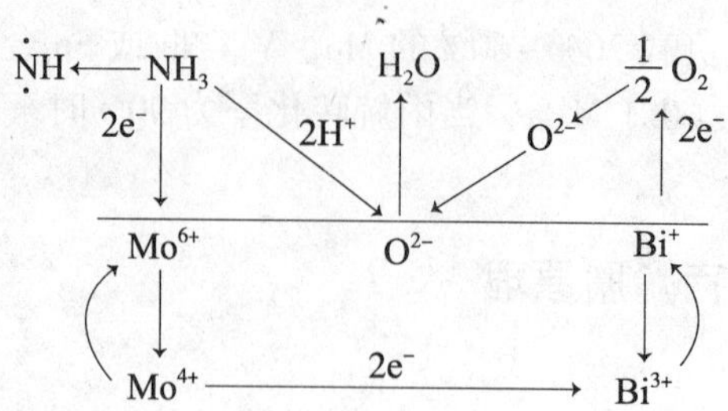

③丙烯吸附态和氨吸附态的反应

$$CH_2=CH-\dot{C}H+\dot{N}H \longrightarrow CH_2=CH-CH=NH$$

④丙烯腈的生成

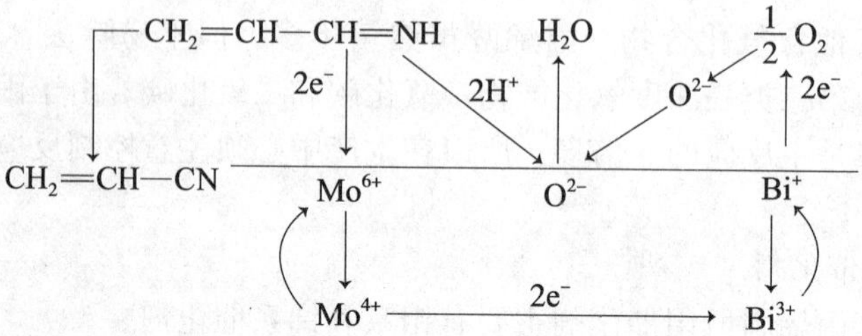

从上述示意反应机理可以看出，起催化作用的是表面或表面若干层的钼氧和铋离子组成的活性中心，晶体内部的钼铋组分并不参与反应。因此，用共沉淀法制备该催化剂，钼铋利用率不高，增加了催化剂造价。所以，采用负载于 SiO_2 载体的负载型催化剂既降低了催化剂成本，又改善了催化剂的传质和传热效率。

动力学实验结果表明，反应速率对氨和氧是0级反应，即原料中氨和氧的浓度高于某一最低值后，反应速率与氨和氧的浓度无关。因此氨与丙烯配比通常为1∶1.1，氨略有过量，是为了防止副产物丙烯醛的生成。丙烯与氧气的配比通常为1∶2（理论比值为1∶1.5），氧略有过量，可避免 Mo^{6+} 还原为 Mo^{4+}，Bi^{3+} 还原为Bi，导致烃类与水产生水煤气反应。丙烯腈的生成仅与丙烯分压的一次方成正比，即 $r=kp_{丙烯}$。由此可见，反应控制步骤是丙烯的吸附。丙烯在催化剂上是施主键吸附，故反应为施主型反应。为提高整个反应速度，应加入适量的受主杂质。

Fe在催化剂中以 Fe_2O_3 形式存在，是一种电子型助催化剂。当 Fe^{3+} 取代晶格中的 Mo^{6+} 可促进p型半导体导电，此时 Fe^{3+} 相当于受主杂质，降低了费米能级，因而能加快丙烯的吸附速率，从而加速反应进行。七组分催化剂中加入的CoO和NiO可代替部分 Bi_2O_3，其作用与 Fe_2O_3 相同，也是电子型助催化剂。Fe－Co和Fe－Ni复氧化物共存还可抑制丙烯直接深度氧化副反应，提高选择性。

P_2O_5 是一种结构型助催化剂。实验证明，当 $MoO_3-Bi_2O_3$ 催化剂中加入0.2%（质量）磷时，可使 α 型转变为 β 型，提高催化剂的稳定性。但加入量过大时，会使 β 型破坏。因此催化剂中磷含量应控制在0.2%～1.5%之间，保持Mo∶P＝12∶1（原子比）为好。由于磷钼酸铋和磷钼酸铁具有微弱的酸性，这种酸性催化中心会导致烃类裂解和积炭反应，因此，催化剂中加入适量 K_2O，用来中和酸性。

5.1.4 生产流程和工艺条件

(1)工艺主要影响因素

1)原料配比

①丙烯与氨配比。由于丙烯既可以氧化生产丙烯醛，也可以氨氧化成丙烯腈，两者都属于烯丙基氧化反应。故氨比的控制对这两个产物的生成有直接影响。若氨用量过少，较多的丙烯醛生成；但用量过多，既增加氨的消耗，又要增加中和用硫酸的消耗。根据催化剂的性能不同，一般控制氨比为1∶(1.05～1.1)，氨略为过量。

②丙烯与空气配比。丙烯氨氧化以空气作氧化剂，理论用量是 n(丙烯)∶n(空气)=1∶7.3,实际生产过程中要求空气适当过量。一是因为副反应要消耗氧，二是由于尾气中要有过量氧存在以防止催化剂被还原失去活性。但空气太多也会带来如下问题：丙烯浓度下降，降低了反应器的生产能力；反应产物离开床层后继续深度氧化，选择性下降；增加动力消耗；产物浓度下降，增加回收困难，故空气用量也有一适宜值。另外，空气用量也与催化剂性能有关，一般控制在 n(丙烯)∶n(空气)=1∶(9.5～12)。

2)反应温度

反应温度是丙烯氨氧化合成丙烯腈的重要指标。它对反应产物的收率，催化剂的选择性及寿命、安全生产均有影响。选择适宜的反应温度，可达到理想的反应效果，否则会降低丙烯腈收率及选择性，使副产物增加。丙烯在钼系催化剂上氨氧化生成丙烯腈的适宜合成温度在450℃，一般控制在470℃。不同催化剂适宜温度会有所不同。

3)反应压力

丙烯氨氧化的动力学方程为：

$$r = kc_A \qquad (5-2)$$

式中 r——丙烯氨氧化的反应速度；

c_A——丙烯浓度；

k——速度常数。

由动力学方程可知，压力增加，选择性及丙烯腈收率降低。因此，生产中一般不采用加压操作，反应器中的压力只是为了克服后续设备的阻力，所以通常压力为55 kPa。

4)接触时间

氨氧化过程的主要副反应均为平行副反应，接触时间对丙烯转化率和丙烯腈收率有明显影响。丙烯腈收率随接触时间增长而增加，而主要副产物增加不大，这对生产是有利的。因此，可以适当利用增加接触时间的方法提高丙烯腈收率。但过长的接触时间会导致原料气的投入量下降，影响反应器的生产能力。另外，反应物、产物长时间处在高温下，容易发生热分解及深度氧化生成二氧化碳。目前，生产装置控制接触时间在5～7s范围内。

5)原料纯度

由于原料丙烯是从烃类裂解气或催化裂解气分离得到的，其中可能含有 C_2、丙烷及 C_4，也可能有硫化物存在。丙烷等烷烃虽对反应没有影响，但会稀释反应物浓度。乙烯无 $\alpha-H$，不如丙烯活泼，故少量乙烯存在，对反应也不会产生影响。丁烯及高级烯烃存在会给反应带来不利影响，它们比丙烯更易氧化，会降低氧的浓度，从而降低催化剂的活性。正丁烯氧化得到甲基乙烯酮(沸点80℃)，异丁烯氧化生成甲基丙烯腈(沸点90℃)，其沸点与丙烯腈接近，给丙烯腈的分离精制造成困难，故应严格控制。硫化物会使催化剂活性下降，应予脱除。

(2)生产工艺流程

丙烯氨氧化法生产丙烯腈的流程主要由反应、回收及精制三部分组成，如图5-2所示。

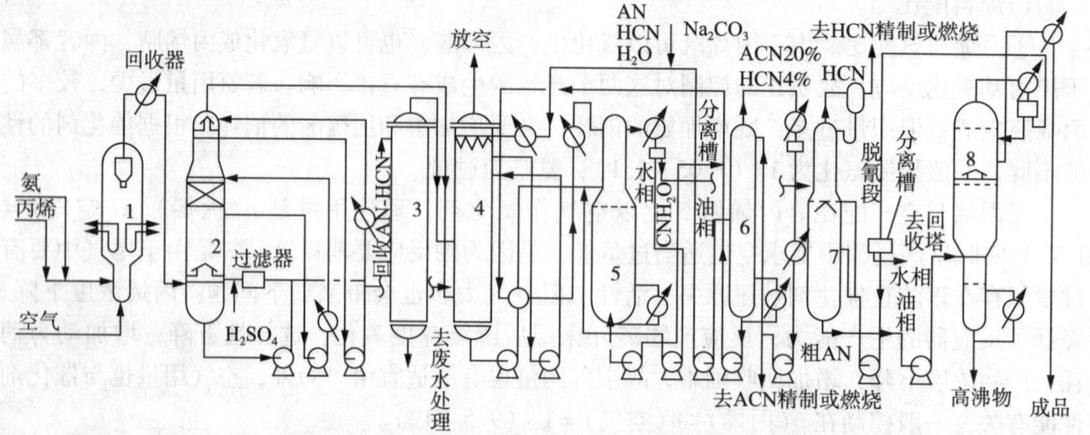

图5-2　丙烯氨氧化生产丙烯腈工艺流程图

1—流化床反应器；2—急冷塔；3—废水塔；4—吸收塔；5—回收塔，6—放散塔；7—脱氰塔；8—成品塔

1)反应

液态丙烯经蒸发和过热后成为66℃的气态过热丙烯，与蒸发、过热到相同温度的气态氨以1∶1.15(摩尔比)混合后，通过丙烯、氨分布器进入流化床反应器1，并与空气接触。

原料空气经压缩机升压并过热后进入流化床反应器的底部，经过空气分布板向上进入床层，与丙烯、氨相混合，在催化剂作用下进行氧化反应。反应器温度约为400～510℃，压力为64 kPa。反应生成的气体进入流化床反应器内的四组三级旋风分离器，分离出的催化剂返回床层。

反应放出的热量由垂直安装在反应器内的U形冷却管中的水移出，并副产4.36 MPa的高压过热蒸汽。

2)回收

由反应器出来的气体经冷却器降温后送入急冷塔2的下段，将其温度骤冷至81℃。急冷塔釜废水送入废催化剂沉降罐，反应气经下段通过升气管升至上段，与稀硫酸逆流接触，中和其中未反应的氨，并除去大部分高沸物及吹出的催化剂。急冷塔底液送至废水塔3回收其中的丙烯腈、乙腈和氢氰酸。急冷塔上段料液送至吸收塔4底部。

反应气体离开急冷塔后进入吸收塔4底部，在塔中用水逆流吸收，回收丙烯腈和其他有机反应产物。在吸收塔中，一氧化碳和二氧化碳、氮气及未反应的氧和炔类由塔顶排入大气。

吸收液进入回收塔5，水作为萃取剂，采用萃取精馏的方法将粗丙烯腈与乙腈分离。回收塔顶丙烯腈、氢氰酸、水蒸气进入回收塔冷凝器冷凝冷却至40℃，之后进入回收塔分层器中分成有机层和水层，有机层送去精制，水层返回回收塔。含有乙腈、水及少量氢氰酸的气相由回收塔侧线抽出，送入放散塔6塔釜。在放散塔中，乙腈水及氢氰酸从塔顶采出，经放散塔冷凝器冷至41℃。冷却后部分作为塔顶回流，其余送至乙腈精制系统。从放散塔第十块塔板放出的水加纯碱中和后，送吸收塔作为吸收水用。

分离槽出来的油层进入脱氰塔7进行脱水和脱氢氰酸，塔顶蒸出高浓度氢氰酸，经冷却后送至氢氰酸精馏塔。

3）精制

由脱氰塔釜出来的丙烯腈，送至成品塔8精制，从塔顶蒸出丙酮等轻组分，塔釜为含有丙烯腈的高沸物。产品丙烯腈从第25块塔板气相出料，冷凝后去成品中间槽。

该工艺特点是单程转化率高，不需要未反应原料的分离和循环。催化剂采用第三代改进剂C-41。丙烯腈收率高于85%，生产1t丙烯腈可回收0.1t以上的HCN副产物。

例5-1 从生产成本、工艺操作、生产安全和环境保护角度比较乙炔氢氰酸法和丙烯氨氧化法合成丙烯腈的工艺路线。

【分析比较】

由原料合成化工产品的化学反应途径即为化学合成路线。任何一个化工产品的合成，都要寻求在技术经济上最好的合成路线。

（1）乙炔氢氰酸法

用乙炔和氰化氢在$CuCl_2$催化剂的水溶液中，维持反应温度70℃进行反应：

$$CH{\equiv}CH + HCN \longrightarrow CH_2{=}CHCN \tag{5-3}$$

（2）丙烯氨氧化法

用丙烯和氨与空气在400~500℃的温度下，采用固体颗粒催化剂，进行气-固相反应生成丙烯腈，并副产乙腈和氢氰酸：

$$2CH_2{=}CHCH_3 + 2NH_3 + 3O_2 \longrightarrow 2CH_2{=}CHCN + 6H_2O \tag{5-4}$$

生产成本是选择合成路线的主要原则之一。显然生产成本低的合成路线具有竞争优势，原料成本是产品生产成本的主要组成。在乙烯工业发展之前，乙炔主要是通过煤炭大量生产的。首先焦炭和生石灰在电炉（电石炉）通过电弧产生的高温反应制得电石：

$$CaO + 3C \longrightarrow CaC_2 + CO \tag{5-5}$$

用电石和水反应制取乙炔：

$$CaC_2 + 2H_2O \longrightarrow C_2H_2\uparrow + Ca(OH)_2 \tag{5-6}$$

而当时乙烯和丙烯是石油炼制尾气中的副产品，显然，乙炔原料成本远远低于乙烯和丙烯的成本，所以，早期的丙烯腈的生产工艺路线理所当然选择乙炔氢氰酸法。后来，随着石化工业的迅速发展和烃类热裂解生产乙烯和丙烯规模的不断扩大，乙烯和丙烯的生产成本远低于乙炔的生产成本，氨的价格也比氰化氢低，乙炔氢氰酸路线逐渐被丙烯氨氧化路线所取代。

值得注意的是，成本并非是选择合成路线的唯一指标，应结合可供选择的各条合成路线的技术先进性、适用性和可靠性等方面作综合评价，然后才能确定下来。比较以上两条路线，除了在生产成本上丙烯氨氧化路线占优势外，该合成路线不用剧毒的氰化氢为原料，生产安全和劳动环境较好。丙烯氨氧化生产丙烯腈同时副产有经济价值的乙腈和氢氰酸，也降低了该路线的生产成本。所以在丙烯腈的工业生产中后者占绝对优势。

丙烯氨的催化氧化反应都是以氧为氧化剂，反应物料都为气态烃，反应温度高，且属强放热反应，所以在生产操作中，需要十分重视安全技术。丙烯腈生产中使用的燃料和得到的产品大部分都具有易燃、易爆、有毒和有腐蚀性的特点，其生产操作中应注意的安全技术为防毒、防火和防爆。

丙烯腈生产的防毒：丙烯氨氧化生产丙烯腈过程所用原料和所得产物中对人体有毒的较多，且毒性较大，主要有氢氰酸（最大允许浓度$0.3mg/m^3$）、丙烯腈（最大允许浓度0.5mg/

m^3)、丙烯醛(最大允许浓度0.5mg/m^3)和氨(最大允许浓度30mg/m^3)等。为了保证工人的身体健康，生产中应控制有害物质的浓度低于此浓度限制。

丙烯腈生产的防火防爆：可燃性烃类或其他有机物质与空气或氧的气态混合物在一定的范围内遇明火、电火花、撞击或高温，达到自燃点，即会产生分支连锁反应，在极短时间内，即会猛烈燃烧而爆炸，此温度范围称为爆炸极限。丙烯腈生产中涉及的物质的爆炸极限(以体积分数表示)为：丙烯2% ~11.1%、丙烷2.3% ~9%、氨17.1% ~26.4%、丙烯腈3% ~17%、丙烯醛2.8% ~31%、氢氰酸5.6% ~40%。爆炸极限越宽越容易发生爆炸，实际生产中应控制有关物质在空气(氧气)中的浓度不在爆炸极限内。

5.2 环氧丙烷

环氧丙烷(简称PO)又名氧化丙烯、甲基环氧乙烷、1，2-环氧丙烷。环氧丙烷是重要的有机化工中间体之一，是丙烯衍生物中仅次于聚丙烯和丙烯腈的第三大衍生物。

5.2.1 环氧丙烷的性质

环氧丙烷在常温常压下为无色透明、低沸点、易燃的液体，具有类似醚类气味。分子式C_3H_6O，相对分子质量58.08，凝固点-112.13℃，沸点34.24℃(101.3 kPa)，闪点-37℃(开杯)，自燃点465℃，相对密度0.8304，折射率1.3664(20℃)，黏度0.28 mPa·s(25℃)。

环氧丙烷与水部分混溶，20℃时环氧丙烷在水中溶解度40.5%(质量)，水在环氧丙烷中的溶解度12.8%(质量)。与乙醇、乙醚、丙酮、四氯化碳等多种有机溶剂混溶，能溶解硝酸纤维素、乙酸纤维素、乙酸乙烯酯等，与水、二氯甲烷、戊烷、戊烯、环戊烷、环戊烯等形成二元共沸物。

在空气中，环氧丙烷的爆炸极限为3.1% ~27.5%(体积)。

环氧丙烷化学性质活泼，易开环聚合，可与水、氨、醇、二氧化碳等反应，生成相应的化合物或聚合物。在含有两个以上活泼氢的化合物上聚合，生成的聚合物通称聚醚多元醇。

环氧丙烷蒸气易分解，应避免用铜、银、镁等金属处理和贮存，应贮存于25℃以下的阴凉、通风、干燥处，不得于日光下直接曝晒并隔绝火源。

5.2.2 环氧丙烷的用途

环氧丙烷主要用于生产聚醚多元醇、丙二醇和各类非离子表面活性剂等，也用于制取甘油。其中，聚醚多元醇是生产聚氨酯泡沫、保温材料、弹性体、胶黏剂和涂料等的重要原料，各类非离子型表面活性剂在石油、化工、农药、纺织、日化等行业得到广泛应用。同时，环氧丙烷的衍生物广泛用于汽车、建筑、食品、烟草、医药及化妆品等行业。已生产的下游产品近百种，是精细化工产品的重要原料。

5.2.3 环氧丙烷的生产方法

工业上，环氧丙烷的生产路线主要有氯醇法、共氧化法、直接氧化法等。

(1)氯醇法

氯醇法是合成环氧丙烷的经典工业生产方法。采用氯气、水与丙烯发生氯醇化反应，生成中间体氯丙醇，然后用石灰水皂化制得环氧丙烷。

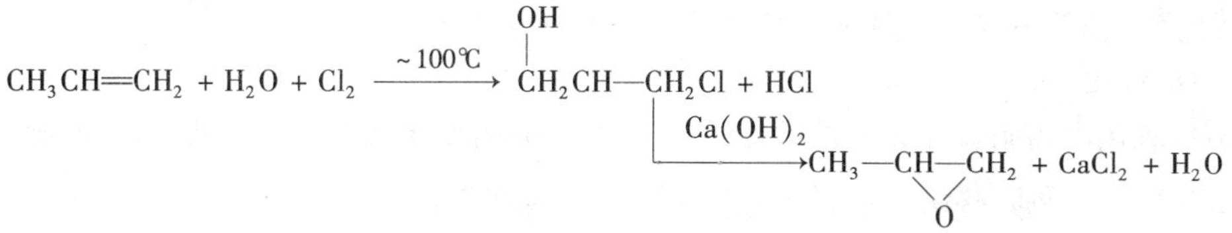

(5-7)

1931 年，美国 UCC 公司建成第一套以丙烯和氯气为原料，采用氯醇法生产环氧丙烷的装置，实现了环氧丙烷生产工业化。其主要过程包括氯醇化、皂化和精馏三个工序。该方法生产技术成熟，工艺简单，选择性好，收率高，生产较安全，操作负荷大，丙烯纯度要求低，投资较低。但氯气生产成本高，氯耗量大，生产过程中产生的次氯酸严重腐蚀设备，产生大量石灰渣和含氯废水需处理。

(2) 共氧化法

共氧化法也称间接氧化法、联产法、氢过氧化法。该方法是由美国 Halcon 公司与 Arco 公司联合开发的无氯生产环氧丙烷的新工艺，又称哈康法(Halcon 法)。

根据原料和联产品的不同，该法又分为过氧化氢异丁烷共氧化法和过氧化氢乙苯共氧化法，在 1967 年开始工业化。共氧化法克服了氯醇法三废污染严重、腐蚀严重和需求氯资源的缺点，收率高，生产成本较低，且可联产苯乙烯或异丁烯。但工艺流程长、防爆要求严、投资大、对原料规格要求高、操作条件严格等。目前许多国家新建装置大多采用此法，其中乙苯共氧化法所占比例稍大一点。采用过氧化氢乙苯共氧化法，副产用量较大的苯乙烯。

过氧化氢乙苯法是以丙烯、乙苯、空气中的氧为原料。首先，乙苯与空气中的氧液相氧化制备过氧化氢乙苯。然后，在环烷酸钼等催化剂存在下，丙烯用过氧化氢乙苯环氧化生成环氧丙烷和 α-甲基苯甲醇。α-甲基苯甲醇脱水转化为苯乙烯，副产物苯乙酮通过加氢转化为 α-甲基苯甲醇。

(3) 直接氧化法

直接氧化法包括双氧水氧化法、氧气氧化法。

① 双氧水直接氧化法。双氧水(过氧化氢)催化环氧化丙烯生产环氧丙烷是一种全新的生产技术，由于反应产品仅为环氧丙烷和水，无副产品产生，因此是一种环境友好的清洁生产方法。

② 氧气直接氧化法。用分子氧直接氧化丙烯制环氧丙烷是当今国内外正在研究开发的热点技术。氧气直接氧化法是用分子氧作氧化剂的最简单方法。

理论上环氧丙烷可通过丙烯和氧气直接氧化获得，这是最简单和最合理的方法。据估算直接气相氧化生产环氧丙烷成本仅为氯醇法的 25% ~ 30%，且副产物少、易分离、无污染，其过程类似乙烯氧化制环氧乙烷。但丙烯含有易被氧化的活泼氢原子，应避免氧化使深度氧化降至最低程度。

(4) 电化学法

该法是对氯醇法的改进，其实质是在一个设备中进行食盐电解，丙烯次氯酸化，并用电解槽阴极区得到的 NaOH 溶液将氯丙醇皂化得产物。此工艺优点是副产物减少及不排废水。但分离目的产物相当复杂，现仍处于中试阶段。

(5) 光催化氧化法

光催化是另一种由丙烯合成环氧丙烷的可能途径。自 Tanka 等以 Nb_2O_2/SiO_2 为催化剂采用光辐射方法得到环氧丙烷以来，以 SiO_2 为载体的催化剂体系成为研究热点，认为 SiO_2

在光催化环氧化体系中起着重要作用。氧化物催化剂中，TiO_2/SiO_2 和 ZnO/SiO_2 最为有效，丙烯的转化率为8% ~24%，环氧丙烷选择性为19% ~33%。

(6) NO_2 氧化工艺

用 NO_2 氧化丙烯制备环氧丙烷的新方法是以碱金属作辅助催化剂，某些含铁固体氧化物能催化 NO_2 中的氧转移给丙烯，生成环氧丙烷，该法选择性中等。

5.2.4 共氧化法生产环氧丙烷的工艺

(1)化学反应过程

该工艺属烯烃液相环氧化范畴，以 ROOH 为环氧化剂。过程分过氧化、环氧化、脱水三步。以过氧化氢乙苯将丙烯环氧化生产环氧丙烷及苯乙烯的过程为例，反应的三个步骤如下：

① 乙苯氧化制过氧化氢乙苯

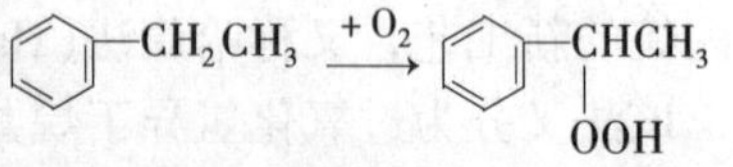
(5-8)

② 过氧化氢乙苯使丙烯环氧化生成环氧丙烷和α-苯乙醇

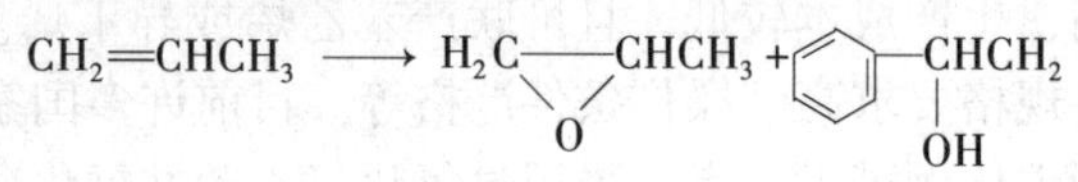
(5-9)

③α-苯乙醇脱水得苯乙烯

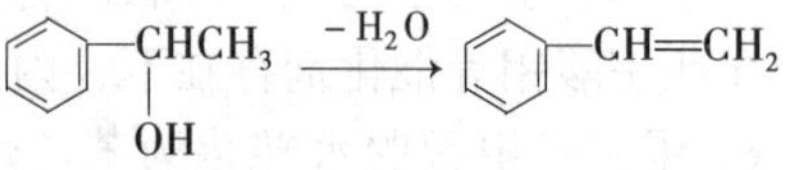
(5-10)

(2)催化剂

催化剂一般采用过渡金属盐。要使反应主要向环氧化方向进行，所用催化剂的金属离子必须具有低的氧化还原电位。一般采用过渡金属化合物为催化剂，其活性次序是 $Mo_{(VI)} > W_{(VI)} > V_{(V)} > Ti_{(IV)}$。最常用的是环烷酸钼。

(3)共氧化法生产环氧丙烷联产苯乙烯的工艺流程

共氧化法生产环氧丙烷联产苯乙烯的工艺示意流程如图5-3所示。

共氧化法生产环氧丙烷和苯乙烯所用的原料为丙烯和乙苯。首先乙苯与空气中氧进行液相自氧化反应制备过氧化氢乙苯，过程反应温度为140 ~150℃、压力0.25 MPa、反应时间6 ~8h，转化率在15%左右。为提高选择性加入少量焦磷酸钠为稳定剂。

丙烯与过氧化氢乙苯进行液相环氧化反应生产环氧丙烷及α-苯乙醇，这是强放热反应，为工艺的关键步骤。由于丙烯的临界温度为92℃，而反应温度往往控制在100℃以上，故需在溶剂存在下进行。过氧化氢乙苯中含大量乙苯，可作为溶剂。环氧化的反应条件为：温度100 ~130℃、压力1.7 ~5.5 MPa、n(丙烯)∶n(过氧化氢乙苯) =2∶(1 ~6)∶1、停留时间1 ~3h，所用催化剂为环烷酸钼或其他可溶性钼盐，催化剂浓度0.001 ~0.006mol 钼盐/mol 过氧化氢乙苯。过氧化氢乙苯转化率达99%，丙烯转化率10% ~20%，丙烯转化为环氧丙烷的选择性95%。

α-苯乙醇脱水转化为苯乙烯这一步工艺较成熟，脱水反应采用 $TiO_2-Al_2O_3$ 为催化剂，反应温度为200 ~250℃，选择性达92% ~94%，副产物苯乙酮可通过加氢转化为α-苯乙醇。

共氧化法的应用过去受到联产物市场的限制，随着石油化工和工程塑料的大力发展，此法将具有更加广阔的前景。

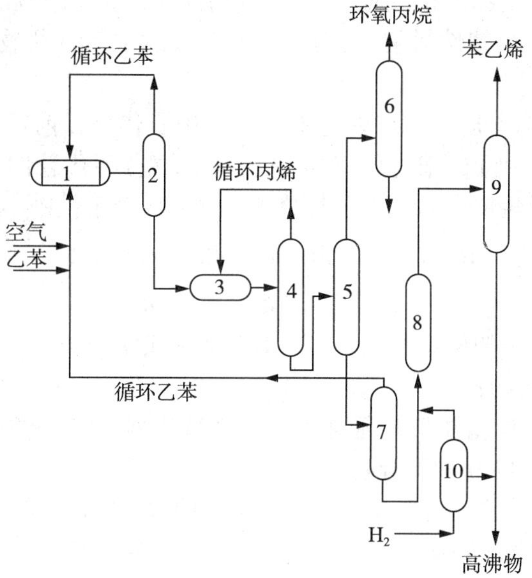

图 5 - 3 环氧化法生产环氧丙烷联产苯乙烯示意流程

1—乙苯过氧化反应器；2—提浓塔；3—环氧化反应器；4—气液分离器；
5—环氧丙烷反应器；6—环氧丙烷精馏塔；7—乙苯回收塔；
8—脱水反应器；9—苯乙烯精馏塔；10—苯乙酮加氢反应器

5.3 聚丙烯

5.3.1 聚丙烯的性质和用途

聚丙烯简称 PP，工业聚丙烯通常为丙烯与少量乙烯的共聚物，为半透明无色固体，无臭无毒，熔点高达 167℃，密度 0.90g/cm^3，是最轻的通用塑料。聚丙烯树脂具有韧性好、密度小、拉伸强度高、热变形温度高、生产成本低，价格竞争力强等优点。此外，填充助剂后，其注塑性、拉伸定向等机械强度性能可得到提高。

聚丙烯的品种除均聚物聚丙烯外，还有共聚、增强和共混等多种类型。以前工业聚丙烯有熔体流动速率为 0.2 ~ 20g/10min 的不同牌号，它们大体上表示不同的相对分子质量。随着添加多种抗氧剂、光稳定剂和填料生产熔体流动速率为 30 ~ 150g/10min 的高流动性产品的新技术的诞生，聚丙烯树脂的新品种层出不穷，其优良的性价比使其在纺织、薄膜、地毯等市场形成较大优势。

按加工方式分，聚丙烯主要有 3 类：注射成型制品、挤出制品和热成型制品。聚丙烯产品以注射成型制品最多，制品有周转箱、容器、手提箱、汽车部件、家用电器部件、医疗器械、仪表盘和家具等。挤出制品有聚丙烯纤维、聚丙烯薄膜等，其中双向拉伸薄膜是重要的包装用高分子材料。挤出制成的薄膜再经牵伸切割为扁丝，可制编织袋或作捆扎材料。近年来，防湿、隔气和可蒸煮的聚丙烯复合薄膜发展很快，已广泛用于食品和饮料软包装。聚丙烯管道很适宜于输送热水、工业废水和化学品。聚丙烯薄片经热成型加工制成薄壁制品，可用作一次性使用的食品容器。

5.3.2 聚丙烯的立构规整结构

α-烯烃、环氧(硫)化合物和二烯烃配位聚合后可产生各种有规立构聚合物。聚丙烯是由丙烯聚合而制得的一种热塑性树脂，也有等规物、无规物和间规物3种构型，工业产品以等规物为主要成分。

按照IUPAC推荐的命名规则，在论述中用手性中心代替以前用的不对称中心，用表示绝对构型的序旋(次序规则)标记符号R(右)型和S(左)型代替旧的相对构型表示符号D(右)和L(左)型。α-烯烃聚合后，聚合物分子中含有多个手性中心C^*原子：

$$nCH_2{=}CH{-}R \longrightarrow \sim CH_2{-}\underset{\displaystyle R}{\underset{|}{\overset{*}{C}H}}{-}CH_2{-}\underset{\displaystyle R}{\underset{|}{\overset{*}{C}H}}{-}CH_2{-}\underset{\displaystyle R}{\underset{|}{\overset{*}{C}H}} \sim$$

如果各个手性中心C^*的构型相同，即~RRRR~或~SSSS~，这种有规立构聚合物称作全同(或等规)立构聚合物；

如果相邻手性中心的构型相反，而且是轮番交替排列，即~RSRSRS~，这种有规立构聚合物就叫作间同(或间规)立构聚合物；

还有一种可能的规整排列，即分子链是由若干不同构型的链段构成，如~RRRR~SSSS~RRRR~，这种聚合物则称为立构嵌段聚合物；

如果分子键中的手性中心的构型呈无规排列，即~RRSRSSSRRSSRRR~，则称为无规立构聚合物。

α-烯烃(如丙烯)定向聚合3种不同立体构型产物如图5-4所示。

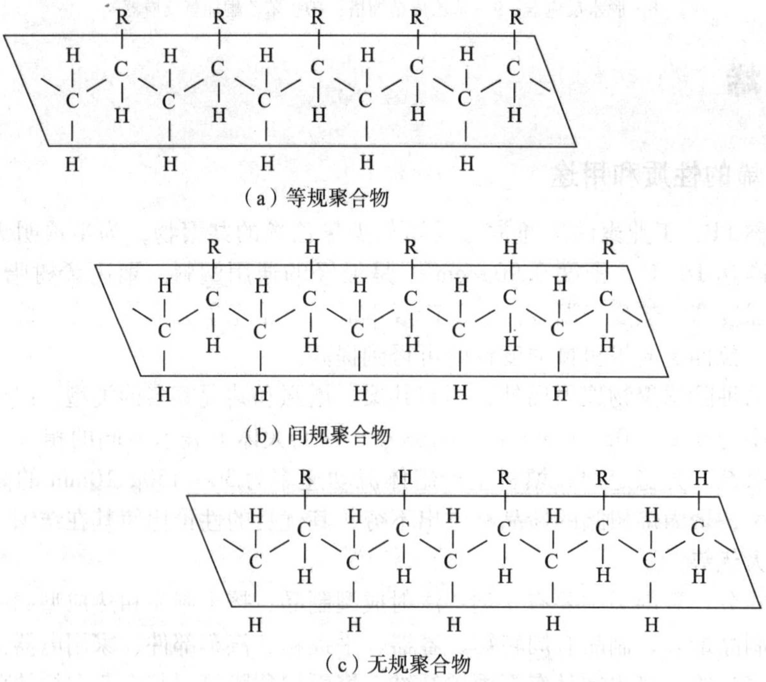

(a) 等规聚合物

(b) 间规聚合物

(c) 无规聚合物

图5-4 聚丙烯立体构型示意图

5.3.3 聚丙烯定向聚合催化剂及其催化机理

用均相络合物催化剂进行丙烯聚合得不到等规聚合物，在低温(-78℃)条件下可得到间规聚合物，否则只能得到无规聚合物。这是因为均相络合物催化剂的活性中心不能提供适宜的空间位阻，使 CH_3—朝一个方向排布。只有用多相齐格勒(Ziegler)－纳塔(Natta)催化剂才能得到等规聚合物。

丙烯定向聚合生产中常用催化剂为 δ－$TiCl_3$－$Al(i-Bu)_3$，其中 i－Bu 代表异丁基，再加上活性剂三苯氧膦或六甲基膦酰三胺。丙烯聚合机理与乙烯聚合机理基本相同，但如何使丙烯定向聚合且使甲基位于主链的一侧呢？大量研究结果表明，$TiCl_3$ 的结晶结构有 4 种异构体，即 α，γ，δ 和 β，其中前 3 种 $TiCl_3$ 具有甲基定向性。丙烯聚合反应机理示意如下：

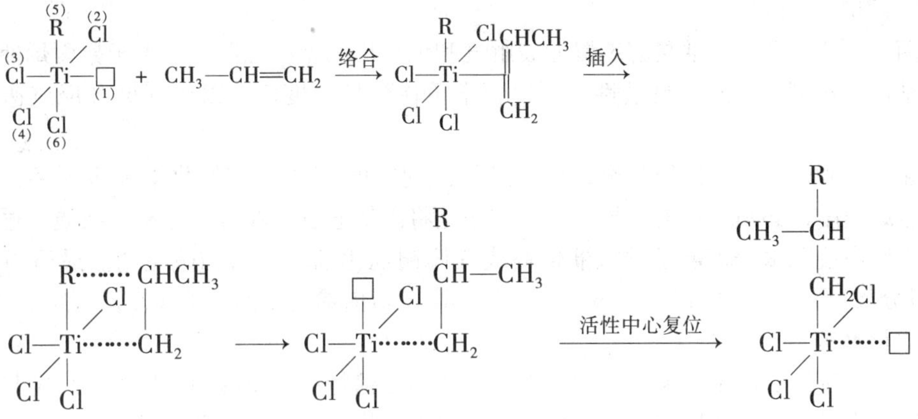

(5－11)

根据此机理，反应物丙烯首先与配位数不饱和的络合物催化剂配位，形成 σ－π 络合物，烯键平行于 R—Ti—Cl，—CH_3 伸向晶面外，然后进行插入反应，在钛离子和烷基之间插入一个丙烯，腾出空位(5)，—R 基在(1)位受到较多 Cl^- 的排斥，容易跳回(5)位上，活性中心复位，再进行络合丙烯，再次插入，依此循环下去完成聚合过程。

定向聚合按柯西(Cossee)的单金属活性中心理论可解释为，络合物催化剂的活性中心 Ti^{3+} 具有正八面体的立体构型(采用 d^2sp^3 杂化轨道)，配位数为 6，其中 4 个被 Cl^- 占据，1 个被烷基－R 占据，1 个是络合空位，暴露出的平面四方形(1)、(2)、(3)、(4)，其中(3)、(4)大部分嵌入晶体内部，而(1)、(2)、(5)3 个配位体在晶面，但空间障碍大小不一样。

柯西机理虽然解释了乙烯、丙烯的聚合反应，但理论上提出的空位中心跳来跳去，能量从何而来尚有一些争议。催化剂中加入活性剂的作用是组成了活性更大的活性中心络合物；改变了烷基金属的化学组成，使聚合活性提高；覆盖非等规聚合活性中心；把聚合反应生成的毒物(如 $AlEtCl_2$)转化为无毒物质。

1969 年后，聚乙烯、聚丙烯催化剂改为负载型钛系催化剂，将 $TiCl_4$ 化学络合负载于 MgO 载体上，或将 $TiCl_4$ 负载于 $MgCl_2$ 载体上，使用时用烷基铝活化，这种负载型催化剂，由于高分散使其活性大大提高，每克催化剂可生产 250kg 聚乙烯，因此这种聚乙烯和聚丙烯不必脱灰。

5.3.4 聚丙烯的生产工艺

聚丙烯的生产方法主要有淤浆法、液相本体法和气相本体法。

在稀释剂(如己烷)中聚合的方法称淤浆法，是最早工业化、也是迄今产量最大的方法。在 70℃ 和 3MPa 的条件下，在液体丙烯中聚合的方法称液相本体法。在气态丙烯中聚合的方法称气相本体法。

后两种方法不使用稀释剂，流程短，能耗低。聚丙烯生产技术在1980年以前以淤浆法为主，随后第二代本体法工艺和第三代气相法工艺脱颖而出，逐渐凭借其高性能、低成本的明显优势将第一代技术淘汰出局。另一方面，共聚物的研制成功大大改进了聚丙烯的低温耐冲击性、热性能及柔软性，开辟了新的市场；复配和共混形式也使聚丙烯覆盖更宽的应用领域。聚丙烯正进入第二轮成长生命周期，并且有快速发展的趋势。

(1)原料

1)丙烯

丙烯主要来源于石油裂解装置的裂解气和炼油厂的副产炼厂气。由于聚丙烯使用的齐格勒－纳塔催化剂对杂质的灵敏性，所以要求单体丙烯纯度高，以保证聚合反应速度和高等规度。

裂解气和炼厂气分别经分离、精制虽可得到纯度95%左右的化学纯级丙烯，但仍达不到聚合级纯度，必须进行进一步精制。方法是将丙烯通过固碱塔脱除酸性杂质；通过分子筛塔、铝胶塔脱除水分；再通过镍催化剂或载体铜催化剂塔脱氧和硫化物。最后丙烯的纯度(质量分数)可达99.5%以上。催化剂效率越高，对丙烯纯度的要求越高。

2)稀释剂

采取淤浆聚合法生产聚丙烯时，需用烃类作为稀释剂，使丙烯在聚合反应中与悬浮在烃类稀释剂中的催化剂作用而聚合为聚丙烯，并且可将聚合热传导至夹套的冷却水中。通常聚丙烯不溶于稀释剂中，所以反应物料呈淤浆状。石油精炼制品丁烷至十二烷都可用作稀释剂，而以 $C_6 \sim C_8$ 饱和烃为主。稀释剂中醇、羰基化合物、水和硫化物等极性杂质应低于 $10^{-6} \sim 5\times10^{-6}$，芳香族化合物体积分数低于0.1%～0.5%。稀释剂用量一般为生产的聚丙烯量的2倍。

用气相法或本体液相法聚合时，仅用很少量的稀释剂作为催化剂载体，此时对稀释剂质量要求可稍低些。

3)催化剂

聚丙烯主要使用的是齐格勒－纳塔催化剂。该聚丙烯催化剂从1957年开始应用于工业生产以来，经过3个发展阶段，各发展阶段与工艺特点见表5－1。

表5－1　齐格勒－纳塔催化剂的发展阶段

催化剂	活性/(kg/g)	催化剂效率/(kg/g)	等规指数/%(质量分数)	工艺特点
第一代 1957～1970 $TiCl_3-AlEt_2Cl$	0.8～1.2	3～5	88～93	须脱灰 脱无规物
第二代 1970～1980 $TiCl_3-AlEtT_2Cl$＋路易士酸	3～8	12～20	92～97	脱灰、脱活 不脱无规物
第三代 1980～1990 $MgCl_2$ 载体＋$TiCl_4-AlEt_2$	5～20	300～800	≥98	无脱灰和脱无规物程序

表5－1中活性以1g催化剂生产聚丙烯的Kg数表示，催化剂效率以lg Ti生产聚丙烯kg数表示。第三代催化剂以氯化镁为载体、三氯化钛为主组分、添加酯类等多种组分制成，助催化剂用 $Al(C_2H_5)_3$。现在催化剂效率已高达lg钛聚合聚丙烯1000kg以上，而且没有副产物，故净化工序可全部省去，建厂投资降低30%，生产中蒸汽消耗降低85%，电耗降

低 15%。

4）氢

氢是相对分子质量调节剂，乙烯、1－丁烯可参与共聚，高纯度氢用来调节聚丙烯的相对分子质量，即调节产品的熔体流动速率，所以它们的含量应予以控制，以免影响产品相对分子质量和产品性能。用量为丙烯体积分数的 0.05% ~1%。

（2）聚合工艺流程和操作条件

1）淤浆法

早期聚丙烯采用淤浆法生产，其流程示意图见图 5－5。淤浆法为连续式操作，饱和烃（通常用已烷）为反应介质，催化剂悬浮于反应介质中，丙烯聚合生成的聚丙烯颗粒分散于反应介质中呈淤浆状。反应釜为附搅拌装置的釜式压力反应器，容积 10 ~30m^3。催化剂在反应釜内的停留时间约 1.3 ~3h，反应温度 50 ~75℃，压力为 0.5 ~1.0 MPa，反应后浆液的质量分数一般低于 42%。

由聚合反应釜流出的物料进入压力较低的闪蒸釜以脱除未反应的丙烯和易挥发物。丙烯经冷却、冷冻为液态后经分馏塔顶回收纯丙烯循环使用。脱除丙烯后的浆液中加 2% ~20% 的醇，如乙醇、丙醇或丁醇或乙酰基丙酮，使催化剂残渣中的钛与铝于 60℃ 转化为络合物或烷氧基化合物，然后经水洗使催化剂络合物转入水相中而与聚丙烯浆液分离。

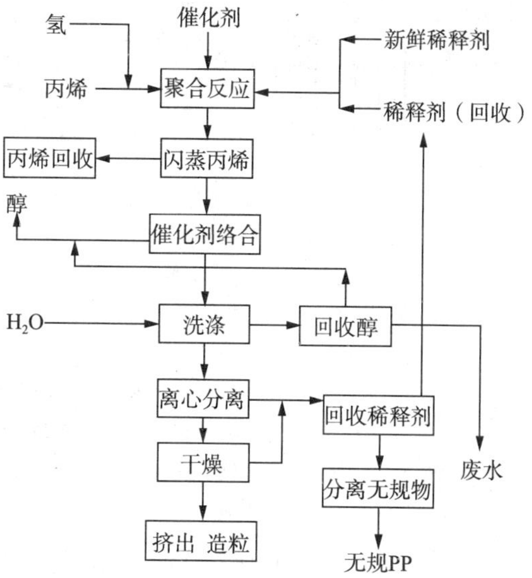

图 5－5 聚丙烯早期淤浆法生产方块流程

为了提高萃取效率，上述络合剂中时常采用强酸性或强碱性介质，例如加入含有 HCl 的质量分数为 0.1% ~0.5% 的异丙醇作为络合剂。浆液经离心分离所得聚丙烯滤饼中大约含 50% 的溶剂以及少量溶解于其中的无规聚丙烯。经溶剂洗涤后可减少无规聚丙烯含量。然后，将滤饼聚丙烯干燥。如果采用高沸点溶剂可先经水汽蒸馏，使溶剂与水汽蒸出，聚丙烯则悬浮于水相中离心分离后经热空气干燥得到聚丙烯。如采用低沸点溶剂则采用不含水分和氧气的惰性气体氮气，在闭路循环干燥系统中进行干燥，以防止产生爆炸性混含气体的危险。

经离心分离得到的稀释剂须经精制提纯后循环使用。塔底为黏稠液体状的无规聚丙烯。干燥后的聚丙烯加入抗氧化剂等必需的添加剂后经混炼、挤出、造粒得粒状聚丙烯商品。

2）液相本体法

液相本体法聚丙烯生产工艺，采用氢调节产品相对分子质量，生产工艺流程见图 5－6。

从气体分离工段送来的粗丙烯经过精制系统的氧化铝干燥塔 3、镍催化剂脱氧塔 4、分子筛干燥塔 5 脱水脱氧后，送入精丙烯计量罐 6。精丙烯经计量进入聚合釜 11 并将活化剂二乙基氯化铝（液相）、催化剂三氯化钛（固体粉末）和相对分子质量调节剂氢气，按一定比例一次性加入聚合釜中。物料加完后，向夹套内通热水，将聚合釜内物料加热，使液相丙烯在 75℃，3.5MPa 下进行液相本体聚合反应。反应生成的聚丙烯以颗粒态悬浮在液相丙烯中。随着反应时间的延长，液相丙烯中聚丙烯颗粒的浓度逐渐增加，液相丙烯则逐渐减少。

每釜聚合反应时间约3~6h。反应结束后，将未反应的高压丙烯气体用冷却水或冷冻盐水冷凝回收循环使用。釜内聚丙烯借回收丙烯后剩余的压力喷入闪蒸去活釜15。闪蒸逸出的气体(丙烯和少量丙烷等)，经旋风分离器与袋式过滤器与夹带出来的聚丙烯粉末分离后，送至气柜回收。通 N_2 将有机气体置换后，再通入空气使催化剂脱活，得到聚丙烯粉料产品。当需要低氯含量的产品时，将聚丙烯送脱氯工序进行脱氯。需要制成粒料时，将聚丙烯粉料送造粒工序。

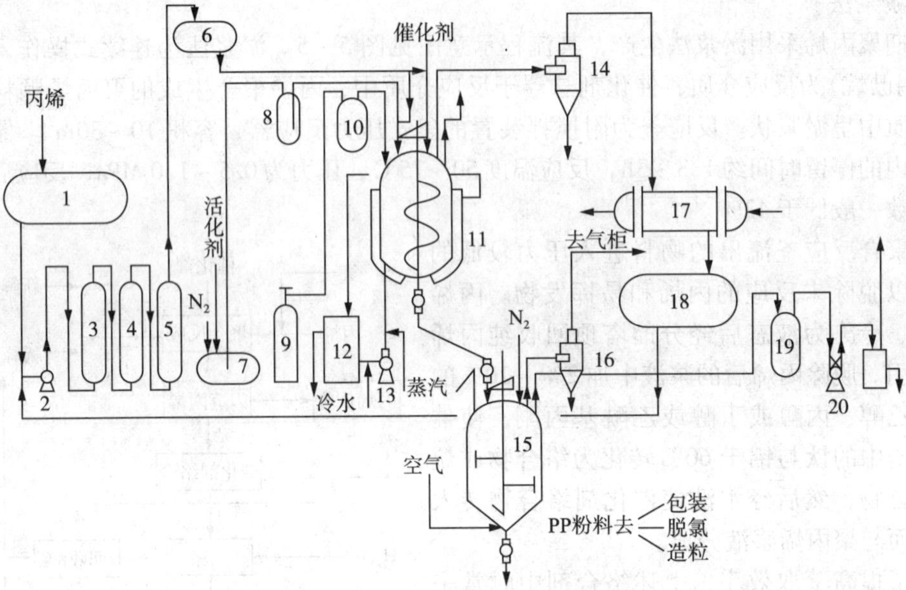

图5-6　液相本体法聚丙烯工艺流程简图

1—丙烯罐；2—丙烯泵；3—干燥塔；4—脱氧塔；5—干燥塔；6—丙烯计量罐；7—活化剂罐；8—活化剂计量罐；9—氢气钢瓶；10—氢气计量罐；11—聚合釜；12—热水罐；13—热水泵；14—分离器；15—闪蒸去活釜；16—分离器；17—丙烯冷凝器；18—丙烯回收罐；19—真空缓冲罐；20—真空泵

当所用催化剂活性不高时，则所得聚丙烯残存的氯离子较多，必须进行脱氯处理。因为氯离子的存在可影响聚丙烯树脂的稳定性而加速老化甚至分解；还可能对聚丙烯的加工设备产生腐蚀作用。因此，聚丙烯中氯离子质量分数应低于 5×10^{-5}。

淤浆法生产聚丙烯过程中脱氯是用酸性或碱性醇(如异丙醇)脱活、络合、水洗的方法。由于本方法所得产品为聚丙烯干粉，所以脱氯方法不同于淤浆法而采用气固相反应。即将聚丙烯干粉在脱氯釜中加热到脱活剂沸点或脱活剂与水的共沸温度以上，直接与脱活剂或脱活剂与水的共沸气体接触，使氯离子与脱活剂、水发生气固相反应形成可挥发氯化物，然后抽真空排除氯化物。大规模生产则采用如下连续操作：用惰性气体如 N_2 气与脱氯剂(或称为脱活剂)连续喷入脱氯器中，及时将含氯物带出。

液相本体法聚丙烯主要特点为工艺流程简单，采用单釜间歇操作原料适应性强，可以用炼油厂生产的丙烯为原料进行生产；动力消耗和生产成本低；装置投资省见效快，经济效益好；三废少，环境污染小；产品可满足中、低档制品需要。

缺点是目前还未普遍采用高效载体催化剂，装置规模小，单线生产能力低，自动化水平低；产品质量与大型装置的产品有差距，牌号少，应用范围窄，难以用来生产高档制品如丙纶纤维。

第6章 丁二烯及其衍生产品生产工艺

6.1 丁二烯

6.1.1 丁二烯的性质和用途

丁二烯的工业产品主要是1，3－丁二烯，在室温和常压下为无色略带大蒜味的气体。相对分子质量54.088，凝固点－108.9℃，沸点－4.41℃，闪点<－17.8℃，有毒，在空气中的爆炸极限为2.0%～11.5%。能溶于苯、乙醚、氯仿、汽油、丙酮、糠醛、无水乙腈、二甲基乙酰胺、二甲基酰胺和N－甲基吡咯烷酮等许多有机溶剂，微溶于水和醇。其异构体1，2－丁二烯，对聚合反应不利，无重要工业用途。

丁二烯是重要的聚合物单体，能与多种化合物共聚制造各种合成橡胶和合成树酯。丁二烯每年消耗量中约有90%以上用于合成丁苯橡胶、顺丁橡胶、丁腈橡胶、氯丁橡胶和ABS树酯等，少量用于生产环丁砜、1，4－丁二醇、己二腈、己二胺、丁二烯低聚物及农药克菌丹等。

6.1.2 丁二烯的生产方法

丁二烯的工业生产方法有碳四馏分分离和合成法(包括丁烷脱氢、丁烯脱氢、丁烯氧化脱氢等)。目前世界各国除美国外，丁二烯几乎全部直接来自烃类裂解制乙烯时副产的碳四馏分。美国的丁二烯大约一半来源于丁烷、丁烯脱氢，一半直接来源于裂解的碳四馏分。

(1)碳四馏分分离

在一些用粗汽油或重石油馏分进行蒸汽裂解制取乙烯的国家里，都含有可以经济地分离出丁二烯的碳四馏分。在一般高深度裂解的产物中，碳四馏分质量分数约9%。在碳四馏分中丁二烯的质量分数为45%～50%。工业上均采用萃取精馏的方法，在馏分中加入丙酮、糠醛、乙腈、二甲基乙酰胺等增加丁二烯与其他碳四烃的相对挥发度，通过精馏分离得到丁二烯。

(2)丁烷脱氢

天然气和碳四馏分中分离得到的丁烷可脱氢制取1，3－丁二烯。正丁烷脱氢反应同时伴随裂解和产物二次反应，因此选择高性能的催化剂就很重要。

目前工业上应用较多的是胡德利法。该法在650℃，15 kPa和绝热条件下，使丁烷一步脱氢生成为丁二烯。催化剂为浸渍了18%～20%氧化铬的活性氧化铝，每反应4～10min进行一次催化剂再生。因减压操作，催化剂再生十分麻烦，设备条件要求苛刻。反应过程实际是丁烷和丁烯混合脱氢，反应气体分出丁二烯后进行循环，并与新鲜的丁烷混合进行反应。以丁烷计的单程收率为28%，选择性为55%～60%。

(3)丁烯脱氢

在催化剂作用下将丁烯脱氢为丁二烯是该法的基本过程，操作温度650℃，转化率27%。在原料丁烯中加入大量的水蒸气以降低烯分压，有利于在脱氢平衡下的反应。此法所用催化剂寿命较长，丁二烯的选择性达到90%，但水蒸气用量大，20世纪60年代以后，被丁烯氧化脱氢法取代。

(4) 丁烯氧化脱氢法

丁烯氧化脱氢法是1965年美国的得克萨斯石油化学公司开发的。采用铁尖晶石催化剂，丁烯的转化率可达78%~80%，丁二烯的选择性达92%~95%。因其转化率和选择性都很高，所以被广泛采用，我国丁烯制丁二烯的生产工艺均用此法。

(5) 列别捷夫法

它以乙醇为原料，用 $MgO-SiO_2$ 催化剂，在400℃一步将乙醇脱氢和脱水。这个方法只对那些没有石油化工基础，但能够用发酵法酒精取得廉价乙醇的国家才有价值。

6.1.3 丁烯氧化脱氢制丁二烯工艺

(1) 丁烯氧化脱氢的化学反应

主反应：

$$C_4H_8+1/2O_2 \longrightarrow C_4H_6+H_2O+125.4\ kJ/mol \tag{6-1}$$

副反应：

①氧化降解生成醛、酮、酸等含氧化合物；

②完全氧化生成一氧化碳、二氧化碳；

③氧直接加入分子中生成呋喃、丁烯醛、丁酮等；

④氧化脱氢二聚芳构化生成芳烃；

⑤丁烯双键位移反应，即正丁烯的3种异构体以相当快的速度进行异构化反应。

丁烯氧化脱氢反应在任何温度下平衡常数都很大，因此丁烯氧化脱氢反应，在热力学上是很有利的，可接近完全转化。

(2) 丁烯氧化脱氢催化剂

丁烯氧化脱氢的催化剂主要有下列几类：

① 钼酸铋系催化剂。如Mo-B-P-O、Mo-Bi-Fe-P-O和Mo-Bi-P-Fe-Co-Ni-K-O等。

② 混合氧化物系催化剂。如锡-锑氧化物、锡-磷氧化物和铁-锑氧化物等，其中锡-锑氧化物催化剂最常用。

③ 尖晶石型铁系催化剂。该类催化剂一定要由 Zn^{2+} 或 Mg^{2+} 与 Fe^{3+} 和 Cr^{3+} 组成 $Zn-CrFeO_4$ 或 $Mg-CrFeO_4$ 的尖晶石结构才有活性。

铁系催化剂在收率、选择性、转化率方面优于钼系催化剂，所以目前多用铁系催化剂。

(3) 丁烯氧化脱氢工艺条件

影响丁二烯生产的因素主要有反应温度、丁烯空速、氧烯比、水烯比及反应压力。

1) 反应温度

丁烯氧化脱氢反应为放热反应，在一定温度范围内丁烯转化率与丁二烯收率逐渐增加，而一氧化碳与二氧化碳收率之和略有提高，丁二烯选择性无明显变化。反应温度过高会导致丁烯深度氧化反应加剧，深度氧化产物明显增多，不利于产物丁二烯的生成。温度过低，丁二烯的收率随之下降，反应速度减慢。因此，必须选择适宜的反应温度。采用流化床反应器反应温度一般控制在360~380℃；而采用固定床二段绝热反应器反应温度一般一段入口温度为320~380℃，出口温度为510~580℃，二段入口温度335~370℃，出口温度为550~570℃。

2) 反应压力

由反应动力学方程可见，增加压力反应速度增大，丁烯转化率增加。从化学反应方程式知，生成一氧化碳及二氧化碳的反应为物质的量增加的反应，压力增大有利于提高深度氧化反应的平衡转化率，但最终会导致反应选择性下降，丁烯消耗增加。同时，压力增大，反应温度升高，加剧了副反应的进行，造成恶性循环。因此，压力的选择应综合考虑。

3）丁烯空速

随着丁烯空速增加，丁烯的转化率、丁二烯的收率及 $CO + CO_2$ 的收率均下降，而丁烯的选择性稍有上升。

采用流化床反应器，空速与反应器的流化质量有直接关系，空速增加，催化剂带出增多。空速低，流化不均匀，造成局部过热，催化剂失活，选择性下降，副反应增多。考虑以上几方面的影响，流化床反应器空速通常选择 $200 \sim 270\ h^{-1}$，固定床反应器空速为 $210 \sim 250\ h^{-1}$ 较为适宜。

4）氧烯摩尔比

氧烯比增大，丁二烯收率上升，$CO + CO_2$ 的收率也明显增加，丁二烯选择性下降。但氧烯比过高，会导致深度氧化副反应加剧，并使生成气中未反应的氧量增加，在加压条件下易生成过氧化物而引起爆炸。氧烯比小，将促使催化剂中晶格氧下降，使催化剂的活性降低，从而降低转化率和选择性，同时缺氧还会使催化剂表面上积炭加快，寿命缩短。通常流化床反应器氧烯比为 0.65～0.75，固定床反应器为 0.70～0.72 较适宜。

5）水烯比的影响

水蒸气作为稀释剂和热载体，具有调节反应物及产物分压，带出反应热，避免催化剂过热的功效。此外，水蒸气还可以参与水煤气反应，消除催化剂表面积炭以延长使用寿命。在生产中，流化床反应器控制在 9～12 之间，固定床反应器控制在 12～13 之间。

（4）丁烯氧化脱氢制丁二烯工艺流程

在考虑丁烯催化氧化脱氢制丁二烯的流程时，应注意该反应是强放热反应，为维持反应温度必须及时移去反应热；该反应产物沸点低，在酸存在下易自聚；副产物类型多，其中不饱和的含氧化合物在一定压力、温度条件下易自聚，而且酸可加速自聚的速度；副产物大部分溶于水，因此可用水作溶剂使丁烯及丁二烯与副产物分离。根据上述特点，典型丁烯氧化脱氢制丁二烯的流程如图 6－1 所示。

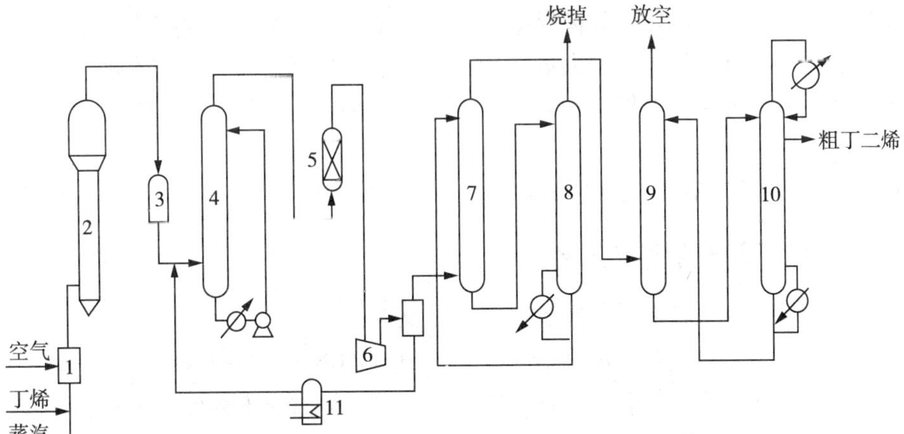

图 6－1 流化床丁烯氧化脱氢制丁二烯流程

1—混合器；2—流化床反应器；3—废热锅炉；4—水冷塔；5—过滤器；6—压缩机；7—洗醛塔；8—蒸醛塔；9—吸收塔；10—解吸塔；11—闪蒸器

纯度为98%以上的丁烯馏分，预热蒸发后与水蒸气以11:1、氧烯比0.7在混合器中混合后进入流化床反应器，在催化剂作用下，进行氧化脱氢反应。反应温度为370℃左右，反应压力为0.18 MPa，反应器内设置一定数目的直管，借加热水的汽化移走反应热，并副产蒸汽。反应气体的组成主要是丁二烯、未反应的丁烯及N_2、CO、CO_2和其他含氧有机物等。反应气在反应器顶部经旋风分离器除去夹带的催化剂后，进入废热锅炉，回收部分热量。然后进入水冷塔，用水直接喷淋冷却，并洗去有机酸等可溶性杂质，水循环使用，塔顶引出的气体经过滤脱除其中的水分后由压缩机升压至1.1 MPa左右。压缩过程中分离出来的凝液进入闪蒸器，闪蒸后返回水冷塔。升压的气体进入洗醛塔，用水洗涤除去其中醛、酮含氧化合物，塔底醛水送至蒸醛塔，蒸出醛等含氧化合物，因量很少，就作为废液烧掉，塔底水循环使用。来自洗醛塔顶的气体进入油吸收塔，与吸收剂C_6油逆流接触，塔顶为未被吸收的产物(N_2、CO、CO_2和O_2)。富含丁烯、丁二烯的吸收油从塔底引出进入解吸塔，在解吸塔侧线采出粗丁二烯待进一步精制，塔底得解吸后的吸收油，返回系统循环使用。粗丁二烯经萃取、精馏等过程可得99%丁二烯产品。

6.2 甲基叔丁基醚

6.2.1 甲基叔丁基醚的性质

甲基叔丁基醚(MTBE)，沸点55.2℃，熔点-109℃，闪点-10℃，密度740.6 kg/m^3(20℃)，外观是无色液体，具有醚样气味，爆炸极限(体积分数)为1.6%~15.1%，研究法辛烷值(RON)117，马达法辛烷值(MON)101，与水互溶。

6.2.2 甲基叔丁基醚的用途

MTBE是一种优良的高辛烷值汽油添加剂和抗爆剂，它可以任意比与汽油混溶。并且其水溶性极低，调合时不会发生浑浊现象，这是甲醇和乙醇等辛烷值改进剂所不及的，同时MTBE具有良好的化学稳定性、物理稳定性和低毒性，便于贮存和运输。

1973年，意大利ANIC公司的世界上第一套甲基叔丁基醚工业装置投产以后，MTBE才成为工业产品。其后甲基叔丁基醚大量作为无铅汽油添加剂而获得迅速发展。以后的短短几年中，德国、美国、荷兰等国相继新建了许多套生产装置，MTBE一跃成为主要汽油添加组分的石油化工产品。

MTBE裂解，可以制得高纯度异丁烯。MTBE还可以作为反应溶剂、萃取剂等。

6.2.3 甲基叔丁基醚的生产工艺

异丁烯与甲醇在酸性催化剂存在下发生以下反应：

$$(CH_3)_2C{=}CH_2 + CH_3OH \longrightarrow CH_3OC(CH_3)_3 + 37\ kJ/mol \tag{6-2}$$

副反应主要是异丁烯二聚生成二异丁烯，原料中水分与异丁烯反应生成叔丁醇，甲醇缩合反应生成二甲醚等。异丁烯和甲醇生成MTBE的反应为可逆反应，由于该反应选择性较好，副反应可忽略不计。

(1)甲基叔丁基醚生产的工艺条件

影响甲基叔丁基醚生产的因素主要有反应温度、甲醇与异丁烯的摩尔比等。

1)反应温度

甲醇与异丁烯反应生成甲基叔丁基醚的反应为放热反应，温度增高不利于醚的生成，反应向异丁烯平衡转化率减少的方向移动，平衡转化率减少，反应后碳四中的异丁烯质量分数增大。所以从热力学的角度看，低温对该反应有利。

但从动力学方面考虑，在反应初始条件下，甲基叔丁基醚浓度近似为零，因而反应仅向生成甲基叔丁基醚的方向进行。反应温度越低，反应速度越慢，达到平衡的时间越长，故温度过低对反应不利。

通常，在工业生产中为提高设备生产能力，甲基叔丁基醚的生产不能在40℃以下操作。在工业生产中，要使分离后碳四中异丁烯质量分数小于0.5%，采用一步反应工艺过程是无法实现的，需经两步反应、两步分离。首先将生成的甲基叔丁基醚分离，然后进行二次反应。

2)甲醇与异丁烯的摩尔比

甲醇与异丁烯的摩尔比越高，二异丁烯选择性下降，甲基叔丁基醚的选择性上升。另外，甲醇与异丁烯的摩尔比上升，异丁烯的平衡转化率也增加，故提高甲醇与异丁烯的摩尔比是有利的。但是，甲醇与异丁烯的摩尔比太高，将使反应生成物的甲醇浓度增加，从而增加分离、回收系统的操作费用。通常甲醇与异丁烯之比以(1.1~1.2):1较好。

3)催化剂

一般采用磺酸型二乙烯苯交联的聚苯乙烯结构的大网孔强酸性离子交换树脂为催化剂，常用树脂的工业牌号有Amberlyst 15、Dowex 50、Nalcite HCR等。

(2)甲基叔丁基醚生产的工艺流程

甲基叔丁基醚生产的工艺流程简单，一般包括催化合成、MTBE回收、提纯和剩余C_4中甲醇回收3个部分。工业化装置很多，其中以意大利Snam/Anic公司和德国Huls公司的技术应用较为普遍。

1)Snam法

Snam法是Snam/Anic公司开发的MTBE生产典型工业流程(图6-2)。

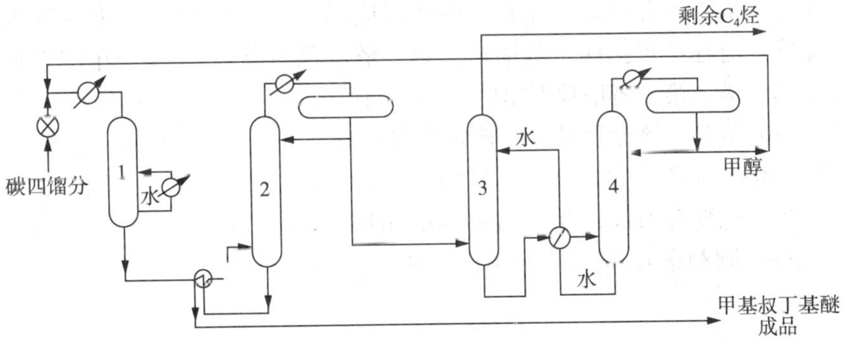

图6-2 Snam法工艺流程

1—醚化反应器；2—MTBE提纯塔；3—水洗塔；4—甲醇回收塔

甲醇和含异丁烯的C_4馏分经预热送至反应部分。反应器为固定床列管式反应器，管外用水冷却，反应温度50~60℃。反应产物中含有MTBE、未反应异丁烯、甲醇、不起反应的正丁烯、丁烷，还有极少量副产物(二异丁烯、叔丁醇)。反应物进入提纯系统前与提纯塔釜产物进行热交换。提纯塔为简单蒸馏塔，塔操作压力约为0.6 MPa。塔顶蒸出剩余碳四烃，并携带共沸组分甲醇(甲醇质量分数约2%)。提纯塔釜为甲基叔丁基醚成品，经与进料换热后送入贮罐，塔顶剩余 C_4 烃送入水洗塔回收甲醇。水洗塔釜甲醇水溶液进入甲醇回收塔，回收塔顶蒸出的甲醇循环回反应器。回收塔釜的水返回至水洗塔顶部作洗涤水，水作闭路循环。水洗后的碳四尾气中甲醇质量分数可降至 10×10^{-6} 以下。

该流程使用单台反应器，以含50%异丁烯的碳四馏分为原料，异丁烯转化率约为94%~98%，反应后碳四馏分含异丁烯小于6%，成品甲基叔丁基醚质量分数大于99%。

如果要将异丁烯转化率提高至99%以上，需要第二段反应器。两段反应间分离出MTBE粗品，以提高第二段反应异丁烯的转化率。

2)Huls 法

常压下MTBE/CH_3OH 共沸组成中MTBE质量分数为86%，压力为0.8 MPa，共沸组成中MTBE质量分数仅为常压下的一半。Huls工艺利用了MTBE/CH_3OH 共沸物共沸组成随压力变化的特点，采用加压蒸馏的方法，使MTBE/CH_3OH 的共沸组成中MTBE质量分数降低，从而减少MTBE的循环量，节约能耗，其工艺流程见图6-3。

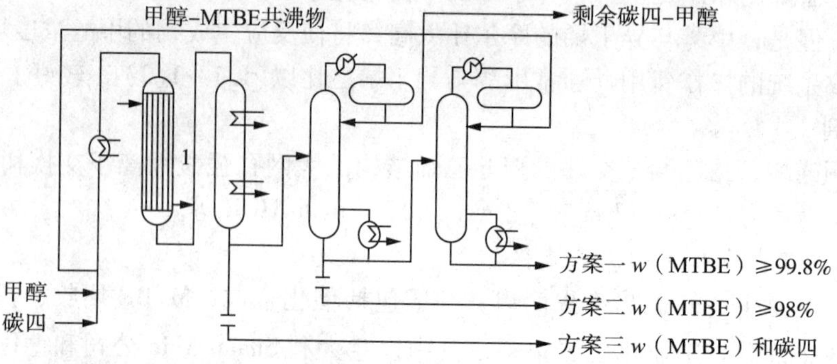

图6-3 Huls 法工艺流程图

1—第一反应器；2—第二反应器；3—第一分馏塔；4—第二分馏塔

此法特点是采用两台串联反应器，第一段用水外冷却的列管式反应器，大部分异丁烯在此段转化；第二段采用备有冷却水盘管的层式反应器，反应温度较低(40~70℃)，以达到高的平衡转化率。流程中包括两个蒸馏塔，第一塔塔顶为剩余 C_4 及与甲醇形成的共沸物，塔釜产物送至第二塔。第二塔塔顶馏出的MTBE与甲醇的共沸物循环返回第一反应器。第二分馏塔釜为MTBE成品。该流程异丁烯转化率约98%，MTBE质量分数可达99.7%。

若异丁烯转化率可降低(如95%)，MTBE纯度98%~99%已够，则可省去第二反应器、第二分馏塔，当然也没有MTBE/甲醇共沸物的循环。反之，适当增加设备，异丁烯转化率可提高至99.8%，则剩余 C_4 适宜于分离出高纯度1-丁烯。

6.3 丁(辛)醇

6.3.1 丁(辛)醇的性质和用途

丁醇为无色透明的油状液体，有微臭，可与水形成共沸物，沸点111.7℃，主要用途是作为树脂、油漆、胶黏剂和增塑剂的原料。此外还可用作选矿用消泡剂、洗涤剂、脱水剂和合成香料的原料。

2－乙基己醇简称辛醇，是无色透明的油状液体，有特殊臭味，与水形成共沸物，沸点185℃，主要用于制备增塑剂、润滑油的添加剂、消毒剂和杀虫剂的减缓蒸发剂以及在印染等工业中作消泡剂。

丁醇(包括正丁醇和异丁醇)和辛醇(2－乙基己醇，2－EH)是重要的精细化工原料，用途十分广泛。正丁醇可作溶剂、生产邻苯二甲酸二丁酯、乙酸丁酯、磷酸酯类增塑剂，还可以用于生产丁醛、丁酸、丁胺、乳酸等有机产品及丙烯酸树脂；异丁醇可用于生产石油添加剂、抗氧剂、乙酸异丁酯等有机产品，也可以用于医药、农药、食品工业；辛醇主要用于生产邻苯二甲酸二辛酯(DOP)、己二酸二辛酯(DOA)、癸二酸二辛酯、磷酸三辛酯等增塑剂及丙烯酸辛酯(2－乙基己基丙烯酸酯)、表面活性剂等。

6.3.2 丁(辛)醇(醛)生产方法

丁、辛醇可用乙炔、乙烯或丙烯作原料的生产方法(主要有乙醛缩合法、发酵法、齐格勒法和羰基合成法等)。以丙烯为原料的氢甲酰化法(也称丙烯羰基合成法)原料价格便宜，合成路线短，是目前生产丁醇和辛醇的主要方法。

根据反应的压力和催化剂的不同，丙烯羰基合成丁辛醇工艺可分高压钴法、改性钴法、高压铑法、改性铑法等工艺，其中改性铑法由于具有低温低压、反应快、副反应少、铑催化剂用量少并可回收以及投资省、丁醇和辛醇可切换生产等优点而成为当代丁辛醇合成技术的主流。改性铑法又分为气相循环和液相循环两种方法。液相循环低压改性铑法是当今世界最先进、最广泛使用的丁辛醇合成技术。

目前，低压羰基法主要有戴维(Davy)羰基合成法、三菱化成合成法、巴斯夫合成法等。低压羰基合成法是指丙烯、一氧化碳和氢气在100～120℃，1.6～2.0 MPa条件下，有过量三苯基膦存在时，在羰基铑膦络合物的催化作用下生成丁醛。反应式如下：

主反应

$$CH_3CH{=}CH_2 + CO + H_2 \longrightarrow CH_3CH_2CHCHO \qquad (6-3)$$

主要副反应

$$CH_3CH{=}CH_2 + CO + H_2 \longrightarrow (CH_3)_2CHCHO \qquad (6-4)$$

$$CH_3CH{=}CH_2 + H_2 \longrightarrow CH_3CH_2CH_3 \qquad (6-5)$$

生成的丁醛在碱催化剂作用下缩合为辛烯醛

$$2CH_3CH_2CH_2CHO \longrightarrow CH_3CH_2CH{=}CH(C_2H_5)CHO + H_2O \qquad (6-6)$$

得到的丁醛和辛烯醛产物加氢合成丁醇及2－乙基己醇

$$CH_3CH_2CHCHO + H_2 \rightarrow CH_3CH_2CHCH_2OH \qquad (6-7)$$

$$CH_3CH_2CH_2CH{=}C(C_2H_5)CHO + H_2 \longrightarrow CH_3(CH_2)_3CH(C_2H_5)CH_2OH \qquad (6-8)$$

(1)戴维羰基合成法

目前工业上普遍使用的戴维(Davy)羰基合成法是由DAVY/DOW(原Kvaerner/UCC)联合开发的第二代低压铑法羰基合成工艺——液相循环工艺。采用的催化剂是配位体三苯基膦的铑膦络合物，由于其稳定性好，沸点也较高，催化剂与反应产物一起离开反应器，通过闪蒸及蒸发将催化剂溶液分离出来，再循环回反应器，使得生产能力大大提高。

该技术将原料丙烯及合成气(H_2/CO =1.07～1.09)通入催化剂溶液(以正异构丁醛为溶剂)，在100～110℃，1.6～1.8 MPa条件下反应，丙烯转化率为91%～93%，产物正异构比为10～7。

DAVY/DOW 液相循环工艺为两个反应器串联，反应产物和催化剂是在反应器外部通过闪蒸和蒸发分离，分离后的催化剂再返回反应器，这样可以实现羰基合成反应系统的操作最佳化、分离最佳化。两个反应器分别选择最佳的反应条件，使丙烯的转化率和选择性提高，循环气量减少，因而反应器中液层不会因气体泡沫层而占用体积，反应器的产能也增大了。催化剂的分离在较低的温度、压力下进行，对催化剂损害小，并可延长催化剂的使用寿命。装置内部有催化剂再生设备，可对失活催化剂进行现场、简单、低成本的活化再生。

该合成工艺具有原料消耗低、产物正异构比较高、反应压力低、操作容易、物料对设备无腐蚀、流程短、设备较少、投资低等特点，是羰基合成最先进的技术之一。

(2)三菱化成合成法

三菱化成开发的铑法低压羰基合成技术。该技术采用甲苯作铑催化剂的溶剂，具有黏度低、传热好、催化剂活性高、产品质量高、铑夹带损失小、催化剂活性下降慢及反应器生产效率高等特点。装置内部带有催化剂回收系统，采用结晶及离心过滤从废催化剂中回收三苯基膦(TPP)和铑络合物。未能回收的废铑催化剂浓缩后定期送催化剂制造厂回收铑，制备新催化剂返回工厂再使用。

该技术是将铑催化剂溶液(以甲苯为溶剂)、丙烯、合成气($H_2/CO=1.01\sim1.02$)送入反应器，在 100～120℃，1.7 MPa 条件下反应，丙烯转化率为95%，产物正异构比为10。该合成工艺的反应压力、温度低，产物正异构比较高，物料对设备无腐蚀。但流程长、设备多，总投资较高。

(3)巴斯夫合成法

巴斯夫合成法是德国 BASF 公司开发设计的。BASF 公司的低压羰基合成工艺采用铑的络合物为催化剂，三苯基磷为配位体，催化剂采用液相循环工艺，每年抽出约 10%～15%催化剂送有关工厂再生，同时补充新鲜催化剂。

该技术将铑催化剂溶液(以正异构丁醛、高沸物为溶剂)、丙烯、合成气($H_2/CO=1.14\sim1.24$)送入鼓泡塔式反应器，在约100℃、2.0 MPa 条件下反应，丙烯转化率达96%，产物正异构比为8～9。

该合成工艺具有催化剂活性高，操作温度低，反应压力低，流程简单，操作方便，物料对设备无腐蚀，投资低等优点。它是羰基合成最先进的技术之一。

(4)鲁尔羰基合成法

该技术采用水溶性的铑催化剂，反应物粗醛和催化剂通过简单的相分离，而不需要其他的能源。含铑催化剂的水相返回反应器循环使用。油相中的粗醛、副产物及高沸物送去分离。粗醛中的铑夹带损失很小，其反应产物中的正异构比例能达 19∶1。该技术也适用于较高烯烃的生产。

此外，最近 Hoechst 公司开发了一种水溶性钴族化合物催化剂，可使烯烃在聚乙二醇作极性相的两相溶剂体系中有效地进行氢甲酰化。高碳烯烃对聚乙二醇的亲和力比水好，因此可提高反应速率。

6.3.3 丙烯羰基合成丁(辛)醇(醛)工艺

低压羰基合成法生产丁辛醇典型的流程包括：原料净化、羰基合成、丁醛精制、缩合、加氢、粗醇精馏等工序。丁醛精制是指粗丁醛除去轻组分后在异构塔内精馏分离得正丁醛和异丁醛。缩合是指正丁醛脱去重组分后进入缩合系统，在 NaOH 存在、120℃和 0.4 MPa 条件下，进行醛醛缩合生成辛烯醛(EPA)。加氢一般是指正、异丁醛或混合丁醛或辛烯醛加氢生产相应的醇。但是不论采用那一种方法，都必须经过丁烯醛/丁醛、辛烯醛加氢来制取丁醇和辛醇。醛加氢是丁辛醇生产过程的重要组成部分，对丁辛醇的产品质量和生产过程的经济性都有很大的影响。

(1)丙烯低压法羰基(甲酰化)合成正丁醛工艺流程

低压羰基合成以膦羰基铑配合物为催化剂。UCC/Davy/JMC 法最初工业化技术采用气相加料的方式，催化剂保留在反应器中，称为气体循环工艺。工艺流程见图6-4。

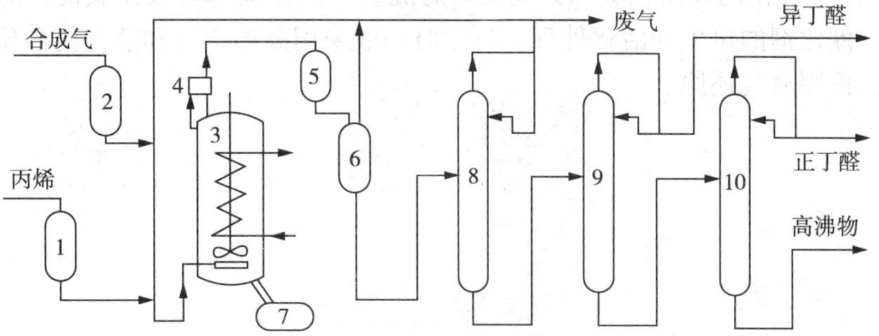

图6-4 UCC/Davy/JMC 法低压羰基合成制丁醛工艺流程

1—丙烯净化器；2—合成气净化器；3—羰基合成反应器；
4—雾沫分离器，5—冷凝器；6—分离器；7—催化剂处理装置；
8—汽提塔；9—异丁醛蒸馏塔；10—正丁醛蒸馏塔

反应是在1.7~1.8MPa 和90~110℃条件下进行的。溶剂采用丁醛的三聚物(商品名Texanol)或直接采用正丁醛(随后会被副反应所产生的丁醛三聚物取代)。将铑催化剂和三苯基膦溶液全部加入羰基合成反应器中，原料丙烯和合成气经过净化除去微量毒物(包括硫化物、氯化物、氰化物、氧气、羰基铁等)后与循环气混合，由底部进反应器，再经气体分布器以小气泡的形式进入催化剂溶液。反应产物随大量的循环气体带出，经一特殊的雾沫分离将夹带的铑催化剂溶液分离后进入冷凝器和分离器，分离的气体经循环压缩机循环使用(少量排空)，液体进入汽提塔回收丙烯，汽提塔气相并入循环气，液相依次进入异丁醛塔和正丁醛塔，最后得到异丁醛、正丁醛和少量高沸物。在生产中根据催化剂的活性变化情况，补加部分新催化剂。最终将全部催化剂溶液排出回收。

(2)醛加氢制丁辛醇工艺

丁醛加氢制备丁醇和辛烯醛加氢制备辛醇的工业化工艺路线主要有气相法和液相法两种。

加氢反应十分重要，关键是要选择合适的醛加氢催化剂来提高加氢的活性和选择性，减少副产物的生成。用丁醛加氢制醇的催化剂可分为四类：铜铬催化剂，铜锌催化剂，镍为活性组分的催化剂，钯、钌、钴、铂等贵金属为活性组分的催化剂。

液相加氢反应采用多段绝热固定床反应器，由于液相热容量较大，反应器内不用设置换热器。根据反应条件，段间设置换热器移走反应热，防止醛的缩合反应。

BASF 公司曾经采用过高压液相加氢，加氢的压力为25.33 MPa。高压加氢的唯一优点是氢气耗量较少，所用的液相加氢催化剂为70% Ni、25% Cu、5% Mn，该催化剂要求氢气分压不低于3.5 MPa，所以高压时，尾气的氢气浓度可降低，氢耗少。但采用该高压工艺，原料氢气必须高压压缩，电耗大、设备费用大，目前已经被淘汰。

BASF公司和三菱化成工艺中醛的加氢采用中压液相加氢工艺，加氢压力为4.0～5.0 MPa，加氢反应器形式采用填充床，反应温度为60～190℃。

气相加氢法由于操作压力相对较低，工艺设备简单，而被广泛应用。目前，工业上丁辛醇装置上大多采用铜系催化剂气相加氢工艺。如U.D.J联合工艺中采用低压气相加氢，压力为0.59～0.69 MPa。气相加氢反应采用等温列管式反应器，反应过程中产生的热量一部分由过量的氢气带走，另一部分由壳程的冷却水产生低压蒸汽。反应过程一般采用2台固定床反应器串联加氢。和其他过程的固定床反应器一样，加氢催化剂在使用一段时间后，通常9～12个月，由于催化剂表面积炭和其他残渣的沉积，催化剂的有效比表面积降低，活性下降，需要进行催化剂的再生和活化处理。再生时一般采用高温空气和蒸汽使催化剂表面的杂物氧化烧掉，再用氢气还原。

第7章　催化重整——芳烃生产工艺

芳烃广泛应用于合成树脂、合成纤维、合成橡胶、合成洗涤剂、染料、医药、农药、炸药、香料等工业，对发展国民经济、改善人民生活有十分重要的作用，所以芳烃工业近来发展十分迅速。芳烃的主要来源已从原来煤焦化工业生产的焦化芳烃，转变为以石油为原料催化重整和裂解转化的石油芳烃。

7.1　芳烃的性质和用途

芳烃指的是苯系化合物，如苯、甲苯、二甲苯、乙苯、异丙苯、十二烷基苯和萘等，芳烃通常是以混合物存在。工业上常见的芳烃是三苯，即苯、甲苯和二甲苯(简称 BTX)。

7.1.1　苯的性质和用途

(1)苯的性质

苯为无色透明、易挥发和易燃的非极性液体，有强烈的芳香味。相对分子质量78.11，熔点5.53℃，沸点80.1℃，闪点 -11.1℃(闭杯)，自燃点562.2℃，相对密度0.8737(25℃)，折射率1.4979(25℃)，黏度0.601 mPa · s(25℃)，表面张力 28.18×10^{-3}N/m(25℃)。

苯能与乙醇、乙醚、冰乙酸、丙酮、氯仿、四氯化碳、甲苯、二甲苯以及脂肪烃等混溶。苯本身也是一种良好的有机溶剂，溶解有机分子和一些非极性的无机分子的能力很强。苯难溶于水，1L 水中最多溶解 1.7g 苯。苯能与水形成共沸物，共沸点为 69.25℃，含苯8.83%。因此，在有水生成的反应中常加苯蒸馏，以将水带出。

苯蒸气与空气能形成爆炸性混合物，爆炸极限1.4% ~7.1%(体积分数)。苯的蒸气对人有强烈的毒性，空气中最高容许浓度 40mg/m^3(或0.0025%)。

苯具有较稳定的六元环状结构，是芳香烃的代表。在适当的条件下，苯参加的化学反应大致有3种：①苯环上的氢原子和其他基团之间发生的取代反应，氢原子可被卤素、硝基、磺酸基、烃基等取代，生成相应的衍生物；②苯也能与氯、氢等发生加成反应，在 C═C 双键上进行的加成反应；③苯环的断裂等反应。

(2)苯的用途

苯是最重要的基本有机化工原料之一，可以合成一系列苯的衍生物：苯与乙烯生成乙苯，后者可以用来生产制塑料的苯乙烯；与丙烯生成异丙苯，可以经异丙苯法来生产丙酮与制树脂、胶黏剂的苯酚；苯加氢可以制环己烷，进而氧化制取己二酸，并制取尼龙纤维；苯还可以合成苯胺、硝基苯和各种氯苯等，用于制取染料和农药；生产洗涤剂和添加剂需要的各种烷基苯也是由苯衍生而来。此外苯还可以用来合成氢醌、蒽醌等化工产品。因此，苯被广泛应用于合成树脂、合成橡胶、合成纤维、染料、医药等工业中。

7.1.2　甲苯的性质和用途

(1)甲苯的性质

甲苯又称为甲基苯、苯基甲烷，是苯的同系物。甲苯为一种无色透明、易挥发的液体，具有类似苯的芳香气味。分子式 C_7H_8，相对分子质量 92.14，熔点为 -95.0℃，沸点为 110.6℃，闪点为 4.0℃(闭杯)，燃点为 552.0℃，相对密度为 0.8669(20℃/4℃)，折射率 1.4969(20℃)，黏度为 0.5866 mPa·s(20℃)，表面张力 28.53mN/m(20℃)，热值为 40.94kJ/kg。

甲苯与二硫化碳、甲醇、乙醇、乙醚、冰乙酸、氯仿、苯等多种有机溶剂混溶，几乎不溶于丁二醇、丙三醇等多元醇。甲苯不溶于水，但能与水形成共沸物，共沸点 84.1℃，共沸物中含甲苯 86.5%。因此，酯化反应中生成的水常用甲苯作带水剂，以提高反应转化率。甲苯具有优异的有机物溶解性能，是一种有广泛用途的有机溶剂。因甲苯毒性远小于苯，所以在现今实际应用中常常替代有相当毒性的苯作为有机溶剂使用。

在空气中，甲苯不能完全燃烧，火焰呈黄色。甲苯蒸气和空气能形成爆炸性混合物，爆炸极限 1.2% ~7.0%(体积分数)。

(2)甲苯的用途

甲苯比苯更容易发生取代反应，甲苯硝化时生成邻和对硝基甲苯，它们都是染料的原料；继续硝化生成 2，4，6 - 三硝基甲苯(俗称 TNT)，是一种重要的炸药；容易发生磺化反应，生成邻甲苯磺酸或对甲苯磺酸，它们是做染料或制糖精的原料；甲苯在加热时氯化生成氯化苄，在三氯化铁存在下氯化反应生成邻和对氯甲苯，它们都是工业上很好的溶剂。

甲苯作为一种常用的重要有机化工原料，可用于制造炸药、农药、染料、苯甲酸、糖精、合成树脂及涤纶等；甲苯是涂料、油墨和硝酸纤维素以及相关化学反应的溶剂；甲苯加在汽油中可提高其抗爆性能，可用作汽油的掺合组分以提高辛烷值。

虽然甲苯有广泛的用途，但与同时从重整汽油、裂解汽油、煤焦化中得到的苯和二甲苯相比，目前的产量相对过剩。因此，在甲苯过剩的国家中，为解决供需的不平衡问题，工业上主要采取两种途径：一是甲苯加氢去甲基生产苯或甲苯歧化制苯和二甲苯；二是开辟甲苯的新用途，如生产甲苯二异氰酸酯，以及改进以甲苯为原料生产苯酚、已内酰胺的方法，并力图用甲苯代替二甲苯，生产对苯二甲酸等大宗产品。

7.1.3 二甲苯的性质和用途

(1)二甲苯的性质

混合二甲苯是对二甲苯、邻二甲苯、间二甲苯的混合物。无色透明液体，沸点 135 ~ 145℃，相对密度 0.840 ~0.870(20/4℃)，易燃，化学性质较活泼，可发生异构化、歧化、烷基转移、甲基氧化、脱氢、芳烃氯代、磺化反应等。主要由石油催化重整料、裂解汽油、焦炉副产汽油经分离而得，还可由甲苯歧化生成苯和二甲苯而得或由甲苯与三甲苯进行甲基转移而得。此混合物主要用作生产对二甲苯、邻二甲苯的原料及涂料的溶剂和航空汽油添加剂。

在二甲苯的三种异构体中，需求量最大的异构体是对二甲苯。

对二甲苯(简称 PX)又称 1，4 - 二甲苯。对二甲苯为无色透明液体，低温时成片状或柱状结晶体，具有芳香气味。分子式 C_8H_{10}，相对分子质量 106.17，熔点 13.26℃，沸点 138.35℃，闪点 27.2℃(闭口)，燃点 529℃，相对密度 0.8611(20/4℃)，黏度 0.603mPa·s(25℃)，折射率 1.49325(25℃)，表面张力 27.76×10^{-3} N/m(25℃)。

对二甲苯能与乙醇、乙醚、丙酮、苯等有机溶剂混溶，不溶于水。对二甲苯也是重要的有机溶剂。对二甲苯易燃，其蒸气与空气能形成爆炸性混合物，爆炸极限 1.1% ~7.0%(体积分数)。

(2)对二甲苯的用途

对二甲苯是重要的有机化工原料，主要用于生产精对苯二甲酸(PTA)或对苯二甲酸二甲酯(DMT)，进而生产对苯二甲酸的一元、二元醇酯，生产对苯二甲酸乙二醇酯、丙二醇酯、丁二醇酯、戊二醇酯、己二醇酯等聚酯树脂。聚酯树脂是生产涤纶纤维、聚酯薄片、聚酯中空容器的原料。涤纶纤维是国内外目前第一大合成纤维，聚酯用于生产饮料包装、食用油脂包装、平板显示器基材、车用与建筑用太阳膜等。对二甲苯也广泛用作涂料、染料、农药、增塑剂等的原料。

7.2 芳烃来源

芳烃主要来源于煤高温干馏副产粗苯和煤焦油、石油炼制的催化重整产物重整汽油和烃类裂解制乙烯副产裂解汽油。目前通过煤炼焦获得的芳烃已不占重要地位。不同来源获得的芳烃其组成不同，获得的芳烃数量也不同。裂解汽油中苯和甲苯多，二甲苯少；重整汽油中苯少，甲苯和二甲苯多。乙苯在这两种汽油中都少。

(1)从炼焦副产粗苯及煤焦油中获取

煤炼焦副产煤焦油，经分馏可得轻油、酚油、萘油、洗油、蒽油、沥青等馏分，再用精馏、结晶等方法分离得到苯系、萘系、蒽系芳烃。粗苯经加氢精制处理除去不饱和烃和噻吩等杂质后精馏分离可得到苯、甲苯和二甲苯。这一过程在煤的干馏章节已有详述。

(2)从炼油型芳烃生产中获取

以催化重整油和裂解汽油为原料的芳烃联合装置典型流程图如图7-1所示。

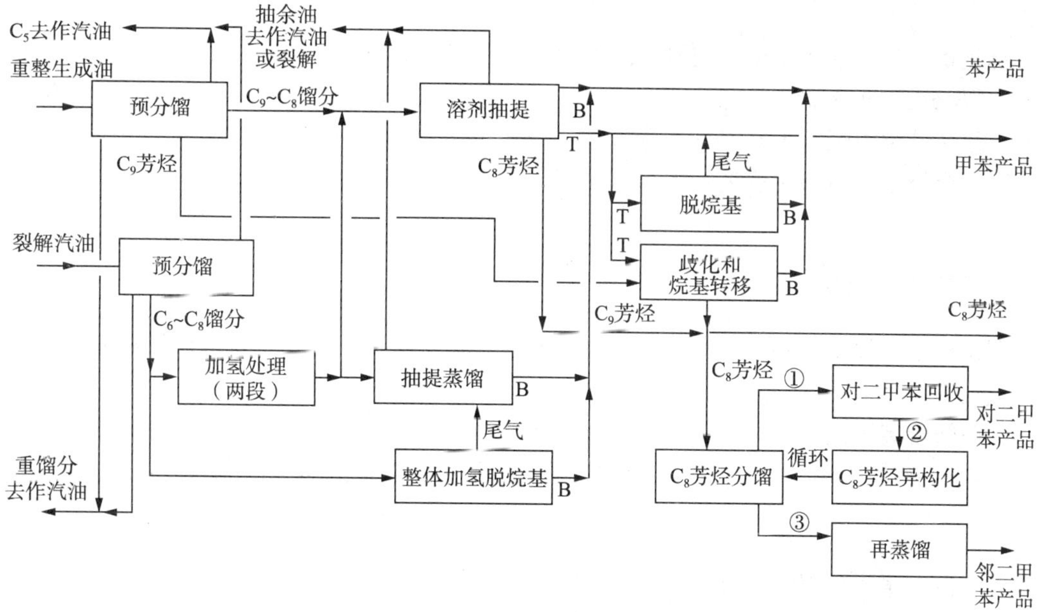

图7-1 芳烃联合装置典型流程图

B—苯；T—甲苯；①间对二甲苯+乙苯；②间二甲苯+乙苯；③邻二甲苯

1)从加氢精制裂解汽油中获取

苯系芳烃与相近碳原子数的非芳烃沸点相差很小，不能用一般精馏法分离。裂解汽油中的芳烃也常用萃取法(也称抽提法)分出，由于裂解汽油中芳烃含量较高，因此也可用萃取精馏分离出芳烃。常用的萃取剂有 N，N－二甲基甲酰胺、N－甲酰吗啉、N－甲基吡咯烷酮、环丁砜等。在萃取精馏塔中，非芳烃从塔顶蒸出，芳烃与溶剂留在塔底。

裂解汽油中含 50%～70% 左右的芳烃，20% 左右的单烯烃、双烯烃和烯基芳烃，还有微量的硫、氮、氧、氯等物质。硫、氮、氧、重金属等化合物对后序生产芳烃工序的催化剂、吸附剂均构成毒物。

裂解汽油是很不稳定的，主要是因为其中含有大量双烯烃和单烯烃造成的。烯烃与空气接触，在光和热的作用下会发生氧化和聚合反应而生成胶质。这些胶质在生产芳烃的后加工过程中极易结焦和析炭，既影响过程的操作，又影响最终所得芳烃的质量。因此，在萃取前需用催化加氢法除去不稳定的双烯烃、单烯烃和含硫化合物等(见芳烃抽提)。催化加氢采用多段加氢，第一段是低温液相加氢，使双烯烃加氢成单烯烃，苯乙烯加氢为乙苯；第二段是高温气相加氢，使单烯烃加氢成饱和烃，使硫化物、氮化物等杂质加氢裂解为相应的烃和 H_2S、NH_3 等而除去。

第一段低温液相加氢常用 Pd/Al_2O_3 为催化剂，在 80～130℃温度、5.5 MPa 压力的反应条件下，将二烯烃转化为单烯烃，苯乙烯转化为乙苯；第二段高温气相加氢将单烯饱和，同时除去所含的硫化物和氮化物，催化剂为 $Co-Mo-S/Al_2O_3$，操作温度 285～395℃、操作压力 4.05 MPa。

2)从重整汽油中获取

现代化的芳烃生产是以催化重整为基础的。催化重整又称烷烃芳构化。重整指使脂肪烃成环、脱氢形成芳香烃的过程。

芳烃生产包括原料预处理、催化重整、芳烃抽提、精馏(或吸附)分离以及芳烃转化等过程。

催化重整生成油经预分馏得到 C_6～C_8 馏分，然后送去抽提分离。重整汽油中含 50%～80%(质量分数)的芳烃，由于重整前已经进行了原料的预处理，除去了含烯烃、硫化物等杂质，故在分离芳烃前不必经加氢预处理。

下面介绍催化重整生产芳烃的工艺。

7.3 催化重整

催化重整主要以石脑油为原料，通过脱氢芳构化等反应生产高辛烷值汽油和芳烃，同时副产氢气。

芳烃联合装置以炼油厂加氢裂化装置生产的石脑油及烯烃厂中馏分石脑油为原料，目的产品是对二甲苯、苯及邻二甲苯，副产品有抽余油、含氢气体、戊烷油、重芳烃、液化气等。

7.3.1 催化重整原料及其预处理

重整催化剂比较昂贵和“娇嫩”，易被多种金属及非金属杂质中毒，而失去催化活性，为了保证重整装置能够长周期运转，处理量大，目的产品收率高，则必须选择适当的重整原料并予以精制处理。

重整原料的预处理主要包括预分馏保证重整进料的馏分组成和预加氢精制除去重整催化

剂毒物两部分。

(1)重整原料的选择

1)馏分组成

重整原料馏分组成是六碳、七碳、八碳的环烷烃和烷烃，在重整条件下相应地脱氢或异构脱氢－环化脱氢生成苯、甲苯、二甲苯。

小于六碳原子的环烷烃及烷烃不能进行芳构化反应；≤C_6 的烷烃已有较高的辛烷值，而 C_6 环烷烃转化为苯后其辛烷值反而下降。如果进入反应系统，它并不能生成芳烃，而只能降低装置的处理能力。所以，重整原料一般应切取大于 C_6 馏分。

2)族组成

要获得高芳烃转化率或重整转化率(重整生成油中的实际芳烃含量与原料的芳烃潜含量之比)应选择高芳烃潜含量(把原料中 C_6 ~ C_8 的环烷烃全部转化为芳烃时所能生产的芳烃量)的原料。含较多环烷烃的原料是良好的重整原料。

(2)预分馏

预分馏工段是重整装置的第一道工序。可以把全馏分石脑油(32 ~220℃馏分)分馏得到轻石脑油(32 ~65℃馏分)及重石脑油(145 ~220℃馏分)作为蒸汽裂解装置的原料，得到的中石脑油 (65 ~145℃馏分)作为重整装置的原料油。在分馏过程中还能除掉原料中的部分水分。

预分馏是物理过程，方式上大致可分为三种情况：

①原料油的终馏点适宜而初馏点过低，预分馏中取塔底油为重整原料。

②原料油初馏点符合重整要求而终馏点过高，预分馏中取塔顶产物作重整原料。

③原料油的初馏点过低和终馏点过高，都不符合要求，预分馏中取侧线产品作重整原料。

流程上分为单塔蒸馏流程、双塔蒸馏流程、单塔开侧线流程。单塔预分馏通常用于切除原料中较轻的组分，即拔头，所以又称为拔头塔。双塔预分馏即采用两个塔，两个塔分别起拔掉轻组分和切除重组分的作用。单塔开侧线流程，塔顶出轻组分，塔底出重组分，侧线为重整进料的合格馏分。

我国的重整装置多属于第一种情况，通常原料为 <130℃拔头汽油馏分，所以在预分馏中只需从塔顶分出 <60℃的轻馏分。以生产芳烃为主，采用60 ~145℃馏分作原料。

(3)预加氢

预加氢作用是除去重整原料油中的硫、氮和氧的化合物以及砷、铅、铜、汞、钠等杂质，生产出合格的精制油，从而满足重整催化剂对原料的要求，保证重整催化剂不致中毒和结焦。

1)预加氢作用原理

预加氢采用钼钴催化剂，它是一种选择性气相加氢催化剂，能使烯烃加氢饱和，而不使芳烃加氢。在催化剂和氢气的作用下，原料油中含硫、氮、氧等化合物进行加氢分解，转化生成 H_2S、NH_3 和 H_2O 等，同时还生成相应的产物烃，然后经高压分离器和蒸发脱水塔除去；原料中的烯烃则加氢生成饱和烃；原料中的砷、铜、铅等金属化合物则经加氢分解分离出金属，最后金属被催化剂吸附而除去。反应如下：

烯烃饱和 $$C_8H_{16} + H_2 = C_8H_{18} \qquad (7-1)$$

脱硫反应 $$(C_2H_5)_2S_2 + 3H_2 = 2C_2H_6 + 2H_2S\uparrow \qquad (7-2)$$

脱氮反应　　$C_4H_5N + 4H_2 = C_4H_{10} + NH_3\uparrow$　　(7－3)

脱氧反应　　$C_6H_5OH + H_2 = C_6H_6 + H_2O$　　(7－4)

脱氯反应　　$C_6H_{13}Cl + H_2 = C_6H_{14} + HCl\uparrow$　　(7－5)

预加氢原料中的重金属均以有机化合物状态存在。它在钼酸钴催化剂上还原，分解成重金属，然后被钼酸钴催化剂吸附。预加氢是两台反应器串联，以保证脱砷效果小于1μg/kg。新增脱氯反应器用以脱除HCl。

脱重金属反应与温度有关，反应温度应在310℃以上，钼酸钴催化剂使用温度为310～370℃。

预加氢是放热反应。焦化汽油和热裂化汽油的烯烃含量高，预加氢反应时放热多，反应床层温升可达40℃以上。

2)预加氢催化剂

预加氢催化剂为钼酸钴或铝酸镍。在新鲜钼酸钴催化剂中，钼和钴呈氧化状态，在操作中转为硫化物才有好的活性。钼酸钴催化剂脱氮活性与所用氢气组成有关。如氢气中含CO不大于10μL/L，否则催化剂会发生暂时中毒。

3)预加氢操作条件

重整原料预加氢影响因素有：

①反应温度。石脑油加氢反应是放热反应，提高反应温度不利于加氢反应的化学平衡，但能明显提高化学反应速度，提高精制深度和预加氢反应脱杂质的效果。反应温度过低，不能保证将杂质除净；反应温度过高会发生严重的加氢裂化反应，使产品液体收率下降，增加催化剂结焦，降低催化剂使用寿命。

脱硫反应在230℃时就能发生，但反应速度很慢，随着温度进一步提高脱除硫化物的作用增加不明显。分解低浓度的氮化物(＜10μg/g)所需的温度与脱硫所需温度基本相同，温度对烯烃饱和与脱硫反应影响相同，除了脱去烯烃达到平衡需较高的温度外，进料中烯烃的含量必须限制，使反应床层内部的最高温度保证在允许范围内。在很高温度下，烯烃饱和度有一个明显的限制，结果使在高温操作比低温操作的产品中有更多的残存烯烃。当原料中有明显的轻组分，使用新催化剂时硫化氢与烯烃反应生成醇，在较低温度(340℃)下操作可避免硫醇的生成。一般情况下，反应器入口温度不宜低于250℃，如果低于此温度，工业上没有采用价值；反应温度如果高于370℃，裂化反应加剧，使催化剂的结焦现象严重。

氧和氮化物的分解所需要的温度比脱硫或烯烃饱和稍高些，除去氧和氮化物不能单靠升温的办法，而要通过高压或低空速来完成转化。金属的脱除也不能完全依赖升温，金属在315℃以上基本能够脱除。因此，重整原料预加氢反应温度控制在280～350℃。

②反应压力。提高反应压力将促进加氢反应，增加精制深度，有利于杂质的脱除(尤其是对脱氮)，从而提高产品质量，并可保持催化剂的活性。同时可以减少催化剂上的积炭，延长催化剂的使用寿命。但是预加氢压力受往复机出口压力的限制，不能超过往复机出口额定压力。另外压力过高会促进加氢裂解反应，使产品总液收下降，同时过高的反应压力会增加投资及运转费用，原料中杂质含量(硫、氮、卤化物)越高，设计压力也越高。反应压力一般为2.0～2.5MPa。

③空速。空速指单位催化剂在单位时间内处理的原料量，单位为h^{-1}，分为质量空速和体积空速，常用体积空速LHSV(液时空速)，它的倒数相当于反应接触时间。因此，空速的高低，意味着反应物料与催化剂接触时间的长短。

降低空速意味着增加原料油同催化剂的接触时间，可使加氢深度增加，精制油杂质含量下降。但过低的空速不仅使装置的处理能力下降，而且由于裂化反应增加而使液体收率下降，积炭增加，缩短催化剂寿命。但空速也不宜过大，过大的空速使加氢深度降低，杂质脱除不完全。加氢处理对烯烃饱和最容易，脱硫较难，脱氮脱氧最难。因空速与进料有关，对变化的进料只能指出其大致的范围。一般加氢裂化石脑油时，体积空速在 4 h^{-1}左右。

④氢油比，又称氢烃比。提高氢油比有利于加氢反应，抑制催化剂上积炭，也有利于导出反应热。但在处理量不变的条件下，提高氢油比意味着缩短反应时间，对反应不利。

氢油比指的是标准状态下，氢气流量与进料量的比值，一般用体积比。可用 H/HC 表示。加氢反应是耗氢反应，最小氢油比是以氢消耗、原料结焦趋势和产品质量要求为基础的。提高氢油比，不仅有利于加氢反应的进行，还能减少结焦，起到保护催化剂的作用。但是，在原料油进料一定的情况下，氢油比过大会减少原料油与催化剂的接触时间，反而对加氢反应不利，导致精制油产品质量下降，同时也增大了系统压力和压缩机负荷，操作费用增加，不宜采用。氢油比受重整产氢量限制，一般为 $80 \sim 160 Nm^3/m^3$ 油。

不同的进料采用不同的氢油比，在操作中可根据进料中杂质含水量的变化适当改变氢油比，以获得满意的反应效果。有时低的氢烃比可通过适当提高反应器入口温度来补偿。

4）预加氢工艺流程

重整原料预加氢工艺流程如图 7－2 所示。

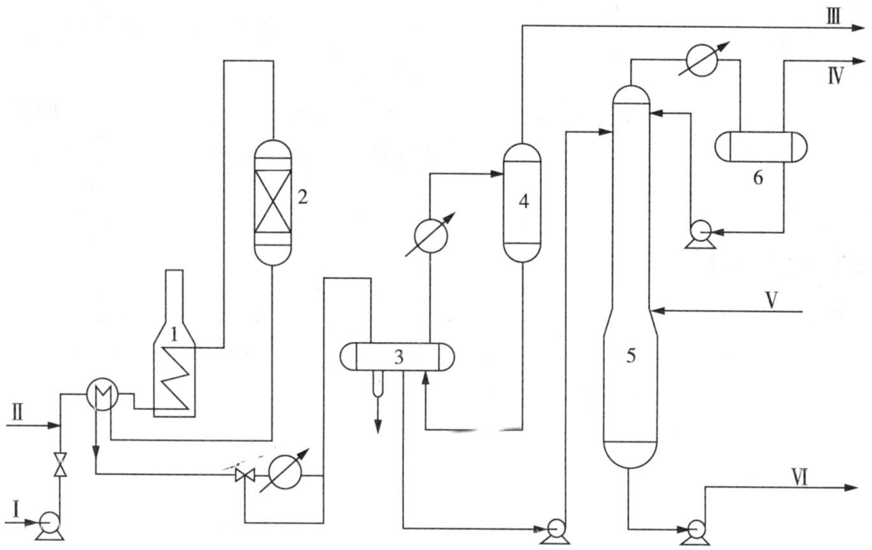

图 7－2　预加氢原理流程图

1—加热炉；2—预加氢反应器；3—高压分离器；4—分离器；5—汽提塔；6—回流罐

Ⅰ—预加氢原料油；Ⅱ—氢气；Ⅲ—剩余氢；Ⅳ—燃料气；Ⅴ—吹氢；Ⅵ—预加氢生成油

由原料罐区来的预加氢原料油与循环氢混合，进入预加氢进料换热器壳程换热使其全部汽化，再进入预加氢进料加热炉加热至所需的反应温度后进入预加氢反应器进行反应。在预加氢催化剂的作用下，石脑油中的有机杂质及不饱和烃进行加氢反应，反应生成的金属杂质吸附在催化剂上。反应器流出物返回到进料换热器管程进行换热，接着进入预加氢产物空冷器和预加氢产物后冷却器冷却，然后流入预加氢产物分离罐中。在产品分离罐中的气体、液态烃和水进行分离。从分离罐顶出来气体进压缩机吸入罐，将其中所夹带的轻烃分离；从产品分离罐中底出来的液态烃进入预加氢汽提塔。在汽提塔中，进料中所含的轻组分通过汽提上升至塔顶(其中包括 H_2S、NH_3、H_2O 等杂质)，经过预加氢汽提塔空冷器和预加氢汽提塔水冷器进一步冷凝，然后进入预加氢汽提塔回流罐，在此分离成气体、液态烃和水，水收集于回流罐水包中并将酸水排出界区；排出气体根据塔压调节排出，送至燃料气系统或去放空总管。液态烃通过液位调节器，经预加氢汽提塔回流泵送回预加氢汽提塔；汽提塔底液作为重整反应的原料。

(4)重整原料的脱水

铂－铼重整催化剂要求原料油含水量 $<5\mu g/g$，但是上述方法处理过的原料油还不能满足要求，为了能制备“超干”的铂－铼重整原料，需要脱水解决。

预加氢反应器出来的油气混和物经冷却后在高压分离器中进行气液分离，分出预加氢生成油中溶解的 H_2S、NH_3 和 H_2O 等杂质。分离出气体后的预加氢生成油换热后进入汽提塔。塔底油强制循环，并由重沸炉将循环油加热至全部汽化返回塔内。汽提塔在 0.95MPa 左右压力下操作。塔顶产物是水和油的轻组分，经冷凝器冷却后在回流罐中分成油和水两相，油相全部作塔顶回流，以保证塔顶的适宜温度和顺利蒸出水，水层排出。当预加氢生成油含水很低时，在回流罐中不分层，水以气态从罐顶随气相排出，塔底则得到各杂质含量符合要求的重整进料油。

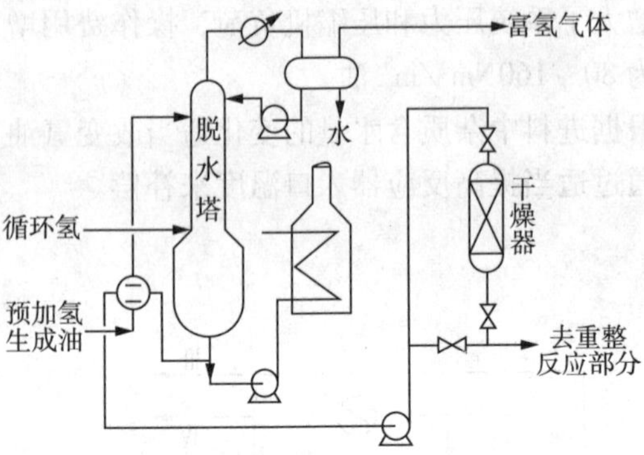

图 7－3　重整原料蒸馏脱水法的流程

国内有的铂重整装置已成功地把原来的汽提塔改造成为蒸馏脱水塔，蒸馏脱水法的流程如图 7－3 所示。

7.3.2　催化重整过程

重整过程是一个化学反应过程，存在着多种化学反应。原料油在一定的操作条件下，由于催化剂的作用使其分子结构发生重新组合，从而最大限度地促进芳烃的生成和分子异构化，达到制取芳烃或提高辛烷值的目的。

(1)催化重整的化学反应

催化重整过程主要有下列反应：

1)芳构化反应

①六元环烷烃的脱氢生成芳烃。这类反应是重整反应中的最重要的反应之一，反应在较缓和的条件下即可进行，反应速度很快，反应为强吸热反应($\Delta H = 200kJ/mol$)。例如：

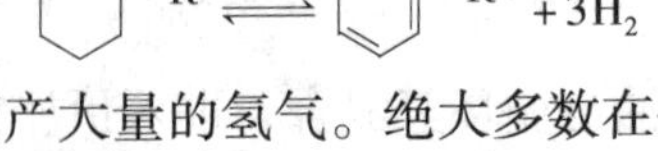

(7－6)

反应在生成芳烃的同时还副产大量的氢气。绝大多数在一反进行，然后在二反完成。这类反应在催化剂金属活性功能的作用下进行。如果原料中含有二甲基六元环烷烃，则链上可发生异构化反应，生成二甲苯的各种异构体。这类反应在催化剂金属活性功能的作用下进行。

②五元环烷烃脱氢异构生成芳烃。烷基环戊烷(甲基环戊烷、二甲基环戊烷等)首先进行异构化，生成六元环烷烃，再脱氢生成芳烃。例如：

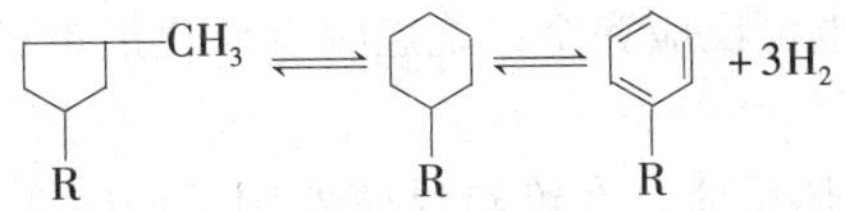

(7-7)

这类反应进行的速度比六元环烷要缓慢得多，反应也是强吸热反应，产物为芳烃和氢。烷基戊烷转变成环己烷，反应程度随碳原子数增加而增大，主要在二反和三反中进行。反应在催化剂的酸性活性和金属活性功能交替作用下进行，搞好水－氯平衡有利于反应的顺利进行。

③烷烃脱氢环化生成芳烃。主要碳链上的碳原子数多于六个以上的烷烃在比较苛刻的条件下首先脱氢环化，再进行脱氢生成芳烃。

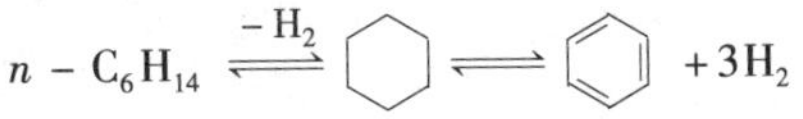

(7-8)

这类反应也是强吸热反应，反应速度比环烷烃脱氢低得多，芳烃的形成对该反应也起抑制作用。这类反应是提高重整转化率的重要反应，这类反应需要在催化剂的金属活性功能和酸性活性功能的共同作用下进行。连续重整比半再生重整(固定床重整)的芳烃转化率有很大的提高，主要的原因是提高了烷烃转化成芳烃的反应速率。

烷烃脱氢环化是强吸热体积增大的反应，温度升高，有利于提高芳烃的产率。反应压力增大对反应不利。氢油比增加会使芳烃的平衡产率降低。

2)正构烷烃异构化反应

正构烷烃异构化反应在重整反应中进行得比较快，正构烷烃的异构化反应是轻度放热的可逆反应，例如：

$$n-C_7H_{17} \rightleftharpoons i-C_7H_{17} \qquad (7-9)$$

提高反应温度将使平衡转化率下降，但实际上常常是提高温度时异构物的产率增加，这是因为升温加快了反应速度，但反应温度过高时，由于加氢裂化反应加剧，异构物的产率又下降，压力和氢油比对异构化反应影响较小。反应在催化剂的酸性活性功能作用下进行。此反应不产生氢，异构烷烃的辛烷值高，仅对提高辛烷值有利。

一些异构化反应并不能直接生成芳烃，但正构烷烃异构化后，也间接有利于生成芳烃。所以无论是以生产芳烃还是生产汽油为目的的催化重整过程，异构化反应都是有利的。

3)加氢裂化反应

加氢裂化反应是使分子变小的反应，反应速度较慢、放热量大、耗氢，使氢纯度下降，液收降低，不利于生产芳烃。因此在生产中对此类反应必须适当抑制。例如：

$$n-C_7H_{17} + H_2 \longrightarrow n-C_3H_8 + i-C_4H_{10} \qquad (7-10)$$

在催化重整过程中加氢裂化反应主要是在最后一个反应器中进行。这类反应是在催化剂的金属功能和酸性功能作用下进行的，但控制作用发生在催化剂酸性中心。

4)缩合生焦反应

烃类在铂催化剂上还进行叠合、缩合等反应。烃类的裂化、缩合反应生成焦炭，使催化剂失活。提高氢分压可抑制生焦。

馏分越重，含烯烃越多的原料越容易生焦，由于铂催化剂有很强的催化加氢的活性，又在较高氢压下操作，烯烃容易被加氢饱和。因此，在重整催化剂上积炭的速度要比催化裂化慢得多。

综上所述，为了提高芳烃收率或提高重整汽油辛烷值，要注意下列几点：

① 六元环烷脱氢反应最容易进行，反应速度最快；五元环烷烃脱氯异构反应稍慢，在

反应条件和催化剂适宜时，也可反应完全；烷烃脱氢环化最难进行，需要合适的催化剂和较苛刻的反应条件。

② 芳构化反应都是强吸热反应，在绝热反应器中反应时，反应吸热靠进料本身携带的热量供给，造成反应床层温度不断下降，这对反应平衡和反应速度都是不利的。为了维持较高的反应温度，就需要使反应分段进行，各反应器间设加热炉不断补充热量，以维持足够高的平均反应温度，一般用 3 ~ 4 个反应器。

③ 由于环烷烃脱氢反应速度快，吸热多。而加氢裂化反应是强放热反应，主要是在最后一个反应器中进行。所以加热炉的负荷是前段最大，后段最小，各段间需要补充的热量各不相同。

(2)催化重整催化剂

1)催化剂组成

催化重整催化剂是一种由金属铂、助催化剂和酸性载体组成的双功能催化剂，常见的是 Pt/(卤化物酸化的 Al_2O_3)，其中金属 Pt 构成脱氢活性中心，促进脱氢、加氢反应。而酸性载体提供酸性中心，促进裂化、异构反应。催化剂的金属和酸性(卤化物)两种功能对于完成整个芳烃生成来说都是需要的。

典型重整催化剂的组成为铂含量约为 0.1% ~0.7% (质量分数)，卤素可以采用氟氯型和全氯型两种，氟在催化剂上比较稳定，不易被带走。新鲜的全氯型催化剂含氯为 0.6% ~ 1.5% 。其余为载体氧化铝和助催化剂。

现在工业上采用的重整催化剂是双金属及多金属催化剂，如铂 - 铼系列、铂 - 铱系列、铂 - Ⅳ族金属系列等。其中铼、锡、铱等是为了改善铂的分散度，抑制铂晶粒的凝聚，铂仍是主要组分。双金属催化剂优点：

①热稳定性好：不易结焦，可在苛刻的条件下操作(如高温、低氢压)，有利于催化芳构化反应。

②对原料适应性强：重组分，烷烃多，二次加工油等都可使用，芳烃转化率可达 100% ~ 130% 以上。

③使用寿命长，再生性好。

2)催化剂的水氯平衡

催化剂的金属和酸性两种性能良好平衡才能使催化剂达到最佳催化状态，任何一种功能太强或太弱都将降低催化剂的活性和选择性。金属铂太强会促进脱氢加氢反应，而酸性中心太强促进裂化异构化反应。

工业上采用水氯平衡使金属活性和酸性活性两种功能有机配合。所谓水氯平衡是将催化剂的氯和水的含量保持在一定值内以保持适宜的酸性，而使催化剂在某反应温度下的活性最高。控制催化剂的氯水平衡方法可以进料中注入适量的氯(有机氯)和水(或酸类)，或将铂载在含卤素的氧化铝载体上。

在生产过程中，当原料含氯量过高时，氯会在催化剂上积累而使催化剂含氯量增加；当原料含水量过高或反应生成的水过多(含氯化物在反应条件下会生成水)时，这些水分会冲洗氯而使催化剂上的含氯量减少。因此需要定期分析反应器进料、生成油、进出气体水/氯摩尔比并进行调节。当生成油的辛烷值下降时，应首先考虑注氯，然后才考虑提高反应温度。注氯通常是采用二氯乙烷等有机氯化物；注水可以采用醇替代以避免腐蚀，醇的用量应按生成的水的物质的量折算。

3）催化剂再生

重整催化剂会因积炭、烧结、中毒和活性组分流失（卤素流失致使水氯不平衡）而失活，导致其活性和选择性下降，结果是芳烃转化率或重整汽油的辛烷值降低。

催化剂因积炭引起的活性降低可以采用提高反应温度的办法来补偿。铂重整装置不超过520℃。当反应温度已提高至最高温度时则需要进行再生，烧去催化剂上沉积的焦炭，使其活性得以恢复。

重整催化剂再生形式可分为半再生、循环再生和连续再生。半再生指的是催化剂经过一个周期的运转后，把重整装置停下，催化剂就地进行再生；循环再生指的是设几个催化反应器，每一个反应器都可在不影响装置连续生产的情况下脱离反应系统进行催化剂再生；连续再生指的是催化剂可在反应器与再生器之间流动，在催化重整正常操作的条件下，一部分催化剂被送入专门的再生器中进行再生。再生后的催化剂再返回反应器。

为了恢复失活催化剂的活性，必须对催化剂进行烧焦处理，同时补充催化剂在烧焦过程中和反应过程中失去的部分氯化物，并还原活性金属。催化剂经过多次再生过程时，其活性还是会逐渐下降，每次再生后的催化剂一般往往只能达到上一次再生的85%～95%左右，当它的活性不再满足要求就需更换新催化剂。

在连续重整中，这一过程是连续进行的。首先，再生催化剂从重叠布置的末级反应器流出，被提升到催化剂再生系统，再生催化剂按四步完成再生：氧化烧焦→氯化更新→干燥→还原。最后，再生后的新鲜催化剂被循环提升到第一反应器。

①氧化烧焦。催化剂再生过程是用含氧气体烧去催化剂上的积炭从而恢复催化剂活性的过程。再生烧焦之前，反应器应降温，停止进料，并用氮气循环和置换系统中的氢气。直至爆炸试验合格。烧焦反应如下：

$$C + O_2 \longrightarrow CO_2 + H_2O + \text{热能} \qquad (7-11)$$

这一步骤是把催化剂的结焦烧掉，采用氧气进行燃烧反应的办法，反应产生二氧化碳和水并放出热量。烧焦会导致催化剂升温，而高温大大地增加永久性损坏催化剂的风险，因此，烧焦过程要严格控制。一般分段进行，各段再生温度一般分别为300℃、400℃、470℃。每一个阶段的结束是根据反应器出入口气体中的氧含量相等，也就是不再消耗氧气时，表明该阶段的结束。通常床层最高温度不能超过500℃。

②氯化更新。重整催化剂在使用过程中，特别是在烧焦时铂晶粒长大、氯流失。为了恢复催化剂的双功能，在烧焦之后，用含氯气体在一定温度下处理催化剂，使凝聚的金属铂重新分散和补充一部分氯从而提高催化剂的活性。该过程包括氯化和更新两个步骤。

氯化物的调整反应：

$$RCl + O_2 \longrightarrow HCl + CO_2 + H_2O \qquad (7-12)$$

$$\text{碱—OH} + HCl \longrightarrow \text{碱—Cl} + H_2O \qquad (7-13)$$

氧化和重新分散的反应：

$$\text{金属} + O_2 + HCl \longrightarrow \text{金属氧化物（分散的）} \qquad (7-14)$$

这一步骤是调整氯化物含量及氧化和分散催化剂上的金属。这组反应是将催化剂升温至480℃，在空气流（氧气）中通入有机氯化物的反应，直至反应器出口出现氯气时为止，补入量约与新催化剂含氯量相当。氯化物太多或太少都会在铂重整反应器中产生不理想的作用，因此，必须严格控制催化剂上的氯化物含量。在催化剂表面散布的金属越多，催化剂的金属作用越好。有助于金属氧化和分散的条件是氧气浓度高，存留时间长。

更新是在氯化之后，用干空气在高温下处理催化剂。更新的作用是使铂的表面再氧化，防止铂晶粒的聚结，从而保持催化剂的表面积和活性。

③干燥。干燥是从催化剂中把催化剂中多余的水蒸发掉，办法是用干燥的气体流过催化剂。干燥步骤可认为是从催化剂碱中脱水：

$$\text{碱—}H_2O + \text{干燥气体} \longrightarrow \text{碱} + \text{气体} + H_2O \qquad (7-15)$$

催化剂越干燥，其整体性能越好，干燥步骤要实施得好，需借助于高温、较长的干燥时间及良好的干燥气速。

④还原。还原是把金属从氧化状态转化成还原状态：

$$\text{金属氧化物} + H_2 \longrightarrow \text{还原金属} + H_2O \qquad (7-16)$$

把催化剂转变为在铂重整反应器中具有催化活态，必须在氯化和氧化后进行。还原越彻底，金属性能发挥越好，要求还原氢的纯度要高，还原气体的流量要合适。

例7-1 催化重整采用的工业催化剂有 Pt/Al_2O_3、$Pt-Re/Al_2O_3$、$Pt-Ir/Al_2O_3$ 和 $Pt-Sn/Al_2O_3$ 等，根据催化重整反应机理和催化原理分析催化剂各组分的作用。

【分析】

催化重整是提高汽油辛烷值，制取芳烃的重要手段，是炼油加工过程中的重要部分。催化重整反应比较复杂，既有电子转移反应，也有质子转移反应。催化重整反应中金属组分 Pt 的加氢、脱氢功能和酸组分 Al_2O_3 的异构化、环化和加氢裂化功能是通过烯烃(关键性中间物)发生作用的。图7-4(a)是双功能催化剂上正己烷催化重整反应示意图。图中平行于纵坐标的反应发生在重整催化剂中的金属 Pt 中心上，而平行于横坐标的反应发生在催化剂的 Al_2O_3 酸性中心上。这一系列连串步骤中每一个中间产物能依次在两类活性中心上来回转移，才能得到最终产物，反应过程见图7-4(b)。

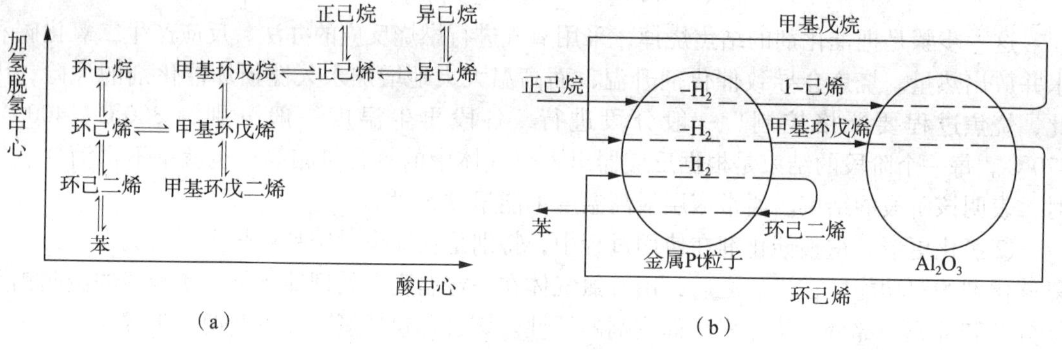

图7-4 双功能催化剂上正己烷催化重整反应示意图

从催化重整反应可以看出，重整催化剂既要具有脱氢、加氢功能的电子转移金属组分，又要具有异构化、环化等功能的质子转移的酸性组分的双功能催化剂。工业上采用把金属 Pt 负载于酸性载体上的负载型金属催化剂，Pt 的浓度通常为0.1%~1%，一般 Pt 晶粒要小于5nm。在合金催化剂活性组分 Pt-Re、Pt-Ir 或 Pt-Sn 中，Re、Ir 和 Sn 是结构型助催化剂，它可提高 Pt 的稳定性，阻止 Pt 粒因高温烧结引起 Pt 表面积减小而造成的电子转移活性下降。$\gamma-Al_2O_3$ 或沸石分子筛(丝光或 ZSM-5)既用作载体，又是另一类酸活性组分，酸性用水氯平衡调节。

由图7-4可见，如果反应物或中间产物只能在一类活性中心上进行反应，就不能使连串反应进行下去，得不到最终目的产物，反而会引起一系列副反应。所以，双功能催化剂的活性选择性和稳定性与其酸性功能和金属功能有直接关系，其双功能是相辅相成的，两种功能的配合是通过水氯平衡调节的。含水量上升会使催化剂上酸性组分流失，抑制加氢裂化和异构化反应，为防止酸性功能的减弱，所以要不断注氯。含水量增大，注氯量增加。但注氯量太大降低金属催化剂的脱氢、加氢功能。

图7－4(b)还表明，要使两类活性中心来回迅速转移，就要求Pt在Al_2O_3上分散度适宜。如果Pt微粒大，催化剂活性很差。如Pt微粒过细，则两种活性中心互相重叠，相互干扰，也得不到良好的催化效果。

(3)催化重整反应器

重整反应器根据催化剂所处状态可分为固定床层反应器和移动床层反应器；根据反应物流动方向分为轴向反应器和径向反应器。重整反应器的结构如图8－5所示。

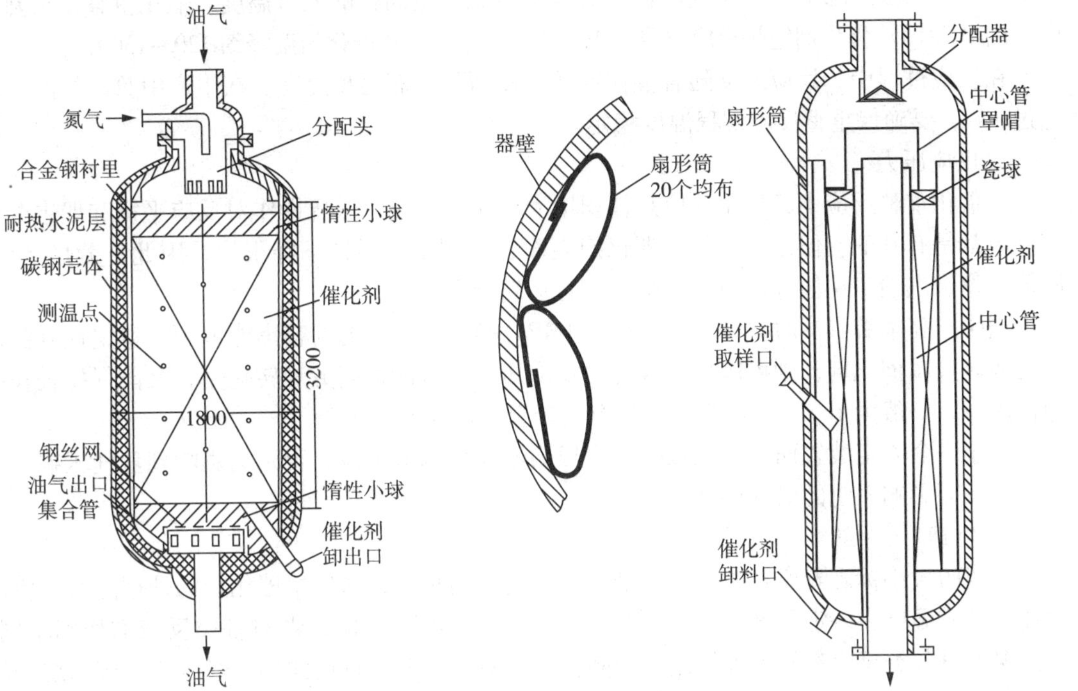

图7－5　重整反应器的结构

轴向反应器为圆筒形，壳体由普通碳钢制成，壳体内衬有耐热水泥层，里面有一层合金钢衬里。衬里可防止碳钢壳体受高温氢气的腐蚀，水泥层兼有保温和降低外壳壁温的作用。为了使原料气沿整个床截面分配均匀，在入口处设有分配头。分配头下端盲死，在下缘侧壁开有多个矩形槽口。入口处还设有事故氮气线。

径向反应器是由壳体、中心管、扇形筒、罩帽等部件组成。原料经过进料分配器后，受罩帽阻碍而进扇形筒。扇形筒开有长形小孔，气流经长形小孔，以径向进入催化剂层，然后进入中心管，中心管由内、外两层套管组成。套管上开有形状不同的小孔，反应产物通过这两层中心管的小孔进入中心管，然后从下部出口导出。

径向反应器与轴向反应器相比，优点是气流进入和引出比较均匀，故床层在反应过程中温度分布也均匀，反应也很充分。气流以较低的流速通过较薄的催化剂床层，所以床层压降低(应注意反应器压降是床层压降和其他各部分压降之和。因此，径向反应器床层压降虽小，但有时也会出现总压降反而较大的情况）。缺点是结构复杂，特别是小的径向反应器制作检修均较困难，故不宜用于小尺寸的反应器。

轴向反应器优点是结构简单，节省合金材料，制造方便，进料分布比较均匀，装卸催化剂也比较容易等。缺点是原料和催化剂两相接触不均匀，易产生局部结焦。

(4)重整过程主要操作因素分析

1)反应温度

从动力学方面考虑，提高温度对所有反应都能加快反应速度。从热力学化学平衡方面考虑，催化重整的主要反应都是吸热反应，高温有利于芳烃的生成。但是提高温度也加速了加氢裂解反应，且加速程度远高于芳构化反应，使催化剂上积炭增多。当生产芳烃时，入口温度一般采用490～495℃；当生产高辛烷值汽油时，可采用510～520℃较高温度。在正常的运行中原料P、N、A组成与设计值相近时，四个反应器将调节至同样的入口温度。催化重整是吸热反应，用Pt/Al_2O_3催化剂绝热反应温降约100℃，多金属重整催化剂温降约120～130℃。

在反应过程中，反应温度随着催化剂活性逐渐下降而逐步提高。在生产中每次提温不得超过3℃，要确保重整反应过程温度稳定。

2)反应压力

在催化重整反应中芳构化反应是体积增大的脱氢反应，低压操作对反应平衡和促进芳构化反应都是有利的。但是压力低，催化剂表面容易积炭，活性下降很快，因此，芳烃产率、液体收率、汽油辛烷值等反而会下降，而且运转周期缩短。

当生产高辛烷汽油时，可选高压(3～4MPa)操作，催化剂的容焦能力大。稳定性好的双金属或多金属催化剂，则可以采用较低的反应压力，既能提高芳烃转化率，又能保持较长的操作周期，一般为1.4～1.8MPa。国外有的装置采用0.8～1MPa。

对于一个固定装置而言，在操作中，压力不作为调节手段，否则会影响到氢气压缩机的排量，从而影响系统的氢油比。

3）空速

空速的大小标志着原料油在催化剂上接触时间的长短，即单位催化剂的处理能力。所以空速和反应温度在一定程度上是可以互相补偿的两个参数，但二者对各类反应的作用不同。提高温度对各类反应都有促进作用，而降低空速对反应速率较快的环烷烃脱氢反应与烷烃异构化反应影响不大，对加氢裂化、烷烃异构化和烷烃脱氢环化都有促进作用。从大体上讲，降低或提高空速具有提高或降低反应温度的效果。但空速的提高要受到催化剂活性的限制，只能适当提高一点。通常不允许进料空速在低于设计空速70%下操作，在提高空速时注意校验循环氢流量，以保证必要的氢油比。同时为保证产品质量，应适当提高一些温度。

一般的情况下，由于反应温度调节幅度不大，改变空速又影响装置的处理量，所以空速一般不作为调节手段。如果需要调节空速，提高空速时，先提空速后提温；降低空速时，先降温后降空速。如果违背这一原则会造成剧烈的加氢裂化反应，致使液收下降，氢气纯度下降。

4)氢油比(H_2/HC)

氢油比是指在标准状态下含氢气体(Nm^3)与重整进料油(m^3)体积之比。重整循环氢气的作用主要有三点：改善反应器内温度分布，起热载体作用；抑制生焦反应，保护催化剂活性和寿命；稀释反应原料，使物料更均匀地分布于床层中。此外，循环氢还可以将裂解而成的烯烃迅速加氢饱和成烷烃。

总压不变时，提高氢油比意味着提高氢分压，有利于抑制催化剂上积炭，但提高氢油比使循环氢量增大，压缩机消耗功率增加，操作费用提高并影响装置处理能力。

对于稳定性较高的催化剂和生焦倾向性较小的原料，可以采用较小的氢油比，反之则需用较大的氢油比。工业上常采用的氢油比为 7～8(摩尔)或 1500～1700(体积)。

(5)铂重整工艺流程

催化重整由 3～4 个反应器串联，反应器之间设有加热炉补充反应所需热量。其特点是根据各反应器内所进行的反应不同，而选用不同的操作条件，以得到最优化操作。催化剂装入的比例可以不同(如 1:2:2:10)，根据不同的情况，也可以在各反应器中分别装入不同性能的催化剂。

催化重整反应是强吸热反应，反应器采用绝热反应器。为了避免反应温度下降太大而降反应速度，第 1 个反应器催化剂装得最少，催化剂装入量逐个提高，为了提高原料转化率，最后一个反应器催化剂填装量较大。

第 1、2 反应器主要是环烷烃脱氢反应，反应速度快，温度下降剧烈，芳烃－环烷烃很快接近化学平衡，故反应温度和氢油比可以低一些。

第 3 反应器的反应温度稍高些以提高环烷烃的转化深度 。

第 4 反应器中主要是进行反应较慢的烷烃环化脱氢反应，所以采用较高的温度和较低的空速。为了避免高温下积炭速度加快，可以在第 4 反应器之前再补充一部分氢气，以提高氢油比。

1)固定床催化重整

麦格纳催化重整采用这种流程。典型固定床催化重整工艺流程如图 7－6 所示。

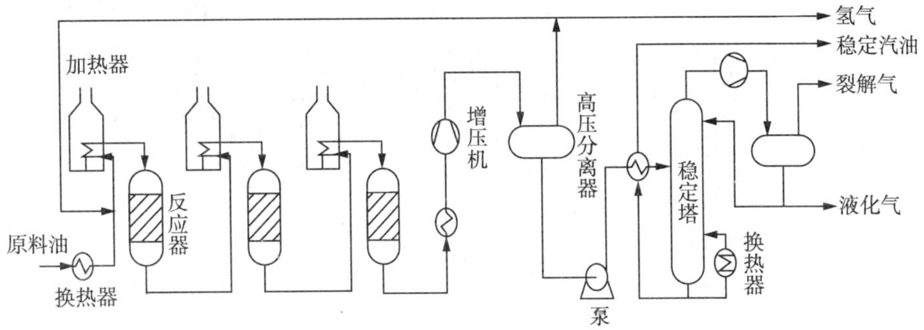

图 7－6　典型固定床催化重整工艺流程

预加氢精制油以一定流量用重整进料泵送入重整进料换热器之前，与从重整循环氢分离罐来的循环氢经重整循环压缩机压缩后混合，混合物进入重整第一加热炉，控制加热炉出口温度以达到反应器进口所需温度。

重整反应是在 3 个或 4 个串联的反应器内进行。重整反应是吸热反应，所以 4 个反应器的流出物均分别经过设有温度控制的加热炉进行加热。

重整第 4 反应器的流出物被冷却后在重整循环氢分离罐中进行气液两相分离。重整高压分离罐中气相经重整循环压缩机压缩后，绝大部分气体循环至重整反应器。剩余部分的气体经氢气冷却器冷却后送至氢气洗涤塔。另一路氢气从压缩机出口有少量气体，以一定流量送至预加氢工段中作为预加氢的新氢补充。

重整高压分离罐中的液相在控制一定液面情况下，经高压分离罐出料泵送出，经稳定塔进料换热器换热后送至重整稳定塔。

稳定塔的顶部气相在稳定塔冷却器中被部分冷却。气、液两相在稳定塔回流罐中被分离，气相部分在压力控制下送入燃料管网，液相部分用稳定塔回流泵抽出，部分液体以一定流量作为回流，剩余部分在一定液面控制下送出界区入炼油厂液化石油气贮罐或送至脱丙烷塔或燃料气站。

通过控制稳定塔再沸加热炉的出口温度使重整稳定塔实现再沸。稳定塔底用再沸循环泵，以一定流量保证液体在加热炉内循环。

重整稳定塔的底部液体产品，在保持一定液位情况下，以一定流量经稳定塔进料换热器冷却后去脱戊烷塔。

2)流化床催化重整

为了使催化剂经常保持高活性，在更低的压力和氢油比条件下操作，从而得到质量好收率高的产品，美国环球油品公司(UOP)发展了流化床连续再生式催化重整。工艺流程如图7－7所示。该工艺为减小床层压降，采用移动床径向反应器。第4反应器因积炭很多，单独并列。典型的工艺条件为1.05 MPa压力和500℃下操作，催化剂装入量比半再生式提高25%～50%，空速提高1倍以上，氢油摩尔比降低，C_5^+液体收率提高3.5%～4.5%，氢纯度提高约6%。

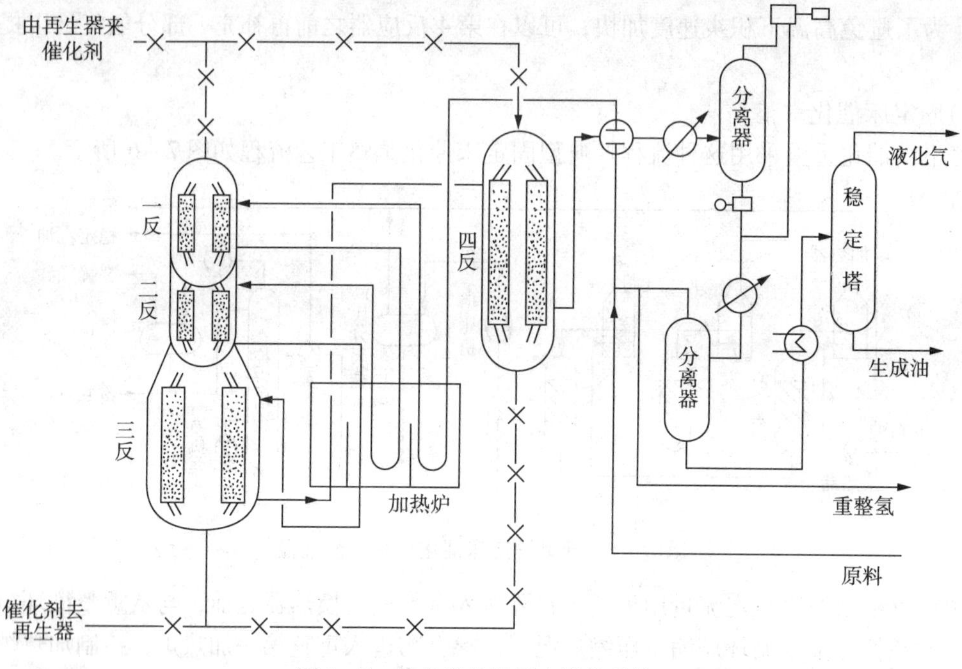

图7－7　流化床连续再生催化重整

自预加氢分馏塔塔底来的精制石脑油与重整循环氢压缩机送来的循环氢混合后进入重整进料换热器与重整反应产物换热，再经重整进料加热炉在温控阀控制下加热至所需的反应温度后送入第1反应器顶部，在反应器内，热的混合物径向通过催化剂床层，并从一反的顶部流出，然后依次流经2、3、4号反应器，各反应器之间设置中间加热炉，分别在各自温控阀控制下，由燃料气提供所需热量。从四反出来的反应产物经过重整产物空冷器冷凝后进入重整产物分离罐进行油气分离。

分离罐罐顶气分二路，一路通过压控排至放空总管(正常无量)。一路与再生单元淘析气汇合经重整循环氢压缩机增压后大部分去作重整循环氢使用。小部分经重整产氢水冷器冷却后回收的尾氢。分离罐底油由重整产物分离罐泵增压后与来自二段出口氢气混合，经过二段再接触换热器后进入2号分离罐。2号分离罐顶部氢气一部分供给预加氢、再生单元、歧化、异构化、PX装置使用，大部分送出装置并入氢气系统管网。如果以生产高辛烷值汽油为目的，2号分离罐液相经冷却后进入稳定塔(脱丁烷塔)，塔顶出液化气(C_4以下)，塔釜出重整汽油。如果以生产芳烃为目的，则进一步分离，如图7-8所示。

重整油送入脱戊烷塔分离，塔顶脱出C_5及C_5以下的组分在脱戊烷塔塔顶冷器冷凝，并送往脱丁烷塔，脱丁烷塔塔釜和塔顶分别分离出戊烷和液化气产品。

脱戊烷塔釜液送去脱庚烷塔。脱庚烷塔塔顶产品为C_6和C_7芳烃和非芳烃混合物，送芳烃抽提分离；脱庚烷塔塔顶产品为C_8和C_9^+芳烃，送芳烃分离工段。

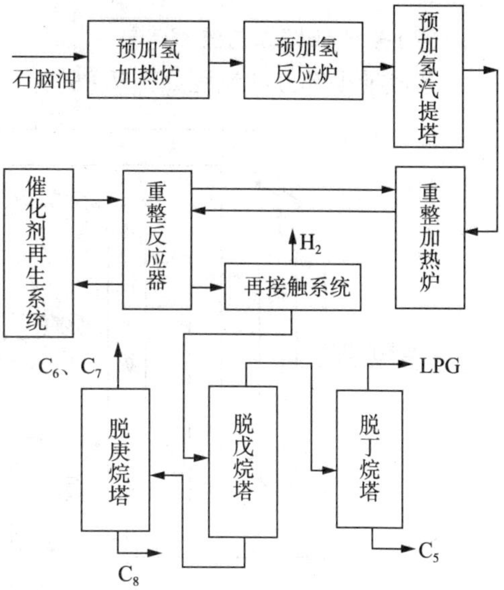

图7-8　催化重整和重整油分馏流程示意图

7.4　芳烃抽提

从不同方法得到的含苯馏分，其组分非常复杂，苯系芳烃与相近碳原子数的非芳烃沸点相差很小，不能用一般精馏法分离。通常采用液液萃取法(也称抽提法)进行分离，然后再采用一般的分离方法分离苯、甲苯、二甲苯。根据采用的溶剂和技术的不同又有多种分离方法。

(1)芳烃抽提原理

加氢裂解汽油和催化重整生成油都是芳烃与非芳烃的混合物，所以存在芳烃分离问题。重整生成油中组分复杂，很多芳烃和非芳烃的沸点相近，例如苯的沸点为80.1℃，环己烷的沸点为80.74℃，3-甲基丁烷的沸点为80.88℃，它们之间的沸点差很小，在工业上很难用精馏的方法从它们的混合物中分离出纯度很高的苯。此外，有些非芳烃组分和芳烃组分形成了共沸混合物，用一般的精馏方法就更难将它们分开，工业上广泛采用的是液相抽提的方法分离出其中的混合芳烃。

液相抽提就是利用某些有机溶剂对芳烃和非芳烃具有不同的溶解能力，即利用各组分在溶剂中溶解度的差异，经逆流连续抽提过程而使芳烃和非芳烃得以分离。在溶剂与重整生成油混合后生成的两相中，一个是溶剂和溶于溶剂的芳烃，称为提取液；另一个是在溶剂中具有极小溶解能力的非芳烃，称为提余液。将两相液层分开后，再用汽提的方法将溶剂和溶解在溶解中的芳烃分开，以获得芳烃混合物。

工业上的抽提过程往往包括三个步骤：

①料液混合物与萃取剂发生混合而密切接触。

②放置澄清使萃取相与萃余相分离。

③分别回收二相中的溶剂。

抽提能进行的必要条件如下：

①所选的萃取剂对于原液体混合物中的溶质与原溶剂具有选择性溶解能力，即对溶质有相当大的溶解度，对于原溶剂则互不相溶或不甚相溶。

②希望萃取相易于分离，以便回收萃取剂得到溶质产品。

③萃取的进行取决于溶质由原溶液至萃取剂的传递能力。

常用的萃取剂有环丁砜、*N*－甲基吡咯烷酮、二甲基亚砜和二乙二醇醚等。环丁砜萃取剂具有腐蚀性小、对芳烃的溶解度较大、选择性高、萃取剂/原料比率较低的优点，应用最广。

(2)芳烃抽提工艺流程

芳烃抽提部分的流程如图7－9所示。

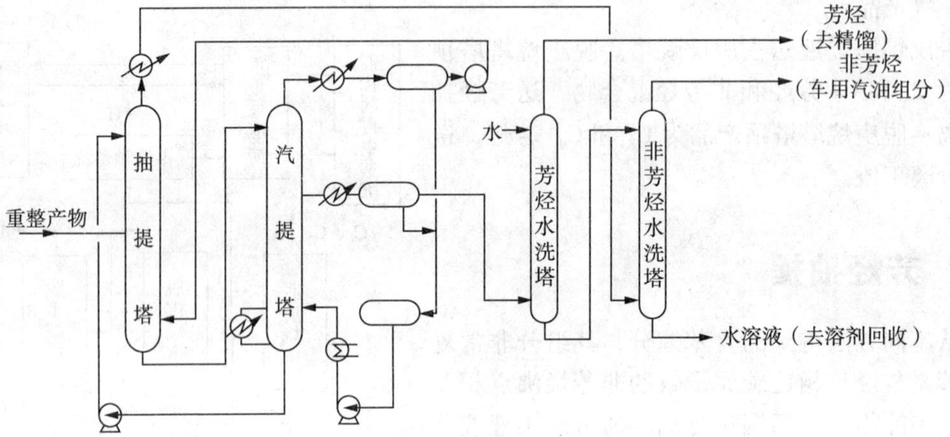

图7－9　溶剂抽提工艺流程图

自重整部分来的重整油(脱戊烷油)打入抽提塔中部，含水约5%～10%(质量)的溶剂(贫溶剂)自抽提塔顶部喷入，塔底打入回流芳烃(含芳烃70%～85%，其余为戊烷)。经逆相溶剂抽提后，塔顶引出提余液，塔底引出提取液。

提取液(又称富溶剂)经换热后，温度约以120℃左右自抽提塔底借本身压力流入汽提塔顶部的闪蒸罐，在其中由于压力骤降，溶于提取液中的轻质非芳烃、部分苯和水被蒸发出来，与汽提塔顶部蒸出的油气汇合，经冷凝冷却后进入回流芳烃罐进行油水分离，分出的油去抽提塔底作回流芳烃。分出的水与从抽出芳烃罐分出的水一道流入循环水罐，用泵打入汽提塔作汽提用水。经闪蒸后未被蒸发的液体自闪蒸罐流入汽提塔。

混合芳烃自汽提塔侧线呈气相被抽出，因为若从塔顶引出则不可避免地混有轻质非芳烃戊烷等，而从侧线以液态引出又会带出过多溶剂，引出的芳烃经冷凝分水后送入水洗塔，经水洗后回收残余的溶剂，然后送芳烃精馏部分进一步分离成单体芳烃。

(3)影响抽提的主要因素

1)温度

温度对溶剂的选择性和溶解度均有较大影响，萃取过程所以能进行是因为萃取剂加入后形成了两相区。因此，两相区域的大小对萃取过程影响是很大的，两相区的大小与系统的操作温度有关。

一般来说，温度的升高将增大溶解度，使两相区变小。当温度升高到某临界温度，两相区消失，完全互溶。此时，萃取分离就无法进行。因此，温度升高对萃取过程显然是不利的，同时温度升高还会使两共存相的浓度接近，密度差变小，容易产生液泛。温度降低两相区增大，对萃取有利，但降得较低时对有些系统可能产生第二或第三部分互溶的情况。通常碰到的是溶剂与溶质之间不完全互溶，所以，过低的操作温度对萃取也是不利的。因此，在抽提塔内必须维持一个上高下低的温度梯度，本装置设计为14℃。在确定抽提塔的各点温度时，应全面考虑，首先在低于其相应的临界溶解温度的前提下，还要达到芳烃的回收率和纯度。在操作中应以设计参数为依据，随着原料的变化，通过实验，找出适宜的抽提温度，以保证得到优质产品。

2)压力

压力对于相图的影响很小，可以忽略。抽提塔的压力是保证抽提过程呈液相操作，即在低于液体的泡点温度下进行操作，抽提塔内若发生汽化则会降低抽提效率，严重时会造成液泛，破坏了抽提过程。压力本身不影响芳烃在溶剂中的溶解度和选择性，但塔内压力波动，会影响进出物料的平衡，影响操作，故必须维持一个恒压操作。

3)溶剂比

溶剂比是指进入抽提塔顶部的溶剂对进料的质量或体积比，它是调节芳烃回收率的重要手段，同时又决定了汽提塔、回收塔的负荷，因此是抽提过程中最重要的参数。

对一定的原料量，溶剂比大意味着设备中循环的溶剂量大，也意味着装置操作费用增大。较高的溶剂比可以自抽余相中回收较多的芳烃，但往往降低芳烃的纯度，一般可用增加返洗比的办法来补偿。同时溶剂比与温度也有相当的关系，当温度升高时，相当于溶剂比增大。所以在抽提过程中选择一个适当的溶剂比是重要的。

4)返洗比

返洗比是指抽提塔中轻质非芳烃和轻芳烃作回流的回流比。非芳烃在环丁砜中也有一定的溶解能力，但较轻的非芳烃要比较重的非芳烃更易于溶解。为了保证芳烃的纯度，在抽提塔下部设有一轻质非芳烃回流线，用以顶替出富溶剂中的重质非芳烃。其回流愈大，顶替出的重质非芳烃愈多，则芳烃的纯度愈高，但返洗比过大，会影响塔的有效负荷，甚至形成液泛，这对操作是不利的。操作实践证明：返洗比和溶剂比在某种意义上有互换性，即降低溶剂比具有增大返洗比的作用。反之，增加溶剂比时又具有降低返洗比的作用。为了保证产品质量，必须在提高溶剂比的同时，适当地增大返洗比才行。

5)界面和液面

抽提塔的界面和回收塔的液面，表示了装置内溶剂的平衡关系。当两塔的界面和液面不规则波动时，说明塔内出现故障。故界面和液面反映了抽提塔和回收塔的物料平衡关系和溶剂的循环量。一般在界面稳定的情况下操作时，产品的抽出量和收率均有保证。

6)溶剂含水量

溶剂含水量的变化对抽提效果是有影响的。二甲基亚砜抽提对溶剂含水量作为一个主要参数控制，因含水量的变化，决定产品收率和质量变化。但环丁砜的选择性和溶解度随其含水量的变化并不显著。同时在实际操作中不能在回收塔中以任意调整温度的办法来控制贫溶剂的含水量。因此溶剂的含水量不作操作变数考虑。在生产运行中环丁砜中含水量约为0.4% ~0.8%。

7.5　芳烃分离

由溶剂抽提所得的混合芳烃中含有苯、甲苯、二甲苯、乙苯及少量较重的芳烃。有机合成工业所需的原料有很高的纯度要求。芳烃各组分的分离的方法是根据芳烃的物理性质确定的。C_8 芳烃中各组分的主要物理性质如表 7-1 所示。

表 7-1 C_8 芳烃的物理性质

物　性	乙苯	对二甲苯	间二甲苯	邻二甲苯
沸点/℃	136.186	138.351	139.104	144.411
熔点/℃	-94.975	13.263	-47.872	-25.173
相对碱度	0.1	1	3~100	2

由表 7-1 可知，在这些芳烃中，乙苯和邻二甲苯与相邻组分的沸点差别较大，可以将混合芳烃通过精馏的方法分离成高纯度的单体芳烃；而对二甲苯和间二甲苯沸点差别很小，很难用一般精馏分离法分离。但它们之间的熔点和相对碱度差别很大，可以用结晶方法、络合分离法或吸附方法将其分离。

7.5.1 混合芳烃的精馏

芳烃精馏部分的工艺流程见图 7-10。

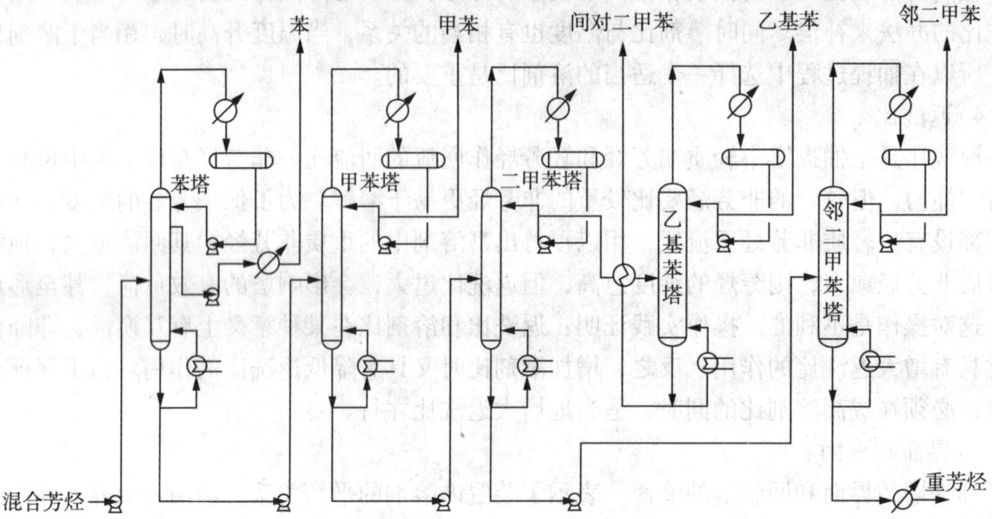

图 7-10 芳烃精馏原理工艺流程图

混合芳烃依次送入苯塔、甲苯塔、二甲苯塔，分别通过精馏的方法进行切取，得到苯、甲苯、二甲苯及 C_9 芳烃等单一组分。此法芳烃的纯度为苯 99.9%、甲苯 99.0%、二甲苯 96%。二甲苯还需要进一步分离，得到对二甲苯等。C_8 中乙苯沸点最低，与关键组分对二甲苯沸点仅差 2.2℃，精馏较困难，精馏塔实际塔板数达 300~400(相当于理论塔板数200~250)，三塔串联，塔釜压力 0.35~0.4MPa，回流比 50~100，乙苯纯度在 99.6% 以上；邻二甲苯沸点最高，与关键组分间二甲苯的沸点相差 5.3℃，精馏塔 150~200 块塔板，两塔串联，回流比 7~10，产品纯度为 98%~99.6%。

如果工厂只需要得到对二甲苯，C_8 芳烃精馏部分可省去乙苯塔和邻二甲苯塔，后续工段再把乙苯和邻二甲苯全部转化成对二甲苯。

7.5.2 间对二甲苯的分离

混合芳烃精馏得到的对二甲苯和间二甲苯之间的沸点差只有0.75℃，难于用一般精馏分离法予以分离。目前，国内外应用的工业分离方法有深冷分步结晶分离法、模拟移动床吸附分离法和络合分离法。

(1)分步结晶分离法

由表7-1可见，对二甲苯和间二甲苯的熔点相差较大。因此，将对二甲苯和间二甲苯逐步冷凝，首先对二甲苯被结晶出来，然后滤除液态的邻二甲苯，则得晶体对二甲苯。结晶温度越低(愈接近最低共熔点)，结晶的对二甲苯的回收率愈高，但得到对二甲苯纯度愈低。采用二级结晶过程可以解决这一矛盾，第一级采用接近最低共熔点(-52.7℃)低温结晶，提高对二甲苯回收率；晶体熔化后用第二级接近对二甲苯熔点(13.3℃)高温重结晶，以得到高纯度的对二甲苯。

深冷分步结晶分离法利用二甲苯异构体的熔点差异进行分离，工艺技术成熟，但此法设备庞大，对二甲苯受共熔点的限制，回收率低，只有60%~70%。

(2) 络合萃取分离法

络合萃取分离法的原理是C_8芳烃四个异构体与HF共存于一个系统时，形成两个互相分离的液层：上层为烃层、下层为HF层。

当加入BF_3后，发生下列反应，而生成在HF中溶解度大的络合物：

$$X + HF + BF_3 \longrightarrow XHBF_4 \text{（X代表二甲苯）} \quad (7-17)$$

由于MX(间二甲苯)碱度最大，所形成的$MXHBF_4$络合物的稳定性最大，故在系统中能发生如下置换反应，把碱度最小的PX(对二甲苯)置换下来：

$$MX + PXHBF_4 \longrightarrow PX + MXHBF_4 \quad (7-18)$$

$$MX + OXHBF_4 \rightarrow OX + MXHBF_4 \quad (7-19)$$

络合物置换的结果，$HF-BF_3$层中的间二甲苯浓度越来越高，烃层中的间二甲苯浓度越来越低，从而达到选择分离的目的。

由于$HF-BF_3$也是二甲苯异构化催化剂，故此分离法可与间二甲苯液相异构化过程联合，以获得更多的对二甲苯和邻二甲苯。缺点是HF有毒，且有强腐蚀性，因此很少采用。

(3)模拟移动床吸附分离法

模拟移动床吸附分离法是20世纪70年代发展的新方法，此法比深冷结晶法投资少，生产总成本低，对二甲苯收率高，纯度也高，已取代上述两种方法。

所谓吸附分离法就是利用某种固体吸附剂，有选择地吸附混合物中某一组分，随后使之从吸附剂上解吸出来，从而达到分离的目的。吸附分离C_8混合芳烃是采用液相操作。其原理是选择分子筛作为吸附剂，它对于对二甲苯吸附能力较强，而对其他的二甲苯异构体吸附能力较弱，从而使对二甲苯可以从混合二甲苯中被分子筛吸附；然后用一种液体脱附剂冲洗，使对二甲苯从分子筛吸附剂上脱附；最后用精馏的方法分离对二甲苯和脱附剂，从而达到分离对二甲苯与其他异构体的目的。

吸附分离效果主要取决于吸附剂吸附C_8芳烃的吸附选择性和脱附剂的性质。

吸附剂应该具有吸附选择性好、较大的吸附容量、良好的热稳定性和化学稳定性以及一定的机械强度。吸附剂以KBaY型分子筛分离性能较好。

吸附剂的选择性是指吸附剂对各种组分吸附能力的差别，衡量吸附剂选择性大小用选择性系数β来表示。选择性系数β定义为两组分平衡常数之比：

$$\beta = K_A / K_B = (Z_A / X_A) / (Z_B / X_B) \tag{7-20}$$

式中　Z_A——易吸附组分在吸附相中的浓度；

Z_B——难吸附组分在吸附相中的浓度；

X_A——易吸附组分在液相中的浓度；

X_B——难吸附组分在液相中的浓度。

β值越大，越易于吸附分离，$\beta=1$时无法分离。

吸附剂选择性系数β的意义与精馏原理中相对挥发度相似。据有关文献介绍，对于K－Ba－Y型分子筛，PX及OX、MX、EB四种异构体β数值为：$\beta_{PX/MX}=3.73$，$\beta_{PX/OX}=3.45$，$\beta_{PX/EB}=2.53$，$\beta_{PX/PDEB}=1.15$，吸附剂对非芳无吸附性能。

脱附剂又称解吸剂，作用是将吸附在吸附剂上的对二甲苯解吸下来。解吸剂必须满足如下条件：

①与C_8芳烃任一组分均能互溶；

②与对二甲苯有尽可能相同的吸附亲和力，以便与对二甲苯进行反复的吸附交换；

③与C_8芳烃的沸点有较太差别（至少差15℃）；

④脱附剂存在下，不影响吸附剂的选择性；

⑤价廉易得，性质稳定。

移动床作用原理如图7－11所示，A和B代表被分离的物质，A比B有更强的吸附力；D代表脱附剂。图中Ⅰ区为A吸附区；Ⅱ区为B脱附区（即第一精馏区）；Ⅲ区为A脱附区；Ⅳ区为B吸附区（即第二精馏区）。

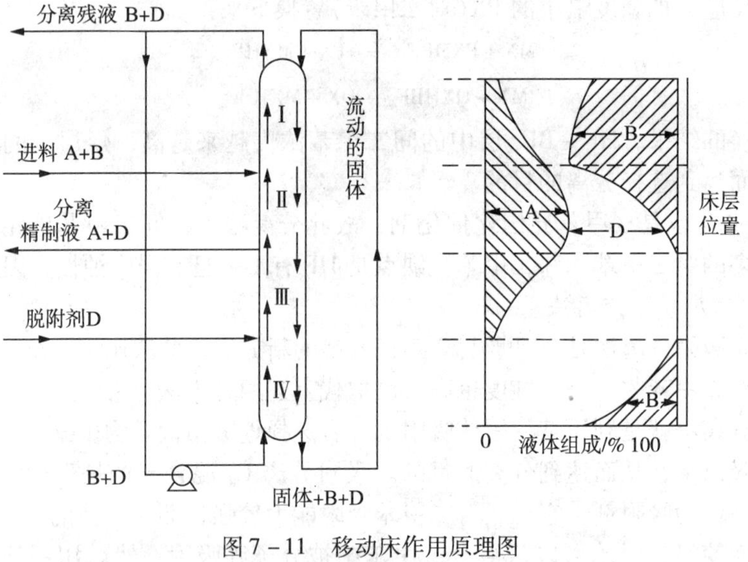

图7－11　移动床作用原理图

由于该过程固体吸附剂在吸附分离器中是不断循环移动，存在吸附剂输送和磨损问题，且大直径吸附器中固相吸附剂的均匀移动也难以保证。所以移动床连续吸附分离无法实现工业化。

从移动床的作用原理和液相中各组分的浓度分布图可看出，如果使固体吸附剂在床内固定不动，而将物料进出口点连续向上移，其作用与保持进出口点不动而连续自上而下移动固体吸附剂是一样的。由此原理设计的分离装置称模拟移动床。

工业上模拟移动床有两个吸附塔，借循环泵首尾相连如同一个，如图 7 - 12 所示(图中仅画出一个)。塔内有 24 节，各塔节中装有固定的吸附剂，并有管线与旋转阀相连，通向物料的四个进出口控制阀。

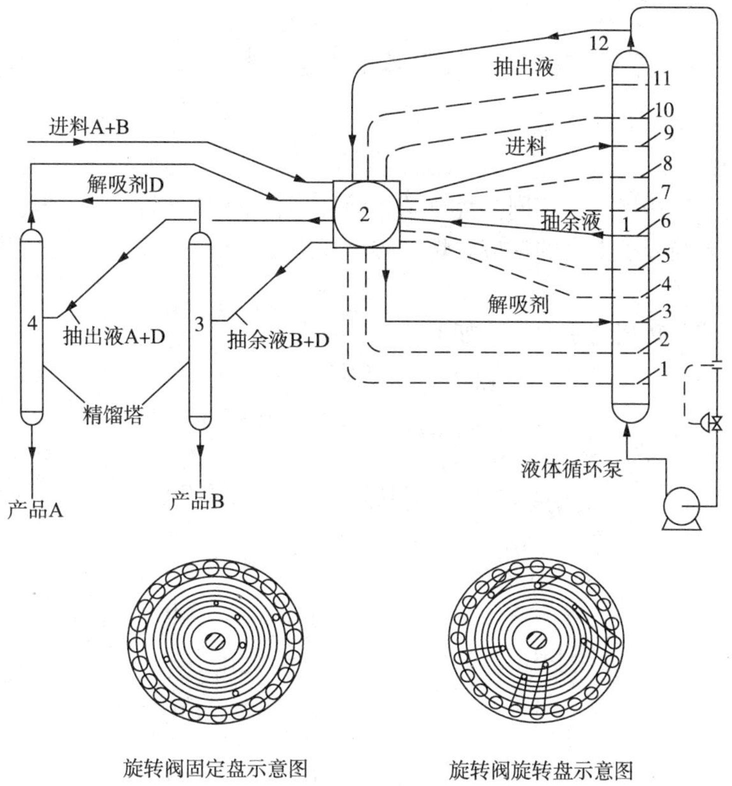

图 7 - 12　立式模拟移动床吸附分离示意图

1—吸附塔；2—旋转阀：3—抽余液精馏塔；4—抽出液精馏塔

旋转阀的转动是根据原料处理量、原料组成、吸附剂的填充盘等，依一定时间用计时开关来进行控制而完成吸附和脱附操作。抽出液由仅含对二甲苯和脱附剂的区域引出，经精馏塔分离可回收几乎全部的对二甲苯。抽余液由不含对二甲苯的区域取出，经精馏塔分离可得产品间和邻二甲苯去进行异构化；脱附剂 D 循环使用。

循环泵是保证模拟移动床两个吸附塔之间液体正常循环流动的设备，共两台。一台是将 12 床层的液流送到 13 床层的循环泵；另一台是将 24 床层的液流送到 1 床层的循环泵。随着旋转阀的转动周期性地切换通向诸进出口的管线，由于不同的区域需要不同的流量，因此当区域改变时其流量的设定值也相应地改变，故泵送循环液是由数控装置重点控制。

旋转阀是依靠计时器的定时控制，通过旋转阀的转动使床层管线切换，实现固体吸附剂模拟移动上升的主要设备。

7.6　芳烃的相互转化

无论是催化重整还是裂解汽油加氢得到的石油芳烃，即苯、甲苯、二甲苯、乙苯等，都在品种与数量上与实际需求不一致。随着苯和对二甲苯需求量日益猛增，尚供不应求。

在石油芳烃中约占40% ~50%的甲苯、间二甲苯和 C_9 芳烃还未充分利用而供过于求，造成石油芳烃品种及其数量上供需不平衡。因此，采用芳烃的转化技术，可以将芳烃的品种与数量进行调整。甲苯歧化和甲苯与 C_9 芳烃的烷基转移方法是增产苯与二甲苯的有效工艺方法。

7.6.1 甲苯、C_9 芳烃歧化生产二甲苯的工艺

该工艺生产二甲苯并联产苯。

(1)生产原理

芳烃的歧化一般是指两个相同芳烃分子在酸性催化剂作用下，一个芳烃分子上的侧链烷基转移到另一个芳烃分子上去的反应。烷基转移反应是指两个不同芳烃分子之间发生烷基转移的过程。

芳烃歧化和烷基转移的主要反应如下：

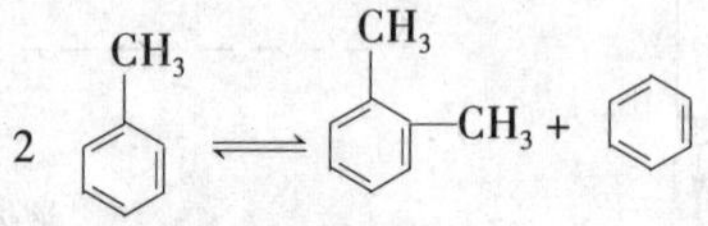
(7-21)

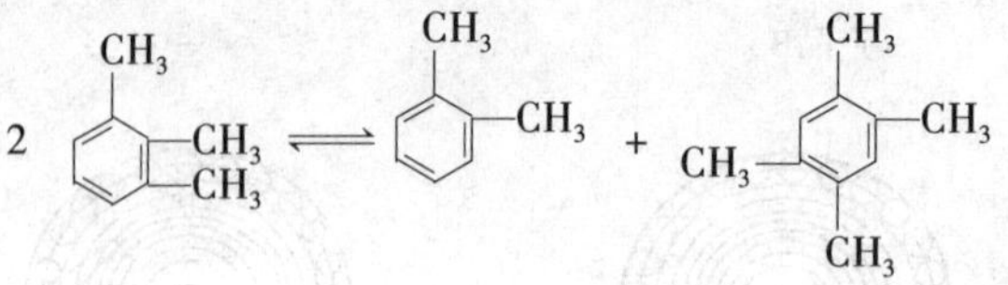
(7-22)

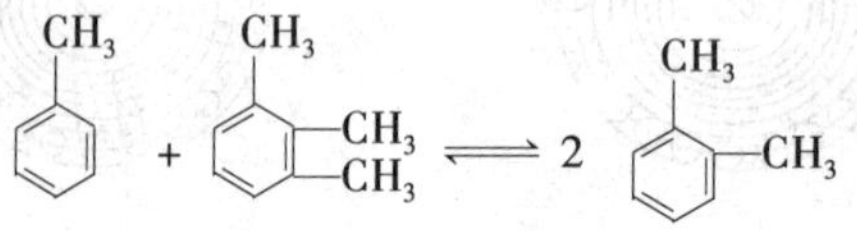
(7-23)

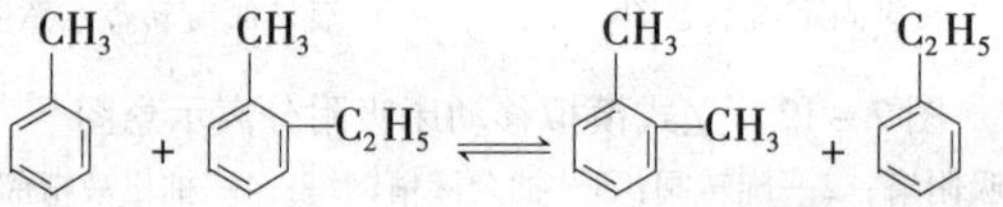
(7-24)

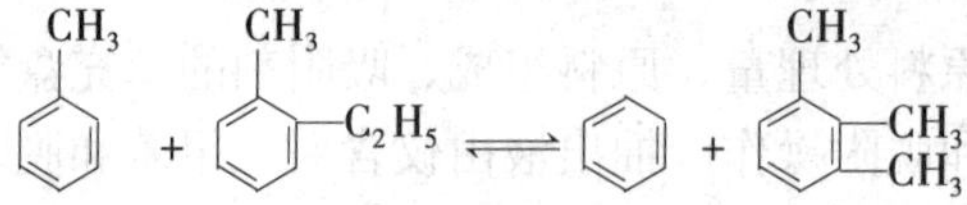
(7-25)

在甲苯歧化原料的甲苯中加入三甲苯目的是借助烷基转移反应增产二甲苯。

甲苯歧化与烷基转移工艺理论上不耗氢，设备和公用工程消耗也少。国外典型的工艺主要有日本东丽公司与UOP公司开发的Tatoray工艺、Mobil公司的MTDP-3工艺、Arco公司开发的Xylene-Plus工艺和UOP公司的Xylene-Plus工艺。除Arco公司的Xylene-Plus工艺采用Y型分子筛D-8硅铝小球作催化剂和移动床工艺外，其余工艺均采用固定床工艺和氢型丝光沸石或ZSM-5分子筛催化剂。

(2)操作条件的选择

①原料中三甲苯的浓度。投入原料 C_9 混合芳烃馏分中只有三甲苯是生成二甲苯的有效成分，所以原料 C_9 芳烃馏分中三甲苯的浓度高低，将直接影响反应的结果。当原料中三甲苯浓度为50%左右时，生成物中 C_8 芳烃的浓度为最大。为此应采用三甲苯浓度高的 C_9 芳烃作原料。

②反应温度。歧化和烷基转移反应都是可逆反应。由于热效应较小，温度对化学平衡影响不大，而催化剂的活性一般随反应温度的提高而升高。温度升高，反应速度加快，转化率

升高，但苯环裂解等副反应增加，目的产物收率降低。温度低，虽然副反应少、原料损失少，但转化率低，造成循环量大、运转费用高。在生产中主要选择能确保转化率的温度，当温度为400～500℃时，相应的转化率为40%～45%。

③反应压力。此反应无体积变化，所以压力对平衡组成影响不明显。但是，压力增加既可使反应速度加快，又可提高氢分压，有利于抑制积炭，从而提高催化剂的稳定性。一般选取压力为2.6～3.5 MPa。

④氢油比。主反应虽然不需要氢，但氢的存在可抑制催化剂的积炭倾向，可避免催化剂频繁再生，延长运转周期，同时氢气还可起到热载体的作用。但是，氢量过大，反应速度下降，循环费用增加。此外，氢油比与进料组成有关，当进料中C_9芳烃较多时，由于C_9芳烃比甲苯易产生裂解反应，所以需提高氢油比。当C_9芳烃中甲乙苯和丙苯含量高时，更应该提高氢油比，一般氢油比(摩尔)为10:1，氢气纯度>80%。

⑤空速。反应转化率随空速降低而升高，但当转化率达40%～45%时，其增加的速率显著降低。此时，如空速继续降低，转化率增加甚微，相反导致设备利用率下降。

(3)工艺流程

以甲苯和C_9芳烃为原料的歧化和烷基转移生产苯和二甲苯的工业生产方法主要有两种：一种是加压临氢气法，另一种是常压不临氢气相法。

歧化和烷基转移反应一般在同一反应器中发生。反应器为一段绝热式固定床，反应产物出反应器后经换热和冷却，在气液分离器中分离出氢气，通入稳定塔中脱除轻组分，再经白土处理脱除烯烃，最后在分馏系统依次分馏出苯、二甲苯、重芳烃等产品。分离出的未反应完的氢气、甲苯和C_9芳烃都返回反应器循环使用。

以下介绍应用最广泛的加压临氢气相法，其工艺流程如图7－13所示。

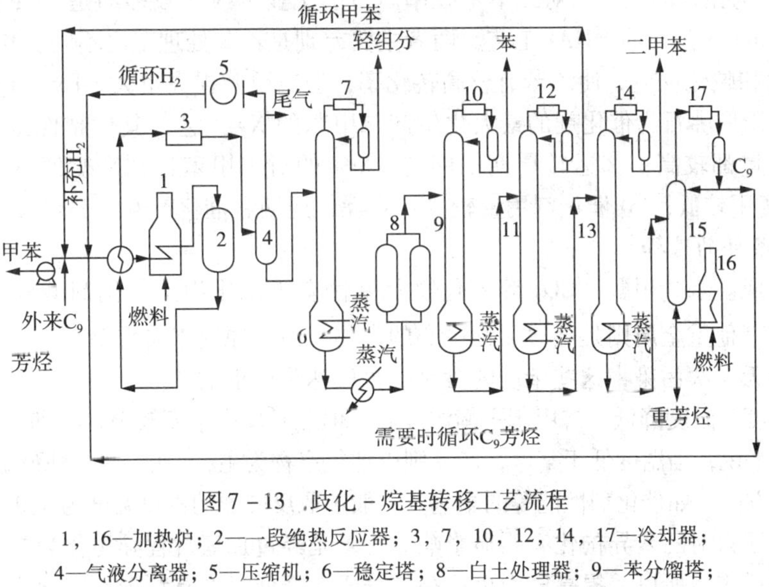

图7－13　歧化－烷基转移工艺流程

1，16—加热炉；2—一段绝热反应器；3，7，10，12，14，17—冷却器；
4—气液分离器；5—压缩机；6—稳定塔；8—白土处理器；9—苯分馏塔；
11—甲苯分馏塔；13—二甲苯分馏塔；15—C_9芳烃分馏塔

原料甲苯、C_8芳烃及循环甲苯、循环C_9芳烃和氢气混合后，经换热预热、加热炉加热到反应温度(390～500℃)，以3.4 MPa压力和$1.14h^{-1}$空速(体积)进入反应器(2)。加热炉的对流段设有废热锅炉。反应原料在绝热式固定床反应器(2)中进行歧化和烷基转移反应，产物经换热冷却后进入产品分离器(4)，进行气液分离。产品分离器分出的大部分氢气，经循环氢压缩机(5)压缩返回反应系统，小部分循环气为保持氢气纯度而排放至燃料气系统或异构化装置，并补充新鲜氢气。产品分离器流出的液体去汽提塔(6)脱除轻馏分，塔底物料一部分进入再沸加热炉，以气液混合物返回塔中，另一部分物料经换热后进入白土塔(8)。物料通过白土吸附，在白土塔中除去烯烃后依次进入苯塔(9)、甲苯塔(11)和二甲苯塔(13)。从苯塔和二甲苯塔顶分别馏出目的产品(含量 >99.8%)苯和二甲苯。从甲苯塔顶和二甲苯塔侧线分别得到的甲苯和 C_8 芳烃，循环回反应系统，二甲苯塔底为 C_{10} 及 C_{10} 以上重芳烃。

7.6.2 C_8 混合芳烃异构化生产对二甲苯

由各种方法制得的 C_8 芳烃，都是对二甲苯、邻二甲苯、间二甲苯和乙苯的混合物(称为 C_8 混合芳烃)，其组成视芳烃来源而异。不论何种来源的 C_8 芳烃，其中以间二甲苯含量最多，通常是对二甲苯和邻二甲苯的总和，而有机合成迫切需要的对二甲苯含量却不多。为了增加对二甲苯的产量，最有效的方法是通过异构化反应，将间二甲苯及其他 C_8 芳烃转化为对二甲苯。

异构化的实质是把对二甲苯含量低于平衡组成的 C_8 芳烃，通过异构化使其接近反应温度及反应压力下的热力学平衡组成。平衡组成与温度有关，不论在哪个温度下，其中对二甲苯含量并不高。因此。在生产中，C_8 芳烃异构化工艺必须与二甲苯分离工艺联合生产，才能最大限度地生产对二甲苯。也就是说，先分离出对二甲苯(或对二甲苯和邻二甲苯)，然后将余下的 C_8 芳烃非平衡物料，通过异构化方法转化为对、间、邻二甲苯平衡混合物，再进行分离和异构。如此循环，直至 C_8 芳烃全部转化为对二甲苯。

C_8 芳烃异构化目的是提高对二甲苯收率。目前工业上应用较多的是 UOP 公司的 Isomer 工艺和 Exxon mobil 公司的 MHAI 工艺。两者主要差别是乙苯处理工序不同。MHAI 工艺通过乙苯脱烷基化和歧化反应，使乙苯有较高转化率，但二甲苯损失也大。Exxonmobil 公司开发的以 EM4500 择形沸石为催化剂的最大化生产二甲苯的 Xy 工艺，其优越性是：①生产能力和对二甲苯质量都较高；②运转周期中能使 100% 的对二甲苯达到平衡值；③乙苯转化率高；④ 操作费用较低；⑤ 催化剂用量较少；⑥操作周期和催化剂寿命都较长。

(1)操作条件的选择

①原料组成。水、甲醇、CO_2 等氧化物及碱性有机氮化物是催化剂酸性活性中心的毒物，砷、铅和其他重金属则是金属活性中心的毒物。由于原料来自重整、抽提、加氢裂解汽油等装置，若无二次污染，这些杂质的含量是可以达到要求的。

②反应温度。温度降低对二甲苯平衡浓度高，但此时反应速度较慢，特别对于双功能的贵重金属催化剂来说，当温度低于某值，产品则以加氢产物为主，二甲苯收率降低。因此，温度选择要权衡各方面，如催化剂性能等的影响。一般选取反应器的进口温度为 400 ~450℃。

③压力。压力对乙苯异构化有明显影响。乙苯是经过加氢过程异构化为二甲苯的，而加氢反应是放热反应。所以，提高压力可提高氢分压，降低温度有利于乙苯异构为二甲苯。氢分压太低，易使催化剂表面积炭、失活，一般反应压力为 1.37 ~2.30 MPa。

④空速。若催化剂活性高，则允许空速高；催化剂活性低，空速必须降低。随着空速提高，反应产物中的对二甲苯浓度和乙苯转化率将下降。一般空速为 $3.1h^{-1}$。

⑤氢油比。氢气不仅参加加氢反应，还可防止催化剂表面积炭。氢油比一般为 6:1(摩

尔比)，氢气浓度必须保持在80%以上，在生产过程中还应不断补加新鲜氢气。

(2)工艺流程

C_8 芳烃异构化装置大多采用具有裂化异构化和加氢脱氢双功能的催化剂，并在氢压下进行异构化反应。其工艺流程如图 7－14 所示。

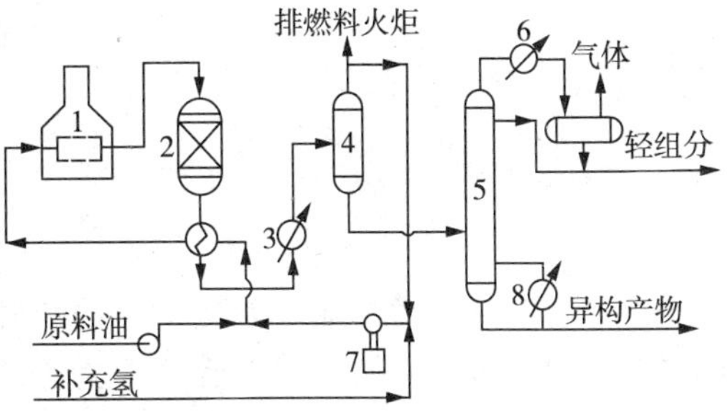

图 7－14 C_8 芳烃异构化典型工艺流程

1—加热炉；2—反应器；3，6—冷凝器；4—分离器；5—脱庚烷塔；7—循环氢压缩机；8—蒸汽发生器

来自二甲苯分离装置的 C_8 芳烃(已脱去大部分对二甲苯)与由重整装置或歧化装置来的补充氢气、循环氢混合，经换热后全部汽化，然后进入进料加热炉(1)。物料加热到反应温度后进入异构化反应器(2)，反应器为绝热式固定床。原料在催化剂作用下发生异构化，反应产物从反应器底部流出，与进料换热后进入空冷器(3)冷凝冷却到40℃，再进入产品分离器(4)进行气液分离。气相部分为富氢，从产品分离器顶部流出，大部分经循环压缩机(7)返回反应器，少部分适当处理后作为燃料。产品分离器底部的液相物料经换热后进入脱庚烷塔(5)。

脱庚烷塔主要作用是脱除 C_7 以下轻组分，轻组分从塔顶蒸出后一部分作回流，另一部分进入重整装置脱戊烷塔，不凝性气体则作为燃料。脱庚烷塔底物料是除去轻组分后的 C_8 芳烃。为防止反应生成的微量烯烃带入分离装置，C_8 芳烃进入白土塔除去烯烃。最后，用精馏方法除去 C_9 以上芳烃，将所得混合二甲苯送二甲苯分离装置分离。

例 7－2 芳烃联合装置 C_8 芳烃精馏分离部分有两种情况，一种是精馏分离出乙苯作为产品出售，二甲苯异构化成对二甲苯；另一工艺是不分离出乙苯，把乙苯和二甲苯一起异构化成对二甲苯。两种工艺后续的 C_8 芳烃异构化采用的催化剂明显不同。分析其原因。

【分析】

(1)C_8 芳烃中二甲苯的异构化

二甲苯的异构化过程有两种情况，一种是三种异构体之间的相互转化：

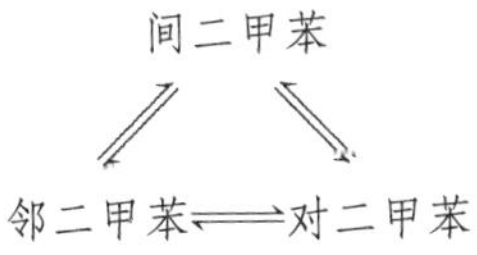

另一种是连串式异构化反应：

邻二甲苯⇌间二甲苯⇌对二甲苯

人们曾在 $SiO_2-Al_2O_3$ 和 $Ni/SiO_2-Al_2O_3$ 催化剂上对异构化过程的动力学规律进行了研究。得到的实验结果是：邻二甲苯异构化的主要产物是间二甲苯；对二甲苯异构化的主要产物也是间二甲苯；而间二甲苯异构化产物中邻二甲苯和对二甲苯的含量却非常接近。因此认为二甲苯在该催化剂上异构化的反应图式应是第二种。

三种二甲苯异构体的异构化是正碳离子机理苯环上甲基转移的反应，工业上采用酸催化剂。所以，对于已经分离出乙苯的 C_8 芳烃异构化，主要采用无定形 $SiO_2-Al_2O_3$、ZSM 分子筛催化剂和 $HF-BF_3$ 等酸性催化剂。

(2)C_8 芳烃中乙苯的异构化

在 Pt/Al_2O_3 催化剂上研究了乙苯的气相临氢异构化得知其异构化速度比二甲苯慢，而且温度的影响较显著，温度愈高，乙苯转化率愈小，二甲苯收率也愈小。这是因为乙苯是按如下反应图式进行异构化：

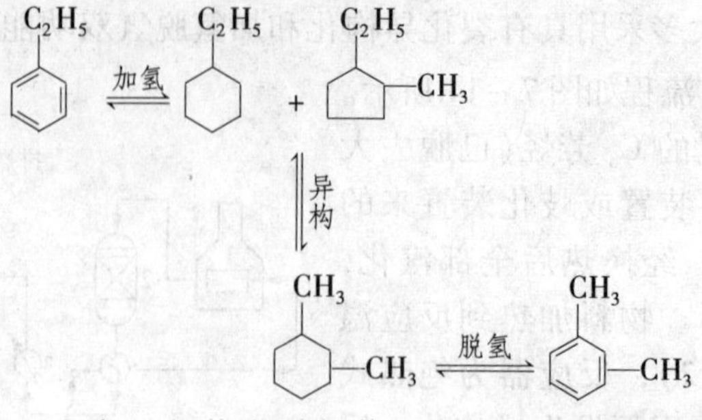

(7 - 26)

整个异构化过程包括了加氢、异构和脱氢等反应。而低温有利于加氢，高温有利于异构和脱氢，故只有协调好各种条件才能使乙苯异构化得到较好的结果。

由于酸催化剂只有异构化功能，无加氢、脱氢功能，金属催化剂只有加氢、脱氢功能，而无异构化功能，所以单独用酸催化剂或金属催化剂不能完成乙苯的异构化。实际上工业采用的是双功能催化剂，这类催化剂既具有加氢、脱氢功能，又具有异构化功能，故不仅能使二甲苯之间异构化，也可使乙苯异构化为二甲苯，并具有较好的活性和选择性，所得产物二甲苯异构体的组成接近热力学平衡值。已使用的有 $Pt/SiO_2 - Al_2O_3$、Pt/Al_2O_3 和 Pt/沸石等催化剂。选择适宜的氢压和温度能促进乙苯的异构化并提高转化率。

第8章 芳烃主要衍生产品生产工艺

8.1 苯乙烯

8.1.1 苯乙烯的性质和用途

(1)苯乙烯的性质

苯乙烯在常温下为无色透明液体，具有辛辣香味，易燃，难溶于水，易溶于甲醇、乙醇及乙醚等溶剂中，对皮肤有刺激性。

苯乙烯具有乙基烯烃的性质，反应性极强，如还原、氧化、氯化等。从结构上看，属不对称取代物，烯烃上带有苯环，使乙苯带有极性，易于发生聚合，常温下可缓慢自聚，不能长期存放。当温度超过100℃时，聚合速度剧增，故应加阻聚剂防止自聚。苯乙烯除可自聚生产聚苯乙烯以外，还可与其他化合物产生共聚。

(2)苯乙烯的用途

由于苯乙烯易自聚和共聚，所以它是合成橡胶、聚苯乙烯、塑料和其他各种共聚物主要原料之一。苯乙烯自聚制得的聚苯乙烯塑料为无色透明体，易于加工成型，且产品经久耐用美观，介电性能很好。发泡聚苯乙烯还可用作防震材料和保温材料。

苯乙烯最重要的用途是作为合成橡胶和塑料的单体，以生产丁苯橡胶、聚苯乙烯、泡沫聚苯乙烯。也用于与其他单体共聚制造多种用途不同的工程塑料，如与丙烯腈、丁二烯共聚制得ABS树酯，广泛用于家用电器和工业仪表上。苯乙烯-丙烯腈共聚物(SAN)是耐冲击、色泽鲜艳的树脂。苯乙烯-丁二烯-苯乙烯嵌段共聚物(SBS)是热塑性橡胶，广泛用作聚氯乙烯、聚丙烯的改性剂等。此外，苯乙烯还广泛用于制药、涂料、纺织等工业。

由于苯乙烯有着广泛的应用，所以在有机化学工业中占有比较重要的地位，目前在乙烯系列产品中已占到第四位，占世界单体产量的第三位。

8.1.2 苯乙烯生产方法简介

苯乙烯的合成方法有许多种，即可通过采用不同原料经过不同方法来生产苯乙烯。目前主要是利用乙苯脱氢方法生产苯乙烯，该方法在20世纪40年代即已实现工业化生产。

下面简单介绍几种合成苯乙烯的方法：

(1)乙苯催化脱氢生产苯乙烯

该方法是以苯和乙烯为原料，通过烃化反应生成乙苯，然后乙苯再催化脱氢生成苯乙烯这是工业上最早采用的生产方法。通过近年来的研究发展，使其在催化剂性能、反应器结构和工艺操作条件等方面都有了很大的改进。

(2)乙苯氧化脱氢生产苯乙烯

由于乙苯催化脱氢须在较高温度和大量水蒸气存在下进行，能量消耗大，生产成本高近年来开始研究由乙苯氧化脱氢生产苯乙烯。

(3)哈康法生产苯乙烯(共氧化法)

该法是以乙苯和丙烯为原料联产苯乙烯和环氧丙烷。

哈康法是由美国哈康公司1966年开发研究的，1973年实现工业化。该法既可生产苯乙烯又可联产环氧丙烷(重要的化工原料)。目前由该路线生产的环氧丙烷占世界环氧丙烷总产量的三分之一，生产的苯乙烯占世界苯乙烯产量的10%。

乙苯共氧化法可同时得到两种重要的化工产品，其生产成本低，污染少，但其副产物多，流程较长，单位能耗较高。

(4)乙苯催化脱氢——氢选择氧化法制苯乙烯

乙苯催化脱氢——氢选择氧化法是由美国的环球油品公司(UOP)开发，称为Styro－Plus技术。在乙苯催化脱氢工艺中，一般采用过热蒸汽进行直接供热，而在该法中则采用分段氧化供热的新工艺。系统生成的氢与引入的氧反应，放出大量的热供给反应系统，使过热蒸汽的需求量大大降低，同时由于氢的消耗，有利于平衡向生成苯乙烯的方向移动，可大大提高平衡转化率(达82%左右)。

8.1.3 乙苯催化脱氢生产苯乙烯

(1)乙苯催化脱氢的反应

乙苯脱氢主副反应关系如下：

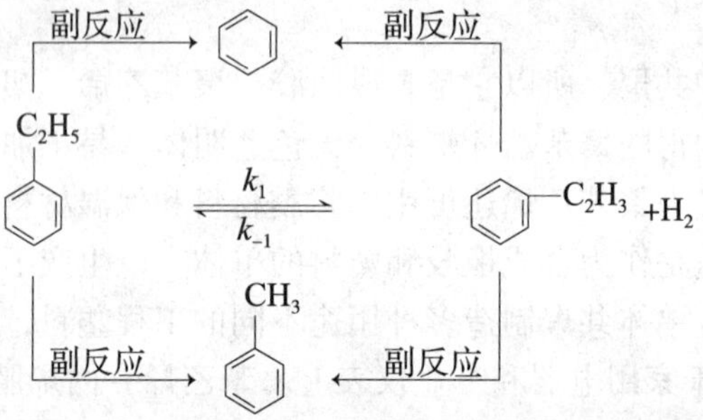

乙苯脱氢除了主反应以外，还有裂解反应和加氢裂解反应两种。由于苯环比较稳定，故裂解反应均发生在侧链上。主要的连串副反应是苯乙烯聚合生成焦油和加氢裂解。其中聚合副反应的发生，不仅使反应的选择性下降，而且由于其黏性较强，极易在催化剂上结焦而使催化剂活性下降。

(2)乙苯催化脱氢催化剂

烃类脱氢反应在热力学上处于不利地位，要想其在动力学上占有绝对优势，实现工业化生产，必须采用活性高、选择性好的催化剂。

一般来说，加氢催化剂皆可作为脱氢催化剂。但由于烃类的脱氢反应须在高温下进行，故所用催化剂必须能耐高温。由于金属氧化物热稳定性要比金属为好，所以烃类脱氢反应所用催化剂均采用金属氧化物。对烃类脱氢催化剂的要求是：

①具有良好的活性和选择性，即对主反应有较好的选择性，能加快其反应速度，而对副反应没有或很少有催化作用。

②热稳定性好，具有较高的耐热性。

③化学稳定性好，具有良好的耐还原性，不至被还原成金属态。具有足够的强度，不至于在长期水蒸气作用下发生崩解。

④抗结焦性能好，易再生。

脱氢催化剂有氧化铬－氧化铝系催化剂、氧化锌系催化剂和氧化铁系催化剂。氧化铁系催化剂是目前工业上广泛采用的乙苯脱氢催化剂，其中具有代表性的为美国的壳牌(Shell)105催化剂，其组成为：

$$Fe_2O_3(87\% \sim 90\%) - Cr_2O_3(2\% \sim 3\%) - K_2O(8\% \sim 10\%)$$

Shell 105催化剂具有较高的活性和选择性及较长的寿命，能适应较高空速，乙苯转化率为60%，苯乙烯选择性为87%。

在氧化铁系催化剂中，氧化铁是活性组分，据研究可能是Fe_2O_3起催化作用。这类催化剂具有良好的活性和选择性，但是若在还原气氛中脱氢，其选择性很快下降，因此要求反应必须在氧化气氛中进行。水蒸气是氧化性气体，在水蒸气存在下，可防止氧化铁过度还原，从而得到较高的选择性。因此采用氧化铁系催化剂脱氢时，总是以水蒸气作稀释剂。

氧化铬属高熔点金属氧化物，可作为结构性助剂以提高催化剂的热稳定性，还可稳定铁的价态。氧化钾属于助催化剂，可提高活性组分的活性，且能改变催化剂表面的酸度，减少裂解副反应的进行。氧化钾还可提高催化剂的抗结焦性能，能催化水煤气反应，从而提高催化剂的自再生能力，延长催化剂的使用寿命。

(3)乙苯催化脱氢反应影响因素

脱氢反应要想在技术经济上合理的范围内进行，除了要选择具有高活性、高选择性的催化剂外，还要选择适宜的操作条件。脱氢反应过程的主要操作条件是温度、压力、稀释剂用量、原料烃空速。

1)反应温度

由前面分析可知，反应温度高，既有利于脱氢平衡，又可加快脱氢反应速度。但是，温度过高，活化能较高的裂解副反应速度加快更甚，结果虽使转化率增加但使选择性下降。同时由于温度过高，产物聚合生焦的副反应也加速，使催化剂的失活速度加快。

2)反应压力

烃类脱氢反应是体积增大的反应，降低压力有利于反应平衡向生成产物的方向进行，为了降低反应压力和减小过程压力降，使其对脱氢反应有利，最好在减压下操作。但减压操作对反应设备的制造要求较高，设备制造费用增加，故过去一般除了低级烷烃脱氢因催化剂不耐水蒸气，必须在减压下操作外，烯烃和烷基芳烃脱氢均在略高于常压下操作。通过对脱氢反应器的不断改造，现在已可以在减压下操作，从而可达到较高的转化率和选择性。如齐鲁石化公司乙苯脱氢制苯乙烯生产装置即是采用了二段绝热负压反应器，其转化率可达63%，苯乙烯总选择性为96%。

3)水蒸气和烃的用量比

从热力学上分析，脱氢反应应控制在高温低压下进行，但高温下减压操作比较困难。为了降低反应物的分压，提高平衡转化率，一般需加入稀释剂。常用的稀释剂是水蒸气。H_2O/烃比愈大，对反应愈有利，对催化剂除焦愈有利，但相应的能耗加大，操作费用加大，需综合考虑。其用量比也与反应器形式有关，绝热反应器所用水蒸气量要比等温反应器多一倍左右。

4)原料烃的空速

空速减小，转化率提高，但连串副反应增加，选择性下降，催化剂表面结焦增加，再生周期缩短。空速增大，则转化率减小，产物收率也降低，原料循环量增加，能耗加大，操作费用加大。故最佳空速的选择必须综合考虑各方面因素而定。

(4)乙苯催化脱氢生产苯乙烯的工艺流程

乙苯催化脱氢反应是强吸热反应，需在高温下向系统供给大量的热以满足反应需要。自乙苯催化脱氢制苯乙烯实现工业化以来，根据供热方式不同，可分为两种不同形式的反应器，即由美国的 Dow 公司开发的绝热反应器和德国的 BASF 公司开发的等温反应器。

1)等温反应器脱氢工艺流程

等温反应器为外加热列管式反应器，由许多耐高温的镍铬不锈钢管或内衬铜锰合金的耐热钢管组成。管长一般为3m，管内装填催化剂，管外由烟道气加热，供给反应所需的热量，保持反应在等温下进行，故称等温反应器。如图 8-1 所示。

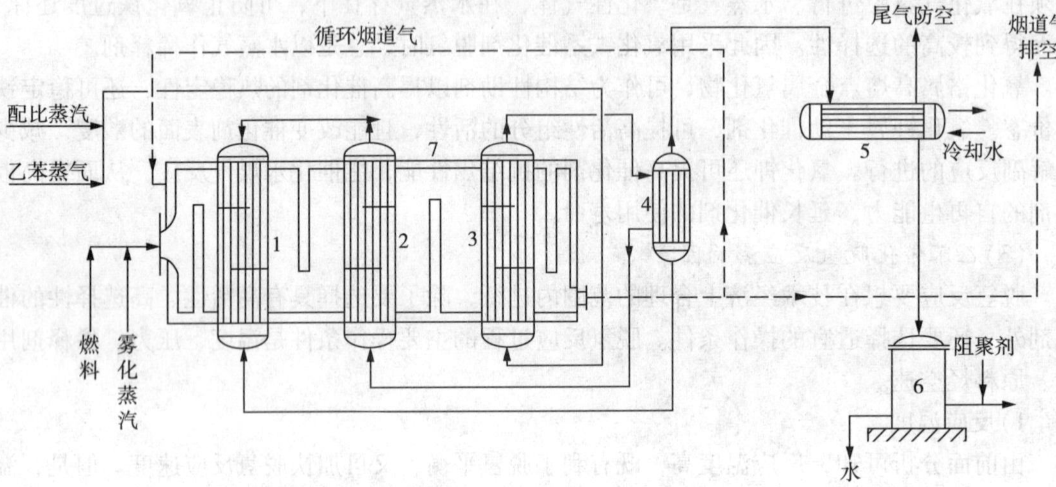

图 8-1　外加热列管式反应器

1—脱氢反应器；2—第二预热器；3—第一预热器；4—换热器；5—冷凝器；6—粗乙苯贮罐；7—烟囱

列管式等温反应器所需水蒸气少且品位较低，反应器纵向温度分布均匀，生产易于控制。缺点是设备复杂，制造困难，生产规模较小，一般适于小规模生产。绝热反应器结构简单，制造方便，生产能力大，但转化率、选择性低，水蒸气用量大且品位较高，一般适于大规模生产。脱氢反应器的改进方向主要是减少能耗，降低压降，提高单程转化率。

用等温反应器脱氢，稀释剂水蒸气与乙苯的用量比(摩尔比)一般为(6~9)∶1。脱氢温度与催化剂活性有关，新鲜催化剂反应温度一般控制在580℃左右，已老化的催化剂可提高至620℃左右。要使反应保持在等温下进行，理论上应要求沿反应器管长传热变化与反应所需吸收热量的速率变化相等，但实际上难以做到，往往是传给催化剂的热量大于反应所需的热量，故反应器温度沿催化剂床层逐渐升高，一般出口温度比进口温高出数十度。采用等温反应器，其转化率较高，一般可达40%~45%，选择性(苯乙烯)达92%~95%。对等温反应器进行不断研究改进，其列管直径为25.4~101.6mm，管长为3~6m，生产能力大大增加。

2)绝热反应器脱氢工艺流程

绝热反应器脱氢工艺流程如图 8-2 所示。绝热反应器中，反应所需热量全部由过热水蒸气供给，故该方法所需水蒸气量较大，比等温反应器所需水蒸气多一倍左右，且要求也高。

绝热反应器脱氢时反应需吸收大量的热量，故反应器的进口温度必然比出口温度要高，单段绝热反应器的进、出口温差在61℃左右。这样的温度分布对脱氢反应速度和反应选择性都会产生不利影响。反应器进口处乙苯浓度最高，温度高则会使平行副反应加剧，影响选择性；出口温度低，使反应速度减慢，限制了转化率的提高。故单段绝热反应器脱氢的转化率和生成苯乙烯的选择性都较低，一般乙苯转化率在35%～40%左右，生成苯乙烯的选择性为90%左右。

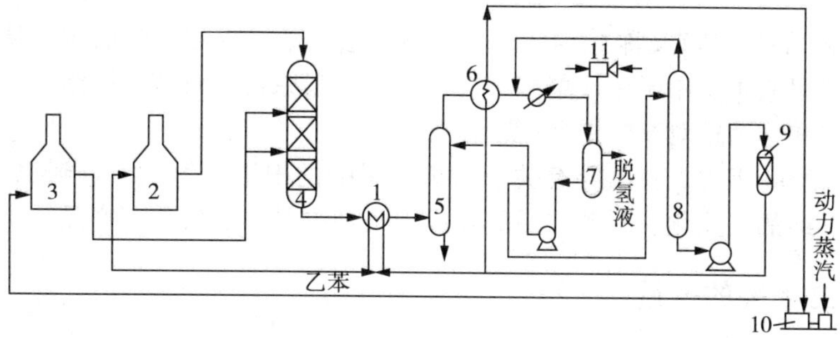

图8-2 绝热式反应器乙苯脱氢流程

1—乙苯蒸发塔；2—乙苯加热炉；3—水蒸气过热炉；4—反应器；5—洗涤塔；6—废热锅炉；7—油水分离器；8—汽提塔；9—过滤器；10—透平泵；11—真空器

绝热反应器优点是结构简单，制造费用低，生产能力大。缺点如上所述。自20世纪70年代以来，为了克服以上缺点，在反应器设计与脱氢条件方面进行了许多研究改进。由单段发展到多段，从常压操作发展到减压操作，反应物从轴向流动发展到径向流动，均收到较好效果。

将整个催化剂床层分成多段，过热水蒸气分别在段间加入，这样可降低反应器入口温度，提高反应器出口温度，可提高转化率和选择性。转化率一般可达65%～70%左右，选择性可达92%左右。为了进一步降低压降并使混合接触均匀，又研制出多段绝热径向反应器。该形式反应器降低了系统压力降，可提高转化率和选择性。

等温反应器和绝热反应器各有优、缺点。目前国外大都采用绝热反应器生产苯乙烯，我国一些生产规模较小的装置仍采用等温式反应器，而新建的生产能力较大的装置大都采用绝热式反应器。

3）粗苯乙烯的分离与精制工艺流程

脱氢产物粗苯乙烯（工业上称炉油）的典型组成中除含有产物苯乙烯以外，尚含有大量未反应的乙苯（61%）和副产物苯、甲苯，另有少量的焦油，需用精馏的方法加以分离。

对炉油进行分离精制，过程存在着两个关键问题。一是苯乙烯容易自聚，其聚合速度随温度升高而加快，特别是当温度超过100℃时，即使有阻聚剂存在，也会急剧聚合。二是乙苯和苯乙烯的沸点比较接近，常压下沸点差只有9℃左右，分离推动力较小，要想达到分离目的，必须采用较多的塔板。而在常压下采用较多的塔板进行分离，塔釜温度远远超过了100℃以上，因此，要求分离过程必须在减压下进行，以降低塔釜温度。过去由于塔板形式较落后，单板压降较大，即使塔顶达到了很大的真空度，塔釜仍不能保证在100℃以下操作，故一般是采用双塔串联使用，既可达到分离目的，又可保证塔釜温度在100℃以下，这种流程称之为双塔流程。以后研制出新型塔板－导向筛板，大大降低了单板压降，从而使总压降降低，实现了乙苯－苯乙烯的单塔分离，且釜温不超过100℃。这样既可节省能量，又可减少苯乙烯的进塔次数，减少聚合机会，此流程称为单塔流程。目前国内外生产厂家大都采用单塔流程。

产品苯乙烯单体对污染物甚为敏感，故放置苯乙烯的贮槽应无铁锈和潮气，除加一定量的阻聚剂以防止苯乙烯的聚合外，存放温度不能过高，存放时间不能过长。

8.2 对苯二甲酸

对苯二甲酸(简称 TA)又称 1，4-苯二甲酸、松油苯二甲酸、对酞酸。是产量最大的二元羧酸。对苯二甲酸主要用于生产聚酯纤维，作为聚酯原料的对苯二甲酸，纯度要求高，高纯度的对苯二甲酸称为精对苯二甲酸(简称 PTA)

早在 19 世纪 60 年代，就已经有关于对苯二甲酸的报道。但是，直到 1953 年，聚对苯二甲酸乙二酯纤维的工业化，对苯二甲酸才成为一种重要的有机化工产品。

8.2.1 对苯二甲酸的性质

对苯二甲酸为白色针状结晶或粉末状无定形的固体。分子式 $C_8H_6O_4$，相对分子质量 166.13，相对密度为 1.510，常压下受热不熔化而在 300℃以上升华，在密封管中 425℃下熔化，自燃温度 680℃，燃点 384~421℃，升华热 98.4kJ/mol，燃烧热 3225.9kJ/mol。

若与空气混合，在一定的限度内遇火即燃烧甚至发生爆炸。对苯二甲酸能溶于碱溶液、热浓硫酸、吡啶、二甲基甲酰胺、二甲亚砜，微溶于热乙醇，不溶于水、氯仿、乙醚、冰乙酸。对苯二甲酸可发生酯化反应。在强烈条件下，也可发生卤化、硝化和磺化等反应。

8.2.2 对苯二甲酸的用途

精对苯二甲酸(对苯二甲酸)是有机化工原料之一，是芳烃产品链的主要产品之一，主要用于生产聚对苯二甲酸乙二醇酯(PET)及后续的聚酯纤维、聚酯瓶、聚酯薄膜以及工程塑料等，也是聚对苯二甲酸丙二醇酯(PTT)、聚对苯二甲酸丁二醇酯(PBT)、聚对苯二甲酸戊二醇酯(PPT)、聚对苯二甲酸已二醇酯(PHT)的原料。对苯二甲酸也是涂料、染料、增塑剂、润滑剂等工业的有机中间体，广泛用于化学纤维、轻工、电子、建筑等国民经济的各个方面。

8.2.3 对苯二甲酸的生产方法

(1)对二甲苯硝酸氧化法

PTA 的生产方法最初是在 20 世纪四五十年代形成的，即由对二甲苯用硝酸氧化法制得粗对苯二甲酸，然后用甲醇加以酯化生成对苯二甲酸甲酯(DMT)，经过精制后再水解，可得 PTA。

用稀硝酸作氧化剂，反应间歇进行。对二甲苯和稀硝酸在高压釜内加热至 180℃，放热反应开始时再加入硝酸，使反应完全。压力控制在 1.07 MPa 左右，温度为 180~200℃。冷凝器系统使反应物冷凝返回液相，同时释出氧化氮等气态产物。每批反应结束时，浆液经冷却过滤、洗涤，得到不含残留硝酸的对苯二甲酸。

此法硝酸回收率低，对苯二甲酸收率低(只有理论值的 80%)，不便于连续生产，产品杂质多，特别是含氮杂质的存在，使对苯二甲酸的直接精制困难。该法在工业生产中曾发生过局部爆炸事故。所以，工业上已不再采用硝酸氧化法生产对苯二甲酸。

(2)对二甲苯高温氧化法

对二甲苯高温氧化法又称 Amoco 法或 Mid-Century 法。此法首先由美国 Mid-Century

公司于1955年提出，1958年由美国Amoco公司工业化生产。

Amoco的对二甲苯液相空气氧化工艺是以钴、锰为催化剂，溴为促进剂，大大缩短了反应时间，提高了反应的转化率。

(3)对二甲苯中温氧化法

20世纪70年代初，日本三井油化公司引进Amoco技术后，在Amoco工艺基础上研究开发了三井－Amoco技术。采用中温氧化(185℃)和共沸精馏脱水回收溶剂及低压蒸汽透平回收反应热等技术，工艺流程有其独特之处。1995年建成投产的新疆乌鲁木齐石化公司75kt/a精对苯二甲酸装置及2000年建成投产的天津石化公司250kt/a精对苯二甲酸装置采用三井工艺。

(4)对二甲苯低温氧化法

对二甲苯低温氧化生产对苯二甲酸，根据所用反应促进剂的种类不同，又可分为Mobil法、东丽法和Eastman法等。

1)Mobil法

用乙酸作溶剂，乙酸钴为催化剂，但不用溴化物。为使第二个甲基转化成羧基，一般要加入氧化时易产生过氧化物的共氧化物，美国Mobil化学公司用甲乙酮为促进剂，纯氧为氧化剂。氧化反应温度为130℃、反应压力3 MPa。产品的精制用升华法，先以热乙酸洗涤、干燥，使纯度达99%以上，再以蒸汽为载气，使之连续进行常压升华，并经气相加氢除醛，再经冷凝、旋风分离器得高纯对苯二甲酸。

从对二甲苯生产高纯度对苯二甲酸的理论收率值为94%。每吨产品消耗甲乙酮0.24t，对苯二甲酸中含对羧基苯甲醛20～50μg/g。该法现已停止生产。

2)东丽法

催化剂虽也用乙酸钴，但不用溴化物。日本东丽公司用三聚乙醛作促进剂。三聚乙醛氧化后也能生成乙酸，而乙酸就是氧化时所使用的溶剂。东丽法的反应条件为温度120～150℃、压力3 MPa，产率为96%。低温氧化法由于无溴化物，且反应温度低，反应器可以不用钛材。该法效率低。

3)Eastman法

美国Eastman公司于1969年独立开发了对二甲苯氧化和提纯技术。Eastman法的氧化反应以乙醛活化过的钴为催化剂，采用低温低压氧化(163℃、0.62 MPa)和熟化的技术，用过量的乙酸喷雾鼓泡代替传统的机械搅拌，提高催化剂的浓度和循环溶剂比，并经2.5h的停留时间可使对羧基苯甲醛质量分数降至150×10^{-6}以下，反应温度、压力等条件缓和。由于催化剂钴锰的比例高，因而采用先进的催化剂回收系统回收价格昂贵的钴，催化剂的单耗较低。

Eastman生产工艺技术对氧化后的粗对苯二甲酸的后处理与Amoco有很大的不同。粗对苯二甲酸经一系列工艺处理后进入3台串联的后氧化器(可称为熟化器)，在较高的温度下使它深度氧化和再结晶，去除对苯二甲酸中的对羧基苯甲醛和对甲基苯甲酸等杂质。由最后一级结晶器出来的浆料经过滤、干燥后即得到对苯二甲酸产品。

Eastman的精对苯二甲酸生产工艺由于省略了加氢精制工序，代之以对苯二甲酸的熟化工序，得到的产品中对羧基苯甲醛含量高于一般的对苯二甲酸，称为中纯度对苯二甲酸。虽然生产工艺与Amoco工艺不同产品品质指标有差异，但作为聚酯生产原料效果是相同的。

(5)苯酐转位法

联邦德国亨克尔公司的专利亨克尔Ⅰ法由日本帝人公司实现工业化。该法将邻苯二甲酸酐先转化为邻苯二甲酸二钾盐，经转位反应可得对苯二甲酸二钾盐，再经酸化（或称酸析）即可得对苯二甲酸。在这些步骤中最困难的是转位反应，此反应用镉或锌催化剂，反应温度350～450℃，压力1～5 MPa，反应器结构也很复杂。用硫酸酸化后生成的硫酸钾，转化为氢氧化钾再循环使用很困难，只能用作钾肥。亨克尔Ⅰ法原料贵，技术复杂，因此虽已工业化，但并未得到推广。

（6）甲苯氧化歧化法

该法又称亨克尔Ⅱ法，即以甲苯为原料，先经氧化制成苯甲酸，将其钾盐进行歧化，生成苯和对苯二甲酸二钾盐，经酸化即成对苯二甲酸。其中最关键的是歧化反应，反应在400℃、2 MPa和二氧化碳存在下进行。此法于1963年在日本由三菱化学工业公司实现了工业化。因成本高，于1975年停产。但又因原料甲苯比对二甲苯便宜得多，现在仍有一些国家的公司在研究改进此法。

（7）对二甲苯氨氧化法

Lummus公司开发了一种氨氧化法，用氨在钒催化剂上将对二甲苯转化成对苯二甲酸二腈，再水解成对苯二甲酸。

（8）甲苯偶联法

对苯二甲酸生产的另一种方法是由三菱瓦斯公司开发的甲苯偶联法，该方法是由甲苯与CO在HF/BF_3催化下反应生成对甲基苯甲醛，而后再氧化成对苯二甲酸。

虽然对苯二甲酸生产方法很多，但至今尚无一种方法可取代对二甲苯氧化法。

8.2.4 对苯二甲酸生产工艺

目前，生产对苯二甲酸的主要工艺有两种：一是对二甲苯的高温氧化法，代表工艺有Amoco工艺，此法产品纯度高、收率高、流程短；二是对二甲苯低温氧化法，代表工艺为Eastman工艺，反应条件较温和，腐蚀性小，但流程较长。

（1）Amoco对二甲苯高温氧化工艺

1）生产原理

对二甲苯高温氧化制对苯二甲酸是美国Amoco公司开发的目前生产对苯二甲酸的主要方法。该法以乙酸钴和乙酸锰为催化剂，溴化物（如溴化铵、四溴乙烷）为助催化剂，在224℃，2.25MPa反应条件下，用空气作氧化剂，于乙酸溶剂中将对二甲苯液相连续一步氧化为对苯二甲酸，主反应为：

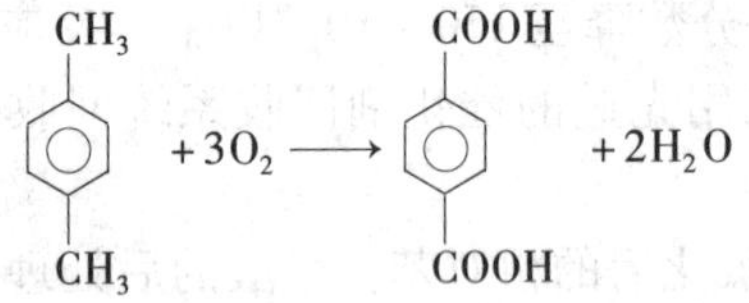

（8－1）

它是按以下反应步骤分步进行的：

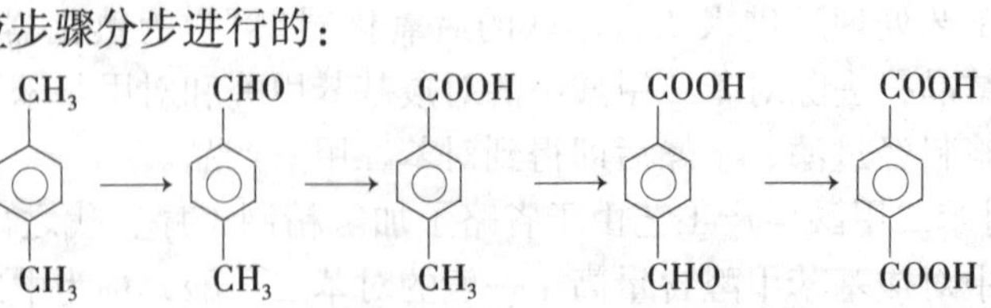

（8－2）

由于化学反应过程的复杂性，对二甲苯氧化制对苯二甲酸时总会产生一些副产物，这些副产物虽数量不多，但种类繁多，已检出的副产物多达30种左右。其中对羧基苯甲醛（4－CBA）中的活泼醛基将直接影响聚酯的色泽、质量，而且在后处理过程中难以除去。故粗对苯二甲酸(CTA)需要进一步精制，以得到高纯度的对苯二甲酸(PTA)。

在乙酸钴-乙酸锰催化剂中加入助催化剂溴化物所产生的溴可引发产生自由基链式氧化反应。氧化反应一般在塔式反应器中进行。反应温度为175~230℃，但多数是高于200℃。较高的温度可以加速反应，减少中间产物，但分解所得副产物也增加。因反应热是依靠蒸发反应生成的水和溶剂乙酸移走的，故反应压力与蒸发量有关，一般为1.5~3.0MPa，停留时间为0.5~3h。乙酸钴和乙酸锰的浓度增加，可缩短停留时间或降低反应温度。高温氧化过程以对二甲苯计收率可达90%以上。由于反应温度高，又存在溴，具有强烈的腐蚀作用，故反应器需用钛或衬钛材料。

2)对二甲苯高温氧化制对苯二甲酸的工艺条件

影响高温氧化制对苯二甲酸的因素有催化剂组成、溶剂比、温度与压力、反应系统的水含量、氧分压等。

①催化剂组成。高温氧化法所选用的催化剂为Co-Mn-Br三元型混合催化剂。乙酸钴和乙酸锰为催化剂活性组分，溴化物为助催化剂，于乙酸溶剂中将对二甲苯液相连续一步氧化为对苯二甲酸。由于对二甲苯第二个甲基受分子中羧基影响较难氧化，仅依靠主催化剂乙酸钴和乙酸锰，反应产物将主要是对甲基苯甲酸。因此，要加入溴化物助催化剂，以加快第二个甲基的氧化，这是因为溴化物产生的溴自由基有强烈的吸氢作用，从而加快了自由基 RCH_2 的生成。常用的溴化物有四溴乙烷、溴化钾和溴化铵等。研究发现，提高进料中Co或Mn及Br的浓度，氧化反应速度都有所加快，产物中的4-CBA等杂质含量降低，但乙酸与对二甲苯深度氧化反应加剧。但若锰或钴浓度过高，又得不到色泽好和纯度高的对苯二甲酸。而采用低钴高锰式的配比，既经济又可使溴浓度降低，并能减轻设备的腐蚀。三者配比一般是乙酸钴和乙酸锰用量与对二甲苯之比(质量分数)为0.025%，其中锰钴比(摩尔比)为3:1，溴与钴和锰之比(摩尔比)为1:1。

②溶剂比。溶剂比指乙酸与原料对二甲苯质量之比。提高溶剂比可增加产品收率。乙酸溶剂在反应体系中的主要作用是提高对二甲苯在溶剂中的分散性与对二甲苯的转化率；可溶解氧化中间产物，有利于自由基的生成，从而加快氧化反应速度；利用溶剂汽化移出一部分反应热；对苯二甲酸产物几乎不溶解于乙酸，形成呈微小颗粒的浆粉状等。若反应不使用溶剂，氧化中间产物在对二甲苯中溶解度小，物料呈悬浮状态，从而产生固体物料的包结。物料包结后可影响氧化深度，使产品纯度下降，且物料黏度高，造成操作困难。所以，乙酸溶剂的存在，既有利于反应物的传质和传热，总体上有利于改善反应，又可提高产品纯度。一般地，选择溶剂比为(3.5~40):1。

③反应温度。反应温度升高可加快反应，缩短反应时间，并可降低反应中间产物的含量。但温度过高可加速乙酸与对二甲苯的深度氧化及其他副反应，所以温度的选择既要加快主反应，又要抑制副反应。反应温度为220~225℃。

④反应压力。由于对二甲苯氧化反应是在液相中进行，所以压力的选取要以对二甲苯处于液相为前提，又要与温度相对应。一般温度升高，压力相应提高；温度降低，压力宜降低。例如，当温度为220~225℃时，相应压力为2.5~2.7MPa。

⑤反应系统的水的质量分数。反应系统中的水有两个来源：一是来自氧化反应，二是由母液和溶剂循环带入。由主反应可见，水的质量分数过高，主反应则向反方向进行，造成产物中的4-CBA质量分数增加，而且使催化剂活性显著下降。水的质量分数过低，深度氧化产物一氧化碳或二氧化碳质量分数增加。正常生产时，要求反应系统中水的质量分数为5%~6%。

⑥氧分压。高温氧化反应是气液相反应，所以提高氧分压有利于氧在液相中的传质，同时产物中的4-CBA等杂质的浓度也会降低。但是，氧分压提高，会造成尾气中氧的体积分数过高，有爆炸危险，给生产带来不安全因素。氧分压过低影响转化率，产品中4-CBA等杂质明显增加，产品质量显著下降。在实际生产中，一般根据反应尾气中氧的体积分数和二氧化碳的体积分数来判断氧分压是否选取适当。该工艺规定尾气中氧的体积分数为1.5%~3.0%。

⑦停留时间 由于主反应是典型的连串反应，为保证氧化反应完全，达到所需转化率，反应器应采用返混型。但是停留时间还不宜太长，本反应工艺的停留时间应维持在2h左右。停留时间可通过进料量和反应器液面控制。

3)对二甲苯高温氧化制对苯二甲酸的工艺流程

图8-3给出了Amoco公司液相空气氧化法过程的流程。我国的扬子石化、仪征化纤、燕山石化、上海石化等企业都引进了它的技术。

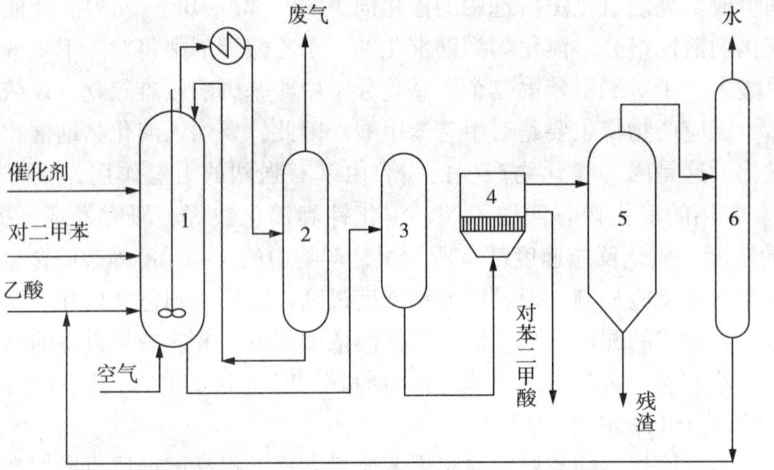

图8-3 Amoco公司高温氧化制对苯二甲酸的工艺流程

1—反应器；2—气液分离器；3—结晶器；4—固液分离器；5—蒸发器；6—乙酸回收器

催化剂乙酸钴与乙酸锰按比例配制成乙酸水溶液，并将一定量的四溴乙烷溶于少量对二甲苯后，与溶剂乙酸及对二甲苯在进料混合槽中按比例混合，经搅拌器混匀预热再进入氧化反应器。氧化反应所需的工艺空气由多级空气压缩机送往过滤器，经过滤后进入氧化反应器。氧化温度为175~230℃，压力为1.5~3.5MPa。反应热通过乙酸的蒸发移走，冷凝后的乙酸再返回反应器。反应器中停留时间依工艺条件不同在30min~3h之间。转化率大于95%，收率约为90%。在高温氧化法的氧化过程中除生成对苯二甲酸外，还伴生有一些杂质，如4-CBA、对甲基苯甲酸(简称PT酸)、芴酮等。对苯二甲酸在乙酸中溶解度不大，氧化产物呈泥浆状，经离心分离、干燥后即得固体的粗对苯二甲酸，其中最有害的杂质是对羧基苯甲醛，含量1000~5000μg/g。

当用溴化物作催化剂时，由于其强烈的腐蚀性，反应器材质必须用昂贵的合金如耐盐酸的镍合金。

对苯二甲酸在上述结晶分离工序初步分离后，纯度一般为99.5%~99.8%，杂质质量分数为0.2%~0.55%，这些杂质尤其是4-CBA和一些有色体在浆液中质量分数为(2~3)$\times10^{-3}$。为防止4-CBA等杂质影响以后的缩聚反应和聚酯色度，需经过精制将其除去。精制所得的精对苯二甲酸，其4-CBA含量小于25μg/g，质量提高到纤维级标准。

粗对苯二甲酸的精制分离主要有两种方法：加氢精制法和对苯二甲酸二甲酯水解精制法。目前，常用的精制方法是 Amoco 采用的加氢法，通过加氢，结晶、过滤，即得纤维级（适于纺丝的纯度规格）精对苯二甲酸。

(2) Eastman 对二甲苯低温氧化工艺

Eastman 法的低温氧化工艺流程见图 8－4。

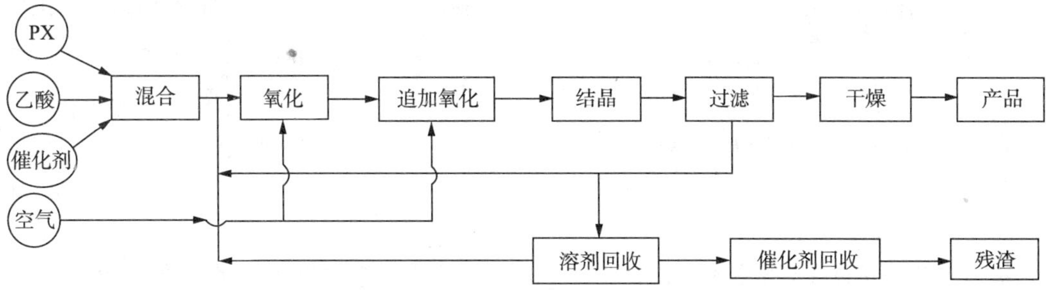

图 8－4　二甲苯低温氧化工艺流程简图

该法只通过氧化工序生产中纯度对苯二甲酸，省去了精制工序，降低了生产投资成本。

8.3　聚酯

涤纶又称聚酯纤维（PET）。涤纶的品种很多，但目前主要品种是聚对苯二甲酸乙二酯纤维，它是由对苯二甲酸或对苯二甲酸二甲酯和乙二醇缩聚制得的。

8.3.1　聚酯纤维的性质和用途

聚酯纤维（涤纶）是合成纤维中最具代表性的品种，世界聚酯纤维的需求占合纤总量的 60% 以上，我国则高于 70%。

聚酯纤维具有下列优异性能：

① 弹性好聚酯纤维的弹性接近于羊毛，耐皱性超过其他一切纤维，弹性模量比聚酰胺纤维高。织物不易折皱，不易变形，所以制成的服装挺括、褶裥持久。

② 强度大湿态下强度不变。其冲击强度比聚酰胺纤维高 4 倍，比黏胶纤维高 20 倍。

③吸水性小聚酯纤维的回潮率仅为 0.4% ~0.5%，因而电绝缘性好，织物易洗易干。

④ 耐热性好聚酯纤维熔点 255 ~260℃，软化温度为 230 ~240℃，比聚酰胺耐热性好。此外，耐磨性仅次于聚酰胺纤维，耐光性仅次于聚丙烯腈纤维。具有较好的耐腐蚀性，可耐漂白剂、氧化剂、醇、石油产品和稀碱，不怕霉蛀。

聚酯纤维的缺点是染色性能和吸湿性能差，需用高温、高压染色，设备复杂，成本也高，加工时易产生静电。目前正在研究与其他组分共聚、与其他聚合物共熔纺丝和纺制复合纤维或异性纤维等方法来进一步改善其性能。

由于聚酯纤维弹性好，织物有易洗、保形性好、免熨等特点，所以是理想的纺织材料。可用作纯织物，或与羊毛、棉花等纤维混纺，大量应用于衣着织物。在工业上，可作为电绝缘材料、运输带、绳索、渔网、轮胎帘子线、人造血管等。

8.3.2　聚酯的生产方法

聚酯可由对苯二甲酸（TPA 或 TA）或对苯二甲酸甲酯和乙二醇（EG）缩聚反应而成。生产方法主要有3种：

(1)直缩法

先直接酯化再缩聚，故称为直缩法。即对苯二甲酸与乙二醇直接酯化生成对苯二甲酸乙二酯(BHET)，再由对苯二甲酸乙二酯经均缩聚反应得聚酯纤维，其反应如下：

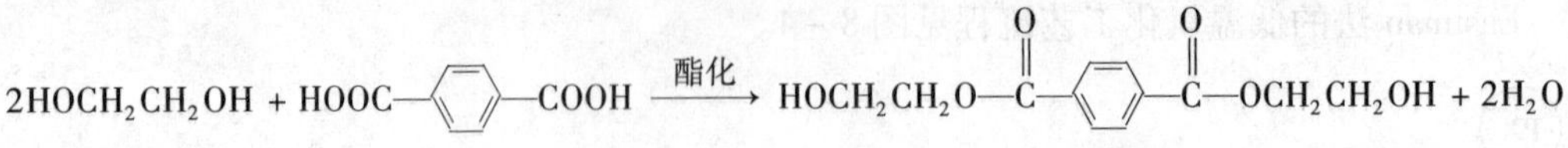

(EG) (TPA) (BHET) (8-3)

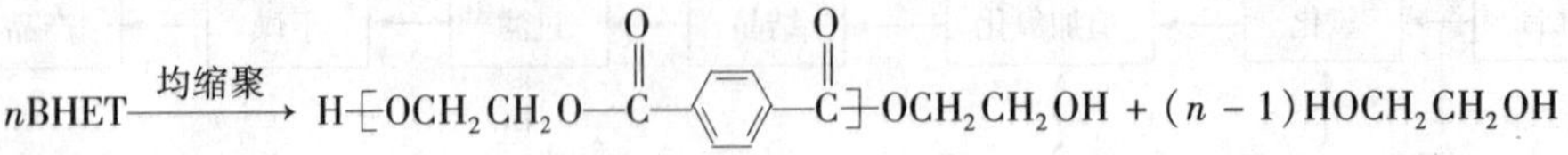

(PET) (8-4)

(2)酯交换法

早期生产的单体TA纯度不高，又不易提纯，不能由直缩法制得质量合格的PET，因而将纯度不高的TA先与甲醇反应生成对苯二甲酸二甲酯(DMT)，后者较易提纯。再由高纯度的DMT(≥99.9%)与EG进行酯交换反应生成BHET，随后缩聚成PET。其反应如下：

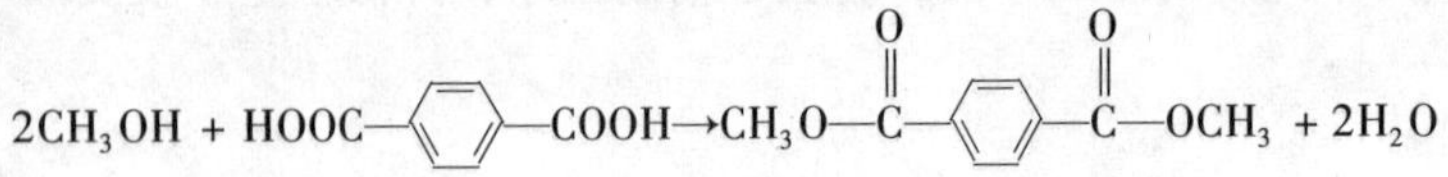

(8-5)

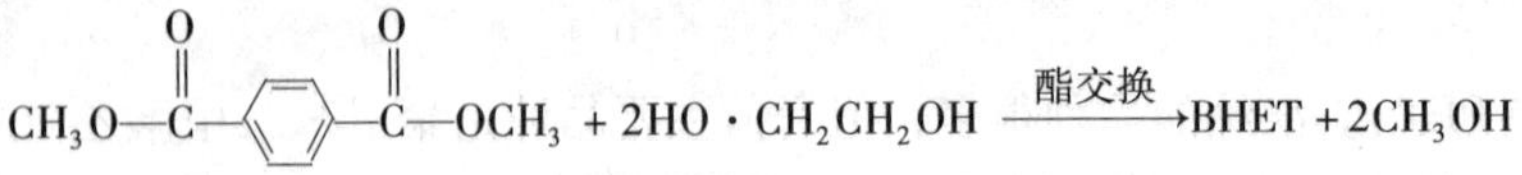

(DMT) (EG) (8-6)

$$\text{BHET} \xrightarrow{\text{缩聚}} \text{PET} \tag{8-7}$$

(3)环氧乙烷加成法

由环氧乙烷与精对苯二甲酸(PTA)直接加成得对苯二甲酸乙二酯，再进行缩聚。这个方法称为环氧乙烷法，反应步骤如下：

$$\text{PTA} + 2\text{EO} \rightarrow (\text{加成}) \rightarrow \text{BHET} \rightarrow (\text{缩聚}) \rightarrow \text{PET} \tag{8-8}$$

此法省去由环氧乙烷制取乙二醇这个步骤，故成本低，而反应又快，优于直缩法。但因环氧乙烷易于开环生成聚醚，且又易分解，同时环氧乙烷在常温下为气体，运输及贮存都较困难，故此法尚未大规模采用。

8.3.3 聚酯生产的工艺流程和工艺条件

PET生产的工艺流程可分为间歇法和连续法。间歇法比较简单，主要是由一个酯化(或酯交换)反应器及一个缩聚反应器组成；而连续法则由多个反应器串联而成，最终产品PET可连续不断地送去铸带、切拉，或直接纺丝。

图8-5及图8-6中分别为PET直缩法及酯交换法工艺流程(连续缩聚法)。

PET生产的影响因素有：

(1)稳定剂

为了防止PET在合成过程中、后加工熔融纺丝时发生热降解(包括热氧降解)，常加入一些稳定剂。稳定剂用量越高，即PET中含磷量越高，其热稳定性也越好。工业上最常用的是磷酸三甲酯(TMP)、磷酸三苯酯(TPP)和亚磷酸三苯酯。尤其是后者效果更佳，因为它还具有抗氧化作用。但是稳定剂可使缩聚反应的速度下降，在同样的反应时间下所得PET

的相对分子质量较低，即对缩聚反应有迟缓作用。所以工业生产中稳定剂用量一般不能太多，质量分数为 TA 的 1.25%，或 DMT 的 1.5% ~3%。

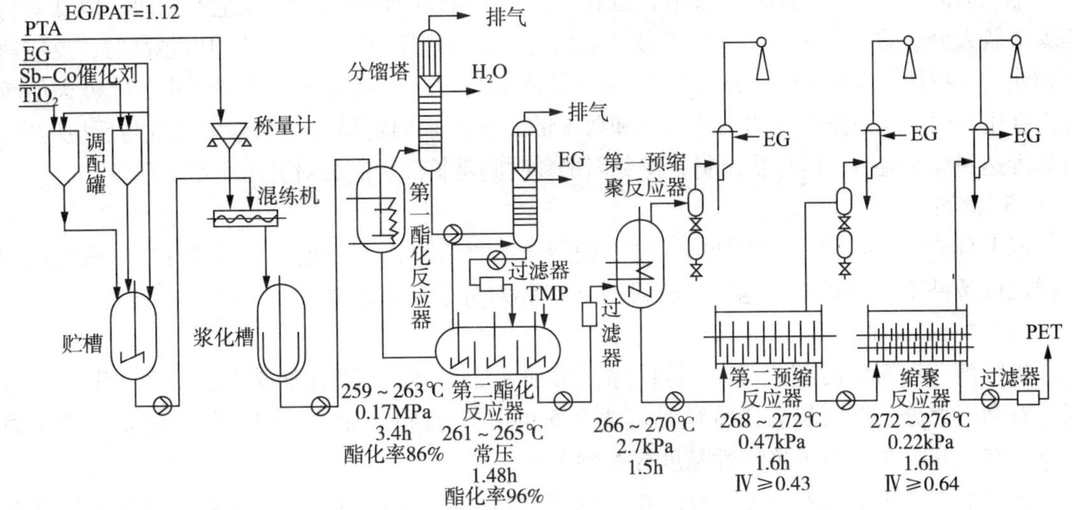

图 8 – 5　PET 直缩法工艺流程(IV 为特性黏数)

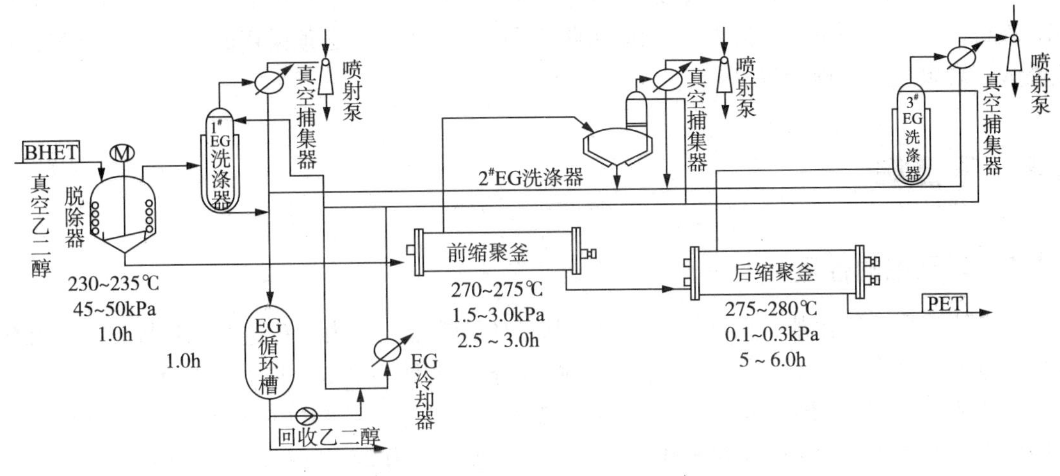

图 8 – 6　PET 酯交换法工艺流程

(2) 催化剂

为了加速 BHET 的缩聚反应，常加入催化剂。目前使用的催化剂是 Sb_2O_3。Sb_2O_3 的催化活性与反应中羟基的浓度成反比。在缩聚反应的后期，PET 相对分子质量上升，羟基浓度下降，使得 Sb_2O_3 的催化活性更为有效。Sb_2O_3 的用量一般为 TPA 质量的 0.03%，或 DMT 质量的 0.03% ~0.04%。因 Sb_2O_3 的溶解性稍差，近年来有采用溶解性好的乙酸锑，或热降解作用小的锗化合物，也有用钛化合物的。

(3) 缩聚反应的压力

因为 BHET 缩聚反应是一个平衡常数很小的可逆反应，为了使反应向正反应方向移动，必须尽量除去 EG，也就是说反应需要高真空。一般压力越低，可在较短的反应时间内可获得的 PET 相对分子质量越高。

在缩聚反应的后阶段要求反应压力很低，约 0.1kPa。工业上常用五级蒸气喷射泵或乙二醇喷射泵来达到这个要求。

(4)缩聚反应的温度与时间

缩聚时既有使分子链增长的反应，也有使分子链断裂的降解反应。反应开始时，以低聚物缩聚成较大分子的反应为主，待PET分子增大后，以裂解反应为主。反应温度越高时，反应速度越快，故特性黏度(PET分子)到达极大值的时间越短，但高温下热降解严重，此极大值较低。在生产中必须根据具体的工艺条件和要求的黏度值来确定最合适的缩聚温度与反应时间。当黏度达到极大值后，应尽快出料，避免因出料时间延长而引起相对分子质量下降。

(5)搅拌

PET合成时，必须采用激烈的搅拌，使熔体的气液界面不断更新，有利于EG逸出。在同样反应条件下，搅拌速率越快，获得的PET相对分子质量越高。

(6)其他添加剂

扩链剂：在缩聚后期，EG不易排除，常加入二元酸二苯酯(如草酸二苯酯)作为扩链剂，有利于大分子链增长。如特性黏度为0.5的PET树脂，加入一定量的扩链剂，抽至高真空，在20min左右即可将特性黏度提高到1.0。

消光剂：常用平均粒度<0.5μm的TiO_2作消光剂。它可使全反射光变为无规则的漫射光，由此可以改进反光色调，并具有增白作用，其用量常为PET的0.5%。

着色剂：有时可把色料和缩聚原料一起加入反应釜中反应，可得到颜色较为均匀的有色PET树脂，这种方法称为原液着色。因为缩聚反应温度较高，必须采用耐温型的着色剂，如酞菁蓝、炭黑及还原艳紫等。

8.4 环己烷

8.4.1 环己烷的性质

环己烷又称六氢化苯、六环烷、六亚甲基。环己烷常温下为无色透明、易挥发、易燃的液体，有类似汽油气味。分子式C_6H_{12}，相对分子质量84.16，相对密度0.7785(20℃/4℃)，凝固点6.5℃，沸点80.72℃，闪点-20℃(开口)、-18℃(闭口)，燃点259℃，折射率1.42623(20℃)，黏度0.888mPa·s(25℃)，表面张力24.38×10^{-3}N/m(25℃)。

环己烷能与乙醇、乙醚、丙酮、苯、四氯化碳、烃类、氯代烃、高级脂肪酸胺类等多种有机溶剂和大部分涂料溶剂混溶。不溶于水。

环己烷蒸气与空气形成爆炸性混合物，爆炸极限1.3%~8.3%(体积)。无毒，空气中最高容许浓度0.03%。贮存于温度10~30℃的阴凉、通风处。温度低于5℃时发生冻结，化冻后性能不变。

环己烷和一切饱和烃一样，不容易和其他化合物反应，它只能在150℃以上的温度下与非常活泼的化合物反应，或者在较低的温度下，与那些已通过某种方法(如光的作用)活化了的化合物起反应。

环己烷对酸、碱比较稳定，与中等浓度的硝酸或混酸在低温下不发生反应，与稀硝酸在100℃以上的密封管中发生硝化反应，生成硝基环己烷。在铂或钯催化下，350℃以上发生脱氢反应生成苯。环己烷与氧化铝、硫化钼、钴、镍-铝一起于高温下发生异构化，生成甲基戊烷。与三氯化铝在温和条件下则异构化为甲基环戊烷。

环己烷也可以发生氧化反应，在不同的条件下所得的主要产物不同。在185～200℃，10～40atm(1atm=101325Pa)下，用空气氧化时，得到90%的环己醇。若用脂肪酸的钴盐或锰盐作催化剂，在120～140℃、18～24atm下，用空气氧化，则得到环己醇和环己酮的混合物。高温下用空气、浓硝酸或二氧化氮直接氧化环己烷得到己二酸。在钯、钼、铬、锰的氧化物存在下，进行气相氧化则得到顺丁烯二酸。在日光或紫外光照射下与卤素作用生成卤化物。与氯化亚硝酰反应生成环己肟。用三氯化铝作催化剂将环己烷与乙烯反应生成乙基环己烷、二乙基环己烷和四甲基环己烷等。

8.4.2 环己烷的用途

环己烷是一种重要的有机化工原料，主要用于制备环己醇、环己酮、己二酸及其己内酰胺、己二胺，可制取尼龙6和尼龙66，约占环己烷总产量的90%；少量用作工业溶剂，纯苯加氢制得的环己烷比石油裂解的纯度高、性能好，在涂料工业中广泛用作溶剂，是纤维素醚类、脂肪类、油类、沥青、树脂、石蜡油类、丁基橡胶等的极好溶剂和有机合成、重结晶的优良介质，还可用作聚合反应稀释剂等。

目前，世界上几乎有90%的环己烷是用来生产己二酸及聚酰胺66(尼龙66)和聚酰胺6(尼龙6)，其他的应用总量不超过10%。

8.4.3 环己烷的生产工艺

目前，工业上生产环己烷的方法主要有：一是蒸馏法，从石油馏分中蒸馏分离出环己烷，但是从石油中制取环己烷相当麻烦，不易得到高纯度产品，而且产量也有限。二是苯加氢法，目前绝大部分环己烷都是通过纯苯加氢制得。苯加氢制环己烷的生产工艺，过程简单，成本低廉，而且得到的产品纯度极高，适用于作溶剂和生产己二酸。

20世纪60年代以后，随着聚酰胺生产的发展，对环己烷需要量迅速增长，用原油分离获得的环己烷无论在数量上或质量上都不能满足要求。因此，用苯为原料加氢生产环己烷的方法得到迅速发展。迄今，80%～85%的环己烷均由苯加氢制得。

苯加氢是强放热反应，反应常在一定压力下进行。苯可单程完全转化，并获得高纯度的环己烷。加氢过程要求用非常纯的苯为原料，苯中的含硫量在1μg/g以下，通常利用催化重整生产的苯和富氢为原料，具有较好的经济效果。

苯加氢制环己烷的工业生产方法很多，所用催化剂的类型、反应操作条件、反应器形式等各不相同，关键在于确保苯完全加氢的同时，及时移出反应热，控制反应温度及停留时间，限制环己烷异构成甲基环戊烷。

加氢方法可分为液相法和气相法两类。气相法反应压力较低，反应温度较高，反应产物不需分离催化剂；液相法生产能力大，反应条件温和，可采用低纯度(55%)的氢气，可不设氢气循环系统。

(1)苯液相加氢制环己烷的生产工艺

苯的催化加氢制环己烷以气－固－液三相法为主。美国UOP公司用铂或钯催化剂，氧化铝为载体，并加有少量钾盐助催化剂，氢化在200～300℃，3MPa下进行，苯转化率100%，产品环己烷纯度可达99.8%。此法的优点是用铂催化剂时，原料苯含硫量允许高达300μg/g，故发展较快。但铂催化剂费用高。

液相苯加氢典型工艺还有IFP法、Arosat法和BP法。常用的催化剂有Pt、Pd和Ni等。

目前，广泛采用的流程为悬浮液相加氢法(IFP 法)，IFP 法是法国石油研究院开发的，在镍催化剂的存在下，生产高纯度的环己烷，其工艺流程如图 8－7 所示。

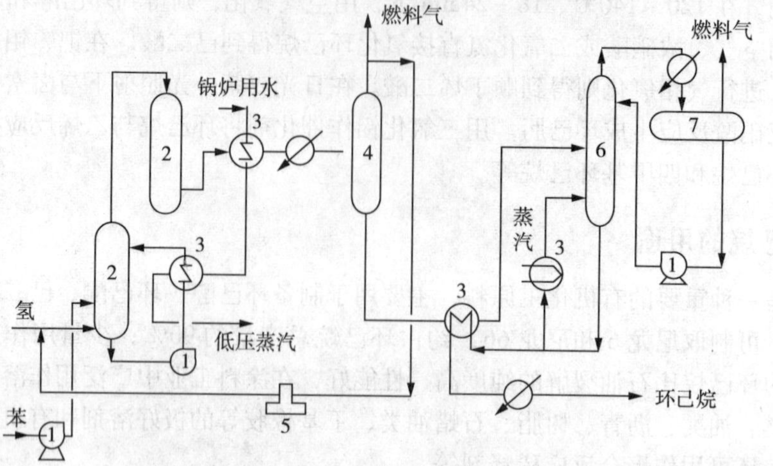

图 8－7　苯液相加氢制环己烷的工艺流程图

1—泵；2—反应器；3—换热器；4—分离塔；5—压缩机；6—稳定塔；7—气液分离器

苯与氢在 2.5～3.0 MPa 操作压力下不经预热直接进入到有 220℃催化剂悬浮液的反应器中进行反应，生成环己烷。IFP 法的加氢反应装置，由主反应器和终反应器串联组成。主反应器为液相操作，采用悬浮的骨架镍为催化剂。反应器内通过氢气鼓泡和液体循环的方法，移出反应热。反应温度 200～225℃，压力 4.9MPa。通过主反应器约有 95% 的苯转化为环己烷。终反应器采用固定床气相操作，未转化的苯在此完全转化，产品纯度 99.8% 以上。

反应过程放出的热由催化剂悬浮液与水之间在加压下进行热交换而排除。为了实现这种换热，催化剂悬浮液用一台循环泵打循环，经过外部换热器后返回反应器，并副产低压蒸汽。

生成的环己烷呈气态，与惰性气体和稍微过量的氢气一同从反应器中排出，然后混合气体进入装有催化剂的固定床反应器，使其中未反应的苯完成最后的加氢作用。由于加氢过程是在严格控制的恒温下进行的，副反应甚少发生，因此得到的环己烷产物几乎不含苯。

从第二个反应器出来的反应气体，经与冷却水换热并冷凝后进分离塔，分出的溶解气体，由氢气及少量惰性气体组成，一部分放空，其余部分经压缩后返回反应系统循环使用。

分离塔底部出来的液体产物经换热后进入稳定塔，在此分出的气体送至气液分离器，液体返回稳定塔作回流，气体作燃料用。稳定塔中的釜液，一部分循环回到稳定塔，其余部分与分离塔釜液换热后，引出塔外作为环己烷产品。

液相苯加氢工艺特点是，液相苯加氢工艺反应稳定、操作缓和，转化率和收率也很高，但液相反应必须有后反应，能耗也较高，液相反应的氢气利用率仅为 85%。

(2)苯气相加氢制环己烷的生产工艺

气相苯加氢法典型工艺有 Bexane、ARCO、UOP、Houdry 和 Hytoray 法等。在气相法苯加氢工艺中，催化剂活性组分选用 Pt、Pd、Ni、Ru、Rh 等单一金属或双金属合金。载体可选用海泡石取代 Al_2O_3 作载体，或者将 Al_2O_3 载体进行化学处理，制得改性载体催化剂等。

苯气相法加氢的典型流程如图 8－8 所示。

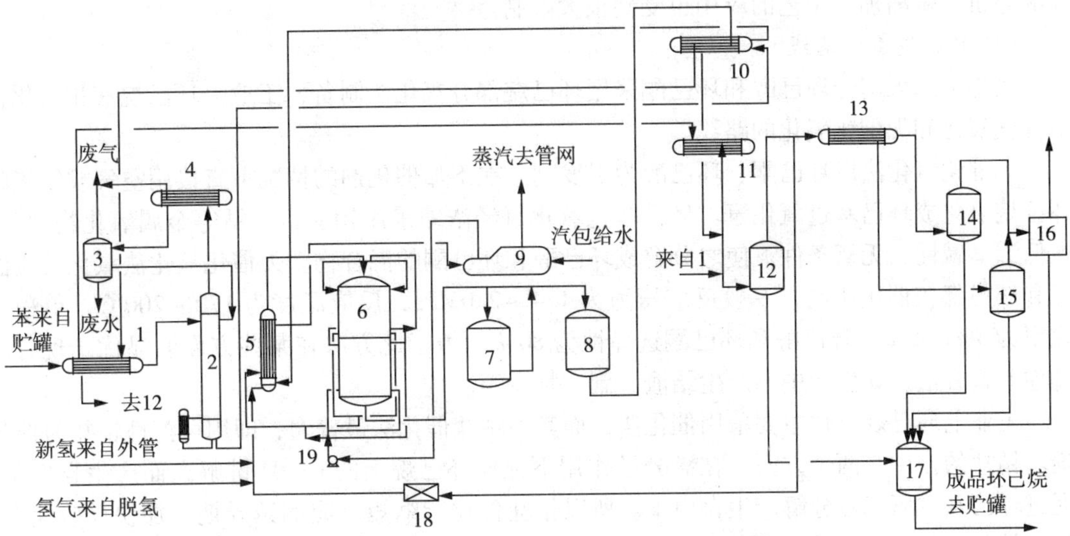

图 8-8　苯气相加氢制环己烷的工艺流程

1—苯进料热交换器；2—苯干燥塔；3—苯水分离器；4—苯干燥塔冷凝器；5—苯蒸发器；6—加氢前反应器；7—脱硫反应器；8—加氢后反应器；9—废热锅炉；10—苯预热器；11—成品冷凝器；12—环己烷冷却器；13—后冷却器；14—分离器；15—油水分离器；16—吸附系统；17—环己烷缓冲罐；18—热油循环泵；19—氢气循环压缩机

原料苯经进料热交换器送至苯干燥塔除水，使苯中含水量小于或等于 100μg/g。新鲜氢、循环氢和来自脱氢工序的氢气共 3 股氢气的混合物作为苯蒸发器氢气进料，苯蒸发器顶部苯、氢混合气(200～250℃)进入加氢主反应器(一般用列管固定床反应器，可以由两个或三个串联)，逐级升温使苯完全转化，再经脱硫反应器脱除生成的硫化氢，未反应的苯在装有铂催化剂的绝热式后反应器内进一步反应完全(出口温度保持在 275℃以下，压力 3MPa 左右)，环己烷产率在 90% 以上。加氢主反应器中反应热由循环热油移走，后反应器出来的混合气体先后经苯预热器、苯进料换热器和成品冷凝器冷凝冷却，在环己烷气液分离器中进行气液分离，得到产品环己烷，纯度大于 99.9%。绝大部分气相经循环氢压机去苯蒸发器作为氢气进料，少部分气体经深冷器深冷后，经吸附排空。

气相苯加氢工艺特点是气相苯加氢工艺混合均匀，转化率和收率均很高，但反应激烈，易出现飞温现象，操作上不易控制。

8.5　环己醇(酮)、己二酸及尼龙 66

环己烷下游产品主要有环己醇、环己酮、己二酸及己内酰胺、己二胺，可制取尼龙 6 和尼龙 66。

8.5.1　环己醇和环己酮的生产

环己酮及环己醇是重要的化工中间体。工业上生产环己酮及环己醇的路线主要有 3 条：

①苯加氢制备环己烷，然后由环己烷与空气中氧反应部分氧化制得环己酮和环己醇。

②苯部分加氢生成环己烯，然后环己烯与水加成制得环己醇。

③苯酚加氢生产环己醇。由于工业上苯酚的生产经过苯烷基化生成异丙苯，然后异丙苯氧化到异丙苯过氧化氢，再联产苯酚和丙酮等多个步骤，所以考虑到苯酚的来源以及与苯较

大的差价，苯酚加氢工艺的应用也受到很大限制。

(1)环己烷氧化路线

世界上绝大部分环己醇和环己酮采用环己烷部分氧化法制备，工业上环己烷液相氧化包括催化氧化和无催化氧化的路线。

无催化氧化法以环己酮、环己醇为引发剂，在不加催化剂的情况下直接用空气或氧气将环己烷氧化成环己基过氧化氢。环己基过氧化氢经浓缩采用钼、钒、钴等金属氧化物催化，在低温、碱性、无氧条件下使之分解成环己醇和环己酮的混合物。无催化氧化法氧化反应温度和压力都较催化法高，一般反应压力为1.4~2.0MPa，反应温度为170~200℃，单程转化率为4%~5%，环己醇和环己酮选择性为80%。由于此方法在某些方面明显优于现有的其他制备方法，如生产中不产生结渣、副产物少等。

工业上环己烷氧化主要采用催化法，而其中钴盐催化法最普遍，即用可溶性钴盐为催化剂。钴盐的作用在两个方面：在氧分子作用下促使环己烷上的C—H键解离而产生自由基；促进环己基过氧化氢分解产生自由基。所以钴盐催化能缩短反应的诱导期，加快反应速率。与无催化氧化比较，钴盐催化氧化法的优点：反应条件温和，温度低，压力低，停留时间短，对设备要求也不严格。但钴盐法最大的难题是反应过程中设备和管道壁结渣。

由于环己醇和环己酮的反应活性比环己烷高，在反应条件下易深度氧化，所以在传统环己烷液相氧化法中(包括无催化和钴盐催化)，为了获得较高的选择性(80%)，一般环己烷的转化率都不高(<5%)，大量未反应环己烷需要通过蒸馏的方法分离出来再重新氧化，整个过程循环能耗很高，始终都被认为是非理想的工艺。

(2)环己烯氧化路线

首先苯氢化制环己烯，然后用环己烯为原料进行水合得环己醇。该工艺的关键是苯的氢化制环己烯。苯的氢化是一个连串反应：

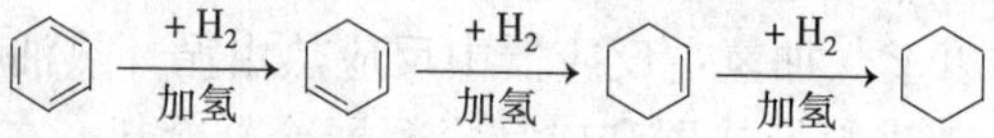

(8-9)

苯的第一个双键加氢后，立即失去芳环的稳定性，很易发生第二个和第三个双键的加氢而生成环己烷，要使反应产物中含有环己二烯或环己烯是非常困难的。

日本已经成功开发了苯选择性加氢制环己烯的方法，使苯为原料选择性加氢得环己烯。选择性加氢所用催化剂含钌($RuCl_3$)约1.5%，载体可以是硅胶、氧化铝、氧化锆、活性炭等。为了改善催化剂的选择性可以添加$ZnCl_2$、$CuCl_2$、$CoSO_4$、$AgNO_3$等无机盐。

8.5.2 己二酸

在制备己二酸时，通常不将环己烷直接氧化成己二酸，而是将环己烷先氧化成环己醇/环己酮的混合物，然后再氧化成己二酸。

环己烷先经空气液相氧化生成环己基过氧化氢，单程转化率4%~5%，再将氧化液浓缩，在钴盐等催化剂存在下，进行分解可得到环己醇/环己酮的混合物，选择性80%~95%。

醇酮混合物在Cu^{2+}、V^{5+}催化剂存在下，用50%~60%硝酸进行氧化主要生成己二酸：

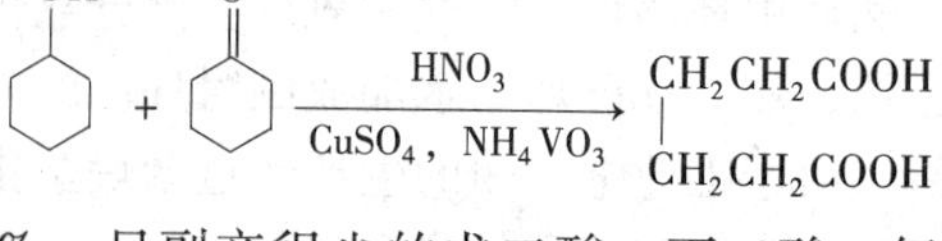

(8-10)

己二酸理论收率约94%，只副产很少的戊二酸、丁二酸，氧化选择性好。该法的优点是选择性好、收率高、质量好，优于己二酸的其他生产方法。

如果用硝酸使环己烷直接开环氧化制己二酸，不仅比环己醇/环己酮氧化法要多消耗硝酸，而且氧化的选择性差，已二酸收率低，过度氧化副反应多。而用空气使环己烷直接开环氧化制己二酸选择性差、收率低，过度氧化副反应多。

日本已经成功开发的苯选择性加氢制环己烯，环己烯进行水合得环己醇，再经氧化生产己二酸的合成路线成为比苯的完全加氢得环己烷、再氧化得环己醇－环己酮混合物，再氧化得己二酸的合成路线更为先进的生产方法。

8.5.3 尼龙66和尼龙6

尼龙66主要用于汽车、机械工业、电子电器、精密仪器等领域。从最终用途看，汽车行业消耗的尼龙66占第一位，电子电器占第二位。大约有88%的尼龙66通过注射成型加工成各种制件，约12%的尼龙66则通过挤出、吹塑等成型加工成相应的制品。

尼龙66为聚己二酰己二胺，工业简称PA66，由己二酸和己二胺通过缩聚反应制得。分子式—$[NH(CH_2)_6NHCO(CH_2)_4CO]_n$—，常制成圆柱状粒料，作塑料用的聚酰胺相对分子质量一般为1.5万~2万。各种聚酰胺的共同特点是耐燃，抗张强度高（达10^4kPa），耐磨，电绝缘性好。

另一种常见的尼龙是尼龙6，也称聚己内酰胺。单体己内酰胺和尼龙6的结构为：

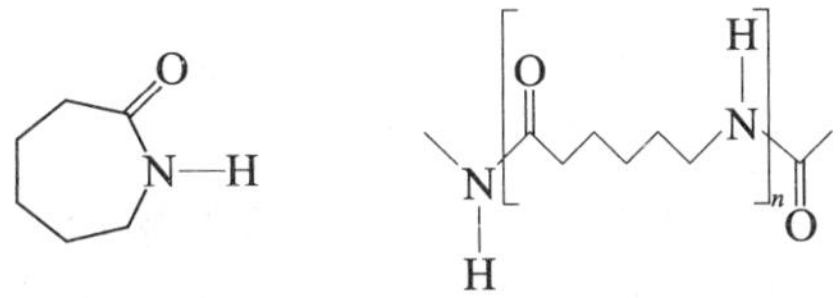

尼龙66与尼龙6的结构有细微差别，但是两种材料的性能基本相同：

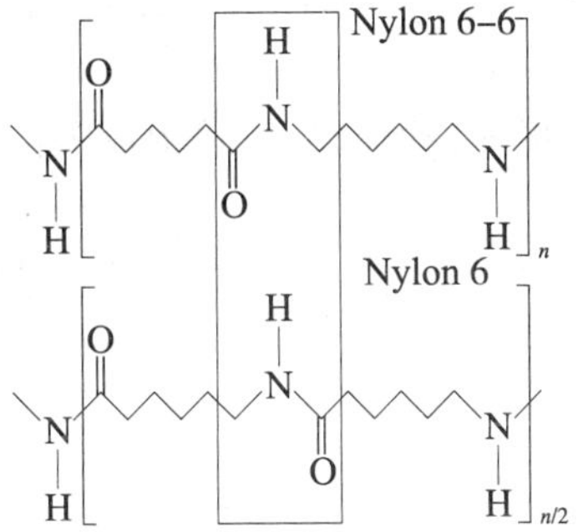

己二酸和己二胺发生缩聚反应即可得到尼龙66。工业上为了己二酸和己二胺以等摩尔比进行反应，一般先制成尼龙66盐后再进行缩聚反应，反应式如下：

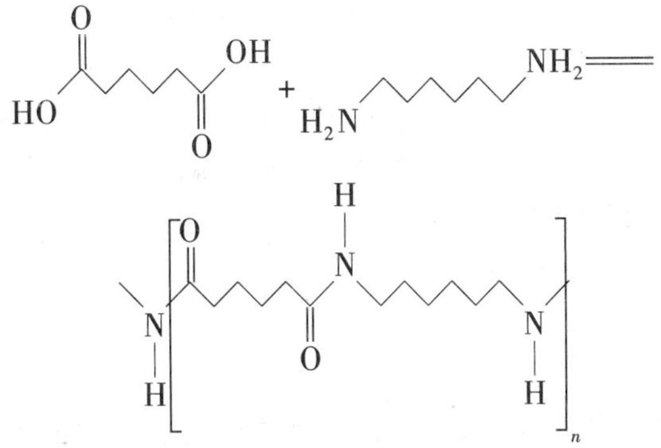

(8－11)

在水的脱出的同时伴随着酰胺键的生成，形成线型高分子。所以体系内水的扩散速度决定了反应速度，因此在短时间内高效率地将水排出反应体系是尼龙 66 制备工艺的关键所在。上述缩聚过程既可以连续进行也可以间歇进行。

在缩聚过程中，同时存在着大分子水解、胺解(胺过量时)、酸解(酸过量时)和高温裂解等使尼龙 66 的相对分子质量降低的副反应。

(1)尼龙 66 盐制备

1)水溶液法

以水为溶剂，以等当量的己二胺和己二酸在水溶液中进行中和反应。

将纯己二胺用软水配成约 30% 的水溶液，加入反应釜中，在 40 ~ 50℃、常压和搅拌下慢慢加入等当量的纯己二酸，控制 pH 值在 7.7 ~ 7.9。在反应结束后，用 0.5% ~ 1% 的活性炭净化、过滤，即可得到 50% 的尼龙 66 盐水溶液。成盐反应为放热反应，为此必须将反应热以外循环水冷却除去，同时为防止尼龙 66 盐与空气接触而被氧化，在生产系统中充以氮气保护。在真空状态下，将 50% 的尼龙 66 盐水溶液经蒸发、脱水、浓缩、结晶、干燥，即可得到固体尼龙 66 盐。

本法的特点是不采用甲醇或乙醇等溶剂，方便易行，安全可靠，工艺流程短，成本低。但对原料中间体质量要求高，远途运输费用也较高。美国孟山都公司、杜邦公司和法国罗纳 - 普朗克公司采用本法生产。

2)溶剂结晶法

以甲醇或乙醇为溶剂，经中和、结晶、离心分离、洗涤，制得固体尼龙 66 盐。

纯己二酸溶解于 4 倍质量的溶剂(乙醇)中，完全溶解后，移入带搅拌的中和反应器并升温到 65℃，慢慢加入配好的己二胺溶液，控制反应温度在 75 ~ 80℃。在反应终点有白色结晶析出，继续搅拌至反应完全。冷却并过滤，用乙醇洗涤数次除去杂质。最后经离心分离后尼龙 66 盐的总收率可达 99.5% 以上。

原料纯度、结晶温度、机械损失、溶剂浓度和用量等都对尼龙 66 盐的收率和质量产生影响。

溶剂结晶法的特点是运输方便、灵活，产品质量好，但对温度、湿度、光和氧敏感性较强，在缩聚操作中要重新加水溶解。英国 ICI 公司、BASF 采用此法生产。

3)其他方法

除以上方法外，美国孟山都公司、杜邦公司、日本旭化成公司也采用以水为溶剂的生产工艺，己二胺和己二酸直接送入缩聚反应器进行缩聚反应，或在缩聚前用活性炭净化处理以除去有机杂质，然后再蒸馏浓缩后缩聚。

美国塞拉尼斯公司开发了一条以甲苯为原料通过生物转化的二步法生产尼龙 66 盐的工艺。具有创新性的第一步包括利用一种假单细胞微生物进行甲苯的生物氧化，得到己二烯二酸(黏康酸)，然后再加氢得到己二酸。但在发酵的中间体中，黏康酸的浓度极为有限，为此塞拉尼斯公司开发了加入化学计量的己二胺迫使黏康酸生成黏康酸己二酸盐，从而使黏康酸的浓度上升到 3.9%(质量)，然后将黏康酸己二酸酸盐直接加氢得到尼龙 66 盐。由于甲苯比苯便宜，能量和公用工程的消耗也低于传统的环己烷氧化工艺，这一工艺的优点是显而易见的。

(2)尼龙 66 盐缩聚

1)连续聚合

尼龙 66 的连续缩聚，按所用设备的形式和能力可分为立管式连续缩聚和横管式减压连续缩聚二种。国内一般采用后者。

浓度为63%的尼龙66盐水溶液从贮槽泵入静态混合器，加入少量已二胺的乙酸溶液，进入蒸发反应器，物料被加热到232℃，在氮气保护、1.72MPa的条件下停留3h脱水预缩聚，蒸发反应器出口物料含水量约18%，50%的尼龙66盐已经聚合为低相对分子质量聚合物。蒸发出来的水蒸气经冷凝后进入冷凝液槽，从中可以回收已二胺。

从蒸发器出来的物料进入两个平行的管式反应器，每个反应器的典型管长243.8 m，并在若干点设有静态混合器，并在适当的位置设置添加剂加入口。物料在285℃下停留40min，出口压力0.28MPa，反应完成98.5%。通过闪蒸除去反应过程中形成并保留在熔体中的水蒸气后，用螺旋输送机将熔体向下输送到成品反应器，同时从熔体中挤出剩余的水蒸气。成品反应器在40kPa、271℃的条件下操作，物料的停留时间取决于产品的要求：对于通常的注射级的产品，停留时间为50min，产品的数均相对分子质量约为18000。

尼龙66熔体由位于成品反应器底部的挤出机挤出，铸带切粒。尼龙66颗粒先经过预分离器，再经脱水筛后送入流化床干燥器，在热氮气保护下维持流化状态，使切片彻底干燥，即得本色注射级尼龙66树脂。

2)间歇聚合

间歇缩聚法与连续缩聚法的原理相同，反应条件基本一致，只是相关的反应过程均在高压缩聚釜中完成。间歇过程中缩聚过程随反应时间而变化，而连续法中缩聚过程则随空间位置而变化。

目前工业上一般采用连续缩聚法，间歇缩聚仅用于生产特殊产品或试验品和生产装置能力在4500t/a的小装置中。尼龙66的间歇缩聚包括溶解、调配、缩聚、铸带、切粒、干燥等工序。

固体尼龙66盐在溶解釜中溶解后，在氮气保护下进入反应器中，在227~232℃、1.72MPa下加料1.5h，加入相对分子质量调节剂(已二胺的乙酸溶液)，在238~243℃、1.72MPa下继续加热1h，在此期间加入稳定剂、消光剂和其他配料。当温度升高至271℃时逐渐卸压1.5h，然后在271~277℃抽真空0.5h(根据要求产品的品级调整时间、温度、压力)，最后在氮气压力下卸料约0.5h。整个过程约需5h。熔体经挤压机铸带，在水浴中冷却、切粒后得成品。

第 9 章　煤化学加工及其产品

9.1　概述

世界煤的资源十分丰富，占世界可燃矿物资源的第一位，主要分布在俄罗斯、美国、中国、澳大利亚和加拿大。中国煤炭资源主要集中在晋、陕、内蒙古等地区。中国煤炭资源可采储量居世界第三位。

中国是世界上最早发现、利用和开采煤炭的国家，西汉时期人们已开始地下采煤，并用于冶铁。到 13 世纪初期，煤在中国已被普遍使用，但是煤炭作为化学工业的原料加以利用，则只有 200 余年的历史。

(1)煤的化学成分

煤是由高等植物经过漫长地质年代的生物化学、物理化学和地球化学作用转变而成的固体有机可燃矿产。根据成煤的原始物质和生成堆积环境的不同将煤划分为腐殖煤、腐殖腐泥煤和腐泥煤三大类型。

腐殖煤是高等植物形成的，在自然界呈层状、拟层状存在，分布广、储量大、品种多，工业价值也最大。植物成煤的煤化序列经历泥炭(腐泥)→褐煤→烟煤→无烟煤几个阶段，所以腐殖煤又可分为褐煤、烟煤和无烟煤，它们是近代煤综合利用和化学加工的主要煤种。

腐泥煤是由湖沼、海湖中的藻类等浮游生物在缺氧环境中，经腐败作用和其后的煤化作用转变而成的。世界上腐泥煤储量不多，它们的化学工艺特点是挥发成分高，氢含量高，因而它们的焦油产率也高。

腐殖腐泥煤是以高等植物和低等植物为原始质料而形成的煤，它们是腐殖煤与腐泥煤之间的一种过渡类型。

煤是复杂化合物的混合物，一般由有机物质和矿物质所组成，有机质是煤中的主要成分，它决定煤的性质。成煤植物的所有组分均参与了煤的形成，其中主要有纤维素和木质素。煤的主要成分为碳、氢、氧，其中也包含少量的氮和硫。碳含量随煤化度的增高而增大，年轻褐煤碳含量约为 70% 左右，而无烟煤则大于 92%；与之相应的氧含量由 30% 左右降到 2% 左右，氢含量由 8% 左右降到 4% 左右。氮和硫的含量与煤化度关系不大，氢含量为 0.5% ~2%，硫含量为 0.5% ~3%(基准为干燥无灰基)。

煤大分子模型(C 约 82%)可以写成：

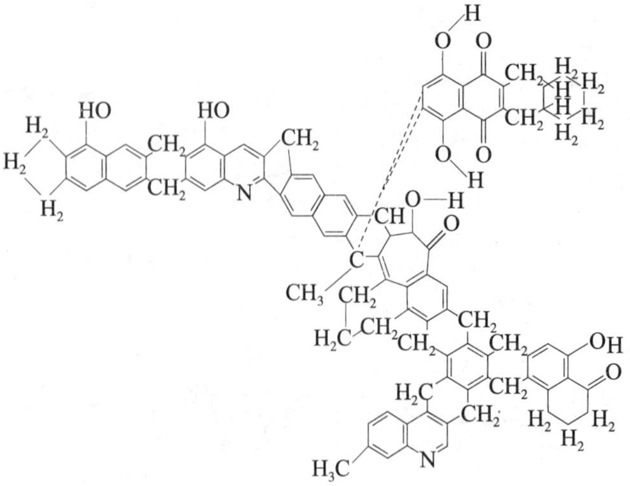

可以看出，煤中有机质主要由五种元素组成，以碳、氢、氧为主，

它们的总和占煤中有机质的95%以上，其次是氮和硫。

碳是煤中最重要的成分，也是煤中最主要的提供能量的物质。由于成煤过程的程度不同，所以才有泥煤、褐煤、烟煤和无烟煤之分。

氢是煤中第二个重要的成分，它随着煤化程度的增加而减小。氢含量大的煤有较高的挥发成分，同时氢的燃烧热比碳高得多。

氧也是煤的主要元素之一，它在煤中含量随着煤化程度的增加而减少。氧的含量对煤加工有显著的影响，氧含量高的煤的黏结性和结焦性大大降低，不宜于炼焦。在煤作动力燃料燃烧时氧会约束一部分对燃烧有利的元素，使发热量降低。但含氧量高的煤对以煤为原料制取腐殖酸和芳香羧酸有利。

氮是由成煤植物中的蛋白质转化而来，煤中的氮一般认为以有机氮的形态存在，其中有一些是杂环型，以蛋白质氮形态存在的氮仅在泥炭和褐煤中发现，烟煤、无烟煤中几乎没有。煤中的含氮量不高，通常为1%～2%。煤中的氮在燃烧时转化成NO_x，在煤热解时一部分转变成N_2、NH_3、HCN及有机氮化物，其余则残留在焦炭中。煤直接液化时转化成液态有机氮化物。

硫是煤中的有害元素，不同产地的煤的硫含量差别很大，从0.1%到10%。煤中所含硫有四种主要形式，这就是硫酸盐、硫铁矿、有机硫和单质硫，其中硫铁矿硫多以结核状或团块状形态存在于煤中，故一般可用洗煤法脱除。含硫高的煤在储存堆放时易自燃。燃烧时生成二氧化硫引起腐蚀和污染，气化时生成H_2S引起腐蚀和催化剂中毒，焦化时约有一半的硫进入焦炭使炼铁质量下降，使生铁发脆。

煤中除含有由C、H、O、N、S这五种主要元素组成的物质外，还含许多无机物质，一般都归入煤的“矿物质”。它们或以明显矿物形式存在，或以有机金属化合物或螯合物形式存在。按其在煤中含量的不同可以分为三类：常量元素（>0.5%，包括铝、硅、钙和铁）；少量元素（0.02%～0.5%，通常包括钾、镁、钠和钛，有时还包括磷、钡、锶、硼、砷、氯、锗等）和微量元素。

(2)煤的化工利用

石油和天然气资源十分有限，而煤是自然界蕴藏量很丰富的资源，到目前为止，世界上已探测的煤炭资源与石油相比要丰富得多，煤储量要比石油储量大十几倍。煤作为能源直接燃烧获得洁净方便的能源（如电能和热能）是最简单的煤利用方法，但却是一种最浪费和效率最低的原料利用方式。煤化学组成中许多可能被利用的化合物被直接烧掉，同时带来严重的SO_x、NO_x和粉尘污染。因此要求把煤转化成更加合乎生态要求和更为方便的形式来利用。

煤化工是煤经过化学加工转化成洁净能源、化学品和材料的过程。煤的转化利用方法主要有煤干馏、煤气化和煤液化等，煤的综合利用同时可以为能源、化工和冶金等提供有价值的原料。

煤转化方法中的煤干馏、气化和液化各有其特点和作用，在现有技术条件下还不能相互取代，并且都还在继续发展着。煤的另外一个利用途径是煤经电石路线再分解得到乙炔，从而可得到乙炔下游系列产品。

9.2 煤的干馏

煤干馏（coal carbonization）是指在隔绝空气条件下加热煤，使其分解形成气态（煤气）、液态(煤焦油、粗苯)和固态(半焦或焦炭)产物的过程。按加热的终点温度的不同，可分为三种：900～1100℃为高温干馏或高温炼焦，一般简称炼焦；700～900℃为中温干馏；500～600℃为低温干馏。

高温干馏(炼焦)主要用于生产煤气和高炉炼铁用的无烟燃料半焦。炼焦时副产的煤气和化学产品，特别是芳香族化合物，在化学工业也有广泛用途。

低温干馏适用于褐煤、高挥发分烟煤等可生成较多焦油和煤气的煤种。煤的低温干馏是在较低终温下进行的干馏过程，产生结构疏松的半焦、低温焦油和煤气等产物。由于终温较低，分解产物的二次热解少，故产生的焦油中除含较多的酚类外，烷烃和环烷烃含量较多而芳烃含量很少，是人造石油的重要来源之一，早期的灯用煤油即由此制造。半焦可经气化制合成气。

因为煤干馏可获得固体焦炭、液体焦油和煤气等，所以也可以把煤干馏看作是部分液化和部分气化过程，并兼得主要产品焦炭。煤干馏与气化和液化相比有其特点，焦炭是冶金工业的重要原料和燃料，短期内还找不到替代它的工艺；焦油是多环芳烃的来源，用途很广；焦化煤气热值较高，是优质燃料；炼焦生产技术成熟，投资少，成本低。其缺点是生产条件差，设备庞大，单元设备生产能力小。固体焦炭是主要产品，焦炭销路是煤焦化生产的前提条件。

(1)煤干馏炉及干馏方法

煤干馏的方法和类型很多，按加热方式有外热式、内热式；按煤料的形态有块煤、型煤与粉煤；按供热介质不同有气体热载体和固体热载体；按煤的运动状态分为固定床、移动床、流化床和气流床等。

1)连续式外热立式炉

伍德炉和考伯斯炉是连续式外热立式炉的典型炉型，国内曾用这两种炉来生产城市煤气。图9-1为考伯斯炉，煤料由上部加入干馏室，干馏所需热量主要由炉墙传入。火道加热用燃料为发生炉煤气或回炉的干馏气。干馏室下部焦炭被吹入的冷气冷却至150～200℃，落入焦槽并喷水冷却后排出。

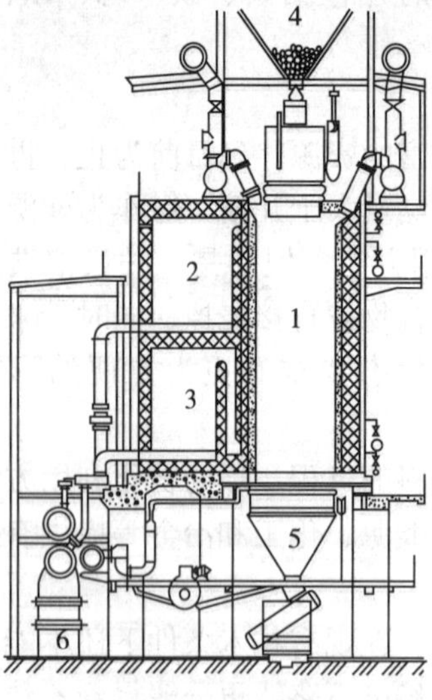

图9-1　考伯斯炉

1—干馏室；2—上部蓄热室；3—下部蓄热室；4—煤槽；5—焦槽；6—加热煤气管

考伯斯炉对原料煤要求有一定的黏结性，并具有一定块度，以利于获得焦块，并使干馏室煤料有一定透气性。原料煤可以是弱黏性煤，虽然热稳定性好的不黏结性煤也可以生产煤气，但所得产品焦炭强度差，碎焦多。

为了强化生产，由干馏室(即炭化室)下部吹入回炉煤气，冷却赤热焦炭，吹入气流被加热，在上升过程中热量传给冷的煤料，强化传热过程，提高了炉子生产能力。但外热式干馏装置传热慢，生产能力小。

2)连续式内热立式炉

德国开发的鲁奇(Lurgi)低温干馏炉是连续式内热立式炉的典型炉型，这类炉又称气流内热式炉，如图9-2所示。煤在炉中不断下行，热气流逆向通入进行加热。由于煤在炉内移动过程分成三段：干燥段、干馏段和焦炭冷却段，故又名三段炉。

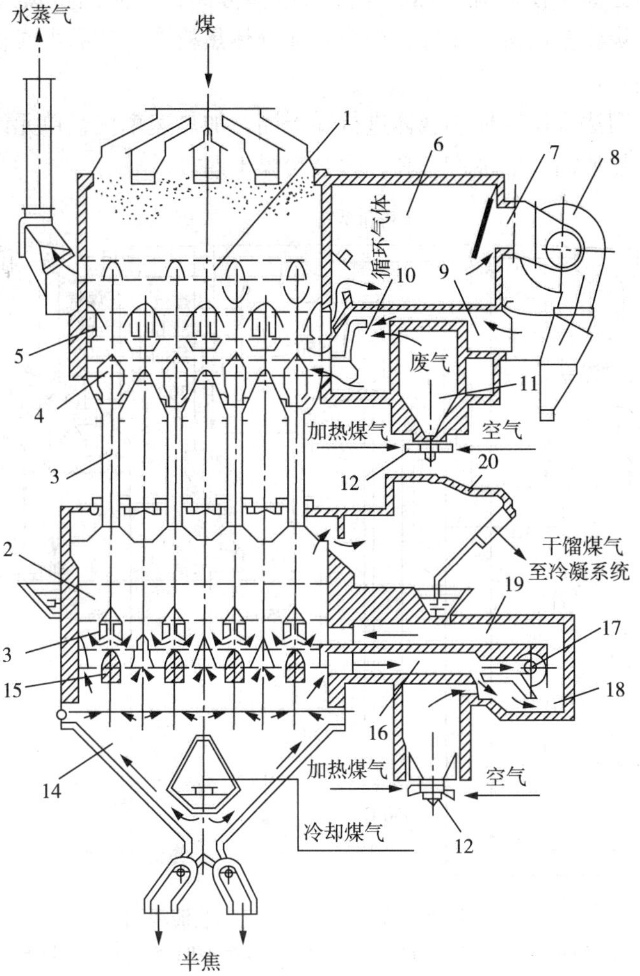

图 9－2　Lurgi 低温干馏炉示意图

1—干燥段；2—干馏段；3—连通管；4—干燥段炉排；5—引风道；6—集气室；7—挡板；8—风机；9—通风道；10—混合室；11—干燥段燃烧室；12—燃烧器；13—干馏段炉排；14—半焦槽；15—引风道；16—通风道；17—风机；18—混合室；19—加热煤气道；20—干馏煤气集气室

在上段循环热气流把煤干燥并预热到 150℃；在中段（干馏段），热气流把煤加热到 500～850℃；在下段（焦炭冷却段），焦炭被冷循环气流冷却到 100～150℃后排出。上部循环气流温度保持在 280℃。

循环气和干馏煤气混合物由干馏段引出，其中液态产物在后续冷凝冷却系统分出。大部分净化煤气送到干燥段和干馏段燃烧炉，有一部分直接送入焦炭冷却段。剩余煤气外送，可以作为加热用燃料。冷凝冷却系统包括初冷器、焦油分离槽、终冷器以及洗苯塔。

连续式内热立式炉适用于年轻非黏结性块煤（20～80mm），但气流内热式的燃烧废气稀释了干馏的气态产物，且只能处理块状煤，粉状褐煤和烟煤需预先压块。

3）固体热载体干馏法

以瓷球作为热载体的美国 Toscoal 法、以热半焦为热载体的前苏联 ETCh 工艺和德国鲁奇－鲁尔煤气工艺（Lurgi－Ruhr gas，LR）是典型的固体热载体干馏法工艺。

LR 生产装置干馏流程如图 9－3 所示。通过气流加热管中部分半焦燃烧，使热载体达到需要的温度。沉降分离室使燃烧气体与半焦热载体分离，分离热半焦与原煤在混合器内混合，混合的煤料在炭化室内进一步进行干馏。部分热焦粉作为产品由炭化室排出，其余部分返回气流加热管循环。

固体热载体干馏法采用固体热载体进行煤干馏，加热速率快，单元设备生产能力大，干馏煤气未被稀释，热值高，焦油产率高，适合粉煤干馏。

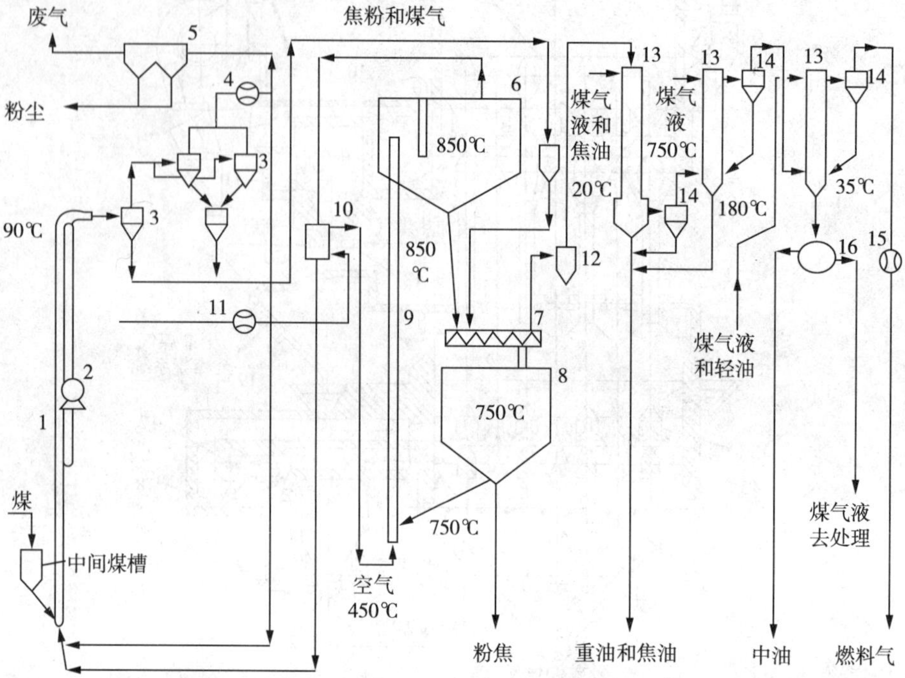

图9－3　鲁奇－鲁尔煤气工艺流程图

1—干燥管；2—锤式粉碎机；3—旋风分离器；4—干燥管风机；5—电除尘器；6—沉降分离室；7—混合器；8—炭化室；9—气流加热管；10—空气预热器；11—鼓风机；12—炭化室旋风分离器；13—三级气体净化冷却器；14—旋风分离器；15—煤气风机；16—分离器

4)煤的加氢干馏工艺

Coalcon 煤加氢干馏工艺见图9－4。其基本过程与干馏相同，不同的一点是在足够的氢压下，使氢与固体内的有机质(碳)进行缓和的放热反应，提高液体和气体的产率，同时消耗一部分固体(半焦)。氢还可使反应产物稳定，这些产物是通过干馏初始所得到的能聚合的物质(如自由基和烯烃等)。

煤快速加氢热解考虑其高能耗目前还不经济，但其远景发展可与高温原子反应堆的余热利用相结合。

5)煤快速干馏工艺

新开发的煤快速热解工艺多采用气流床和流化床。尽管用半焦燃烧时，能量效率(其中考虑热解液体产品的加氢效率)比传统设施的效率高，但因当前比较经济和易行的技术还是在热电站直接烧煤，所以煤快速干馏工艺目前还没有得到完满的工业应用。

实现煤快速干馏工艺的有效途径是建立联合工艺，其中热解半焦或气化制氢用于加氢干馏和焦油提质，或用于燃烧供热和生产电能。如波兰 PNC 方法(灰热载体)对城市用的能源联合厂的设计(图9－5)，它既可满足电能、热能以及煤气的需要，又生产出液体燃料。

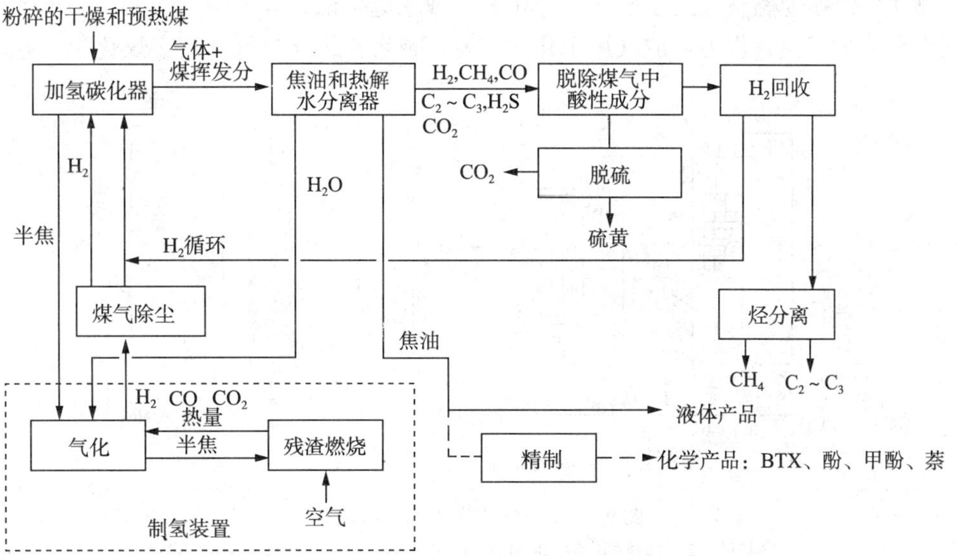

图 9－4　Coalcon 加氢干馏工艺流程

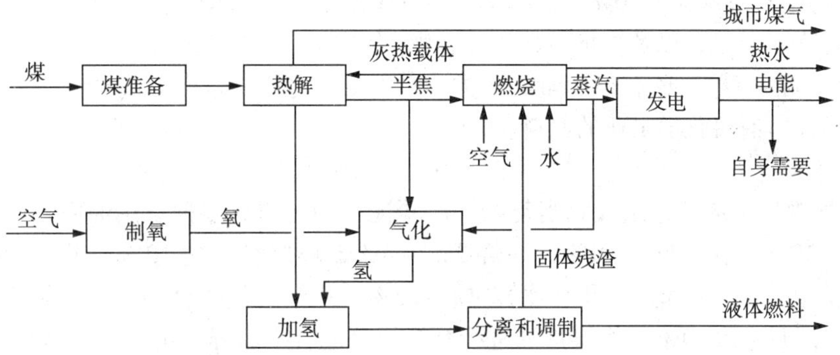

图 9－5　PNC 法的城市能源联合厂的设计

(2)煤干馏产品

煤干馏所得化学品种类很多，除了焦炭产品是炼铁的主要原料，煤干馏化学品中许多芳香族化合物几乎全有，主要成分为苯、甲苯、二甲苯、酚、萘、蒽和沥青等，它们都是农业需要的化学肥料和农药、合成纤维和塑料、炸药以及医药等的重要原材料。

图 9－6 为炼焦化学品的回收流程示意。气体产物经洗涤、冷却等处理后分别得到煤焦油、氨、粗苯和焦炉煤气。各产物的产率大约为：焦 70% ～78%，焦炉煤气 15% ～19%，煤焦油 3% ～4.5%，粗苯 0.8% ～1.4%，氨 0.5% ～0.35%。

1)焦炭

焦炭主要用于炼铁，世界炼焦工业的发展与钢铁工业的发展密切相关。干馏固体半焦具有比传统焦炭高的气孔率以及高化学活性的特征。半焦的这些性质预示其可在流化床设备中直接燃烧或气化，以获得热量或合成气；半焦比电阻较高，是铁合金生产的优良原料。

2)焦炉煤气

焦炉煤气是热值很高的气体燃料，主要是氢(54% ～63%)和甲烷(20% ～32%)，另外尚含有少量的乙烯(2% ～3%)、氮(3% ～5%)、CO_2(1% ～3%)、CO(5.5% ～7%)等。低温干馏煤气可以作为燃料气用于燃气气轮机发电或家庭生活，经过调制或转化，也可以作为还原剂用于冶金工业，作为合成气用于化学工业，或者作为含氢气体用于煤化学工业。

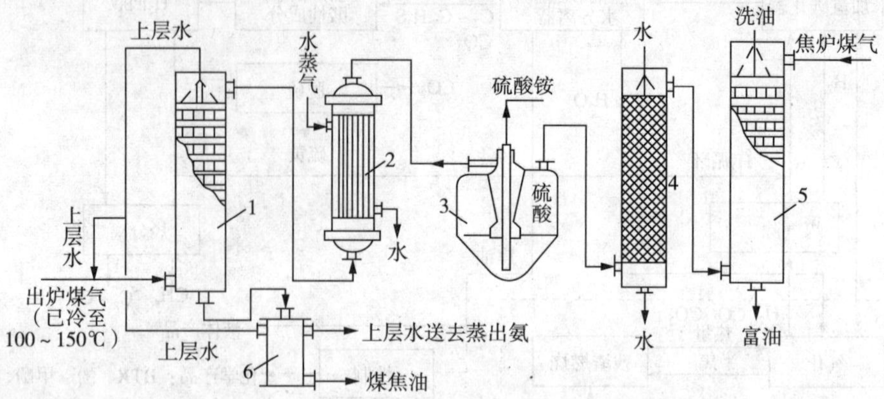

图9-6　炼焦化学品的回收流程

1—冷却塔；2—预热器；3—饱和塔；4—冷却器；5—吸收塔；6—沉降槽

3)粗苯

粗苯中主要含苯(50%~70%)、甲苯(12%~22%)、二甲苯(2%~6%)、三甲苯(2%~6%)、乙苯等单环芳烃，以及少量不饱和化合物(如戊烯、环戊二烯、苯乙烯等)和含硫化合物(二硫化碳、噻吩等)，还有很少量的酚类和吡啶等。将粗苯进行分离精制，可得到苯、甲苯、二甲苯等基本有机化学工业的原料。

4)煤焦油

煤焦油外观为黑褐色，组成相当复杂，已验证的约有500多种。焦油中含酚类达35%，有机碱1%~2%，烷烃2%~10%，烯烃3%~5%，环烷烃可达10%，芳烃15%~25%，中性含氧化合物(酮、酯和杂环化合物)20%~25%，中性含氮化合物(主要为五元杂环化合物)2%~3%，沥青达10%。将煤焦油进行精馏可分成若干馏分，可以得到很多从石油加工产品难于得到的基本有机化工原料和产品，其中重要的成分是多种重芳烃、酚类、烷基萘、吡啶、咔唑、蒽、菲、芴、芘、芘等及杂环有机化合物，它们是制取塑料、染料、香料、农药、医药、溶剂等的原料，其中含量最大、应用最广的是萘，但因从煤焦油中进行分离较困难，至今尚未能充分利用。

9.3　煤的气化

煤的气化(Coal Gasification)在煤化工中占有重要地位。煤气化是指在高温(900~1300℃)常压或加压条件下使煤、焦炭或半焦等固体燃料与气化剂反应，转化成主要含有H_2、CO等可燃气体的过程。生成的气体组成随固体燃料性质、气化剂种类、气化方法、气化条件的不同而有差别。气化剂主要是水蒸气、空气或氧气。利用煤的干馏来制取化工原料只能利用煤中一部分有机物质，而煤的气化则可利用煤中几乎全部含碳、氢的物质。

煤气化过程包含了煤的热解、半焦的气化等过程，原料煤可以是褐煤、烟煤和无烟煤。

(1)煤气化剂和煤气用途

在各种煤转化技术中，煤的气化是最有应用前景的技术之一，这不仅因为煤气化技术相对较为成熟，而且煤转化为煤气之后，通过成熟的气体净化技术处理，对环境污染可减少到最小程度，例如煤气化联合循环发电，就是一种高效低污染的发电新技术。

由煤气化炉产生的热煤气经过冷却除尘得到粗煤气。煤气化生成的气体因气化剂不同可能含有 CO、CO_2、H_2、N_2、CH_4 和水蒸气中的几种。有的气化方法在气体产物中还含有干馏产物。气化煤气可用作城市煤气、工业燃气、化工原料气（又称合成气）和工业还原气。

（2）煤气的分类

煤的气化所得到的煤气的成分取决于燃料和气化剂的种类以及气化条件。工业上按照所用气化剂不同可得到不同的煤气。按气化反应性质可分为以水蒸气为气化剂的蒸汽转化法、以纯 O_2 或富 O_2（有时也同时加入水蒸气）空气作为气化剂的部分氧化法。

1）水煤气

水煤气是用焦炭交替吹送空气（提供热量升温）与水蒸气发生反应的产物。实质上水煤气系以水蒸气为气化剂，得到的是主要含 CO 和 H_2 的煤气。碳和水蒸气的反应为：

$$C + H_2O \longrightarrow CO + H_2 \quad \Delta H = 131.39\ \text{kJ/mol} \tag{9-1}$$

水煤气主要成分为氢气和一氧化碳，两者含量之和可达到85%左右，可作为合成气（$CO + H_2$）。与发生炉煤气相比，含氮气很少，发热量高。燃烧时呈蓝色火焰，所以又称半水煤气。

2）空气煤气

空气煤气是以空气为气化剂，根据空气中 O_2 和 N_2 的比例，碳和空气的反应可写成：

$$2C + O_2 + 3.76N_2 \longrightarrow 2CO + 3.76N_2 \quad \Delta H = -221.189\ \text{kJ/mol} \tag{9-2}$$

这样得到含 CO 和 N_2 的吹风气称为空气煤气。

3）混合煤气

由水煤气和空气煤气反应式可知，从气化系统的热平衡看，碳和空气的反应是放热的，而碳和水蒸气的反应是吸热的。混合煤气是以空气和水蒸气同时作为气化剂送往发生炉内反应的产物，所以混合煤气又称发生炉煤气，由于其热值远比水煤气低，因此又称为贫煤气。空气和水蒸气的配比量以维持反应能够自热进行为原则，外界不提供热源，而是通过前者的反应热为后者提供反应所需的热，并能维持系统自热平衡，得到的是含 N_2 和合成气（$CO + H_2$）的混合煤气，主要成分是合成气（$CO + H_2$）。

4）半水煤气

半水煤气也是以适量空气（或富氧空气）与水蒸气作为气化剂，所得气体的组成符合 $(CO + H_2)/N_2 = 3.1 \sim 3.2$（摩尔比）以能满足生产合成氨对氢氮比的要求。半水煤气是合成氨合格的原料气。半水煤气生产技术将在合成氨一节介绍。

5）合成气

合成气是指主要成分为（$CO + H_2$）的混合气体。合成气组成与用途有关，例如合成氨用合成气主要是氮和氢的混合物，且 H_2/N_2 比应是3:1，硫含量小于 10^{-6}，O_2、CO、CO_2 和 H_2O 含量之和限于 $2 \times 10^{-6} \sim 10^{-5}$，甲烷和氩含量应低于0.8%～1.2%。而合成甲醇用合成气 CO 含量较高，要求 $(H_2 + CO_2)/(CO + CO_2)$ 比介于2～2.2，合成气中硫含量应当低，要求小于 0.1×10^{-6}。合成气的工业应用将在一碳化学一节介绍。

6）还原气

还原气与合成气相似，由于用于铁矿石还原是在常压下进行，因此还原气生产也是常压法。还原气中氧化物 H_2O、CO_2 含量应当少，当用煤、油、天然气生产气体时，可以把 CO_2 洗去。

(3)煤气化方法

由于原料煤性质不同，需要不同的气化方法，根据原料在气化炉中的状态反应器型分为固定床(由于在气化过程中煤层连续向下移动又称移动床)、流化床(沸腾床)、气流床和熔融床。其中熔融床还处于中试阶段。前三种气化炉构造示意图见图9-7。

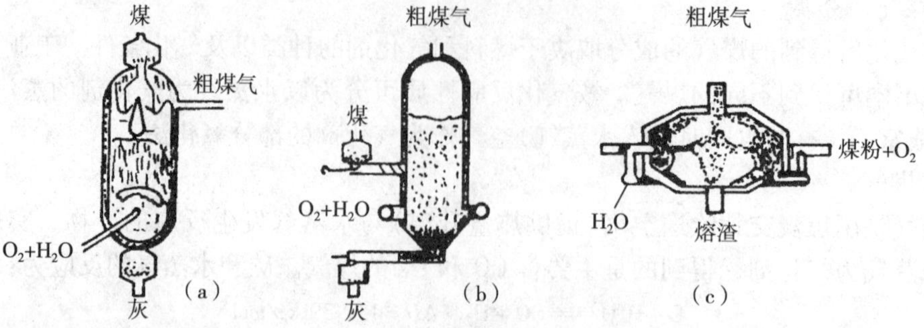

图9-7　煤的三种主要气化方法过程示意图

(a)固定床；(b)沸腾床；(c)气流床

1)固定床气化法

煤的固定床气化是以块煤为原料，煤由气化炉顶加入，气化剂由炉底送入。气化剂与煤逆流接触，气化反应进行得比较完全，灰渣中残炭少。产物气体的显热中的相当一部分供给煤气化前的干燥和干馏，煤气出口温度低，灰渣的显热又预热了入炉的气化剂，因此气化效率高。这是一种理想的完全气化方式。

当使用含挥发分原料时，固定床气化煤气中含有焦油和酚，导致煤气净化和废水处理复杂化。这是制约固定床气化技术应用的主要原因之一。对有黏结性的原料煤需通过搅拌装置破黏。

固定床气化有常压法和加压法之分。常压方法比较简单，但对煤的类型有一定要求，要用块煤，低灰熔点的煤难以使用。常压方法单炉生产能力低，常用空气、水蒸气为气化剂，制得低热值煤气，煤气中含大量的N_2，不定量的H_2、CO、CO_2、O_2和少量的气态烃。加压方法是常压方法的改进和提高。加压方法常用氧气与水蒸气为气化剂，对煤种适用性大大扩大。为了进一步提高过程热效率，又开发了液态排渣的固定床加压气化炉。

2)沸腾床气化法

沸腾床气化又称流化床气化。粒径在0.5~3mm间的细煤粒一般采用沸腾床气化法，其优点是：可连续生产，温度分布均匀，温度调节快，炉子构造简单，投资低。缺点是，反应过程有返混现象，反应温度受原料灰熔点的限制。因此，该法只用于褐煤及反应性好的年轻烟煤气化。黏结性煤在加热中会黏结，形成难以控制的团块下落，因此也不能使用此种炉子。

流化床气化采用0~10mm的小颗粒煤作为气化原料。气化剂同时作为流化介质，通过气化炉内的气体分布板(炉篦)自下而上经过床层。根据所用原料的粒度分布和性质，控制气化剂的流速，使床内的原料煤全部处于流化状态，在剧烈的搅动和返混中，煤粒和气化剂充分接触，同时进行着化学反应和热量传递。利用碳燃烧放出的热量，提供给煤粒进行干燥、干馏和气化。生成的煤气在离开流化床床层时，夹带着大量细小颗粒(包括70%的灰粒和部分未完全气化的炭粒)由炉顶离开气化炉，部分密度较大的渣粒由炉底排灰机构排出。

对大部分煤来说，灰分开始软化的温度为1050~1150℃。为了避免结渣，流化床的操作温度经常维持在850~900℃。在这个温度下，只能用反应性好的褐煤为气化原料，才能获得质量较好的煤气。

在流化床内整个床层的温度较为均匀。送入流化床的煤粒，迅速地分布于炽热颗粒之间而受到突然的加热。燃料的干燥和干馏是在反应层中进行的，因而燃料受到充分均匀的加热，挥发分的分解完全，使煤气中甲烷和酚类很少，且不含焦油。

为减少飞灰夹带燃料损失，在流化床上部空间引入二次空气，使它们燃烧气化。

在流化床气化炉内，主要进行的反应有：碳的燃烧反应、二氧化碳还原反应、水蒸气分解反应及水煤气变换反应等。

3)气流床气化法

所谓气流床，就是气化剂(水蒸气与氧)将煤粉或煤浆夹带入气化炉进行并流气化。最具代表性的是常压操作、干煤粉进料的 Koppers - Totzek(K - T)法，加压操作、干粉进料的谢尔(Shell)法，和加压操作、湿法进料的德士古(Texaco)方法。

气流床气化原理是煤粉或煤浆并流被气化剂夹带通过特殊的喷嘴进入反应器，瞬时着火，形成火焰，温度高达2000℃。粉煤和气化剂在火焰中做并流流动，粉煤在几秒钟内完成燃烧和气化。在高温下，所有的干馏产物都被分解，只含有很少量的 CH_4(0.02%)，而且煤颗粒各自被气流隔开，单独地裂解、膨胀、软化、烧尽直至形成熔渣，因此煤黏结性、机械强度、热稳定性等对煤气化过程没有影响。煤中灰分以熔渣形式排出炉外。

在部分氧化条件下，煤燃烧和气化生成 CO、H_2、CO_2、H_2O 四个组分，而且在高温下(1500℃以上)由反应($CO + H_2O \xlongequal{} CO_2 + H_2$)的平衡确定煤气组成。

粉煤和气化剂进行并流气化，反应物之间的相对速率小，接触时间短，为了提高反应速率，强化生产，采用很高的反应温度，并用纯氧 - 水蒸气为气化剂，而且粉煤磨得很细，以增加反应表面积，一般要求70%以上的粉煤通过小于75μm(200目)的筛孔。

气流床气化重要的反应条件是氧煤比、水蒸气煤比和反应温度。反应温度一般取决于煤灰分的黏温性质。通常用改变氧煤比或水蒸气煤比的方法来调节气化炉温度。

与固定床气化炉相比，气流床气化炉有以下优点：

①利用粉煤为原料，比块煤价格低廉。

②可以用各种煤，也不受煤黏结性限制。

③无焦油、酚、脂肪酸等副产物，因此不需要进行处理，废水少。

④可以用流态或气态烃代替煤为原料。由于煤气生产能力提高与压力成正比，因此提高压力能降低能耗，提高气化效率。粉煤加压气化生产能力高，强化了传热，使炉壁热损失降低。

细粉煤高压气化缺点是：对灰熔点高的原料煤，为了液态排渣，气化温度较高，难以选用炉内衬材料。此外，由于燃料中灰分含量高，为了液态排渣必须在较高温度气化、气化效率与固定床相比下降较大。粉状原料煤的加入以及排渣技术都比较复杂。

4)熔融床气化法

熔融床气化又分熔渣床、熔盐床和熔铁床三种，是指煤在高温熔融态的熔渣流及其上部空间中进行的气化。熔融床本身作为气化的热载体，兼有供热蓄热和催化气化的功能。国内外对熔融床先后进行过大量的研究，其中以熔渣床和熔铁床的试验规模最大，达到250t(煤)/d。因为种种技术和经济问题，这些试验大多已停止。

5)其他煤气化方法

其他煤气化方法包括煤的加氢和催化加氢气化方法和煤的地下气化等。

加氢气化法的目的是为了制取天然气，以 H_2 或富含 H_2 的气体为气化剂，如美国的 Hygas 法和德国的 HKV 法。目前均已停止试验。

煤的催化加氢气化方法是在气化过程中添加催化剂，加快气化反应，可以在较低温度下进行气化。煤的催化气化方法以 Exxon 方法为代表，用 K_2CO_3 为催化剂，但其规模仅有1t(煤)/d。

煤的地下气化法是对地下煤层就地直接进行气化生产煤气的方法，国内外曾进行了大量的研究。但由于地下煤层的构成及其走向变化多端，至今尚未形成一种技术成熟的、能推广使用的方法。

(4)煤气化技术

1)鲁奇煤加压气化

移动床(固定床)加压气化的最成熟和最具代表性的炉型是鲁奇(Lurgi)炉。

鲁奇煤加压气化克服了常压移动床气化炉生产的煤气热值低、煤气中 CO 含量高、气化强度低、生产能力有限以及煤气不宜远距离输送的问题。随着气化压力的增加，粗煤气中甲烷和二氧化碳含量增加，氢气和一氧化碳含量减少。

加压移动床气化炉生产状况与常压气化炉类似，原料煤由上而下，气化剂由下向上，逆流接触炉内料层可根据各区域的特征及主要作用，依次分为干燥层、干馏层、甲烷层、气化层、氧化层和灰渣层。加压操作为甲烷生成创造了条件。

鲁奇炉分为固态排渣加压气化炉和液态排渣加压气化炉，前者的主要缺点是水蒸气用量大，分解率低。又由于炉温较低，反应不够完全，灰渣中残炭含量较高，气化能力受到限制。液态排渣加压气化炉由于消除了为防止气化炉内结渣对炉温的限制，可使气化层的温度有较大提高，从而大大加快了气化反应速度，提高了设备的生产能力，产物粗煤气中冷凝下来需要处理的液体量较少，灰渣中基本上无残炭，几乎所有的炭都得到了利用。主要存在的问题是对炉衬材料在高温、高压下的耐磨、耐腐蚀性能要求高；熔渣池的结构和材质是液态排渣炉的技术关键。此外，液态排渣气化过程的氧耗较高。

鲁奇煤加压气化流程见图 9－8。鲁奇炉采用氧气－水蒸气或空气－水蒸气为气化剂，在 2.0～3.0MPa 的压力和 900～1100℃温度条件下进行连续气化。

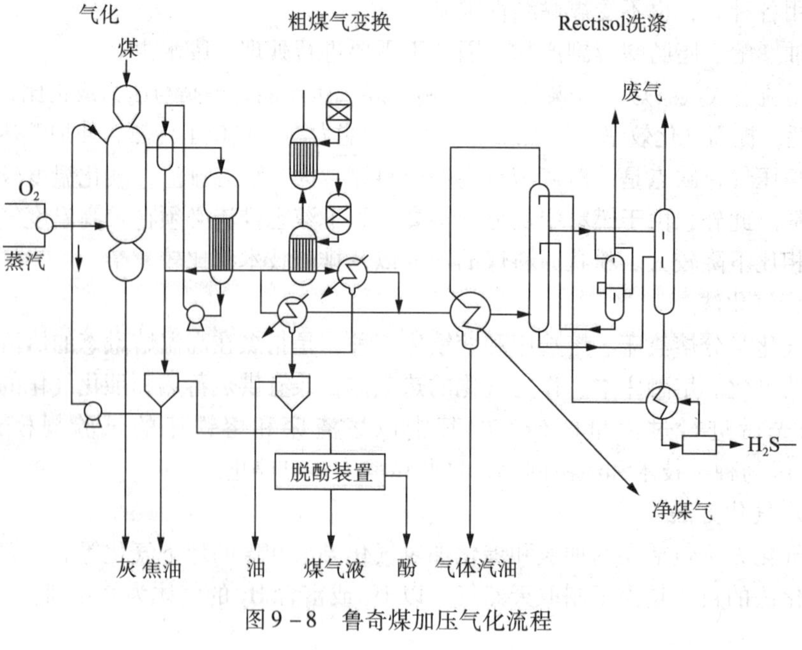

图 9－8　鲁奇煤加压气化流程

鲁奇加压气化炉所需原料为块煤，粒度为 5 ~ 30mm，间歇地加入炉内，靠布料器均匀地分布在炉子的全截面上。由于布料器上存有足够量的煤，所以煤料进入炉内是连续的。黏结性煤由水冷的上下移动的破黏装置破开。煤由分布器经过破黏器的流出孔而下降，煤装入高度应保持破黏器有上下移动的空间。粗煤气由气化炉流出，在洗冷塔中进行水洗冷却，以便除尘和脱除焦油。焦油和灰尘在焦油分离槽分离出，重新返回气化炉进行气化反应。煤气经过变换之后达到要求的 CO: H_2 比例，最后进行甲醇洗(Rectisol)煤气净化处理。

2)温克勒煤气化法

温克勒(Winkler)最早将流态化技术应用于小颗粒煤的气化，开发了流化床(或沸腾床)气化法，并最早应用于工业生产。温克勒气化法所用炉子见图 9 - 9，它是一个内衬耐火材料的立式圆筒形炉体，下部为圆锥形状。水蒸气和氧气(或空气)通过位于流化床不同高度上的几排喷嘴加入。其下段为圆锥形体的流化床，上段的高度为下段的 6 ~ 10 倍，作为固体分离区。在床的上部引入二次水蒸气和氧气，以气化离开床层而未气化的炭。二次气化区相当于悬浮床气化，该处温度比床内操作温度高 200℃左右。使用低活性煤时，二次气化可显著改善炭的转化率。

炉子所用的原料煤主要是反应性好的褐煤和年轻烟煤。煤在反应器中的平均停留时间约为 15 ~ 60min，沸腾床温度取决于灰软化点。

温克勒炉的优点：煤气生产能力弹性大；氧气耗量低，气化炉起停作业简单，运行可靠；原料煤处理费用低，粉煤可全部利用，即使灰分为 40% 的煤也能运行。

存在缺点是：由于是低压生产，与高压法比不经济，难以用黏结性原料煤；气化温度必须低于灰熔点，难以气化低灰熔点煤；灰中炭含量高。为此发展了高温温克勒(Hochtemperature - Winkler)及灰团聚气化工艺(如 U - GAS 气化法和 KRW 气化法)。

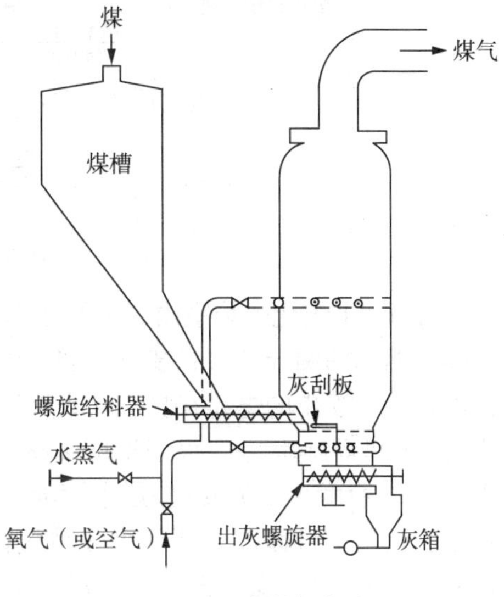

图 9 - 9　温克勒气化炉

高温温克勒(HTW)法针对温克勒炉的缺点，对气化法进行了重要改进，提高了反应压力和温度，生成合成气，用于合成甲醇或作还原气。

提高气化压力到 1MPa。这不但降低了合成气再压缩的能量，而且提高了生产能力。气化强度增加大约与压力的平方根成正比。加压下可改善流化状态，床层带出物量也大为减少。加压也有利于甲烷生成，减少氧耗。

提高气化温度，有利于二氧化碳还原和水蒸气分解，提高了氢和一氧化碳浓度，从而提高炭转化率和煤气产率。提高温度同时要防止灰分结渣，可在原料煤中添加石灰石或白云石以提高煤的软化点和熔点，但前提是煤灰分具有一定的碱性。如使用含碱性灰的莱茵褐煤，加入石灰提高灰熔点，可提高气化温度到 1000℃。

U - GAS 气化法是美国煤气工艺研究所(I. G. T)开发的液化床灰团聚煤气化工艺，先后在美国和法国进行了中试和示范厂运行。与传统的固态和液态排渣方式不同，灰团聚气化法的特点是灰渣的形成和团聚排渣。在流化床中导入氧化性高速射流，使煤中灰分在软化而未熔融的状态下，在一个锥形床中相互熔聚而黏结成含炭粒较低的球形灰渣，有选择性地排出炉外，降低了排渣炭损失和热损失。灰团聚排渣是煤气化排渣技术的重大发展。通过利用旋风分离使气化炉带出物返回气化炉气化和灰团聚排渣，可进一步提高炭利用率。U－GAS气化法还具有煤种适应性强、煤气后处理工序简单、易加压操作和环境污染小等优点。

3）考伯斯－托茨克气化

考伯斯－托茨克（Koppers－Totzelt，简称K－T）气化是煤与氧气和水蒸气常压气化，采用细粉煤与气化剂并流的气流床气化工业生产方法。K－T气化炉见图9－10。

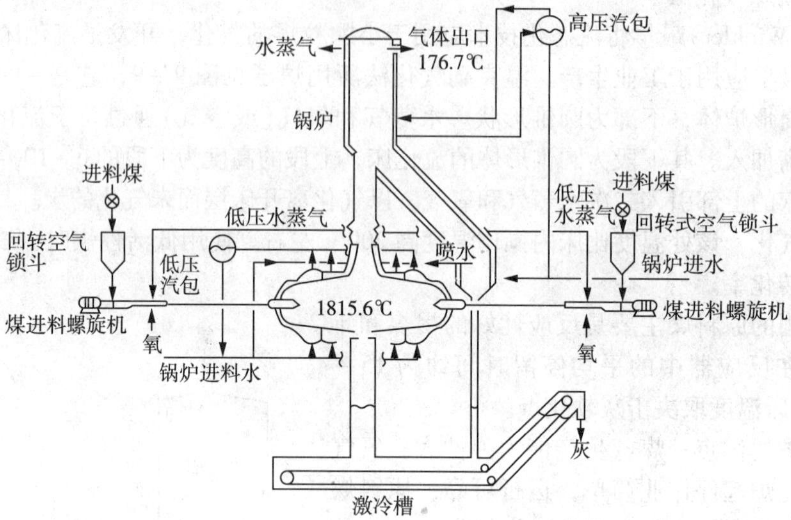

图9－10　K－T型气化炉

在K－T气化炉炉室内，内衬耐高温材料，原料喷嘴相对排列。气化炉的外形是水平椭球体，两端的两个炉头各装有相邻的两个喷嘴，相对处于同一条直线上，以使火焰喷不到对面的炉壁，喷出的煤粉在自己的火焰区尚未燃尽时，可进入对方的火焰中气化。设置两个喷嘴还可改善湍流状态。火焰温度2000℃，火焰末端即炉中部温度为1500～1600℃。进料煤中有70%粒度小于75μm，煤中大部分灰分在火焰区被熔化，以熔渣形式进入熔渣激冷槽成粒状，由出灰机移走，其余灰分被气体带走。炉上部的废热锅炉回收出炉热煤气（1400～1500℃）的显热，煤气先在辐射段被冷到1100℃以下，然后在上部对流段冷到低于300℃，废热锅炉产生10MPa高压水蒸气。

K－T炉气化法流程见图9－11。粉煤用氮气送入加料前粉煤槽，用给料机并吹入氧气和水蒸气把煤送入反应室。氧气、水蒸气与原料煤粉比例控制是根据要求的温度确定，大部分灰分以液态排出。

气化炉中部分氧化生成热量用于产生10MPa饱和高压水蒸气。气化炉本身用水间接冷却，产生低压水蒸气。粗煤气经废热锅炉换热产生高压水蒸气后，去水洗冷却器，在此煤气被冷却洗涤，脱掉灰尘。为了送入煤气压缩机，煤气净化程度还不够，需要第二次水洗，并在分离器中分离出水滴，有时还需使用电除尘器。然后煤气压缩到操作压力送到后续工序。

这种高温并流气化有利于制取合成气，所有煤的有机质全转化成热力学稳定化合物，如CO_2、CO、H_2、H_2O，因此煤气冷却时无焦油、油类、苯、酚等冷凝物析出，煤气净化简单，废水处理容易。

K－T法对于原料煤要求条件少，粉煤粒度小于0.1mm。从经济上考虑，希望原料煤灰分小于40%，褐煤水分小于6%~8%，烟煤水分小于1%~2%。煤干燥和粉煤在同一工序进行，煤干燥用燃烧煤的热烟气，烟气把煤粉输送到煤槽，烟气与煤粉分离用旋风器，烟气除尘用电除尘器。

K-T气化技术的优越性突出体现为特别适应于合成气的生产要求；对煤种的适应性强；产气强度大；生产中无化学物质对环境造成污染；生产的调度启动关闭灵活等。

K-T气化技术的缺点在于：粉煤粒度要求过细，备料的机械功耗和工序较多；生产过程中对细粉煤的生产要加强防火和防爆的安全措施。K-T炉常压下操作，氧耗高，要达到高转化率有困难。

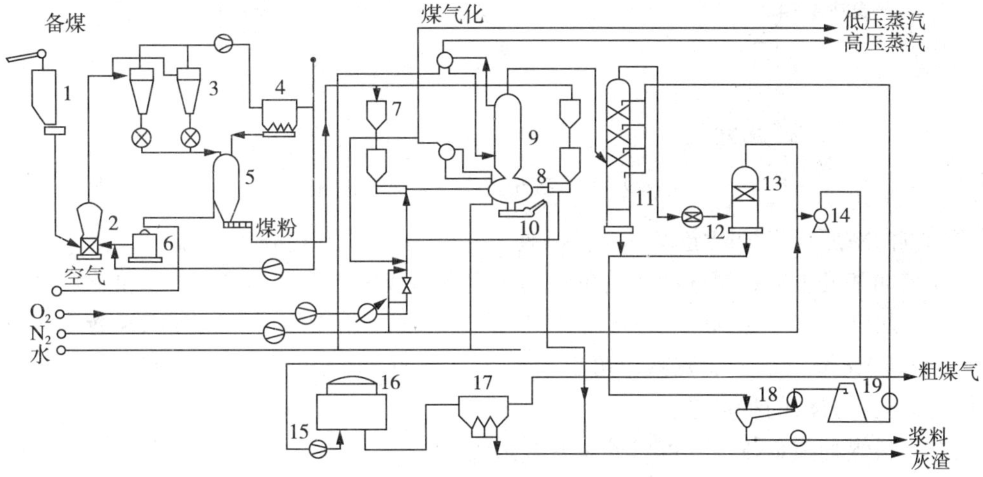

图9-11　K-T法煤粉气化流程

1—原煤槽；2—粉碎与分级；3—旋风分离器；4—过滤除尘；5—煤粉槽；
6—燃料气发生炉；7—煤槽；8—气化炉；9—废热锅炉；10—排灰装置；
11—水洗塔；12—煤气洗涤机；13—终冷器；14—煤气快速开关；15—煤气机；
16—粗煤气罐；17—电滤器；18—分离槽；19—凉水塔

4)德士古气化

德士古(Texaco)气化是水煤浆进料的加压煤气化工艺。在美国、欧洲、日本和中国建有多套工业化装置，用在联合循环发电。德士古法是一种粉煤加压液态排渣方法，该法要求原料煤粒度小于0.1mm，制成悬浮状的水煤浆，煤浓度为70%。用泵加入气化炉，与入炉氧气在1400℃和4.0MPa下进行煤气化反应。生成熔融灰渣，以液态排出。德士古气化流程有激冷流程和废锅流程，两种流程的气化炉简图见图9-12。

激冷式流程是煤经湿磨后，与水制成水煤浆，典型的煤浆中煤的质量分数为60%左右。煤浆中煤粒最大粒径不超过1mm。用高压煤浆泵送入气化炉。德士古炉是液态排渣炉，操作温度必须大于煤的灰熔点，一般在1300~1500℃。当灰熔点高于1500℃时，需添加助熔剂。气化压力可达到8.0MPa，煤在炉内气化时间3~10s。氧碳比0.9~0.95。炭转化率98%~99%。冷煤气效率为70%左右。

激冷流程运用于制NH_3和H_2，因为这种流程易于和变换反应器配套，激冷产生的水蒸气可满足变换的需要。对于生产燃料煤气或用于联合循环发电，应选择废锅流程。激冷流程的投资比废锅流程要少得多。

废热锅炉式流程是把热的粗煤气送到废热锅炉中回收热量，产生蒸汽，粗煤气被冷却到

200℃，然后在洗涤冷却器洗去灰尘并降温。

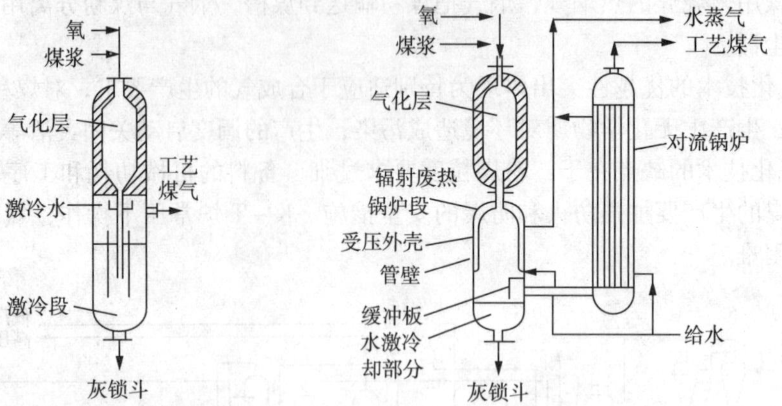

图 9-12　德士古煤气化炉示意图

德士古法对原料煤种限定较少，可以处理所有烟煤，煤灰分可达 28%。由于高温气化反应，无焦油和烃生成，煤气净化简单。高压生产合成气，后续加工经济，液态排渣，气化反应完全，炭转化率可达 95% ~99%，气化效率 76%。由于煤浆含水高，热效率不高，如果煤含量由 70% 增至 80%，热效率可由 76% 提高到约 79%。

德士古气化方法的特点是：

①对原料煤种限定较少，可以处理所有烟煤；

②采用水煤浆进料，没有干法磨煤、煤锁进料等问题，比干法加料安全可靠，容易在高压下操作；

③在高温高压生产合成气，后续加工经济，液态排渣，气化反应完全，炭转化率可达 95% ~99%，气化效率 76%；

④由于高温气化反应，无焦油和烃生成，煤气净化简单。

⑤负荷适应性强，在 50% 负荷下，仍能正常操作；

⑥从环境保护上讲，德士古煤气化方法优于其他气化方法，不但无废水生成，还可添加其他有机废水制煤浆，气化炉起焚烧炉的作用，排出的灰渣呈玻璃光泽状，不会产生公害。

德士古方法的主要问题是难以用含内在水分大的煤，如褐煤；煤的灰熔点不能太高；由于入炉水分大，氧耗高，反应温度高，材质要求高。

5）谢尔气化

谢尔（Shell）煤气化采用干煤粉进料加压气流床气化，典型流程示于图 9-13。原煤经粉碎干燥至含水 <2%、粒度 90% 通过 90μm（170 目）筛孔。煤由常压煤仓进加压煤仓，粉煤用氮气输送入气化炉。气化温度超过 1370℃。熔化煤灰沿炉壁流入水浴固化，通过锁斗排出。粗煤气用循环冷煤气激冷到 900 ~1100℃，以避免黏性灰渣进入废热锅炉，煤气通过废热锅炉被冷到 300℃，然后进入除尘和水洗系统。

谢尔煤气化法的主要特点：①可使用各种煤，炭转化率达 98% 以上；②产品气中（$CO + H_2$）产率高，达 90% 以上，适宜作合成气，特别是煤气中 CO_2 很少，可大大减少酸性气体处理的费用。气化产物中无焦油等液体；采用干粉煤进料，既降低了氧耗又增加了冷煤气效率；加压操作，单炉生产能力大；煤气中硫和氨易被清除，煤灰分转变为玻璃状固体，符合环保要求。

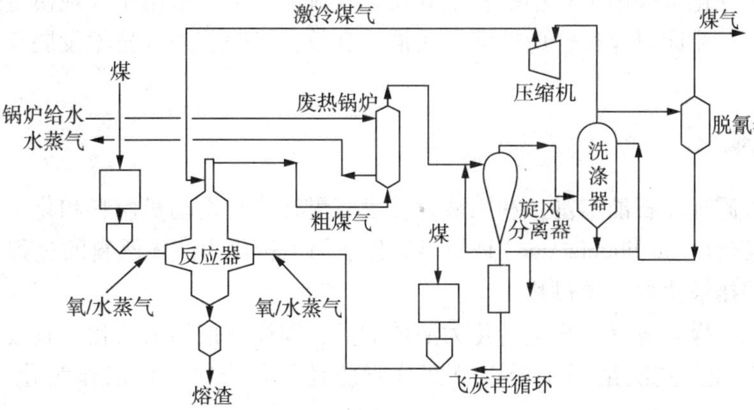

图 9-13　谢尔气化法典型工艺流程图

(5)煤气化方法的选择

煤气化技术的发展过程主要有两次重大突破，显著地影响了煤造气的经济性。第一次是工业制氧装置的开发，用氧气代替空气进行工业煤气化；第二次是加压气化的开发。如固定床熔渣气化炉和气流床气化炉以及沸腾床气化炉等技术可以看作是它们的一种改造。用熔渣气化炉代替干式排灰气化炉，可使合成气成本降低 5% ~10%。在所有情况下气流床成本都偏高，但因其能简化粉煤处理，清除副产品，从而也有使用价值。

选择煤气化方法应该以可选用煤种和煤气的用途为出发点，结合过程的总热效率和环保要求加以考虑和比较，以实现经济效益和社会效益的统一。如工业制氧装置的开发中用氧气代替空气进行工业煤气化、加压气化的开发、熔渣气化炉代替干式排灰气化炉等，都可使气化成本降低。另外，在所有情况下气流床成本都偏高，但因其能简化粉煤处理，清除副产品，从而也有使用价值。

在煤气化发展过程中，由于原料煤性质不同，形成了不同的气化方法，以反应器型式分，有固定床式、流化床式和气流床式等。煤气化不同的工艺技术特征归纳如下：

移动床(固定床)气化用于块状煤气化的技术，可处理水分大、灰分高的劣质煤，适用于处理灰分高、水分高的块状褐煤。缺点是当固态排渣时耗用过量的水蒸气，污水量大，并导致热效率低和气化强度低；液态排渣时提高炉温和压力，可以提高生产能力。该法最常用的方法是鲁奇加压气化法，生产 CH_4 含量高的煤气。

流化床床层温度较均匀，气化温度低于煤的软化点，用于处理活性高的年轻煤。生产的煤气中不含焦油；缺点是气流速度较高，携带焦粒较多；活性低的煤炭转化率低；活性高的褐煤生成的煤气中甲烷含量增加；按炉身单位容积计的气化强度不高；煤的预处理、进料、焦粉回收、循环系统较复杂庞大。煤气中粉尘含量高，后处理系统磨损和腐蚀较重；高温高压炉(如 HTW)上述缺点有所改善。沸腾床法常用的是温克勒气化法，高温温克勒(HTW)气化法适合于合成气生产。

气流床气化典型的是粉煤高温常压液态排渣 K-T 气化法以及水煤浆连续加料高温高压液态排渣 Texaco 法，优点是煤种限制少；温度高炭的转化率高；单炉生产能力大，煤气中不含焦油，污水问题小等。缺点是除尘系统庞大；废热回收系统昂贵；煤处理系统庞大，耗电大。Texaco 炉适合生产合成气。

综上所述，三种气化方法均有各自的优缺点。工业实践证明，它们有各自比较适应的经济规模。移动床气化可应用于较小的容量规模，气流床气化较适用于大规模生产，流化床气化则介乎中间。气流床对煤种适应性强，清洁、高效，代表着当今技术发展潮流。

9.4 煤的液化

世界煤炭资源远比石油丰富，利用液化技术将煤转化为发动机燃料和化工原料的工艺有战略意义。煤液化(Coal liquefaction)是指煤经化学加工转化为液体燃料的过程。煤液化可分为直接液化和间接液化两大类过程。

在高温高压下煤与氢反应直接转化为液体油类，即煤直接加氢液化。直接液化产物轻油和中油主要含芳烃，其次是环烷烃以及部分脂肪烃等化合物，可以作为化学原料和动力燃料。

煤气化生成合成气($CO+H_2$)，再由合成气合成液体燃料或化学产品，称为煤的间接液化。间接液化产品主要是脂肪烃化合物，适合作柴油和航空气轮机燃料。煤间接液化与直接液化产物互为补充，可以满足不同产品的需要。

煤直接液化的转换效率要高于间接液化。由于供氢方法和加氢深度的不同，有不同的直接液化法。煤的直接液化氢耗高、压力高，因而能耗大，设备投资大，成本高。

(1)煤的直接液化

煤的直接液化是在高压(10～30MPa)、高温(425～470℃)下，经催化剂作用加氢使煤转化为液态烃，所以又称为煤的加氢液化。液化产物可进一步加工成各种液体燃料。氢气通常用煤与水蒸气气化制取。煤在重油的悬浮液中液化，这样有60%～70%的煤转变成重质油，然后再把这些重油放入加氢裂解装置中通入氢气，在高压下裂解反应成汽油。

固态煤和液态的石油虽然主要是碳和氢组成，但在结构、组成和性质上有很大差异，除了煤所含杂质量比石油高外，石油的氢碳原子比高于煤，原油为1.76，而煤只有0.3～0.7。另外石油的主要成分是低分子化合物，而煤的的主要成分是高分子聚合物。因此要把煤转化为油，需加氢、裂解和脱灰。

热解是煤加氢的前提，在煤开始热解温度以下，煤一般不发生明显的加氢液化反应，煤裂解速率最快的温度(400～450℃)一般是煤加氢液化的适宜温度。所以可以认为煤在加氢液化时，首先发生热解反应，生成的自由基“碎片”在氢气和在催化剂存在的条件下与氢结合而生成稳定的液态产物，如果没有氢的存在将会缩聚成高分子不溶物。煤直接液化生成油和预沥青烯，也生成焦炭和气体。反应机理如下：

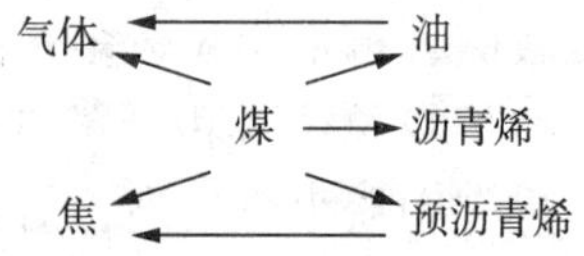

反应中需要的氢来源于溶解于溶剂中的氢在催化剂作用下变为活性氢、溶剂油提供的或传递的氢、煤本身可供应的氢、化学反应生成的氢(如 $CO+H_2O \rightarrow CO_2+H_2$)。当溶剂无供氢能力时，则液化消耗的氢来自煤及气相氢。溶剂的供氢能力对液化有重要影响，随溶剂中供氢能力的增加，来自煤与氢气的供氢量下降。当系统中供给($CO+H_2O$)时，液化效果比单纯供氢效果好，这是因为($CO+H_2O$)的变换反应放出的氢更容易和自由基碎片结合。

煤的性质对煤的液化起着重要作用。含挥发分高的烟煤特别适于加氢液化，镜质组和稳定组较易液化，惰性组分难以液化。煤加氢液化一般可在较低压力下进行，烟煤比褐煤难进行液相加氢，所以烟煤加氢液化的压力应比褐煤的高，但由于烟煤水分低，脱灰分离容易，而褐煤水分含量高，干燥过程能耗大，而且褐煤含碳低，产油率也低。

溶剂对煤液化也有较大影响，由于溶剂的存在，便于氢的传递，供氢溶剂的存在则可提高煤液化率。工业生产采用液化产物馏分油作为循环溶剂，循环溶剂应具有如下性质：含供氢体化合物高，最好是氢化芳烃；极性化合物含量少；有足够高的沸点和黏度，沸点范围为200～460℃。

煤加氢液化产物组成十分复杂，包括气、液、固三相的混合物。可以根据产物在不同溶剂中溶解度的不同，对液固部分进行抽提分离。例如用苯抽提，得到的苯不溶物再用吡啶或四氢呋喃抽提，除去不溶的残渣（未转化的煤、矿物质和外加催化剂），可溶物为前沥青烯（重质煤液化产物），其平均相对分子质量约1000，杂原子含量较高。得到的苯可溶物再用环己烷或正己烷抽提，不溶物是沥青烯（类似石油沥青质的重质煤液化产物），其平均相对分子质量约500。可溶于正己烷或环己烷的是轻质油产物，其相对分子质量在300以下。

用蒸馏法分离得到轻质油品，其中沸点<200℃部分为轻油或石脑油，沸点200～325℃部分为中油。轻油中含有较多的酚，轻油的中性油中苯族烃含量较高，经重整可比原油中石脑油得到更多的苯类，中油中含有较多的萘系和蒽系化合物，另外还含有较多的酚类与喹啉类化合物。

煤液化气体有 H_2O、H_2S、NH_3、CO_2 和 CO、C_1～C_4 等。

煤加氢液化都是用煤浆进行加氢液化，有的使用催化剂，有的不用，但液化反应器形式却有区别，SRC法使用的是移动床，反应物料是柱塞流。H－Coal法采用沸腾床，催化剂在反应器内呈悬浮状态。

就固液分离而言，多数用蒸馏方式，有的也采用超临界萃取方法。残渣用于气化制氢。

直接液化使用的原料煤要求低灰、磨细、干燥的褐煤，以及高挥发分的长焰煤和不枯煤。由于煤种限制非常严格，能用于直接加氢液化的煤种不多，因此该法应和煤的间接液化法配合使用。

1）德国直接液化新技术（New IG）

煤加氢直接液化中的IG法已实现了工业生产。IG法煤直接液化是采用两段加氢法。第一阶段为液相加氢，第二阶段则是以第一阶段加氢产物为原料进行中间产物的催化气相加氢制得汽油产品。由于加氢工艺分别在液相和气相两段进行，都可以独立地控制在最佳条件下进行催化反应。

煤液相加氢的目的是把大分子煤转化为低分子的液体产物：重油、中油、汽油和煤气以及少量残煤。影响产物组成的因素有温度、氢气分压、停留时间以及催化剂等。气相加氢（即中油气相加氢）有两种方法，用得较多的方法是“多产烷烃加氢”法，该法产品中环烷烃约占50%，芳烃仅有10%或更少。另一种方法是采用“多产芳烃加氢”，产品芳烃产率约占50%。

德国鲁尔煤矿公司和威巴石油公司合作，把二战前的IG老工艺发展为IG新工艺，工艺简化流程见图9－14。

磨细的煤和铁催化剂与过程自产油按一定比例混合，加入氢气后，在管式炉中加热，在一台大容积的加氢反应器或三台串联反应器中，于压力30MPa和温度485℃下进行加氢裂化。反应产物在热分离器中分离为塔顶产物和塔底产物。塔底产物（包括所有固体物——未转化煤、灰和催化剂以及高沸点组分）进入减压塔蒸馏。减压塔顶产物用作过程循环油，塔底残渣油送德士古气化炉气化生产氢气。热分离器的顶部产物进一步在冷分离器分成气体和液体，气体经油洗净化后返回液相加氢，而液体烃通过常压蒸馏分为轻油（$<185℃$）、中馏分油（185～325℃）和高沸点塔底产物。常压塔的塔底产物作为混合油也在过程中循环。轻油与中馏分油可以进一步精制为汽油、柴油和家庭炉用油。由煤生产油的热效率在60%以上，油产率（按无水无灰基煤为基准）在50%以上。

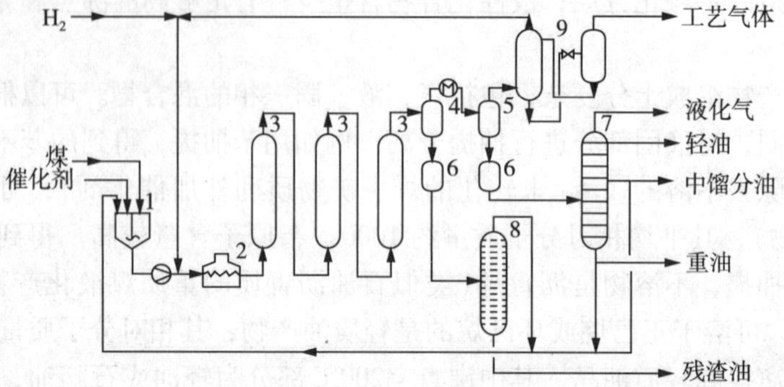

图9－14　鲁尔/威巴石油公司液化装置工艺流程图

1—混合器；2—预加热炉；3—加氢反应器；4—热分离器；5—冷分离器；6—闪蒸罐；7—常压蒸馏；8—减压蒸馏；9—气体洗涤塔

此工艺的特点是液固分离采用闪蒸塔，生产能力大，效率高；循环油不含固体，还基本上排除了沥青烯；煤糊相加氢和油的加氢精制，使油收率增加，质量提高。

2）德国煤加氢液化与加氢精制一体化联合工艺IGOR

德国环保与原材料回收公司与德国矿冶技术检测有限公司（DMT）联合开发了煤加氢液化与加氢精制一体化联合工艺IGOR（Integrated Gross Oil Refining）。

IGOR工艺是德国在IG工艺基础上提出的两段液化法，如图9－15所示，在高温分离器和低温分离器之间，增加了一个固定床加氢反应器，把一段加氢液化和二段液化油加氢组合在一起，使液化油产率增加了10%左右。工艺主要包括煤浆制备、液化反应、两段催化加氢、液化产物分离和常减压蒸馏工艺过程。原料煤主要采用德国鲁尔地区的高挥发分烟煤，煤液化过程使用的催化剂为炼铝工业的废弃物赤泥。固定床加氢精制工艺过程使用的催化剂为工业加氢催化剂，主要组成为$Ni-Mo/Al_2O_3$。

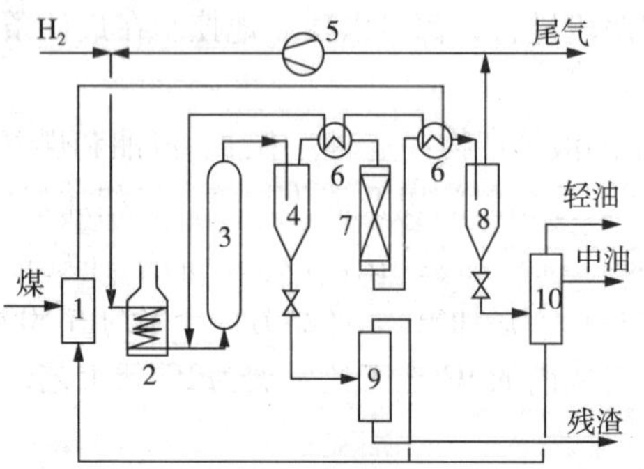

图9－15　德国IGOR煤液化工艺流程

1—煤浆配制；2—加热炉；3—反应器；4—高温分离器；5—循环压缩机；6—煤浆换热器；7—二次加氢反应器；8—低温分离器；9—减压蒸馏；10—常压蒸馏

该工艺的特点是原料煤经该工艺过程液化后，可直接得到加氢裂解及催化重整工艺处理的合格原料油，从而改变了以往煤加氢液化制备的合成原油还需再单独进行加氢精制工艺处理的传统煤液化模式。德国IGOR煤液化工艺可得到杂原子含量极低的精制燃料油。

德国IGOR煤液化工艺与传统煤液化工艺有较大的区别，因此IGOR工艺生产的精制合成原油与传统煤液化工艺得到的合成原油性质完全不同，其油品是无色透明状物质。通常煤液化生产的合成原油含有大量的多核芳烃，其中 O、N 及 S 等杂环化合物及酚类化合物对人体健康及生产操作环境都有较大的危害，而 IGOR 工艺将煤液化及液化油加氢精制和油品的饱和处理等工艺过程集成为一体。所得的液化油没有一般煤制液化油的臭味，不生成沉淀，也不变色，消除了对人体有害的毒性物质。该工艺精制合成原油产品中的杂原子含量仅为 10^{-5}数量级。

IGOR 煤液化工艺具有以下特点：

①煤液化反应和液化油的提质加工被设计在同一高压反应系统内，因而可得到杂原子含量极低的精制燃料油。该工艺缩短了煤液化制合成油工艺过程，使生产过程中循环油量、气态烃生成量及废水处理量减少。

②煤液化反应器的空速比其他煤液化工艺的反应器空速高。对同样容积的反应器，可提高生产能力。

③制备煤浆用的循环溶剂是本工艺生产的加氢循环油，因而溶剂具有较高的供氢性能，有利于提高煤液化率和液化油产率。

④IGOR 工艺设置有两段固定床加氢装置，使制备的成品煤液化油中稠环芳烃、芳香胺和酚类物质的含量极少，成品油质量高。

3）日本 NEDOL 煤液化技术

20 世纪 80 年代初，日本新能源产业技术综合开发机构（NEDOL）开发出 NEDOL 烟煤液化新工艺。该工艺由煤前处理单元（煤浆制备）、液化反应单元、液化油蒸馏单元及循环溶剂加氢单元等 4 个主要单元组成，NEDOL 煤液化中试装置工艺流程见图 9－16。

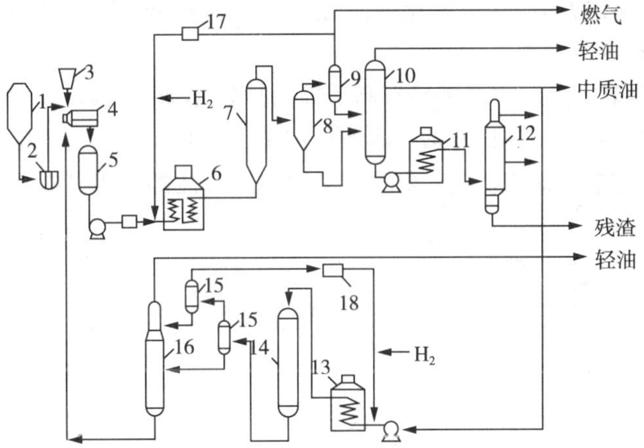

图 9－16　NEDOL 煤液化工艺流程

1—原料煤贮槽；2—粉碎机；3—催化剂贮槽；4—煤浆混合器；5—煤浆贮槽；6—煤浆预热器；7—液化反应器；8—高温分离器；9—低温分离器；10—常压蒸馏塔；11—常压塔底重油预热器；12—真空闪蒸塔；13—循环油预热器；14—固定床加氢反应器；15—分离器；16—汽提塔；17，18—循环氢气压缩机

NEDOL 煤液化工艺属于一段煤液化反应过程，它吸收了美国 EDS 工艺与德国新工艺的技术经验。所产液化油的质量高于美国 EDS 工艺，但 NEDOL 煤液化工艺流程较为复杂。。NEDOL 煤液化工艺的主要产品有轻油（沸点 ＜220℃）、中质油（沸程 220～350℃）和重质油（沸程 350～538℃），液化油含有较多的杂原子，还须加氢提质才能获得合格产品。

NEDOL 煤液化工艺特点：

①将制备煤浆用的循环溶剂进行预加氢处理，可以提高溶剂的供氢能力，同时可使煤液

化反应在较缓和的条件下进行，反应压力较低，低于德国煤液化新工艺，只有 17～19MPa，反应温度为 430～465℃；煤液体产品收率较高，特别是轻质和中质油的比例较高。

②煤液化反应器等主要操作装置的稳定性高，性能可靠。

③NEDOL 工艺可适用从次烟煤到烟煤间的多个煤种的液化反应要求。

④采用价格低廉的微粉合成硫化铁或天然硫铁矿等铁基催化剂，可降低煤液化成本.

⑤固液分离采用减压蒸馏的方法，简化了工艺过程，易于放大生产规模.

⑥配煤浆用的循环溶剂单独加氢，可以提高溶剂的供氢能力。

4）美国 HRI 的氢－煤（H－Coal）法和催化两段液化（CTSL）法

H－Coal 法是美国碳氢化合物研究公司（HRI）开发的，它是由石油重油催化加氢的H－Oil 法演变而来。该法是催化加氢液化法，可以用褐煤、次烟煤或烟煤为原料，生产燃料油或合成原油。使用该法，应将煤粉碎至小于 60 目，干燥，用液化循环油作溶剂制成煤浆，煤浆与氢气混合后经预热进入流化床反应器进行煤裂化催化加氢液化反应。床内装有颗粒状 $Co-Mo/Al_2O_3$ 催化剂，反应温度 450℃，压力 16～19MPa。反应器底部设有高温油循环泵，使循环油向上流动以保证催化剂处于流化状态。由于催化剂的密度比煤高，催化剂可保留在反应器内，而未反应的粉煤随液体从反应器排出。反应产物的分离方法与 NeW IG 相近。

H－Coal 工艺生产的主要产品经进一步加工处理后可用作汽油添加原料的石脑油和可作为电厂和工厂主要燃料的中油和重油。

催化两段液化（CTSL）工艺是 1982 年由美国碳氢研究公司 HRI 开发的煤液化工艺。该工艺的煤液化油收率高达 77.9%，成本比一段煤液化工艺降低 17%，使煤液化工艺的技术性和经济性都有明显提高和改善。

工艺的第一段和第二段反应器都装有高活性的加氢和加氢裂解催化剂，使用的工业加氢及加氢裂解催化剂是 $Co-Mo/Al_2O_3$ 或 $Ni-Mo/Al_2O_3$。CTSL 液化工艺流程见图 9－17。催化两段液化（CTSL）工艺特点是煤液化工艺的技术性和经济性都有明显提高和改善。

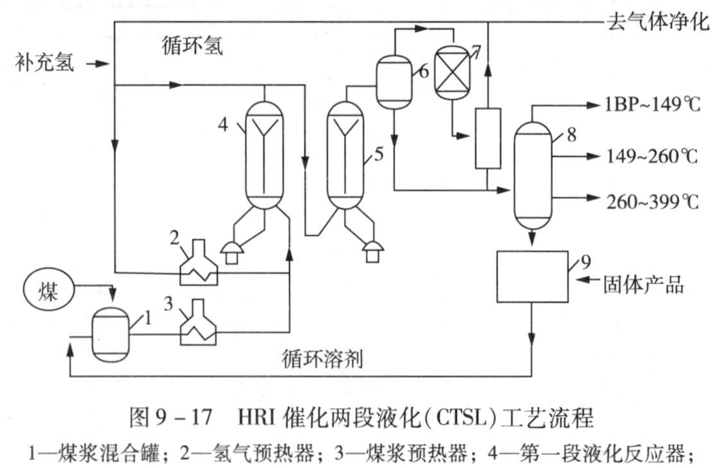

图 9－17　HRI 催化两段液化（CTSL）工艺流程

1—煤浆混合罐；2—氢气预热器；3—煤浆预热器；4—第一段液化反应器；
5—第二段液化反应器；6—高温分离器；7—气体净化装置；8—常压蒸馏塔；9—残渣分离装置

5）美国 HTI 煤液化技术

自美国 HRI 并入 HTI 公司后，HTI 公司在原有 H－Coal 工艺和 CTSL 工艺基础上开发了 HTI 煤液化新工艺。该工艺反应条件比较缓和，反应温度 420～450℃，反应压力 17MPa。该工艺还吸取了 CTSL 工艺的优点：①采用多年来开发的液体循环沸腾床反应器，达到全返混反应器模式；②在高温分离器后面增加了液化油提质加氢固定床反应器，对液化油进行加氢精制以提高柴油产品的质量；③采用 HTI 专利技术制备的铁系胶状高活性催化剂用量少；④在第一段反应器后增加了脱灰工艺，可除去未反应的残煤和矿物质，从而有利于第二段用高活性催化剂进行液化反应。另外，HTI 公司固液分离采用临界溶剂萃取脱灰(CSD)装置来处理重质油馏分，从液化残渣中最大限度回收重质油，从而大幅度提高了液化油回收率。因此 HTI 新工艺的煤液化经济性明显提高。

上述工艺中，德国的 IGOR 工艺、日本的 NEDOL 工艺和美国的 HTI 工艺被认为是相对成熟的 3 种典型的煤直接液化工艺。

(2)煤的间接液化

煤间接液化主要有两个工艺路线：一个是合成气费－托(Fischer－Tropsch，简称 F－T)合成，另一个是合成气－甲醇－汽油(MTG)的 Mobil 工艺。这两个工艺都已实现工业化生产。本章已叙述的煤直接液化所产轻油及中油主要含芳烃，而费－托合成所产液体产品主要是脂肪族化合物，适合用作发动机燃料。这样煤直接液化和间接液化互相补充，各自以芳香族和脂肪族产品为主，以满足不同产品要求。

煤的间接液化还包括合成气制甲醇和乙酸等，煤的间接液化将在一碳化学一章中详细介绍。

9.5 煤的其他利用

(1) 煤制电石

煤的另一具有悠久历史的化工用途是制造电石。工业电石是由生石灰与焦炭或无烟煤在电炉内于 2200℃反应而制得。

$$CaO + 3C \longrightarrow CaC_2 + CO \qquad (9-3)$$

产品电石主要成分是碳化钙，其中含有硫化物、磷化物等杂质，它是生产乙炔的重要原料，将电石用水分解即可制得乙炔。

$$CaC_2 + 2H_2O \longrightarrow C_2H_2 + Ca(OH)_2 \qquad (9-4)$$

由电石水解所得的乙炔气是不纯的，含有硫化氢、磷化氢等有害气体，必须精制。可将乙炔气通过次氯酸钠溶液使所含杂质氧化除去。

(2) 煤制氢——H_2 燃料电池

由天然气制氢是当前工业制氢的主要工艺之一，而煤制氢是解决未来运输燃料供应问题的另一个重要方向。

先将煤气化，生成 H_2 和 CO 合成气，然后分离出 H_2。H_2 可以供给电动汽车燃料电池作原料用。以燃料电池作动力的电动车，其排出的尾气不含任何对环境有害的污染排放物，这样可以根本改变城市交通造成的大气污染状况。燃料电池的能源利用效率大约是内燃机汽车效率的 4～5 倍，因此，即使将煤制氢过程中的能量损失考虑在内，其综合的能源利用效率也高于内燃机汽车的能量效率。目前大规模推广氢燃料电池电动车的主要困难是燃料电池的价格太高，电动汽车全寿命的成本高于内燃机汽车的成本。另外，大规模应用电动汽车还需解决氢的储存和氢的运输分配等技术困难问题。

第 10 章　碳一化学及其产品

碳一化学又称碳一化学，是指以分子中只含一个碳原子的化合物如一氧化碳、二氧化碳、甲烷、甲醇等为原料，用化工的方法来合成各种基本有机化工产品的化学体系。CH_4 是天然气的主要成分，CO、CO_2 是从煤的气化和天然气蒸汽转化得到的，因此一碳化工实际上是以煤和天然气的初步加工产品为原料(主要是合成气)的新一代的煤化工和天然气化工技术，其作用是解决石油短缺的问题，利用煤和天然气来制备液体燃料。

广义的一碳化学还包括如甲醛、甲酸、氢氰酸、甲胺、二氟二氯甲烷等的制造及其衍生物的合成。而狭义上的一碳化学就是指一氧化碳化学，或称合成气(CO/H_2)化学。

10.1　天然气化工

天然气是埋藏在地下的可燃性气体，其主要成分是甲烷。中国天然气资源较丰富，主要气田产区是陕甘宁盆地、新疆地区、四川东部地区等。天然气既可单独存在，又可与石油、煤等伴生(称为油田气和煤层气)。根据组成及性质的差别，天然气可分为干气和湿气。干气中甲烷含量高于90%，还含有 C_2 ~ C_4 的烷烃及少量 C_5 以上重组分，稍加压缩不会有液体析出，所以称为干气；湿气中除含甲烷外，还有15% ~20%或以上的 C_2 ~ C_4 的烷烃及少量轻汽油，稍加压缩有汽油析出，故称湿气。

天然气中的甲烷等低碳烷烃，燃烧时热值高、污染少，因此是一种清洁能源，既可作为工业燃料，也可作为民用燃料，如民用液化石油气等；同时这些低碳烷烃又是石油化工的重要原料资源，如甲烷等是制氢气和合成氨的原料，乙烷等低碳烷烃可作为热裂解原料制乙烯、丙烯、丁烯等，C_5 以上烷烃也是裂解制低级烯烃的原料。

由于天然气中含有一些其他杂质，如 H_2O、CO_2、H_2S 等，需将这些杂质去除后才能作为化工原料使用。硫化氢回收后可采用克劳斯法工艺流程将其转化为硫黄，硫磺目前主要用于制造硫酸。

目前天然气主要用于制合成氨的原料气、合成甲醇的合成气、羰基合成用的合成气、热裂解制低碳炔烃和烯烃及甲烷的各种衍生物。下面简要介绍天然气在上述几个方面的加工利用。

10.1.1　天然气制合成氨的原料气

目前国内天然气50%以上用于制合成氨的原料气，即采用烃类蒸汽催化转化工艺将天然气中的甲烷转化降低至0.3%左右，同时引入氮气。这种 $H_2/N_2=3$ 的粗原料气经过变换、脱碳、最终净化后，就成为合成氨的原料气。用天然气合成氨的生产技术见合成氨一节。

10.1.2　天然气制合成气

合成气是以 H_2 和 CO 为主要组分供化学合成用的一种原料气。合成气除用于合成氨外，已广泛用于合成甲醇、费 - 托法合成液体燃料、羰基合成法生产脂肪醛和醇等，现已发展成为碳一化学的重要原料。

早期合成气的制造方法是高温焦炭和水蒸气转化，现在应用最多的方法是天然气、炼厂气和轻石脑油的转化法，以及天然气、炼厂气和重燃料油的部分氧化法。其中用天然气为原料制合成气的方法有：

天然气部分氧化法

$$2CH_4 + O_2 \longrightarrow 2CO + 4H_2 \quad (10-1)$$

天然气 CO_2 转化法

$$CH_4 + CO_2 \longrightarrow 2CO + 2H_2 \quad (10-2)$$

天然气蒸汽转化法

$$CH_2 + H_2O \longrightarrow CO + 3H_2 \quad (10-3)$$

天然气是各种烃的混合物，主要成分为 CH_4。当与蒸汽作用时，可以同时进行若干反应。在烃类蒸汽转化过程中，各种烃类主要进行的反应不同，但不论何种低碳烃与蒸汽反应都要经历甲烷蒸汽转化阶段。因此，气态烃的蒸汽转化可用甲烷蒸汽转化表述。甲烷与蒸汽的转化反应是一个复杂的反应平衡系统，主反应有：

$$CH_4 + H_2O \rightleftharpoons CO + 3H_2 \quad (10-4)$$

$$CO + H_2O \rightleftharpoons CO_2 + H_2 \quad (10-5)$$

由于上述的反应总反应是一个吸热和分子数增加的气相反应，所以从热力学方面考虑，高温、低压和高水碳比是有利于降低甲烷平衡含量的。但是，即使在相当高的温度下，反应的速度仍然很慢，所以需要催化剂来加速反应。

烃类蒸汽转化过程是在高温下进行的，且存在析碳问题，这样就要求催化剂除具有高活性、高强度外，还要具有较好的热稳定性和抗析碳能力。

元素周期表中第Ⅷ族的过渡元素都可以用作催化剂的活性组分，对烃类蒸汽转化反应一般都有活性。但从性能和经济方面考虑，以镍为最佳。在制备的镍催化剂中，镍是以 NiO 状态存在的，其含量在 4% ~30%，还原后使用时呈金属镍状态。

催化剂的载体应具有使镍的晶体尽量分散、达到较大的比表面积并阻止镍晶体熔结的特性，起分散和稳定活性组分微晶的作用。此外，作为催化剂的载体要能耐高温、机械强度高。一般载体的熔点要在 2000℃，且多为金属氧化物。这类载体有氧化铝（熔点 2015℃）、氧化镁（熔点 2800℃）。

加入氧化铝、氧化镁、氧化钾、氧化钙、氧化铝、氧化钛和氧化钡等助催化剂能提高催化活性、延长催化剂寿命和增加抗析碳能力。

天然气转化制成合成气后，通过催化技术转化成甲醇或二甲醚，也可以进一步制成汽油（MTG）、柴油等液体燃料（GTL），如图 10－1 和图 10－2 所示。

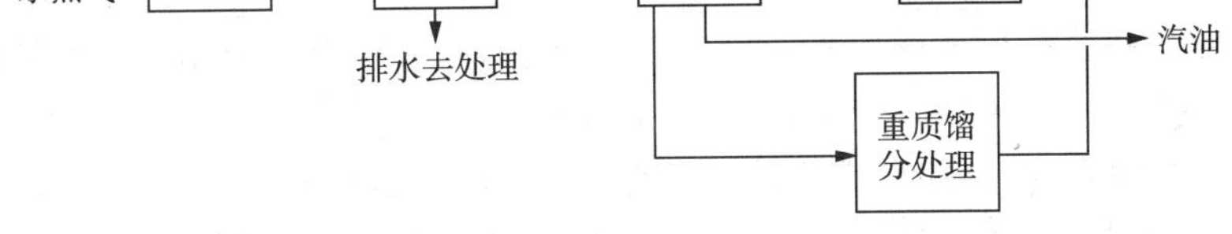

图 10－1　Mobil 公司 MTG 工艺路线的示意流程

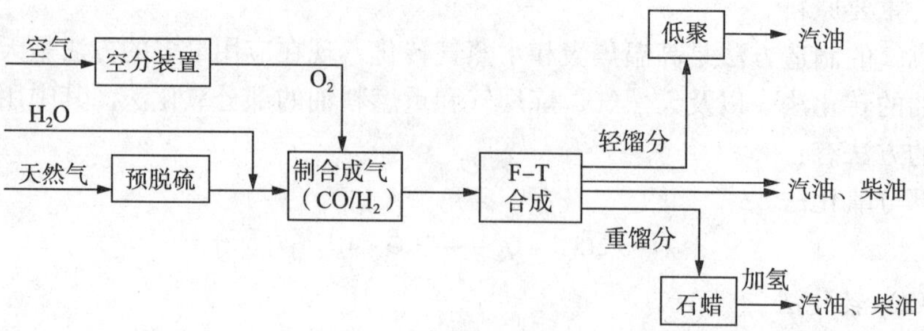

图 10-2　GTL 工艺路线示意流程

荷兰 Shell 石油公司开发改进的 F-T 工艺路线(即 SMDS 路线)的概念流程如图 10-3 所示。

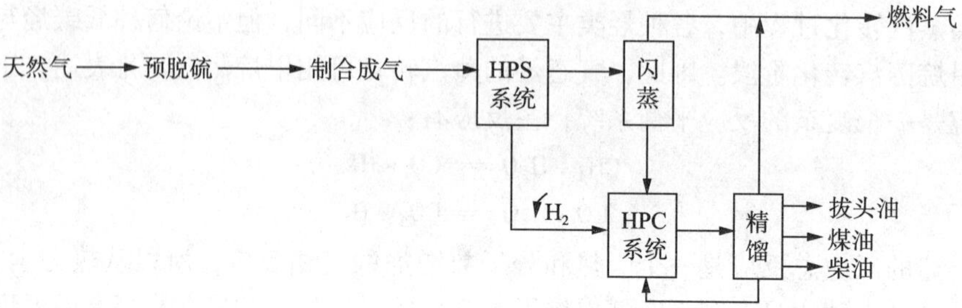

图 10-3　SMDS 的概念流程图

图 10-3 中 HPS 为重饱和烃合成，为固定床列管式反应器，采用 Fe 基催化剂。HPC 为石蜡烃的临氢裂解和临氢异构化，采用双功能催化剂和三相滴流床反应器，压力为 3～5MPa，温度为 300～350℃。除裂解和异构化以外，还对重饱和烃合成中伴生的烯烃进行加氢，主要脱除醇类的含氧化物。HPC 系统后就是精馏切割。高于柴油的馏分返回 HPC 再裂解。

10.1.3　天然气热裂解制有机化工原料

天然气中的低碳烷烃经热裂解可制乙炔、乙烯、丙烯、丁烯和丁二烯等基本有机化工原料，如甲烷热裂解可得乙炔和炭黑，乙烷、丙烷裂解得乙烯和丙烯等。虽然以天然气等气态烃为原料热裂解制低碳烯烃工艺简单、收率高，但与液态烃相比其来源有限，往往不能满足工业生产的需要，因此目前主要以液态烃为裂解原料。

10.2　费-托合成

10.2.1　合成气

20 世纪 20 年代，德国化学家费雪(F. Fischer)和托普斯(H. Tropsch)成功地将氢气和一氧化碳的混合气体转变为碳氢化合物，所以通常把以一氧化碳和氢气为主要组分的混合气称为合成气。合成气的原料范围很广，碳一化学原料合成气(CO/H_2)可由煤或焦炭等固体燃料气化产生，也可由天然气和石脑油等轻质烃类制取，还可由重油经部分氧化法生产。详见本书固体燃料气化和烃类蒸汽转化相关内容。

10.2.2 合成气的净化

生产合成气的气化方法和气化原料对合成气的组成影响不大。合成气的主要组成是 CO 和 H_2，还混有 CH_4 及少量 CO_2、N_2、硫化物等组分。合成气组成可以灵活控制，如甲烷在气化生产时总是要生成的，同时它又是费－托合成的一种产物，因此在合成气中允许有一定含量。而有些杂质是后续反应催化剂的毒物，则必须除去。所以，合成气通常先经醇洗、水洗等净化再进行脱硫和脱氧成为合格原料气(详见合成氨脱硫部分)。

10.2.3 费－托合成原理及影响因素

费－托(F－T)合成是煤间接液化技术之一，是以合成气($CO+H_2$)为原料在催化剂(主要是铁系)作用下生产各种烃类以及含氧化合物的方法，是煤液化的主要方法之一。其产品包括气体和液体燃料以及石蜡、乙醇、丙酮和基本有机化工原料，如乙烯、丙烯、丁烯和高级烯烃等。

1923 年费雪和托普斯用 CO 和 H_2 在金属催化剂上于常压下合成出脂肪烃(汽油)。传统费－托合成法是以钴为催化剂，所得产品组成复杂，选择性差，轻质液体烃少，重质石蜡烃较多。其后开发了铁催化剂，产品组成中轻质烃较多，适宜于生产汽油、煤油和柴油等发动机燃料，并可得到醇、酮类等化学品。该技术于 1936 年由鲁尔化学公司实现 F－T 合成的工业化，并在 1956 年建成了利用煤联合制合成气的费－托合成工业装置，即所谓 SASOL (South African Coal，Oil & Gas Grop.)厂，采用铁催化剂，固定床反应器的中压合成法。在 1980 年以及 1984 年又先后建成 SASOL－Ⅱ厂和 SASOL－Ⅲ厂。开发了铁粉催化剂，气流床反应器的中压合成法。

费－托合成总的工艺流程主要包括煤气化、煤气净化、合成反应、产品分离和产品精制改质等部分。

在气化过程中由煤或焦炭生产合成气，气化剂是氧和水蒸气。在煤气加工过程和煤气净化过程中，调整 H_2/CO 分子比，并脱去硫。在合成反应过程中，由于反应放热，可产生大量蒸汽。合成产物经分离、洗涤、冷却、精制得到各种产品。

费－托合成除了能获得主要产品汽油外，还能合成一些重要的基本化学原料，例如乙烯、丙烯、丁烯以及用丁生产洗涤剂的 α－烯烃或乙醇以及一定链长的其他醇类。

(1)化学反应

费托合成基本反应是由 CO 加 H_2 生成脂肪烃

$$m\mathrm{CO}+2n\mathrm{H_2}\longrightarrow(\mathrm{CH_2})_n+m\mathrm{H_2O}\qquad \Delta H_{523}=-158\mathrm{kJ/mol} \tag{10-6}$$

工业上用铁作催化剂。在催化剂作用下，生成的水蒸气与未反应的 CO 进行下述反应：

$$\mathrm{H_2O}+\mathrm{CO}\longrightarrow\mathrm{CO_2}+\mathrm{H_2}\qquad \Delta H_{523}=-39.5\mathrm{kJ/mol} \tag{10-7}$$

根据产物类型，F－T 反应有如下三类：

烷烃生成反应

$$(2n+1)\mathrm{H_2}+n\mathrm{CO}=\!=\!=\mathrm{C}_n\mathrm{H}_{2n+2}+n\mathrm{H_2O} \tag{10-8}$$

$$(n+1)\mathrm{H_2}+2n\mathrm{CO}=\!=\!=\mathrm{C}_n\mathrm{H}_{2n+2}+n\mathrm{CO_2} \tag{10-9}$$

烯烃生成反应

$$2n\mathrm{H_2}+n\mathrm{CO}=\!=\!=\mathrm{C}_n\mathrm{H}_{2n}+n\mathrm{H_2O} \tag{10-10}$$

$$n\mathrm{H_2}+2n\mathrm{CO}=\!=\!=\mathrm{C}_n\mathrm{H}_{2n}+n\mathrm{CO_2} \tag{10-11}$$

醇、醛、酮、酸类含氧化合物生成反应

$$2nH_2 + nCO \longrightarrow C_nH_{2n+1}OH + (n-1)H_2O \quad (10-12)$$

$$(n+1)H_2 + (2n-1)CO \longrightarrow C_nH_{2n+1}OH + (n-1)CO_2 \quad (10-13)$$

$$(2n+1)H_2 + (n+1)CO \longrightarrow C_nH_{2n+1}CHO + nH_2O \quad (10-14)$$

反应的副产物是 H_2O 和 CO_2。当 CO 浓度增加时，副产物由 H_2O 向 CO_2 变化，但不影响产物的生成。F-T 反应非常复杂，它和合成单一产物甲醇的反应很不相同，即使对烷烃来说，其产品也包括 $C_1 \sim C_5$ 的化合物。

费-托合成反应产物组成主要由催化剂的性质和反应条件所决定。从热力学角度看，温度高有利于生成碳，而高压则有利于生成长链产物，产物中有烷烃、烯烃和醇。

(2) F-T 法合成液体燃料影响因素

影响费-托合成的因素除了催化剂性质外，还有温度、总压力、合成气的 H_2/CO 比、空速、循环比和单程转化率。

1) 催化剂

费-托合成用的催化剂主要有铁、钴、镍、钌等，这些金属有加氢活性，它们能形成金属羰基复合物。它们对硫敏感，易中毒。尽管钌和镍具有很高的活性，但因为价格和使用寿命等原因，至今在工业上应用的只有铁和钴。由于钴比铁贵得多，且只能用于低空速的固定床，目前工业应用的主要是铁催化剂。不同催化剂有不同的适宜反应温度与压力，铁催化剂 1～3MPa，200～350℃；钴催化剂 0.1～2MPa，170～190℃；镍催化剂 0.1MPa，170～190℃；钌催化剂 10～100MPa，110～150℃。很明显，铁催化剂与镍、钴或钌相比一个明显特点是反应温度较高。工业应用的铁催化剂有沉淀铁和熔铁两种。

沉淀铁催化剂属于低温型催化剂，反应温度 <280℃，活性比熔铁催化剂高，用于固定床和浆态床反应器。使用的助催化剂有 Cu、K_2O 和 SiO_2。Cu 有助于氧化铁还原，SiO_2 是结构型助催化剂，K_2O 可提高催化剂活性和选择性。沉淀铁催化剂因为强度差，不适合用于流化床和气流床。

熔铁催化剂是把钢厂的轧屑磨细到 <16 目，加入少量的助催化剂，在电炉中共熔。熔融物经冷却粉碎到 <200 目后，用氢使 95% 的铁还原即成。助催化剂包括结构型助催化剂 MgO 和 CaO 以及助催化剂碱金属氧化物等。若还原铁再用氨在 350℃ 下氨化生成氮化铁，则其活性高，选择性好。熔铁催化剂机械强度高，可以在较高空速下使用，因而生产效率大为提高。

锰和钒的氧化物与铁共用作催化剂，具有合成低分子烯烃的良好选择性。铁催化剂加钾（如 K_2CO_3）活化，对于合成低分子产品，可以在较高温度（320～340℃）进行。铁催化剂中碱性助催化剂，有利于生成高级烯烃、含氧化合物以及在催化剂上析出碳。

2) 反应温度

合成反应温度主要取决于所选用的催化剂，活性高的催化剂，合成的温度范围较低。在合适的温度范围内，随温度升高，饱和烃含量降低，烯烃和醛的含量增加，且有利于生成低沸点组分。因为反应温度高，中间产物的脱附增强，限制了链的生长反应。

在生产过程中一般反应温度是随催化剂的老化而升高，产物中低分子烃随之增多，高分子烃减少。反应速度和时空产率均随温度的增高而增加。但反应温度升高，副反应的速度也随之增加。

3)反应压力

压力增加，产物中重组分和含氧物增多，产物的平均相对分子质量也随之增加。压力增加，反应速度加快，特别是氢气分压的提高，有利于反应速度的加快。但压力太高，CO 可能与主催化剂金属铁生成易挥发的羰基铁[$Fe(CO)_5$]，使催化剂的活性降低，寿命缩短。

4)原料气组成

($CO + H_2$)体积分数越高，反应速度越快，转化率增加；放热量增多，易造成床层温度过高；一般控制在 80% ~85%。

H_2/CO 比提高，生成轻质产品的选择性提高，不饱和化合物减少，硬蜡质量变坏，C_3 和较高烃减少。合成气中的氢气与一氧化碳的摩尔比要求在 1.5 ~2.5。以 H_2/CO 标准值为 1.85。

5)空速

在适宜的空速下合成，油的收率高；空速增加，通常转化率降低，产物变轻，并有利于烯烃的生成。

10.2.4 反应器类型

工业上采用的反应器有固定床管式反应器、气流床反应器和浆态床反应器，见图 10 - 4。以生产柴油为主，宜采用固定床反应器；以生产汽油为主，则用气流床反应器较好。近年来正在开发的浆态反应器，则适宜于直接利用德士古煤气化炉或鲁奇熔渣气化炉生产的氢气与一氧化碳之摩尔比为 0.58 ~0.7 的合成气。

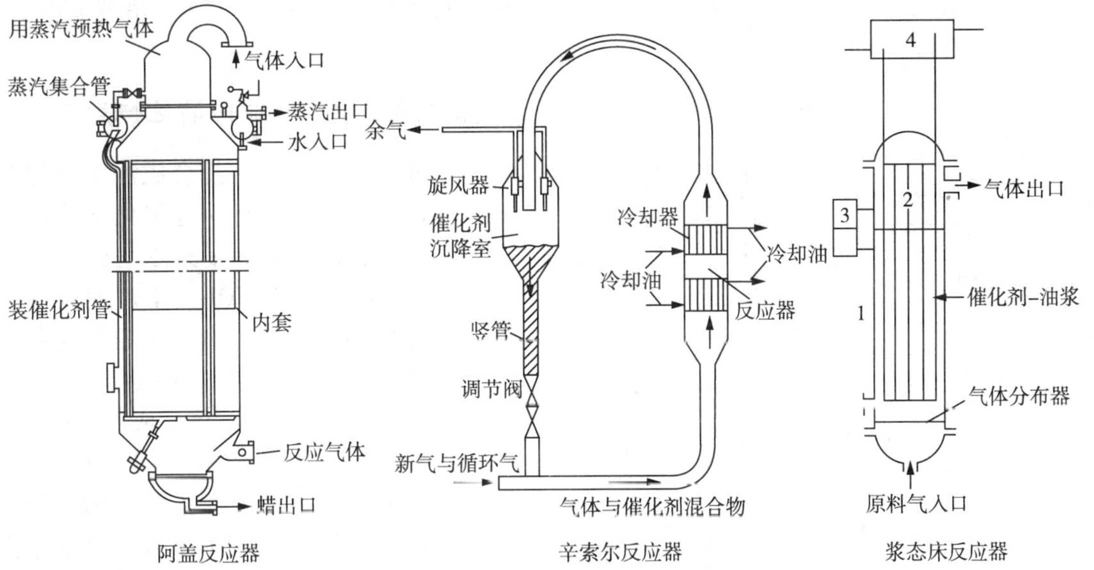

图 10 - 4　费托合成反应器

1—泡末塔式反应器；2—冷却管；3—液面控制器；4—蒸汽收集器

费 - 托合成是强的放热反应，反应器中大的温度梯度可造成反应选择性差，从而生成甲烷和在催化剂上析出碳。所以反应器设计的重点是如何排除大量的反应热而使反应的选择性最佳、催化剂使用寿命最长，生产最为经济。

(1)固定床反应器(阿盖反应器)

鲁奇 - 鲁尔化学(Lurgi - Ruhrchemie)公司的阿盖(Arge)固定床管式反应器 SASOL - Ⅰ

厂已经使用。费－托合成是强放热反应，为了保持反应温度恒定，必须使反应器夹套中的水面高度保持恒定以移走反应热。管式反应器采用较低的反应温度和活化沉淀铁催化剂，产品在室温下呈液态和固态。反应过程不析出碳。反应器尺寸较小，操作简便。由于反应热靠管子的径向传热导出，故管子直径的放大受到限制。

(2) 气流床反应器(辛索尔反应器)

凯洛格－沙索尔(Kellog－Sasol)的辛索尔(Synthol)气流床反应器，此种反应器结构在SASOL的三个厂中都在使用，使用熔铁粉末催化剂，催化剂悬浮在反应气流中，并被气流夹带至沉降器。沉降室内有两个旋风分离器，分离产品气中催化剂细粉部分。催化剂循环量经调节阀控制进入合成气流，再进入反应器。气流床反应器操作生成的含碳量少，在较高温度采用较小活性的熔铁催化剂，生成气态和较低沸点产品，能阻止生成蜡。

气流床中反应热的外传效率高，控制温度好，催化剂可连续再生，单元设备生产能力大，结构比较简单。

(3) 浆态床反应器(液相悬浮鼓泡床)

浆态床如同鼓泡的液体床。在浆态床反应器中，使用沉淀铁催化剂。床内为高温液体(如熔蜡)，催化剂微粒悬浮其中，合成原料气以鼓泡形式通过，呈气、液、固三相的流化床。与气流床相比，浆态床的操作条件和产品分布的弹性大，阻力大，传递速度小。

浆态床反应器有利于大型化，因此生产能力最大。液相悬浮鼓泡床产生的反应热由高压水蒸发移出，合成低分子产物由气相获得，高沸点产物由液相分离出来。与气流床比较，浆态床反应温度较低，从而改善了蜡产率。浆态床的操作条件和产品分布的弹性大，适合于生产化学产品。但由于反应物需要穿过床内液层才能到达催化剂表面，阻力大，传递速度小，表现为催化剂的活性小。

10.2.5 费－托合成液体燃料工艺

南非SASOL费－托合成法生产的工厂所用反应器是鲁奇－鲁尔化学公司的阿盖固定床反应器和辛索尔气流床反应器。图10－5是SASOL－Ⅰ厂的两种生产流程框图，SASOL的费－托合成主要条件见表10－1。在SASOL厂生产中，固定床生成蜡多，气流床生成汽油多。

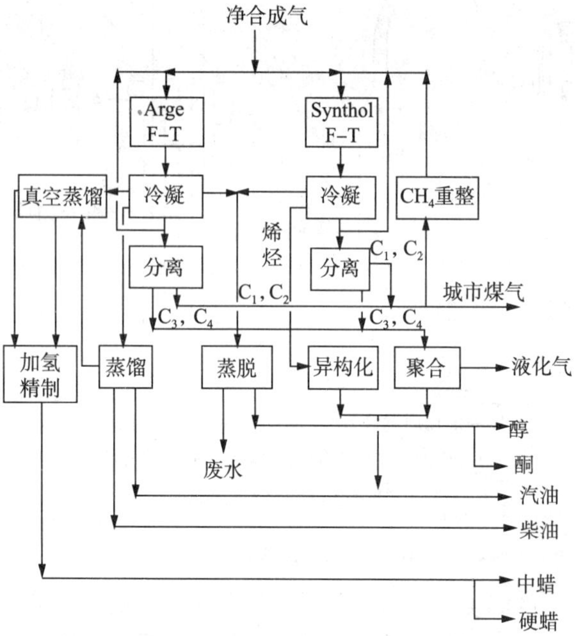

图10－5　SASOL厂生产流程框图

SASOL公司在SASOL－Ⅰ厂基础上，1980年和1984年先后又建了SASOL－Ⅱ和SASOL－Ⅲ厂。Ⅱ厂和Ⅲ厂采用辛索尔流化床反应器，它的生产能力大，规模为SASOL－Ⅰ厂的8倍，SASOL－Ⅲ厂基本上是SASOL－Ⅱ厂的翻版，两个新厂工艺技术和能力相同。新厂与SASOL－Ⅰ厂相比在产品提取和加工方法上，有较大差别，新厂集中选用了现代炼油技术，例如聚合、加氢、异构化、选择裂解等工艺，以便生产高级动力燃料油。

表 10-1 阿盖与辛索尔法主要合成条件

操作条件	阿盖	辛索尔
反应温度/℃	220~255	320~340
反应压力/MPa	2.5~2.6	2.3~2.4
新原料气 H_2/CO	1.7~2.5	2.4~2.8、
循环比	1.5~2.5	2.0~3.0
(H_2+CO)转化率	60~68	79~85

SASOL 的费-托合成产品分布见表 10-2。SASOL 厂生产的动力燃料符合商品质量要求，不需要掺混天然原油精炼产品，汽油辛烷值可达 85~88，柴油十六烷值为 47~65。费-托合成产品是完全无硫的，可以用作石油化学合成的优质原料。辛索尔法可以直接获得乙烯、丙烯和丁烯，同时产生的乙烷和丙烷也能进一步裂解成乙烯和丙烯。液态产品中含有大量烯烃类，可用来生产低级醇和洗涤剂。加氢后的石脑油馏分可作为热裂解制乙烯、丙烯、丁烯以及芳烃的原料。

表 10-2 阿盖与辛索尔法产品族组成 %

组 分	阿 盖		辛 索 尔	
	$C_5\sim C_{12}$	$C_{13}\sim C_{18}$	$C_5\sim C_{10}$	$C_{11}\sim C_{14}$
烷烃	53	65	13	15
烯烃	40	28	70	60
芳烃	0	0	5	15
醇类	6	6	6	5
羰基化物	1	1	6	5

合成液体燃料的另一种方法是 MFT 法。

MFT 法是 20 世纪 80 年代初提出的将传统的费-托合成与 ZSM-5 沸石分子筛催化剂特殊的择形作用相结合的两段法合成的简称。过程分两段，第一段由 F-T 合成生成 $C_1\sim C_{40}$ 宽馏分烃类，第一段产物与未转化的原料气合并进入第二段；用 ZSM-5 催化剂改质，使产物分布由原来的 $C_1\sim C_{40}$ 缩小到 $C_1\sim C_{11}$，汽油收率 76.3%，汽油辛烷值大于 80。MFT 法合成液体燃料的工艺流程见图 10-6。

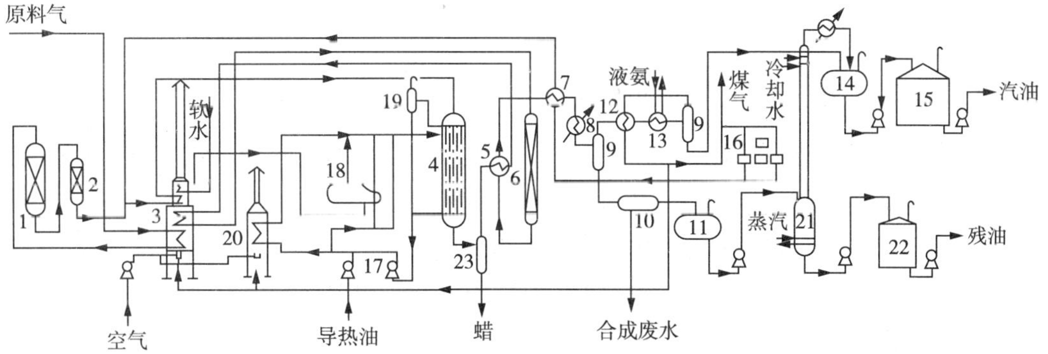

图 10-6 MFT 法合成液体燃料的工艺流程

1—ZnO 脱硫器；2—脱氧器；3—加热炉；4—一段反应器；5—一段换热器；6—二段反应器；7—循环气换热器；8—水冷器；9—气液分离器；10—油水分离器；11—粗汽油贮槽；12—换冷器；13—氨冷器；14—汽油贮槽；15—成品油槽；16—循环压缩机；17—热油泵；18—导热油冷却器；19—导热油膨胀罐；20—开工炉；21—蒸馏塔；22—残油槽；23—分蜡罐

水煤气经常压甲醇洗、水洗、压缩后，预热到250℃，经 ZnO 脱硫和脱氧成为合格原料气，然后与循环气混合。混合气进入加热炉对流段，预热至240～270℃，压力为2.5MPa，在铁催化剂存在下主要发生 CO 和 H_2 合成烃类反应。由于生成的烃分子分布较宽(C_1～C_{40})，需要进行改质，故一段反应生成物进入一段换热器与330℃的二段反应尾气换热至295℃，再进入加热炉辐射段进一步加热至350℃后，送入二段反应器，进行烃类改质反应，生成汽油。二段反应温度为350℃，压力为2.45MPa。为了从气相产品中回收汽油和热量，二段反应产物首先进一段换热器，与一段产物换热降温至280℃，再进循环气换热器，与循环气(25℃，2.5MPa)换热至110℃后，入水冷器冷却至40℃。此时绝大多数烃类产品和水均被冷凝下来，经气液分离器分离，冷凝液进入油水分离器，分离的合成废水送水处理装置，粗汽油进入贮槽，然后送入蒸馏塔切割气液馏分。气液分离器的尾气仍含有少量汽油的馏分，故进入换热器与5℃的冷尾气换热至20℃，再入氨冷器冷却至1℃，经气液分离器分离出汽油馏分，直接送精制工段汽油贮槽。分离后的冷尾气进换冷器与气液分离器的尾气换冷至27℃。此尾气大部分(80%以上)循环，由循环压缩机增压进入循环气换热器，与280℃的二段尾气换热至240℃，再与压缩后的原料气混合，重新进入反应系统。小部分作为加热炉的燃料气，其余作为城市煤气。

10.3 一氧化碳加氢合成甲醇

甲醇是饱和一元醇，分子式为 CH_3OH，纯甲醇是无色、透明、有毒、易挥发的液体，可与水无限量混合，在嗅觉和味觉上几乎与乙醇一样。甲醇对人体有毒，饮用后会导致双目失明。

甲醇是一种十分重要的基本有机化工原料，用途十分广泛。甲醇是生产三大合成材料、农药、染料和药品的原料。甲醇大量用于生产甲醛、对苯二甲酸二甲酯和乙酸等有机化工产品。近年来世界各国正在大力研究和开发利用煤及天然气资源，发展合成甲醇工业，通过进一步的合成反应转化成烃类燃料、含氧化合物燃料(例如低碳混合醇、二甲醚)。如将甲醇脱水后可获得 DEM(二甲乙醚)制成代用柴油，以甲醇作代用燃料或进一步合成汽油。也可以从甲醇出发生产乙烯，以代替石油生产乙烯的原料路线。生产甲醇的方法有许多种，工业上主要采用一氧化碳加氢合成甲醇的方法。

10.3.1 一氧化碳加氢合成甲醇的反应

先将煤或天然气转化成 H_2 和 CO 合成气，再由合成气合成为甲醇，这是一个可逆反应：

$$CO + 2H_2 \rightleftharpoons CH_3OH(g) \tag{10-15}$$

当反应物中有 CO_2 存在时，还会发生以下反应：

$$CO_2 + 3H_2 \rightleftharpoons CH_3OH(g) + H_2O(g) \tag{10-16}$$

除了上述主反应以外，还有一些副反应发生：

$$2CO + 4H_2 \rightleftharpoons (CH_3)_2O + H_2O \tag{10-17}$$

$$CO + 3H_2 \rightleftharpoons CH_4 + H_2O \tag{10-18}$$

$$4CO + 8H_2 \rightleftharpoons C_4H_9OH + 3H_2O \tag{10-19}$$

$$CO_2 + H_2 \rightleftharpoons CO + H_2O \tag{10-20}$$

另外还会生成少量的乙醇和微量醛、酮、酯等副产物。

甲醇的合成反应是减分子放热反应，由化学热力学原理可知，增加压力、降低温度、减少反应气流中的惰性气体浓度均有利于甲醇的生成。反应物中 H_2/CO 值对甲醇平衡质量分数也有影响。

反应热的变化范围比较大，在高压下温度低时反应热效应较大，而且当温度低于200℃时，反应热随压力变化的幅度较大，即等温线的斜率较大。所以合成甲醇反应在低于300℃条件下操作时要比在高温下操作要求严格，因为此时若压力和温度有波动时易失控。温度高于300℃时，其反应热随压力及温度变化甚小(斜率很小)，故采用这样的条件合成甲醇，反应较易控制。

由于一氧化碳加氢生成甲烷的副反应为一强放热反应，不利于操作温度的控制，且生成的甲烷存留于循环气中，更不利于主反应的化学平衡和反应速度，因此必须选择活性高、选择性好的催化剂，以抑制副反应的产生。

10.3.2 甲醇合成催化剂及反应条件

(1)甲醇合成催化剂

采用的催化剂有两类：其一为锌、铬催化剂，操作压力高达 30 MPa，反应温度 350～420℃，出塔甲醇含量3%～5%，该类工艺副反应较多，能耗高，产品质量差；其二为铜基催化剂，操作压力 5～10 MPa，反应温度 230～290℃，出塔甲醇含量 5%～7%，副反应少，能耗低，产品质量好。甲醇的催化反应合成是可逆放热体积缩小的反应，反应一次转化率不高，且系统中有惰气累积。因此，甲醇合成采用了加压循环合成气、冷却分离甲醇、少量释放部分循环气体、合成塔内换热等工艺和设备。

甲醇合成方法的发展是甲醇合成催化剂的改进过程。

最早开发和使用的合成甲醇催化剂是 $ZnO-Cr_2O_3$，由于该催化剂活性较低，为了提高催化反应速度，工业上采用较高的反应温度(380～400℃)，在高温下会导致平衡转化率下降，所以反应必须在高压下进行(30MPa)以确保达到较高的平衡转化率，这种方法称为高压法。该法动力消耗大，对材质要求严格。

20 世纪 60 年代高活性铜基催化剂 $CuO-ZnO-Al_2O_3(Cr_2O_3)$研制和应用的成功，使低压法和中压法的发展十分迅速，其成功的关键是采用了铜基高活性催化剂。该催化剂活性高，性能良好，反应可以在较低的温度(230～270℃)下进行，在较低的压力(5MPa)下就能够达到较高的平衡转化率，这种方法称为低压法。该催化剂的使用成功，使合成甲醇由高压法发展成中、低压法，大大降低了生产成本和对设备材质的要求，减少了副反应的发生，是甲醇生产中的重大突破。

随着甲醇生产装置的大型化，低压法也显露出其设备庞大、布置不紧凑等弊端，因此又出现了中压法，将合成压力提高至 10～15MPa 左右，其经济技术指标比低压法要好。

纯的氧化铜和氧化锌活性非常低，加入少量的助催化剂可使其活性提高。最常用的助催化剂为 Cr_2O_3 和 Al_2O_3(Cr_2O_3 对 ZnO 助催化效果较好，Al_2O_3 对 CuO 的助催化效果较好)。例如低压法合成甲醇催化剂的大致组成如下：CuO 60% – ZnO 30% – $Al_2O_3$10%，该催化剂需经活化后(将氧化铜还原成金属铜)才能使用。

铜基催化剂对硫极为敏感，易中毒失活，且热稳定性较差，所以生产上对原料的净化和操作控制要求特别严格。

(2)反应条件

工业生产上要求在一定的设备中有最大的生产能力，为此要选择最适宜的反应条件。反应条件主要是指温度、压力、空速和原料气组成等。为了最大限度减小合成甲醇时副反应的反应速度，提高甲醇的产率，除选择适宜的催化剂以外，选择合适的反应条件也是十分重要的。

1）反应温度

反应温度影响反应速度和反应的选择性。一氧化碳加氢合成甲醇时反应温度对反应速度的影响基本符合烃类加氢反应的一般规律，也存在一最适宜反应温度。根据所采用的催化剂不同，所需最适宜温度也不同。如以 $ZnO-Cr_2O_3$ 为催化剂的高压法，由于催化剂活性较低，所需最适宜温度较高，一般为380℃左右，对以 $CuO-ZnO-Al_2O_3$ 为催化剂的低压法，因催化剂活性较高，其最适宜温度较低，为230～270℃（低于200℃，反应速度较慢，高于300℃，则催化剂会很快失活）。最适宜反应温度还与转化深度和催化剂的老化程度有关，一般为了使催化剂寿命延长，开始时宜采用较低温度，随着催化剂逐渐老化，反应温度逐步提高。

合成甲醇反应属放热反应，反应热必须及时移出，以避免催化剂升温过高产生烧结现象，使催化剂活性下降，同时避免副反应增加。因此在低压法合成甲醇时，必须严格控制反应温度，及时有效地移走反应热。

2）反应压力

一氧化碳加氢合成甲醇的主反应与其他副反应相比，是分子数减少最多而平衡常数最小的反应，故压力增加，对加快反应速度和增加平衡浓度都十分有利。合成压力越高，一氧化碳的甲醇转化率越高；合成压力越高，甲醇生成量越大。

合成反应所需压力与催化剂类型、反应温度等都有较密切的关系。当使用 $ZnO-Cr_2O_3$ 作催化剂时，由于活性低，反应温度较高，则相应的反应压力也需较高（约为30MPa），以增加反应速度。当使用 $CuO-ZnO-Al_2O_3$ 作催化剂时，由于活性较高，相应的反应温度较低，则反应压力也较低（约为5MPa）。

3）空速

合成甲醇的空速大小，影响反应的选择性和转化率。合适的空速与催化剂的活性和反应温度有关。一般来说，空速低，物料接触时间较长，不仅会加速副反应的发生，生成高级醇，另一方面也会使催化剂生产能力下降。空速高，可提高催化剂生产能力，减少副反应，提高甲醇产品纯度。但空速太高，单程转化率降低，甲醇浓度降低，分离难度加大。一氧化碳加氢合成甲醇用铜基催化剂的低压法，适宜的空速10000 h^{-1}左右[$Nm^3/(m^3$ 催化剂 · h)]。

4）原料气组成

合成甲醇反应原料气 $H_2:CO$ 化学计量比为2∶1。一氧化碳含量高，对温度控制不利，也会引起羰基铁在催化剂上的积聚而使催化剂失活。过量有利于反应的热移出，反应温度较易控制，并可改善甲醇质量，提高反应速度。

增加氢的浓度可提高一氧化碳的转化率。采用铜基催化剂的低压法合成甲醇时，一般控制氢气与一氧化碳的摩尔比为（2.2～3.0）∶1。

原料气中含有一定量的 CO_2 时，由于 CO_2 较CO的比热容高，而其加氢反应热较小，所以可降低反应峰值温度。低压合成甲醇，当 CO_2 含量为5%（体积）时甲醇产率最高。CO_2 的存在也可抑制二甲醚的生成。

原料气中含有少量氮气及甲烷等惰性物质，使氢气和一氧化碳的分压降低，导致反应的转化率降低。由于合成甲醇的空速大，接触时间短，单程转化率低（10%～15%），因此转化气中仍含有大量的H_2和CO，必须循环使用。为了避免惰性气体的积累，必须排出部分循环气，以使反应系统中惰性气体含量保持在一定浓度范围，生产上一般控制循环气：新鲜气=(3.5~6)∶1。

10.3.3 合成反应器的结构

合成甲醇反应器，亦称甲醇转化器或甲醇合成塔，是甲醇合成系统中最重要的部分。合成甲醇反应是一放热反应，根据反应热移出的方式不同，可将反应器分为绝热式和等温式两大类；按冷却方式的不同可分为直接冷却的冷激式和间接冷却的列管式两种反应器。下面介绍低压法合成甲醇所采用的冷激式和列管式两种反应器。

1)冷激式绝热反应器

这类反应器把反应床层分为若干绝热段，两段之间直接加入冷的原料气使反应气冷却，故称之为冷激式绝热反应器。图10-7是此反应器的结构示意图。反应器主要由塔体、气体喷头、气体进出口、催化剂装卸口等组成。催化剂由惰性材料支撑，分成数段。反应气体由上部进入反应器，冷激气在段间用喷嘴喷入，喷嘴分布于反应器的整个截面上，以使冷激气与反应气混合均匀。混合后的温度正好是反应温度低限，混合气然后进入下一段进行反应。段中进行的反应为绝热反应，其温度升高但未超过反应温度高限，于下一段间再与冷激气混合降温后进入再下一段进行反应。

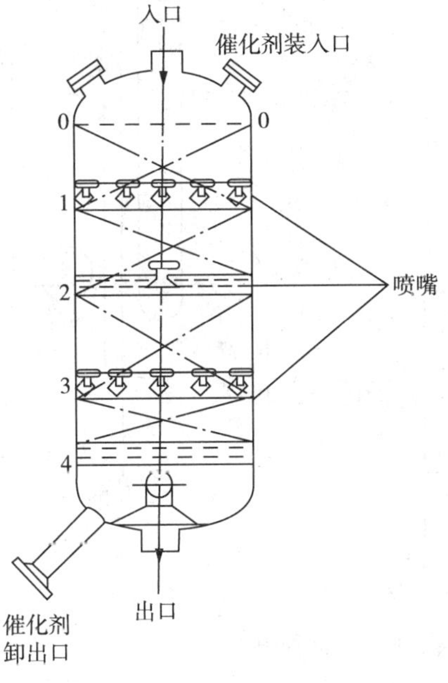

图10-7 冷激式绝热反应器结构示意图

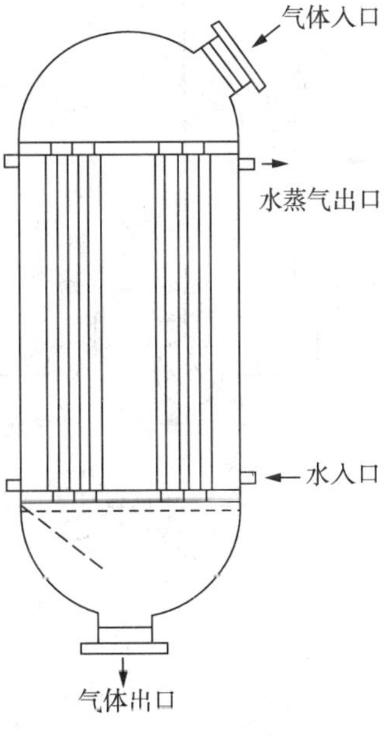

图10-8 列管式等温反应器结构示意图

此类反应器于反应过程中流量不断增大，各段反应条件略有差异。绝热反应器结构简单，催化剂装填方便，生产能力较大，要想有效控制反应温度，冷激气和反应气的混合及均匀分布是关键，一般装入菱形分布器。

2)列管式等温反应器

该类反应器类似于列管式换热器，如图10-8所示。催化剂装填于列管中，壳程走冷却水，反应热由冷却水带走，冷却水入口为常温水，出口为高压蒸汽。通过对蒸汽压力的调节，可方便地调节反应温度，使其沿管长温度几乎不变，避免了催化剂的过热，延长了催化剂的使用寿命。列管式等温反应器的优点是温度易控制，能量利用较经济。

3）反应器的材质

合成气中含有氢气和一氧化碳，氢气在高温高压下会和钢材发生脱碳反应（即氢分子扩散到金属内部并和所含碳发生反应生成甲烷逸出，这种现象称为脱碳），会大大降低钢材的性能。一氧化碳在高温、高压下易和铁发生作用生成五羰基铁，引起设备的腐蚀，对催化剂也有一定的破坏力。反应器的材质一般采用耐腐蚀的特殊不锈钢。

10.3.4 一氧化碳加氢合成甲醇工艺

由合成气转化成甲醇，根据所用催化剂的不同，可分为高压、中压和低压合成 3 种方法。其中低压法技术经济指标先进，现在世界各国合成甲醇已广泛采用了低压合成法。

（1）高压法合成甲醇

高压法合成甲醇于 1923 年由德国巴登苯胺烧碱厂（BASF）的米塔希（Mittasch）和施耐德（Schncider）发明。目前广泛使用的 UKW 法为德国联合莱茵褐煤燃料公司开发的流程（图10－9）。

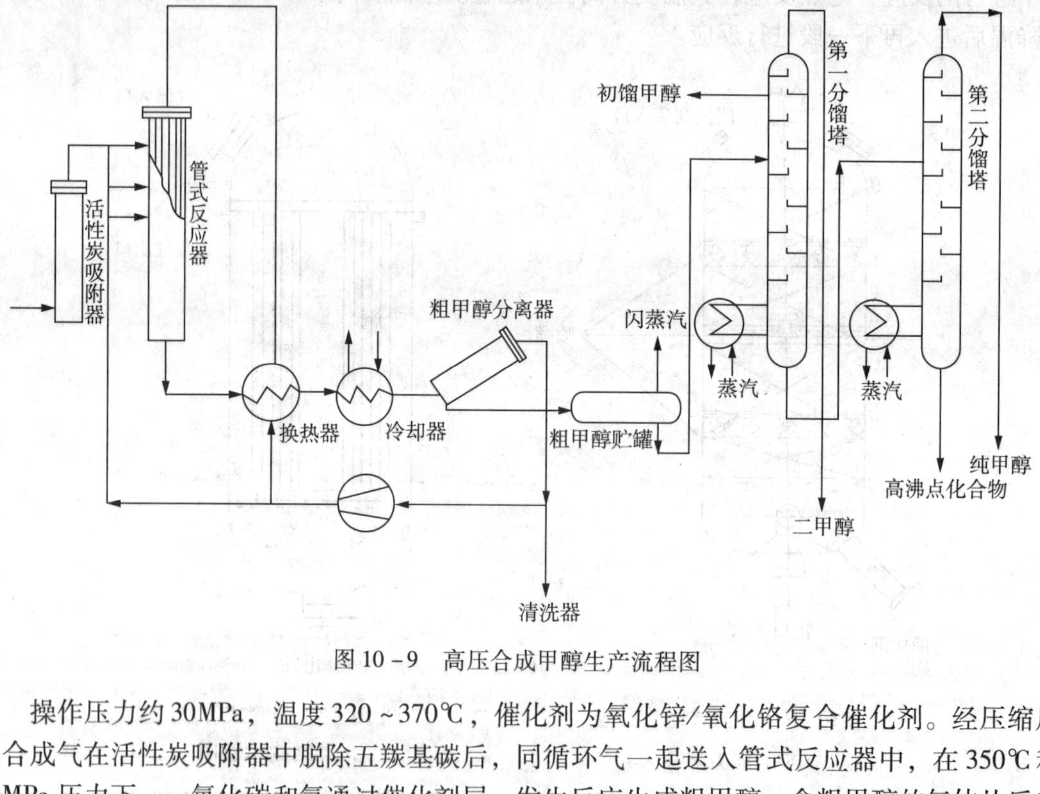

图 10－9　高压合成甲醇生产流程图

操作压力约 30MPa，温度 320～370℃，催化剂为氧化锌/氧化铬复合催化剂。经压缩后的合成气在活性炭吸附器中脱除五羰基碳后，同循环气一起送入管式反应器中，在 350℃和 30MPa 压力下，一氧化碳和氢通过催化剂层，发生反应生成粗甲醇。含粗甲醇的气体从反应器出来后，经换热、冷却后迅速送入粗甲醇分离器中，使粗甲醇从气相中冷凝出来，未反应的一氧化碳和氢气循环返回反应器。

冷凝出的粗甲醇送入精馏装置，在第一分馏塔中分出二甲醚和甲酸甲酯及其他低沸点不纯物，在第二分馏塔中除去水和杂醇，得到精甲醇。

高压法合成甲醇的主原料为天然气。

高压法的特点是催化剂耐硫，抗热性较好，对含硫合成气比较适应，一般性过热对催化剂不致造成严重失活。但该催化剂的选择性较差，导致副产物较多，因而影响收率。此外，高温高压操作对设备材质要求严，使设备投资费用较高，对技术经济效果有负面影响。

(2)低压法合成甲醇

低压法合成甲醇于1960年初由英国鲁奇(Lurgi)公司首先开发成功，其合成压力为4～5MPa，温度200～300℃，采用铜基催化剂(含铜、锌、铬)。这是目前各生产厂家所普遍采用的工艺流程。现在使用较多的低压合成法还有英国帝国化学工业公司开发的ICI法。流程一般由造气、压缩、合成、精制四大部分组成。典型的工艺流程如图10－10所示。

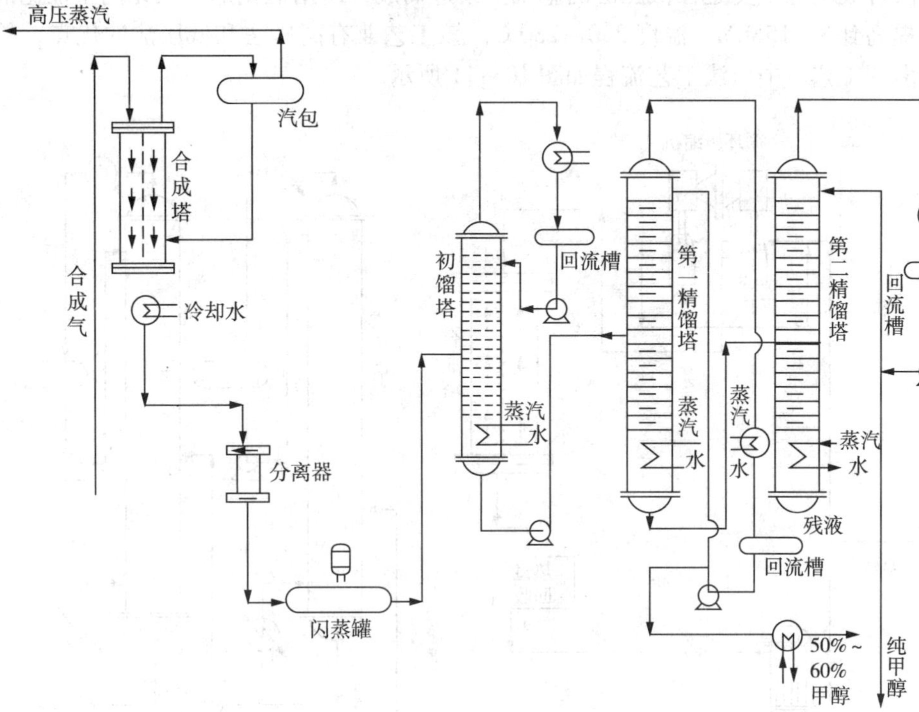

图10－10　低压法合成甲醇生产流程图

利用天然气经水蒸气转化(或部分氧化)后得到的合成气，再经换热脱硫，经水冷却分离出冷凝水后进入合成气透平压缩机(多段)压缩至压力稍低于5MPa，与循环气混合后在循环压缩机中压缩至5MPa后进入冷激式绝热反应器，在操作温度为240～270℃下经Cu－Zn－Al铜基催化剂催化合成甲醇。合成反应的反应热用热回收装置产生高压蒸汽用作透平压缩机动力。合成塔出来的含4%～8%甲醇的产物气体经换热器与混合气换热后，用空气或冷却水换热冷却，使甲醇冷凝并在分离器中分离得到粗甲醇送去精制，闪蒸分离出的气体含大量的H_2和CO，返回循环气压缩机循环使用。为防止惰性气体积累，将部分循环气放空。

粗甲醇含有约80%的甲醇，先用初馏塔除去二甲醚、甲酸甲酯等低沸点杂质，塔底物进第一精馏塔。在第一精馏塔中，50%的甲醇由塔顶出来(经换热和部分回流后，可冷凝得到50%～60%的甲醇溶液)，其热量作为第二精馏塔再沸器加热的热源，塔底物进第二精馏塔。第二精馏塔塔顶馏出物经冷凝得精甲醇，部分回流后，其余为精甲醇产品，质量分数为99.9%。

低压合成法所用的铜基催化剂比高压合成法所用的锌铬催化剂活性高，选择性好，所得粗甲醇中甲醇质量分数高，因而使收率提高，生产成本下降。但由于反应压力低，使生产设备体积庞大，不利于大规模生产，故仅适用于中小规模的生产。此外，催化剂耐硫性不如高压合成法，因此，生产合成气的天然气中，硫的质量分数必须降至 0.1×10^{-6}以下。

低压合成法的原料为天然气。

(3) 中压法合成甲醇

20 世纪 70 年代初，英国帝国化学工业（ICI）公司提出了中压法合成甲醇的工艺，与此同时，丹麦的荷尔德－托普索（Holder－Topsoe）公司和日本瓦斯化学公司也提出了各自的中压法合成工艺，并都建立了相应的工厂。

中压法合成甲醇主要是在低压法的基础上改进而成，所用催化剂为三元铜系催化剂，适当将压力提高到 8～15MPa，温度 230～280℃。该工艺兼有高压法和低压法的优点，是近年来采用较多的工艺。中压法工艺流程如图 10－11 所示。

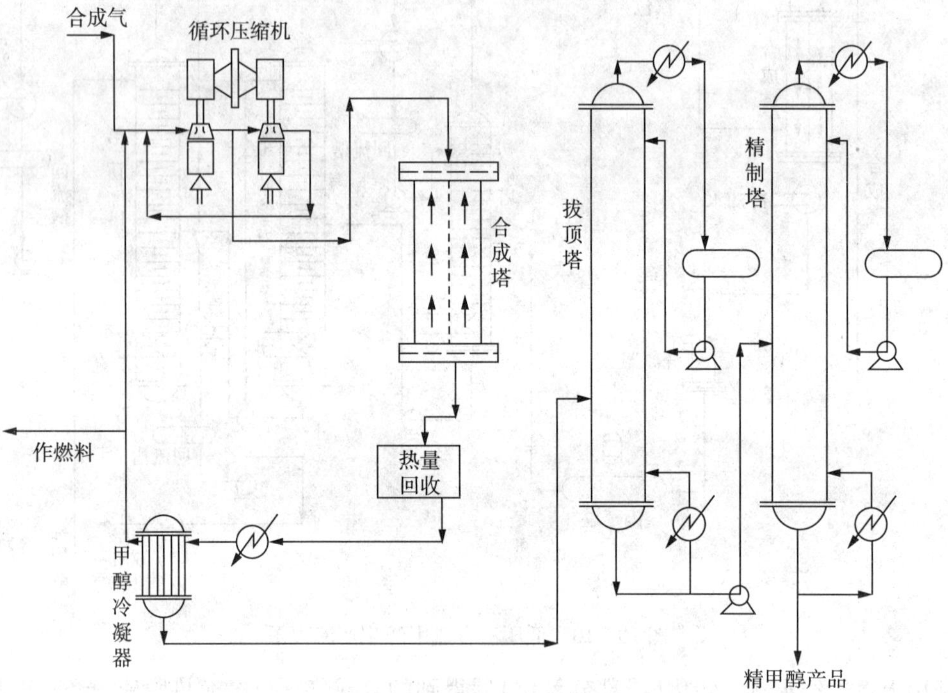

图 10－11　中压合成甲醇生产流程图

中压法流程中，合成气压缩至 8MPa，与循环气一起送入合成塔，入塔温度 220℃左右。合成塔为冷激型，回收的合成反应热产生中压蒸汽可供转化使用。合成塔出塔气体经换热器用于预热合成气后，冷却，在冷凝器中将粗甲醇冷凝分离出来，不凝气大部分循环使用，少部分弛放作为转化炉燃料。

粗甲醇在拔顶塔和精制塔中，经蒸馏除去二甲醚、甲酸甲酯及杂醇油等杂质后，即得精甲醇产品，纯度 99.9%。

(4) 三相流化床反应器合成甲醇

三相流化床反应器合成甲醇的工艺流程是近年来开始试验研究的。该工艺流程单程转化率高，出口气体中甲醇含量可达 5%～20%（体积），大大减少了循环气量，节省了动力消耗，反应器结构简单，单位体积催化剂比表面积大，温度均匀易于控制。缺点是气、液、固三相互相夹带，不利于分离，且堵塞设备，所以目前尚处于试验阶段。

三相流化床反应器合成甲醇的工艺流程如图10-12所示。合成气由反应器底部进入，液态烃也由底部进入反应器，反应器为一空塔，塔内用液态惰性烃进行循环，催化剂悬浮于液态惰性烃中，塔上部有一溢流堰，用于液态惰性烃溢流。合成气入塔后在塔内形成固、液、气三相流，在三相流中进行合成反应，反应热被液态惰性烃吸收。固、液、气三相在反应器顶部进行分离，催化剂留在反应器中；液态惰性烃经溢流堰流出，经换热器加热锅炉给水，产生蒸汽，回收其热量，然后用泵经反应器底部送回反应器；反应气体从反应器顶部出来，经冷却冷凝后分离出蒸发的惰性烃和甲醇。惰性烃返回反应器，甲醇送去精制，未凝气部分排放以维持惰性气体浓度，其余作为循环气经增压后返回合成反应器。

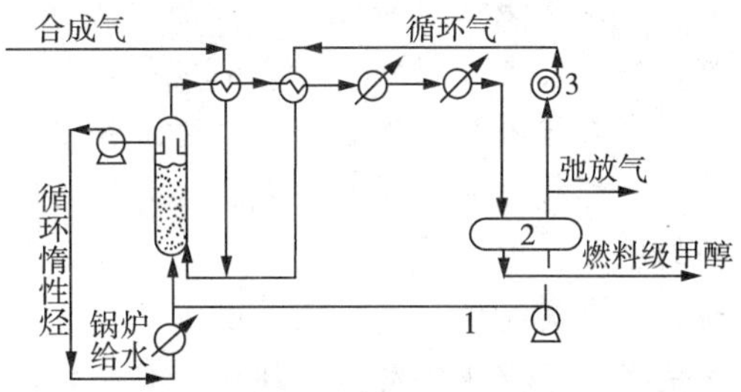

图10-12　三相流化床反应器合成甲醇的工艺流程

例10-1　工业上醛主要采用从甲醇制甲醛。其制法有脱氢氧化法和氧化法两种。分析工业上甲醇脱氢氧化制甲醛和甲醇氧化制甲醛的问题：

(1)反应热效应和反应器类型的关系；

(2)催化剂类型和空气加入量的关系。

【分析】

甲醇的脱氢氧化法开发较早，其特点是不要求脱落的氢完全氧化成水，因此可以用低于化学计算量的空气。它可以减少深度氧化副反应，而且热效应低。由于空气量少，可在高于甲醇爆炸上限(37%)的条件下操作。反应温度600~650℃。

甲醇的氧化法制甲醛是后来由于工业上迫切需要含低甲醇的高浓度甲醛开发出来的。为了减少目的产物甲醛水溶液中甲醇的含量，甲醇的氧化法要用过量较多的空气，以提高甲醇的转化率。进气甲醇的体积含量低于6.7%，在低于甲醇爆炸下限的条件下操作。反应温度350~450℃。

$$CH_3OH \longrightarrow HCOH + H_2 - 85.0\ kJ/mol \quad (吸热反应) \quad (10-21)$$

$$CH_3OH + 0.5O_2 \longrightarrow HCOH + H_2O + 159\ kJ/mol \quad (放热反应) \quad (10-22)$$

$$H_2 + 0.5O_2 \longrightarrow H_2O + 243\ kJ/mol \quad (强放热反应) \quad (10-23)$$

(1)甲醇脱氢氧化制甲醛的主要反应是甲醇脱氢生成甲醛(较弱吸热反应)，次要反应是一部分甲醇氧化生成甲醛和水(较强放热反应)。因为反应是在不足量空气下进行的，脱落的氢并没有完全氧化成水(强放热反应)，同时只有少量的甲醇过度氧化生成一氧化碳、二氧化碳和水的强放热副反应。所以甲醇的脱氢氧化法制甲醛的放热量小。反应物经过催化剂床层时放热量小，在绝热条件下，出口温度比进口温度升高得不太多，所以可以使用无热交换装置的结构简单、造价低的绝热反应器。

甲醇氧化法制甲醛的主要反应是甲醇氧化成甲醛的强放热反应，次要反应是甲醇脱氢生成甲醛弱吸热反应。因为用过量空气，甲醇转化率高，脱落的氢完全氧化成水(强放热反应)，而且有甲醇过度氧化成二氧化碳和水的强放热副反应，所以热效应大。因热效应大，需要及时移除反应热，所以应选用列管式固定床等温反应器。

(2)甲醇脱氢氧化制甲醛采用催化剂银，银催化剂主要是催化甲醇脱氢生成甲醛、甲醇氧化成甲醛和氢分子氧化成水。银可以是银丝网、负载在低比表面载体(浮石或金刚砂)上的银、结晶银或电解银。由于催化剂的高活性，气固接触时间只需 0.0045s 左右。用水吸收，经后处理可得到37% ~42% 甲醛溶液。反应的选择性约为91%，甲醛的收率为87.3%。但用甲醇脱氢氧化法制得的甲醛溶液中总是含有少量的甲醇。

甲醇氧化法制甲醛法为了提高甲醇的转化率，降低产品甲醛中的甲醇含量，加入过量较多的空气。为了抑制深度氧化，该法采用温和的铁－钼氧化物催化剂，控制稍低的甲醇单程转化率来提高氧化选择性，以减少过度氧化副反应。该法甲醛收率较高，催化剂的寿命可长达两年。但空压机动力消耗大，反应器体积大，投资大。

10.4 甲醇转化制汽油

煤气化制合成气，由合成气合成甲醇是工业上相当成熟的工艺。甲醇可以直接作为燃料，但其能量密度只有汽油的1/2。所以工业上开发了甲醇制汽油(MTG)技术。

事实上，甲醇转化制汽油技术内容非常丰富，甲醇还可以转化得到石油化工过程的大部分基础原料，如三烯(乙烯、丙烯、丁二烯)、三苯(苯、甲苯、二甲苯)、柴油等燃料。这些过程即为甲醇制烯烃(MTO)、甲醇制芳烃(MTA)和甲醇制汽柴油 MOGD 等。

10.4.1 MTG 的基本原理

以甲醇为原料，在一定条件下通过 ZSM－5 型分子筛催化剂脱水、低聚和异构化作用转化成汽油(MTG)，此外，也可生产芳烃(MTA)或乙烯(MTO)，这要根据需要来调节催化剂的配方和工艺操作条件。

甲醇在中孔 ZSM－5 沸石催化剂上转化为各种烃类的途径可归纳为 3 种模式：

$$①2CH_3OH \underset{+H_2O}{\overset{-H_2O}{\rightleftharpoons}} CH_3OCH_3 \xrightarrow{-H_2O} C_2^{=}\sim C_5^{=} \longrightarrow \begin{cases}\text{烷烃}\\ \text{芳烃}\\ \text{环烷烃}\\ C_6^{+}\text{烯烃}\end{cases} \qquad (10-24)$$

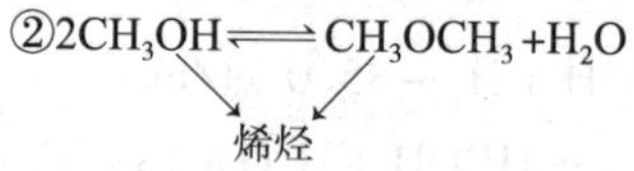

(10－25)

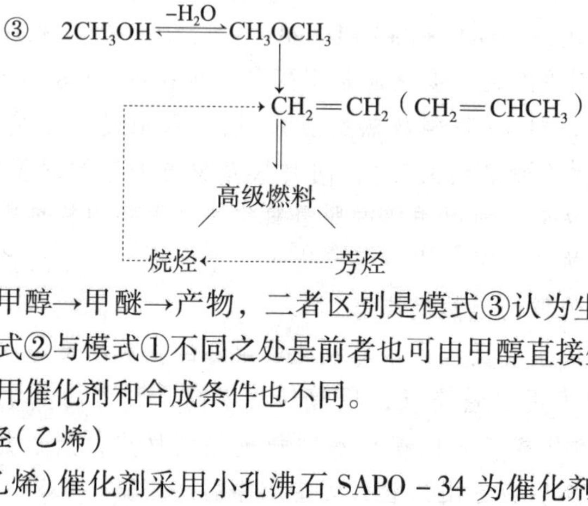

(10－26)

模式①、③均是由甲醇→甲醚→产物，二者区别是模式③认为生成烷烃可能进一步裂解，生成低碳烯烃。模式②与模式①不同之处是前者也可由甲醇直接生成烯烃。

甲醇制不同烃类采用催化剂和合成条件也不同。

(1) 甲醇转化制烯烃(乙烯)

甲醇转化制烯烃(乙烯)催化剂采用小孔沸石 SAPO－34 为催化剂，在温度为723K，甲醇/水 =20/80，液空速为 $4.6h^{-1}$ 条件下进行反应，其甲醇转化率为100%，C_2 烯烃和 $C_2 \sim C_4$ 烯烃选择性分别为59% 和 89%。

采用中孔 ZSM－5 分子筛为催化剂也取得很好的结果，它克服了小孔沸石容易结炭失活的难题。因此，人们对 ZSM－5 催化剂合成烯烃研究很多，发现沸石的晶粒大小、结晶度、硅铝比和硅铝分布等均有较大影响；在后处理方法上，如不同温度焙烧、水蒸气处理和化学改性也对反应有较大影响。此外，用各种过渡金属离子进行骨架同晶取代制得杂原子 ZSM－5 分子筛用于该反应，也表现出良好的反应性能。

(2) 甲醇转化制芳烃

甲醇转化制芳烃催化剂中最有效的是改性 ZSM－5 分子筛催化剂。例如用 ZN 离子改性的 ZSM－5 分子筛催化剂在 700K 下芳烃产率可达 67.4%。

(3) 甲醇转化制汽油

甲醇转化制汽油催化剂也是采用了 ZSM－5 分子筛催化剂，采用这种催化剂生成产物中 80% 是汽油，而且多为支链烷烃和芳烃，其辛烷值达 93%。生成的汽油馏分最大为 C_{10}。这与 ZSM－5 的择形催化作用有关。由于催化剂的作用，该反应只生成较重烃类，由于甲醇转化成烃和水的反应是强放热反应，甲醇脱水生成二甲基醚是较为容易的。而第二步脱水以及低聚合为小于 C_{11} 的烃类，是 ZSM－5 型分子筛催化剂所特有的功能。ZSM－5 是具有规则微孔孔隙结构的硅铝酸盐，结晶中通道直径为 0.5～0.6 nm，与 C_{10} 分子的直径相当，限制了碳链的进一步增长和 C_{10} 以上分子的生成。这样的产物均为 C_5～C_{10} 烃，恰为汽油馏分。

10.4.2 MTG 反应器

(1) 固定床式反应器

甲醇转化成烃和水是强放热反应，在绝热条件下反应温度升高可达 590℃，这样的温度升高程度超过了允许的反应温度范围，反应生成热量必须移出。为了便于解决此问题，固定床式反应器把反应分成两段。第一段进行甲醇脱水生成二甲醚反应，放出 20% 的反应热。其余 80% 反应热在第二段甲醇、二甲醚和水平衡混合物转化成烃的反应中放出。这样的两段反应安排，减少了为控制温度升高的循环气量。

利用两段固定床反应器分配反应热量，设计简单，放大容易。因此，在新西兰的第一个工业化装置中就采用了固定床式反应器。

(2) 流化床反应器

流化床反应器传热好，可在近似等温条件下操作，目前正在研究开发一种双功能催化剂，以便使用此催化剂进行费－托合成时，能采用一个流化床反应器代替二段固定床反应器一步合成含芳烃较高的汽油。这项技术在 Mobil 中试装置中已成功采用。

10.4.3 MTG 工艺

其典型过程为先将煤炭/天然气等非石油路线含碳资源首先气化，脱硫、变换，得到清洁的合成气，经一段反应生成甲醇/二甲醚混合物，甲醇/二甲醚与未转化的合成气一起进入二段反应器，在分子筛催化剂作用下，甲醇/二甲醚进一步转化，经冷却分离获得高品质汽油产品，未转化的合成气及二段反应产生的其他产物再循环回一段，达到完全转化的目的。

(1) 固定床工艺

新西兰的工业装置采用了二段固定床反应器工艺，如图 10－13 所示。甲醇被气化加热到 300℃左右，首先进入二甲醚反应器，通过活性氧化铝催化剂的脱水作用，使部分甲醇变成二甲醚和水。反应气在进入二段反应器之前再与循环气按体积比为 1:(7～9) 比例混合，混合物在343℃温度下自上而下进入二段反应器，使甲醇与二甲醚完全脱水，进一步发生低聚、重排转化成汽油馏分，反应操作压力为2MPa，温度343~410℃。实践证明，这种工艺转化率很高，当空速为$1.6h^{-1}$时，甲醇可100%转化。烃类产物中汽油产率可达85%，液化气产率为13.6%，汽油辛烷值可达94以上，包含加工过程能耗在内的总效率可达92%~93%，甲醇转化为汽油的热效率为88%。

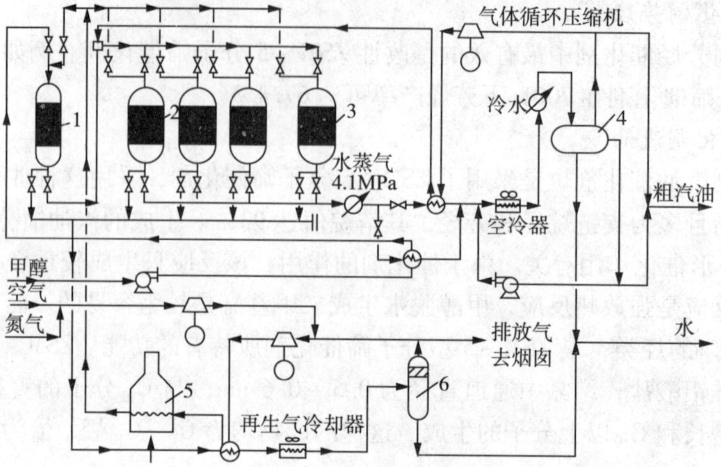

图10-13　固定床反应器甲醇转化成汽油流程图

1—二甲醚反应器；2—转化反应器；3—再生反应器；4—产品分离器；5—开工、再生炉；6—气液分离器

(2)流化床工艺

Mobil公司的MTG中试工艺流程见图10-14。甲醇在流化床反应器中，在ZSM-5催化剂作用下转化成汽油。反应器底部通入来自吸收塔的循环气和来自再生器的催化剂，它们共同处在甲醇蒸气和循环气的作用下并在反应器中呈流化状态。在反应器中，部分催化剂连续地进入再生器，在再生器中用空气烧去积炭，达到催化剂再生，再生后的催化剂又循环回到反应器底部，完成催化剂连续再生，保持催化剂活性稳定。

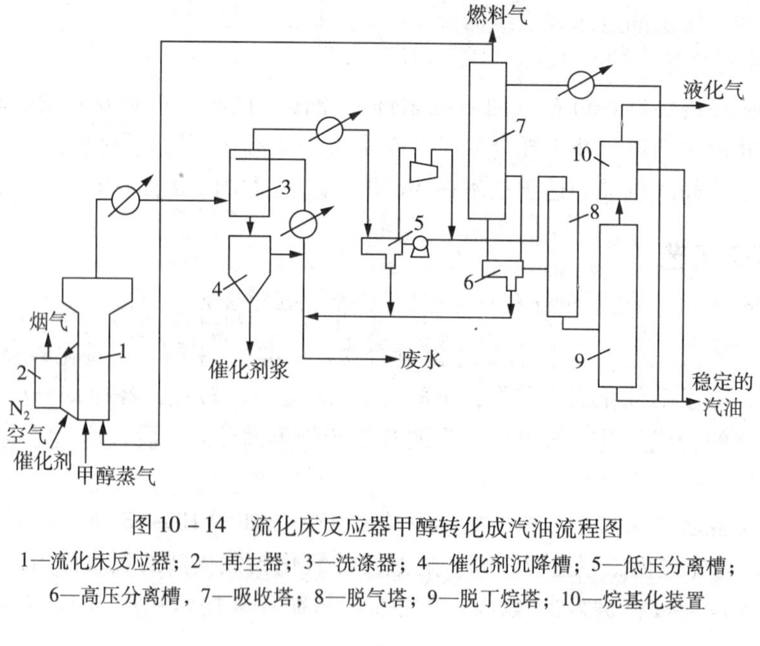

图10-14　流化床反应器甲醇转化成汽油流程图

1—流化床反应器；2—再生器；3—洗涤器；4—催化剂沉降槽；5—低压分离槽；
6—高压分离槽，7—吸收塔；8—脱气塔；9—脱丁烷塔；10—烷基化装置反应产物经过脱除催化剂粉尘、分离、压缩、吸收和气液分离等过程，得到产品汽油和液化气。吸收塔顶分出燃料气，部分作循环气回到反应器，其余部分外送。

流化床反应器比固定床反应器有明显的优点：流化床反应器可以低压操作，催化剂可以连续使用和再生，催化剂活性可保持稳定；反应热多用于产生高压蒸汽；调整催化剂活性，可获得最佳芳烃选择性，汽油收率和质量都略高于固定床；操作费用较低。

10.5 甲醇制二甲醚

10.5.1 二甲醚性质与用途

二甲醚又称甲醚，简称 DME，在常压下是一种无色气体或压缩液体，具有轻微醚香味。相对密度(20℃)0.666，熔点 -141.5℃，沸点 -24.9℃，室温下蒸气压约为 0.5MPa，与石油液化气(LPG)相似。溶于水及醇、乙醚、丙酮、氯仿等多种有机溶剂。易燃，在燃烧时火焰略带光亮，燃烧热(气态)为 1455kJ/mol。常温下 DME 具有惰性，不易自动氧化，无腐蚀、无致癌性，但在辐射或加热条件下可分解成甲烷、乙烷、甲醛等。

二甲醚具有易压缩、冷凝、气化及与许多极性或非极性溶剂互溶特性，并且具有无毒无污染的优点，广泛用于气雾制品喷射剂、润滑剂、脱模剂、发胶摩丝、气雾香水、空气清新剂、杀虫剂、衣物除垢剂、家具光亮剂、氟利昂替代制冷剂、溶剂等，另外也可用于化学品合成，是一种用途广泛的化工原料。

二甲醚可以作为甲醇燃料间接利用，这是目前世界上普遍看好的超清洁车用燃料。二甲醚在燃烧时不会产生破坏环境的气体，能便宜而大量地生产。储运、燃烧安全性，预混气热值和理论燃烧温度等性能指标均优于石油液化气，可作为城市管道煤气的调峰气、液化气掺混气，代替液化石油气作为民用洁净燃料。

二甲醚有高的十六烷值，作为柴油替代燃料具有良好燃烧性质，其排放物比美国加州超低排放标准还要低。因此，二甲醚作为柴油发动机的理想燃料，与甲醇燃料汽车相比，不存在汽车冷启动问题。它还是未来制取低碳烯烃的主要原料之一。

10.5.2 二甲醚生产方法

DME 的传统生产技术是两步法(又称甲醇法)，即由合成气合成甲醇，甲醇再脱水制得 DME。而甲醇法又分为甲醇气相法和甲醇液相法，这样 DME 的成本高于甲醇。现在又出现了先进的一步法，即由合成气直接转化生成 DME，可大大降低成本。

一步法是指合成气在多功能催化剂作用下直接合成二甲醚，有丹麦托普索公司的液相法和美国空气产品和化学品公司的气相法两种。合成气一步法工业化技术尚未完全成熟。按现有技术水平，生产成本比甲醇法高，技术缺陷有待弥补，技术关键有待探索、突破。

两步法是国内外二甲醚生产的主要工艺路线，分为甲醇气相脱水和甲醇液相脱水。液相法生产工艺由于操作压力低、单台反应器产能低、有一定污染，造成装置投资高、电力消耗高，不宜大面积推广。甲醇气相法成为现阶段最经济合理的二甲醚生产方法，目前国内外拟建和在建的上规模的二甲醚生产装置均为甲醇气相法。但甲醇气相脱水工艺也存在转化率低、选择性不理想、能耗高、反应条件苛刻等不足。

目前我国拥有世界最大的二甲醚装置。

(1)合成气一步法合成二甲醚(直接合成工艺)

一步法合成二甲醚即合成气在同一反应器中，在复合催化剂(双功能催化剂)作用下，同时进行甲醇合成和甲醇脱水反应，直接生成二甲醚。一步合成法流程简单，运行费用低，一次转化率高。二甲醚的一步合成法主要有固定床和浆态床两种工艺。

1)固定床合成 DME

固定床一步合成二甲醚是在列管式气固催化反应器直接由合成气合成二甲醚与甲醇混合物，固体颗粒催化剂置于管中，管间为水，由水蒸发移走反应热来控制床层温度。甲醚与甲醇混合物经冷凝分离、精馏后得到 DME 产品，其工艺流程简图如图 10－15 所示。

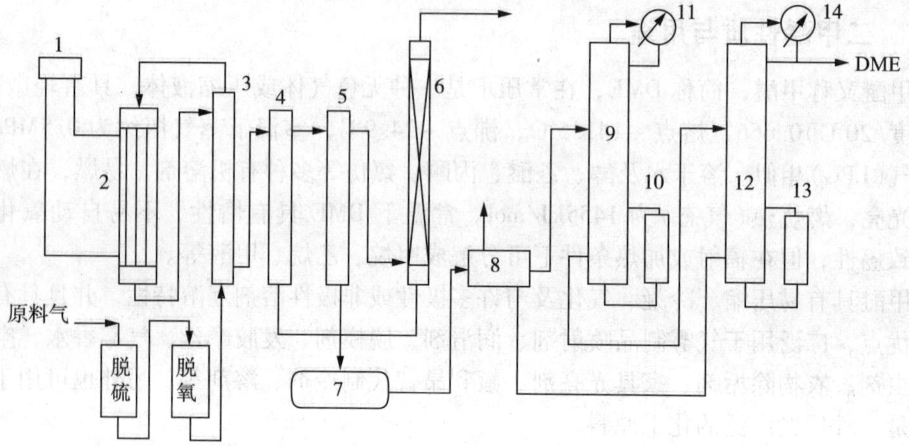

图 10－15　固定床一步合成二甲醚工艺流程简图

1—汽包；2—反应器；3—换热器；4—冷却器；5—冷凝器；6—吸收塔；7—中间贮槽；8—溶液换热器；9—预精馏塔；10—预精馏塔再沸器；11—预精馏塔冷凝器；12—精馏塔；13—精馏塔再沸器；14—精馏塔冷凝器

该法在产品成本上具有一定优势，但在工程开发上具有一定难度，反应热不易移走，反应床层温度分布不均匀；使催化剂的活性与寿命受到一定影响，由于反应温度较高，使得合成过程中难免有 CO_2 生成，因此在高压系统中还增加了脱碳系统。且该工艺设备投资相对较大。

固定床合成法适合于由天然气转化的富氢原料气，装卸催化剂时需停车，催化剂的装填要求严格。

2)浆态床合成 DME

浆态床合成又称合成气气相床液相催化法合成 DME(简称 LPDME)。美国在 20 世纪 80 年代初开始进行浆态床合成甲醇研究，1984 年至 1990 年建成 10t/d 甲醇合成装置，已经进行了 2900h 试验。在浆态床合成气制甲醇工艺基础上，开发了浆态床合成二甲醚工艺，建成的 300t/d 的工业装置于 1997 年 4 月开车成功，这一装置可用于生产甲醇，也可用于合成二甲醚。

浆态床合成二甲醚是在浆态床反应器中，以极细的催化剂粒子与溶剂形成浆状液体，合成气以鼓泡形式通过，呈气、液、固三相流化床。由于液体介质的存在，传热效果好，热量通过置于反应器内的冷却列管移走，使得催化床温度易于控制，反应基本在等温条件下进行。

在反应器中主要发生以下三个反应：

$$2CO + 4H_2 \rightleftharpoons 2CH_3OH \tag{10-27}$$

$$2CH_3OH \rightleftharpoons CH_3OCH_3 + H_2O \tag{10-28}$$

$$CO + H_2O \rightleftharpoons CO_2 + H_2 \tag{10-29}$$

总反应式为：

$$3CO + 3H_2 \rightleftharpoons CH_3OCH_3 + CO_2 \tag{10-30}$$

合成气制甲醇过程中，反应平衡限制了 CO 转化率。在合成气制二甲醚时，甲醇脱水反应的存在，破坏了甲醇合成反应的热力学平衡；由于 CO 变换反应消耗了水，产生了 H_2，既有利于甲醇的生成，又有利于甲醇脱水反应的进行，使 CO 和 H_2 的一次转化率得以提高。

该法一氧化碳转化率高，DME 的选择性好，所得到的产品成本相对较低。浆态床反应器结构简单，易操作，可在线装卸催化剂，开停车方便，催化剂寿命长，适合于以煤炭为原料制取的富 CO 合成气。缺点是投资大。

由于一步法制取二甲醚技术优于两步法，制造成本明显下降，使二甲醚作为燃料有了可能，二甲醚将成为 21 世纪的一种新能源。

(2)合成气二步法制二甲醚

由合成气在铜基催化剂上合成甲醇，然后甲醇脱水制二甲醚，称为二步法。合成气制二甲醚的产品中含有甲醇、CO、CO_2。

(3)甲醇气相脱水生产二甲醚

目前生产的二甲醚基本上由甲醇脱水制得，即先合成甲醇，然后经甲醇脱水制成二甲醚。甲醇脱水制二甲醚分为液相法和气相法两种工艺。

气相法是将甲醇加热蒸发，甲醇蒸气通过催化剂床层气相脱水制得二甲醚。常用的催化剂为活性氧化铝（γ-氧化铝）、结晶硅酸铝（分子筛）等。气相法的工艺过程主要由甲醇加热、蒸发、甲醇脱水、二甲醚冷凝及精馏等组成。天科股份甲醇制二甲醚装置工艺流程框图如图 10-16 所示。

甲醇通过气相脱水生成二甲醚，同时还可能生成 CO、CO_2、CH_4、C_2H_2、H_2 等副产物。活性氧化铝、13X 分子筛、ZSM-5 分子筛都可作为甲醇气相脱水催化剂，当采用 ZSM-5 分子筛催化剂时，在 200℃左右反应，甲醇转化率可达到 75~85%，生成二甲醚选择性大于 99%。甲醇气相反应后，产物经冷凝分离，气相产物中几乎是纯的二甲醚。液相中是甲醇和水，回收甲醇循环使用。

甲醇脱水制二甲醚，气相二甲醚纯度很高，几乎达到 100%。因此，若制取高纯度二甲醚宜采用甲醇脱水路线。

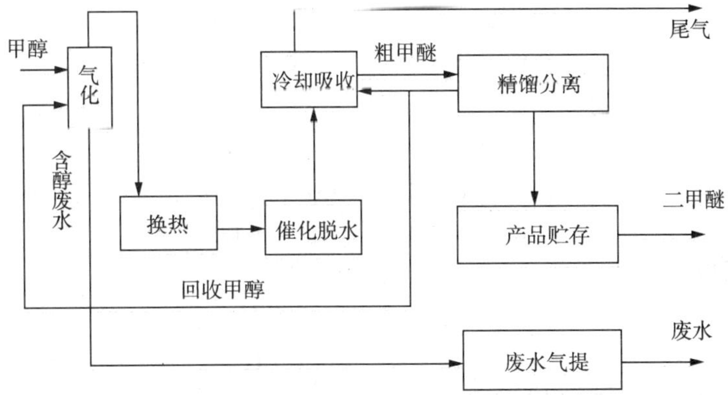

图 10-16 天科股份甲醇制二甲醚装置工艺流程框图

(4) 甲醇液相脱水制二甲醚

液相法是将甲醇与浓硫酸混合并加热到 140℃，使甲醇脱水而生成二甲醚，其反应过程为甲醇在硫酸存在下通过生成硫酸氢甲酯，再生成二甲醚，其反应式如下：

$$H_2SO_4 + CH_3OH \longrightarrow CH_3HSO_4 + H_2O \qquad (10-31)$$

$$CH_3HSO_4 + CH_3OH \longrightarrow CH_3OCH_3 + H_2SO_4 \qquad (10-32)$$

该法反应温度低，转化率较高，但由于硫酸对设备材质的腐蚀性大，残液与废水量大，对环境的污染严重，操作条件恶劣，产品的后处理较为困难等因素，已被逐步淘汰。除国内还有极少部分的小厂在继续使用该法生产二甲醚外，国外几乎没有使用该法生产二甲醚的工厂。

10.6 CO 羰基化反应及其产品

随着 C_1 化学的发展，有 CO 参与反应的类型也逐渐增多，合成气($CO + H_2$)作为羰基合成的原料与不饱和烃等化合物反应，可用于合成碳数增加的含氧化合物。这类反应即为所谓“羰基合成”。

10.6.1 羰基合成反应催化剂及反应机理

羰基合成反应是一类典型的络合催化反应。工业上采用的催化剂是过渡金属络合物，如钴、铑或镍的羰基络合物。

在催化反应过程中，络合物催化剂的过渡金属原子参加化学反应，配位体通常不参加化学反应，起着调整催化剂的活性、选择性和稳定性的作用。因此，在书写反应式时，为了简便，常常把过渡金属原子用 M 表示络合催化剂。

羰基合成反应催化机理一般分五个步骤：催化剂与烯烃发生 σ－π 络合、插入反应、CO 的络合、再插入反应以及分解或重排反应。如乙烯的氢醛化反应机理如下：

① σ－π 络合反应

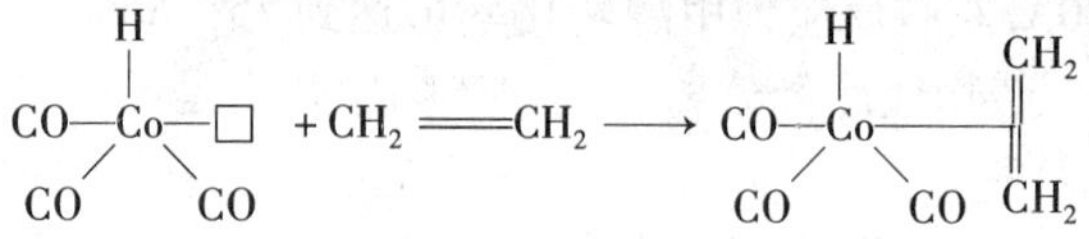

(10－33)

② 插入反应

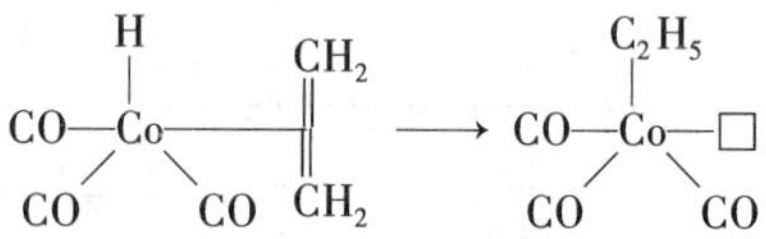

(10－34)

③ 再络合反应

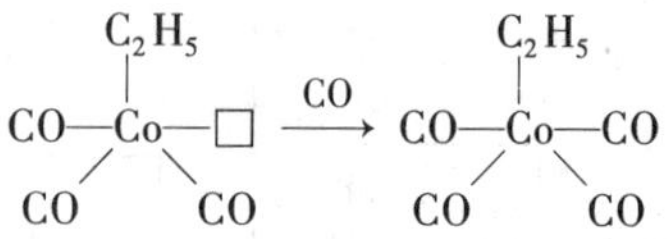

(10－35)

④ 再插入反应

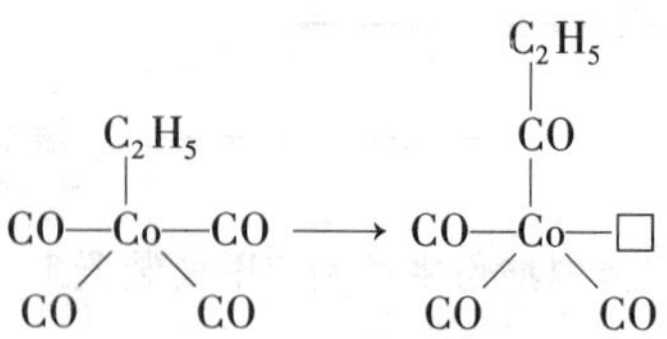

(10－36)

⑤ 氢解反应

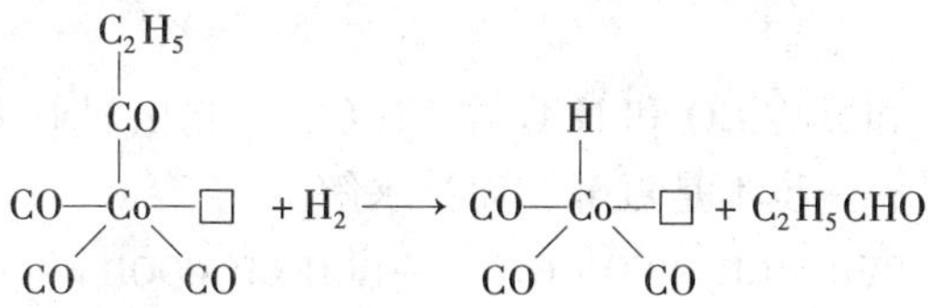

(10－37)

又如丙烯在 $H-Co(CO)_3$ 的催化作用下生成正丁醛，先后经丙烯配位、氢转移、CO 配位、CO 插入、加氢、解配等基本反应，其催化循环图可以表示为：

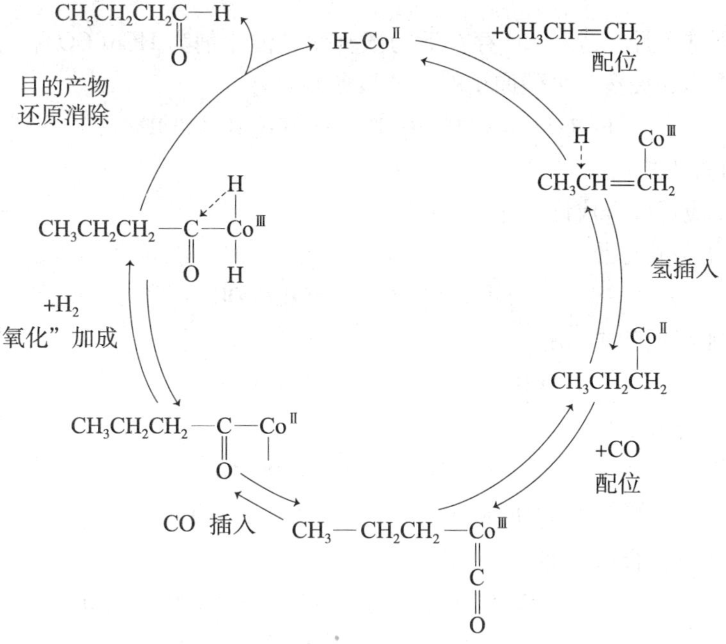

所用催化剂是 $Co_2(CO)_8$，它在反应气氛下可与 H_2 作用生成 $HCo(CO)_4$，为将反应物质引入络合物中，过渡金属必须提供合适的络合空位。在反应条件下，这就为络合反应提供了空位中心。

$$Co_2(CO)_8 + H_2 \Longrightarrow 2HCo(CO)_4 \tag{10-38}$$

$$HCo(CO)_4 \Longrightarrow HCo(CO)_3 + CO \tag{10-39}$$

10.6.2 羰基合成反应类型与产物

在过渡金属络合催化剂存在下，有机化合物分子中引入羰基的反应主要包括下述几类反应。

(1) 不饱和化合物的羰化反应

1) 氢醛化和氢羟甲基化

1938 年德国鲁尔公司的奥·罗兰(O. Roulen)发现了 CO 和氢与烯烃双键结合生成比原料烯烃多一个碳原子醛的反应。该反应又称罗兰反应。

$$RCH=CH_2 + CO + H_2 \longrightarrow RCH_2CH_2CHO \tag{10-40}$$

该反应催化剂为 $HCo(CO)_4$。由于反应的结果是在双键两端碳原子上加一个氢原子和一个甲酰基，故称为氢甲酰化反应。氢气过量条件下醛基被还原为羟甲基。

$$RCH_2=CH_2+CO+2H_2\longrightarrow RCH_2CH_2CH_2OH \tag{10-41}$$

2)氢羧基化

氢羧基化反应是不饱和烃与 CO 和 H_2O 在 $Ni(CO)_4$ 催化剂上进行的，反应机理与氢醛化基本相同，不同的是最后一步不是氢解，而是水解。

$$RCH=CH_2+CO+H_2O\longrightarrow RCH_2CH_2COOH \tag{10-42}$$

$$RC\equiv CH+CO+H_2O\longrightarrow RCH=CHCOOH \tag{10-43}$$

利用此反应可制得比烯烃或炔烃多一个碳原子的饱和羧酸或不饱和酸。

3)氢酯基化

该反应是不饱和烃在醇和 CO 存在下的羰基化，催化剂为 $HCo(CO)_4$，反应最后步骤是醇解。产物是不饱和烃多一个碳原子的饱和羧酸酯。

$$RCH=CH_2+CO+R'OH\longrightarrow RCH_2CH_2COOR' \tag{10-44}$$

(2)甲醇的羰化反应

甲醇羰化反应可以合成许多化工产品。

① 甲醇羰化合成乙酸

$$CH_3OH+CO\longrightarrow CH_3COOH \tag{10-45}$$

② 乙酸甲酯羰化合成乙酐

$$CH_3COOCH_3+CO\longrightarrow (CH_3CO)_2O \tag{10-46}$$

③ 甲醇羰化合成甲酸

$$CH_3OH+CO\longrightarrow HCOOCH_3 \tag{10-47}$$

$$HCOOCH_3+H_2O\longrightarrow HCOOH+CH_3OH \tag{10-48}$$

④ 甲醇羰化氧化合成草酸或乙二醇

$$2CH_3OH+2CO+0.5O_2\longrightarrow CH_3OOC—COOCH_3+H_2O \tag{10-49}$$

$$CH_3OOC—COOCH_3+2H_2O\longrightarrow HOOC—COOH+2CH_3OH \tag{10-50}$$

$$CH_3OOC—COOCH_3+4H_2\longrightarrow CH_2OH—CH_2OH+2CH_3OH \tag{10-51}$$

10.6.3 羰基合成工艺

(1)丙烯氢甲酰化合成(丁)辛醇

丁醇主要用途是作为树脂、油漆、胶黏剂和增塑剂的原料(如邻苯二甲酸丁酯)。此外还可用作选矿用消泡剂、洗涤剂、脱水剂和合成香料的原料。辛醇又称 2-乙基己醇，主要用于制备增塑剂(如邻苯二甲酸二辛酯，癸二酸二辛酯，磷酸三辛酯)、润滑油添加剂、消毒剂和杀虫剂的减缓蒸发剂以及在印染等工业中作消泡剂。

丁、辛醇可用乙炔、乙烯或丙烯作原料进行生产。以丙烯为原料的氢甲酰化法原料价格便宜，合成路线短，是目前生产丁醇和辛醇的主要方法。

以丙烯为原料用氢甲酰化法生产(丁)辛醇，主要包括下列 3 个过程。

① 在金属羰基配合物催化剂存在下，丙烯氢甲酰化合成丁醛

$$CH_3CH=CH_2+CO+H_2\longrightarrow CH_3CH_2CH_2CHO \tag{10-52}$$

② 丁醛在碱催化剂作用下缩合为辛烯醛

$$2CH_3CH_2CH_2CHO\longrightarrow CH_3CH_2CH=CH(C_2H_5)CHO+H_2O \tag{10-53}$$

③ 辛烯醛加氢合成 2-乙基己醇

$$CH_3CH_2CH_3CH=C(C_2H_5)CHO+H_2 \longrightarrow CH_3(CH_2)_3CH(C_2H_5)CH_2OH \quad (10-54)$$

如用氢甲酰化生产丁醇，则只需氢甲酰化和加氢两个过程就可以了。上述三个过程，关键是第一步丙烯氢甲酰化合成丁醛。

丙烯低压法甲酰化合成正丁醛工艺流程见第7章。

(2)甲醇羰化反应合成乙酸

美国Monsanto公司1968年成功开发的低压羰化合成乙酸新工艺采用了铑取代钴作催化剂，克服了传统的三氟化硼、磷酸以及铁、钴、镍等羰基化合物催化剂的催化性能低和反应条件苛刻等缺点。该法反应条件温和，在3MPa压力，温度180℃下可以合成乙酸，且甲醇的转化率高、产品的选择性好。

以下介绍低压羰化合成乙酸原理和工艺过程。

1)低压法甲醇羰化合成乙酸原理

低压法甲醇羰化反应采用铑－碘催化体系，主要反应如下：

主反应

$$CH_3OH+CO = CH_3COOH \quad (10-55)$$

副反应

$$CH_3COOH+CH_3OH = CH_3COOCH_3+H_2O \quad (10-56)$$

$$2CH_3OH \longrightarrow CH_3OCH_3+H_2O \quad (10-57)$$

$$CO+H_2O \longrightarrow O_2+H_2 \quad (10-58)$$

此外尚有甲烷、丙酸(由原料甲醇中所含乙醇羰化生成)等副产物。在低压羰化条件下如将生成的乙酸甲酯和二甲醚循环回反应器，都能羰化生成乙酸，故使用铑催化剂进行低压羰化，副产物很少，以甲醇为基准，生成乙酸的选择性高达99%。

2)催化剂

甲醇低压羰化制乙酸的催化剂由可溶性铑配合物和助催化剂碘化物两部分组成，铑配合物是$[Rh^{+}(CO)_2I_2]^{-}$负离子，在反应系统中可由Rh_2O_3和$RhCl_3$等铑配合物与CO和碘化物作用得到。

所用的碘化物可以是HI、CH_3I或I_2，常用的是HI，反应过程中HI能与CH_3OH作用生成CH_3I。

$$CH_3OH+HI \longrightarrow CH_3I+H_2O \quad (10-59)$$

CH_3I的作用是与铑配合物形成甲基－铑键，以促进CO生成酰基－铑键而少生成或不生成羰基铑，但关键是烷基、卤素键的强度要适宜。对同一个烷基来说，其值与碳－卤键的键能有关。C－I键最容易断裂，C－Cl键最难断裂，故CH_3I作助催化剂是较好的。NaI或KI不能用作催化剂，因为在反应过程中，这些碘化物不能与CH_3OH反应生成CH_3I。

3)甲醇低压羰化制乙酸的工艺流程

工艺流程主要由反应部分、精制部分、轻组分回收、催化剂制备及再生四部分组成，其示意流程如图10－17所示。

甲醇羰化反应是气－液相反应，反应器可采用搅拌釜或鼓泡塔，催化剂溶液放在反应器中，甲醇加热到185℃与从压缩机来的CO在2.74MPa压力下，喷入反应器1底部，反应后的物料从塔侧进入闪蒸罐2，含有催化剂的溶液从塔底出来，再返回反应器1，含有乙酸、水、碘甲烷和碘化氢的蒸汽从闪蒸罐顶部出来进入精制工序。反应器顶部排放出来的CO_2、H_2、CO和碘甲烷作为弛放气进入冷凝器，凝液重新返回反应器，其余不凝物送轻组分回收工序。反应温度控制在 130 ~ 180℃，而以 175℃为最佳。温度升高，副产物甲烷和 CO_2 增多。

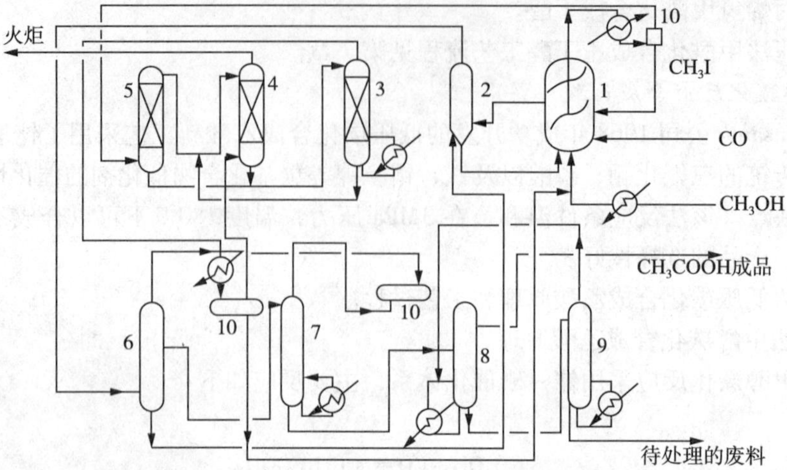

图 10 - 17　甲醇低压羰化合成乙酸流程示意图

1—反应器；2—闪蒸罐；3—解吸塔；4—低压吸收塔；5—高压吸收塔，
6—轻组分塔；7—脱水塔；8—重组分塔；9—废酸汽提塔；10—分离塔

精制部分由轻组分塔、干燥塔、重组分塔、废酸汽提塔组成，各塔主要作用如下：

①轻组分塔。由闪蒸罐顶部来的乙酸、水、碘甲烷、碘化氢进入轻组分塔 6 进行分离，塔顶蒸出物经冷凝，凝液碘甲烷返回反应器，不凝尾气送往低压吸收塔 4。碘化氢、水和乙酸组合而成的高沸点混合物和少量铑催化剂从塔底排出返回闪蒸罐。含水乙酸由侧线进入脱水塔 7 顶部。

②脱水塔。塔顶蒸出的水尚含有碘甲烷、轻质烃和少量乙酸，仍返回低压吸收塔 4，塔底主要是含有重组分的乙酸，送往重组分塔 8。

③重组分塔。塔顶蒸出轻质烃，含有丙酸和重质烃的物料从塔底送入废酸汽提塔 9。重组分塔 8 侧线得到成品乙酸。

④废酸汽提塔。塔顶进一步蒸出乙酸，并返回重组分塔 8 底部，废酸汽提塔 9 底部排出的是废料，内含丙酸和重质烃，须作进一步处理。

在轻组分回收工序中，从反应器出来的弛放气进入高压吸收塔 5，用乙酸吸收其中的碘甲烷，吸收在加压下进行，压力为 2.7MPa。未吸收的废气主要含 CO、CO_2 及 H_2，送往火炬焚烧。从高压吸收塔 5 和低压吸收塔 4 吸收了碘甲烷的两股乙酸富液，进入解吸塔 3 解吸，解吸出来的碘甲烷蒸气送至精制部分的轻组分塔 6 的冷却器，冷凝后的碘甲烷再返回反应工序。解吸后的乙酸作为吸收循环液，再用于高压和低压二个吸收塔中。

第 11 章　无机化工产品生产工艺

化工最基本的原料是自然资源。其中石油、天然气和煤化石燃料是有机化合物的重要矿物资源，而其他化学矿物如磷矿、硫铁矿、硼矿、天然碱、盐矿以及金属矿等则是化肥工业、化学工业、冶金及其他相关工业的基本原料。本章介绍合成氨、硫酸、硝酸、纯碱和烧碱的生产技术。

11.1　合成氨

氮是农作物生长必需的第一大要素，空气中含有 79%(体积)的氮，但大多数植物不能直接吸收这种游离状态的氮，必须将其转化为氮的化合物(如氮氧化物、氨气等)才能被动植物吸收利用。这种使空气中的氮转变为化合态氮的过程称为固定氮。豆科植物在常温常压下利用生物转化就可以直接吸收空气中的氮气把它转化成氨和含铵产物，但是至今工业上合成氨仍然需要采用高温和高压以及催化剂才能完成同样的工作。自然界的固氮是通过闪电放出的高能使空气中的氮气和氧气化合生成各种氮氧化物的。合成氨是工业固氮过程。

20 世纪初人们研究成功并在工业上实现了三种固定氮的方法：电弧法、氰氨法和合成氨法。由于电弧法和氰氨法在经济上无法和合成氨法比拟，因此自 1913 年工业上实现氨的合成以后，合成氨法逐渐成为固定氮生产中的最主要方法。

合成氨指由氮和氢在高温高压和催化剂存在下直接合成的氨。哈伯(Frite Haber)和伯希(Bosch)等人研究开发了锇系催化剂和铁系催化剂的高温高压合成氨工艺，1913 年德国巴登苯胺和纯碱制造公司(BASF)建立第一套合成氨生产装置。Haber 和 Bosch 也因他们在合成氨的研究和工业化方面的杰出贡献，分别于 1918 年和 1931 年获诺贝尔化学奖。

氨主要用于制造氮肥和复合肥料，氨作为工业原料和氨化饲料，用量约占世界产量的 12%。硝酸、各种含氮的无机盐及有机中间体、炸药、聚氨酯、聚酰胺纤维和丁腈橡胶等都需直接以氨为原料。液氨也常用作制冷剂。

11.1.1　合成氨原料和方法

氨合成反应式为：

$$N_2 + 3H_2 = 2NH_3 \quad \Delta H_{298} = -46.22\ \mathrm{kJ/mol} \tag{11-1}$$

氮气和氢气反应的化学计量系数比为 1∶3，工业上合成氨首先必须制备含有氢气/氮气约为 3 的合格原料气。合成氨的主要原料有天然气、石脑油、重质油和煤(或焦炭)等。

(1)天然气制氨

天然气先经脱硫，然后通过蒸汽二次转化，再分别经过一氧化碳变换、二氧化碳脱除等工序，得到的氮氢混合气，其中尚含有一氧化碳和二氧化碳约 0.1% ~0.3%(体积)，经甲烷化作用除去后，制得氢氮摩尔比为 3 的纯净气，经压缩机压缩而进入氨合成回路，制得产品氨。以石脑油为原料的合成氨生产流程与此流程相似。天然气为原料的合成氨流程如图 11-1 所示。

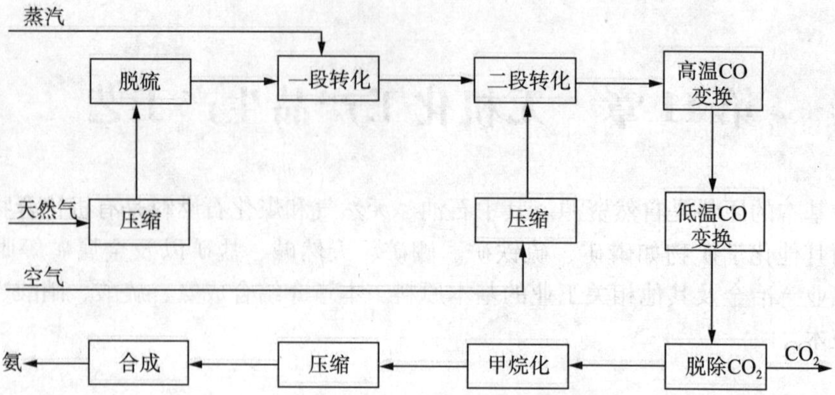

图 11 - 1　以天然气为原料的合成氨流程

(2)重质油制氨

重油为原料的合成氨生产过程如图 11 - 2 所示。重质油包括各种深度加工所得的渣油，可用部分氧化法制得合成氨原料气，生产过程比天然气蒸汽转化法简单，但需要有空气分离装置。空气分离装置制得的氧用于重质油气化，氮作为氨合成原料外，液态氮还用作脱除一氧化碳、甲烷及氩的洗涤剂。

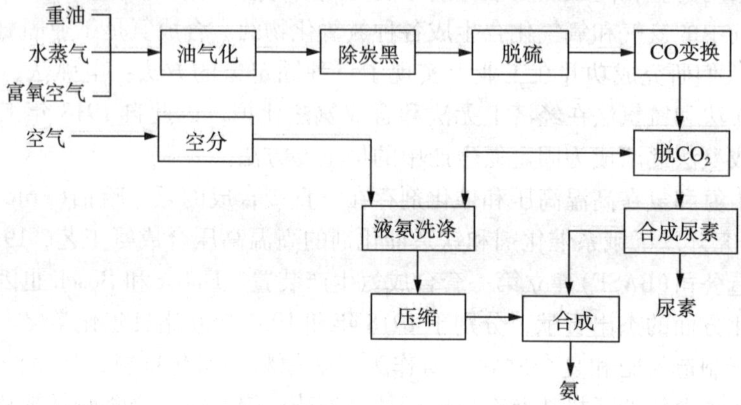

图 11 - 2　重油为原料的合成氨生产过程

(3)煤(焦炭)制氨

随着石油化工和天然气化工的发展，以煤(焦炭)为原料制取氨的方式在世界上已很少采用。以煤(焦炭)为原料的合成氨流程如图 11 - 3 所示。

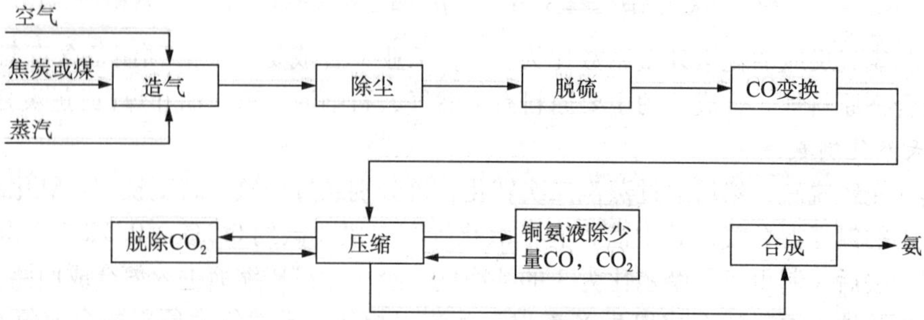

图 11 - 3　以煤为原料的合成氨流程

综上所述，合成氨的生产过程可以概括为以下三个步骤：

① 造气：即制备含有氢、氮的原料气；

② 净化：原料气中都含有对合成氨有害的各种杂质，必须采取适当的方法除去这些杂质；

③ 压缩和合成：将合格的氮、氢混合气压缩到高压，在铁催化剂的存在下合成氨。

11.1.2 合成氨原料气制造

含有氢气、氮气的原料气的制造又称造气。造气的方法主要是烃类的蒸气转化、重(渣)油部分氧化法和煤的固体燃料气化。

(1)气态烃蒸汽转化法

天然气及石脑油等轻质烃类是烃类蒸汽转化法中的主要原料。气态烃原料是各种烃的混合物，主要成分为 CH_4，此外还有一些其他烷烃和少量烯烃。当与蒸汽作用时，可以同时进行若干反应。在烃类蒸汽转化过程中，各种烃类主要进行的反应不同，但不论何种低碳烃与蒸汽反应都要经历甲烷蒸汽转化阶段。因此，气态烃的蒸汽转化可用甲烷蒸汽转化表述。甲烷与蒸汽的转化反应是一个复杂的反应平衡系统，主反应有：

$$CH_4 + H_2O \xlongequal{} CO + 3H_2 \tag{11-2}$$

$$CO + H_2O \xlongequal{} CO_2 + H_2 \tag{11-3}$$

很明显，1mol CH_4 在蒸汽转化中最终可以转化为 4mol H_2，该过程目的是制备合成氨所需的 H_2，N_2 可以引入空气获得。

上述的总反应是一个吸热和分子数增加的气相反应，从热力学方面考虑，高温、低压和高水碳比是有利于降低甲烷平衡含量的。但是，即使在相当高的温度下，反应的速度仍然很慢，所以需要催化剂来加速反应。

1)烃类蒸汽转化催化剂

烃类蒸汽转化过程是在高温下进行的，且存在析碳问题，这样就要求催化剂除具有高活性、高强度外，还要具有较好的热稳定性和抗析碳能力。

①催化剂的活性组分。元素周期表中第Ⅷ族的过渡元素都可以用作催化剂的活性组分，对烃类蒸汽转化反应一般都有活性。但从性能和经济方面考虑，以镍为最佳。在制备的镍催化剂中，镍是以 NiO 状态存在的，其含量在 4% ~30%，还原后使用时呈金属镍状态。

②载体。催化剂的载体应具有使镍的晶体尽量分散、达到较大的比表面积并阻止镍晶体熔结的特性，起分散和稳定活性组分微晶的作用。此外，作为催化剂的载体要能耐高温、机械强度高。一般载体的熔点要在 2000℃，且多为金属氧化物。这类载体有氧化铝(熔点 2015℃)，氧化镁(熔点 2800℃)。

③助催化剂。加入氧化铝、氧化镁、氧化钾、氧化钙、氧化铅、氧化钛和氧化钡等助催化剂能提高催化活性、延长催化剂寿命和增加抗析碳能力。

2)工业生产方法

甲烷为一惰性气体，它在氨合成过程循环中逐渐积累而使反应系统很难平稳进行。因此要求转化气中最终残余的甲烷含量一般应控制在 0.5%(干基)以下。烃类蒸汽转化反应为吸热反应，在高温下有利，在加压操作条件下，要达到最终残余的甲烷含量合格，相应地蒸汽转化温度应控制在 1000℃以上。

以烃为原料蒸汽转化法制取合成氨原料气时，工业上大多采用二段转化流程。转化过程的分段一是为了解决反应钢管的耐高温问题，二是为了加入适量的氮气以得到氢气/氮气比约为3的合格原料气。

一段转化除了采用蓄热式的间歇催化转化法之外，现代大型合成氨厂多采用外热式的连续催化转化法。鉴于目前耐热合金钢管只能在800～900℃下工作，烃类蒸汽转化是将烃类与蒸汽的混合物流经管式炉管内催化剂床层于800～900℃下反应，管外加燃料供热，使管内大部分烃类转化为H_2、CO和CO_2。一般情况下，一段转化炉出口气中残余甲烷含量应分别控制在10%以下。

外热式一段转化炉内进行烃类蒸汽转化反应如下：

$$CH_4 + H_2O \longrightarrow CO + 3H_2$$

$$CO + H_2O \longrightarrow CO_2 + H_2$$

二段转化炉是内衬耐火砖的钢制转化炉，炉内也装有催化剂，它是合成氨中温度最高的催化反应过程。与一段转化不同，在二段转化炉内需加入空气燃烧一部分转化气（主要是氢）实现内部给热，同时也解决了氨合成所需的氮。

一段转化炉出口高温（850～860℃）气体送入二段炉，在1000℃以上高温下利用空气反应热将甲烷转化反应进行到底：

$$2H_2 + O_2 \longrightarrow 2H_2O(g) \quad \Delta H_{298} = -483.99\ \text{kJ/mol} \tag{11-4}$$

$$2CO + O_2 \longrightarrow CO_2 \quad \Delta H_{298} = -565.95\ \text{kJ/mol} \tag{11-5}$$

甲烷则与蒸汽作用：

$$CH_4 + H_2O = CO + 3H_2$$

与其他反应相比，氢的燃烧反应速度要快10^3～10^4倍。因此入炉氧气在催化剂床层的上部空间就几乎全部被氢所消耗。其理论火焰温度为1203℃。放出的反应热提供给甲烷蒸汽转化反应，随后由于甲烷转化反应的吸热，沿催化剂床层温度逐渐降低，到炉的出口处气体温度约在1000℃左右。

加入空气量的多少对二段炉出口转化气组成和温度有直接影响。由于合成氨原料气对氢、氮比有一定要求，因此加入的空气量应基本一定，这样二段转化炉内燃烧反应所放出的热量也就一定。一般情况下二段转化炉出口气中残余甲烷含量应分别控制在0.5%以下。

3）烃类蒸汽转化的工艺条件

①压力。从化学平衡考虑，转化反应宜在低压下进行。但是现代实际生产装置的操作压力已提高到3.5～5.0MPa，其原因如下：

（a）节约动力消耗。烃类蒸汽转化反应为体积增大反应，而合成氨需要在高压下进行，压缩含烃原料气和二段转化所需的空气远比压缩转化气（合成氨原料气）消耗的功低。

（b）提高过量蒸汽热回收的价值。操作压力越高，一定水碳比的气体混合物中蒸汽分压也就越大，相应的冷凝温度就高，过量蒸汽余热利用的价值就越大。同时，压力高，气体的传热系数大，热回收设备容积相应减小。

（c）减小设备容积和降低投资费用。加压操作后，转化、变换、脱碳的设备容积大为减小，可以节省投资费用。

②温度。无论从化学平衡或从反应速度来考虑，提高温度对转化反应都是有利的。但一段转化炉的受热程度要受到管材耐高温性能的限制。

一段转化炉出口温度是决定转化出口气组成的主要因素。提高出口温度，可降低残余甲烷含量。为了降低工艺蒸汽的消耗，希望降低一段转化炉的水碳比，此时就需提高出炉气体温度。但是温度对转化炉管的使用寿命影响很大，在可能条件下，转化炉出口温度不要太高，需视转化压力的不同而有所区别。转化压力低，出口温度可稍低；转化压力高，出口温度宜稍高。

二段转化炉的出口温度，可按压力、水碳比和残余甲烷含量小于0.5%的要求，以20～45℃的平衡温距来选定。压力增加，水碳比减小，出口温距则相应提高；反之则相应降低。

③水碳比。加压转化时，温度不能太高，要保证一段炉出口残余甲烷含量，主要手段是提高水碳比。但过高的水碳比经济上是不合理的，同时还会增加系统阻力和热负荷。因此，从降低能耗考虑，应适当降低水碳比。现今国外的低能耗装置设计中，水碳比已由传统的3.5降至2.5。

④空间速度。空间速度表示单位容积催化剂每小时所处理的气量，一般地讲，空速表示催化剂的反应能力。压力越高，反应速度越快，可适当采取较高的空速。一段转化炉炉管的管径较小，填充床传热较好，管内温升和转化反应均较快，相应可采用较大的空速。

4)烃类蒸汽转化的工艺流程

从烃类制取合成氨原料气，目前采用的蒸汽转化法有美国凯洛格(Kellogg)法、丹麦托普索法、英国帝国化学工业公司(ICI)法等。除一段转化炉及烧嘴结构各具特点外，在工艺流程上均大同小异，都包括一、二段转化炉，原料预热及余热回收。图11－4是甲烷(天然气)蒸汽转化的工艺流程。

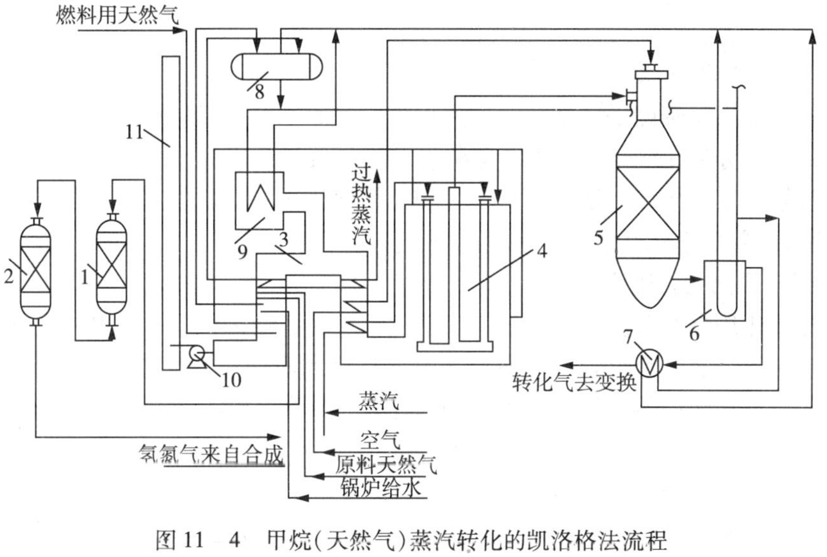

图11－4 甲烷(天然气)蒸汽转化的凯洛格法流程

1—钴钼加氢反应器；2—氧化锌脱硫罐；3—对流段；4—辐射段(一段炉)；5—二段转化炉；6—第一废热锅炉；7—第二废热锅炉；8—汽包；9—辅助锅炉；10—排风机；11—烟囱

将天然气经钴钼加氢催化剂的加氢反应器和氧化锌脱硫后，在压力3.6MPa、温度380℃左右配入中压蒸汽，达到一定的水碳比(约3.5)后进入一段转化炉的对流段，预热到500～520℃送到转化炉辐射段顶部，分配进入各装有镍催化剂的转化管，在管内继续被管外燃料气加热进行转化反应。离开转化管底部的转化气温度为800～820℃，压力3.0MPa，甲烷含量约为9.5%，汇合于集气管后再沿着集气管中间的上升管上升，继续吸收一些热量，使温度升到850～860℃，送往二段转化炉。

工艺空气经压缩机加压到3.3～3.5MPa，也配入少量蒸汽，经过一段炉对流段预热到

450℃左右，进入二段炉顶部与一段转化气汇合并燃烧，使温度升至1200℃左右，再通过催化剂床层继续反应并吸收热量，出二段转化炉的气体温度约为1000℃，压力3.0MPa，残余甲烷含量在0.3%左右。

二段转化气依次流经工艺气体冷却器和高压蒸汽过热器后温度降至370℃进入一氧化碳变换工序。

例11－1 某合成氨厂天然气蒸汽转化系统中，一段转化炉反应温度810℃，反应压力4 MPa，水碳比2.8，一段转化炉出口甲烷含量16%，进入二段转化炉；二段转化炉通入空气进一步转化，反应温度升高到1250℃，二段转化炉出口甲烷含量低于0.9%。为了减少蒸汽用量，水碳比从2.8降至2.5，试分析可能出现的问题及其解决办法。

【分析】

天然气蒸汽转化主反应 $CH_4 + H_2O = CO + 3H_2$ 是强吸热、分子数增加的气相反应，从化学平衡考虑，提高温度、降低压力和提高水碳比时化学平衡向正方向移动，对提高甲烷的转换率有利。

如果水碳比从正常操作水碳比2.8降至2.5，一段转化炉甲烷转化率将下降，出口气残余甲烷含量将上升不能达到要求，会导致二段转化炉出口气残余甲烷含量升高，甲烷含量超标。

解决方法是降低水碳比同时，相应提高出炉气体温度或降低甲烷转化压力，但温度不要太高，需视转化压力的不同而有所区别。转化压力低，出口温度可稍低；转化压力高，出口温度宜稍高。

(2)渣油部分氧化法

渣油是指石油减压蒸馏塔底残余油，亦称减压渣油。它是以烷烃、环烷烃和芳香烃为主的混合物。渣油部分氧化法是以渣油为原料，利用氧气进行不完全燃烧，使烃类在高温下发生裂解并使裂解产物与燃烧产物——水蒸气和二氧化碳在高温下与甲烷进行转化反应，从而获得以 CO 和 H_2 为主体($CH_4 < 0.5\%$)的合成气。

1)渣油部分氧化主要反应

渣油部分氧化法是在高温下利用氧气或富氧空气与渣油进行反应，过程很复杂，包括渣油雾化，雾滴与氧、蒸汽的混合，气液相之间的热量和质量传递，雾滴蒸发，油分子与氧、水分子的反应，渣油液相热裂解，裂解产物的环化、聚合、缩合，炭黑与水蒸气间的气化反应等等。反应过程分两个阶段进行。

第一阶段系氧和部分重油进行完全燃烧反应生成 CO_2 和 H_2O，此阶段发生在氧完全消失以前。重油在高温下气化并与周围存在的氧进行完全反应，放出大量热，温度可达1700℃。与此同时，未与氧接触的重油在高温下裂解生成甲烷、炭黑和硫化氢。

第二阶段进行的是第一阶段反应产物 CO_2 和水蒸气分别与甲烷的反应，以及 CO_2 与炭黑的转化反应生成 CO 和 H_2。这类反应是吸热反应，所需热量由完全燃烧反应放出的热提供。在加入氧的同时，还须加入一些蒸汽，从而又发生吸热的蒸汽转化反应。

2)反应器型式和结构

渣油气化制合成气的反应器称为气化炉，目前工程上采用的部分氧化法，气化炉型式为受限射流反应器。其外形为圆形钢筒，内部结构有两类：与急冷流程配套的气化炉内部主要构件有喷嘴、气化室和冷激室(图11－5)；与废热锅炉流程配套的气化炉则只有喷嘴和气化室。

喷嘴是气化炉的核心，它具备两种功能：其一是雾化作用，可将渣油分散为大约 20μm 的细小油滴；其二是形成合适的流场。喷嘴为套管式结构，氧气走中心管，流速 80～100m/s；油与蒸汽走环隙，流速 30～60m/s；喷嘴外缠绕蛇形冷却盘管。油、氧和蒸汽进喷嘴前的压力分别为 10.3 MPa、9.5 MPa 和 9.8 MPa，气化炉内压力为 8.53 MPa。由于压差和高速气流，在喷嘴出口形成射流，在炉体的限制下，产生了雾化、卷吸和环流等流体状况，达到适当返混和均匀混合的目的，同时在高温下迅速燃烧，产生高温。气化室为一空筒，为了避免各组分分子在炉内停留时间分布太宽，气化室的高/径比适当增大，使出口端流体接近平推状况，以减少停留时间极短的物料的百分比。

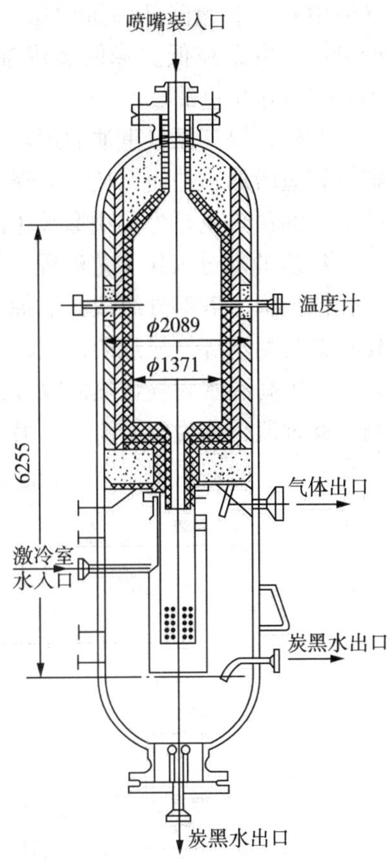

图 11－5　急冷式气化炉示意图

气化炉内燃烧区温度高达 2000℃，所以炉内壁必须有炉衬里来保护炉壁，衬里有四层，最外层是陶瓷纤维毡，次外层是厚隔热砖，再往里是轻质高铝砖，与工艺气体直接接触的最里层是电熔刚玉砖。

3）渣油气化工艺条件

渣油气化的主要生产条件为压力、温度、氧油比、蒸汽油比和原料预热温度等。

①温度。一般认为，甲烷、碳与水蒸气的转化反应是重油气化的控制步骤。两反应均为可逆吸热反应，因而，提高温度可提高甲烷和碳的平衡转化率。从反应速度方面考虑，提高温度有利于加快甲烷和炭黑与水蒸气的转化反应，对降低合成气中甲烷和炭黑含量是有利的。目前国内工厂为保护炉衬和喷嘴，气化炉出口温度很少超过 1300℃。

②压力。渣油气化是一个体积增大的反应，从热力学分析，提高压力是不利的，但对加速反应是有利的。甲烷平衡含量是随压力的提高而增加，但这一影响可由提高温度得到补偿。因此，高压气化炉的工业实现的关键之一在于要有足够好的耐高温衬里材料。

另外，增高压力可以节省动力，有利于提高气化炉生产强度和降低投资。但是提高气化压力将会导致提高合成气中 CH_4 的含量，同时炭黑含量也会相应提高，系统阻力也将增大，对设备的要求也更苛刻。因此，操作压力需根据全系统的技术经济效果来确定。

③氧油比。氧油比（$Nm^3\ O_2$/kg 重油）对重油气化有决定性影响，氧消耗又是主要经济指标，因此，它是控制生产的主要条件之一。

重油气化炉中氧的加入，使重油中的碳被氧化为碳氧化物，氢被氧化成水或游离态氢。此过程强烈放热，是汽化炉维持高温汽化条件的热源。氧油比每提高 0.01，温度约高 10℃；氧油比增大，气体中的炭黑含量随之减少。

氧油比还必须满足部分氧化反应的要求。根据化学计量，氧/碳（O/C）比应为 1，对每千克合碳量为 86% 的重油，约需 0.8 Nm^3 氧。实际氧油比通常控制在 0.75～0.83 Nm^3/kg 重油。

④蒸汽油比。渣油部分氧化时加入的蒸汽，不仅是作为气化剂，同时也是作为缓冲炉温和抑制炭黑生成的重要手段。加入蒸汽量的大小可用蒸汽油比来表示。随蒸汽油比的增大，

气体中 CH_4 含量降低，而 CO_2 含量增加。虽然总的干气产量有所增加，但有效气($CO+H_2$)产量反而略微减低。降低蒸汽油比可以减少汽耗，但也不能过低。通常蒸汽油比控制在300～500kg/t 重油。

此外，提高原料重油的预热温度，可使干气产量、有效气产量、有效气成分以及蒸汽分解率相应增加，并使氧耗量下降。但此温度也不宜过高，以防重油在管壁结焦或发生断火事故。重油预热也是为了喷嘴雾化的需要，一般预热温度控制在150～200℃。

4)渣油部分氧化工艺流程

该流程由五部分组成：①原料油和气化剂的加压、预热、预混合；②高温下的部分氧化；③高温水煤气显热的回收；④洗涤和清除炭黑；⑤炭黑回收及污水处理。

其中高温水煤气显热回收方案有两种，一种水冷激，产生的水蒸气使水煤气中水碳比增高，此种流程称为急冷流程。另一种是用废热锅炉回收热量，称为废锅流程。急冷流程简便可靠一些，故多采用。图 11－6 是急冷流程的汽化和洗涤部分。

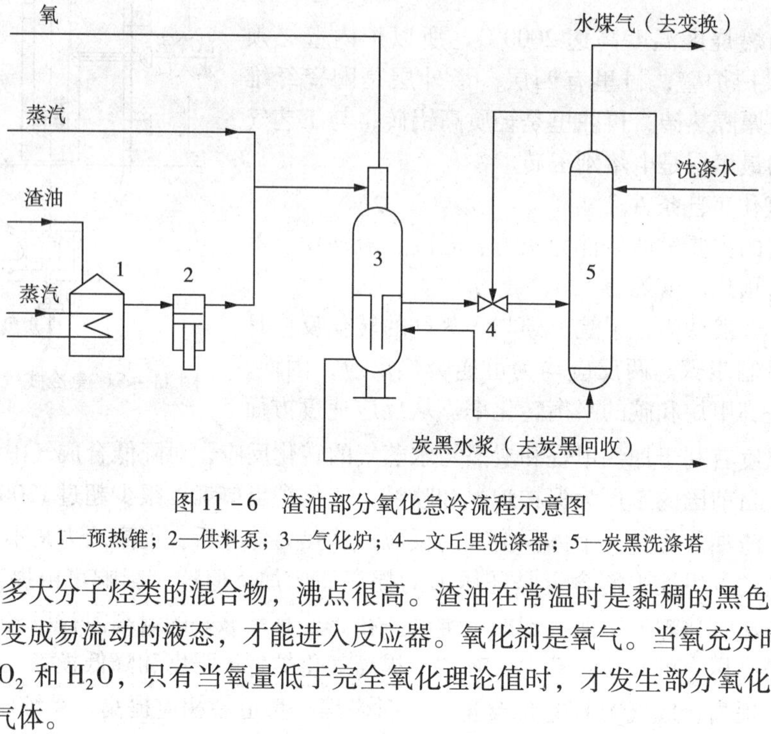

图 11－6　渣油部分氧化急冷流程示意图

1—预热锥；2—供料泵；3—气化炉；4—文丘里洗涤器；5—炭黑洗涤塔

渣油是许多大分子烃类的混合物，沸点很高。渣油在常温时是黏稠的黑色半固体状物，要将渣油预热变成易流动的液态，才能进入反应器。氧化剂是氧气。当氧充分时，渣油会完全燃烧生成 CO_2 和 H_2O，只有当氧量低于完全氧化理论值时，才发生部分氧化，生成以 CO 和 H_2 为主的气体。

渣油、氧和蒸汽部分氧化汽化生成水煤气后，还需进行 CO 变换，变换气经过脱硫和脱碳得到合成气。汽化过程为非催化的部分氧化法，渣油中硫化物转入水煤气中，所以 CO 变换要采用耐硫催化剂。脱硫与脱碳采用低温甲醇洗除技术，可同时脱除硫化物和 CO_2。

渣油气化与烃类催化转化的不同之处在于：它是在没有催化剂条件下的气、液、固三相的复杂反应，并且一开始就有氧气参加反应。渣油汽化的化学反应与烃类的蒸汽催化转化反应有某些相似之处，烃类催化转化中的一些主要反应在重油汽化中也同样发生。

(3)固体燃料气化法

合成氨所用的原料气为半水煤气。半水煤气以适量空气(或富氧空气)与蒸汽作为气化剂与煤炭反应的混合气体，而且所得气体的组成必须符合$(CO+H_2)/N_2=3.1\sim3.2$(摩尔比)以能满足生产合成氨对氢氮比的要求。

在合成氨生产中，合成气的制备可分为两大类：间歇式半水煤气方法和氧或富氧空气－蒸汽连续气化法(包括常压连续气化法和加压连续气化法)。

1)间歇制气法

合格半水煤气组成($CO + H_2$)与 N_2 的比例应为 3.1～3.2。以空气为气化剂时，可得含 N_2 的吹风气。根据空气中 O_2 和 N_2 的比例，碳和空气的反应可写成：

$$2C + O_2 + 3.76N_2 = 2CO + 3.76N_2 \quad \Delta H = -221.189\ \text{kJ/mol} \tag{11-6}$$

以蒸汽为气化剂时，可得到含 H_2 的水煤气。碳和蒸汽的反应为：

$$C + H_2O = CO + H_2 \quad \Delta H = 131.39\ \text{kJ/mol} \tag{11-7}$$

从气化系统的热平衡看，碳和空气的反应是放热的，而碳和蒸汽的反应是吸热的。如果外界不提供热源，而是通过前者的反应热为后者提供反应所需的热，并能维持系统自热平衡的话，事实上是不可能获得合格组成的半水煤气。反之，若欲获得组成合格的半水煤气，该系统就不能维持自热平衡。

为了解决供热和制备合格半水煤气这一矛盾，通常可以采用间歇制气法解决。

先将空气送入煤气炉以提高燃料层的温度，此时生成的气体(吹风气)大部分放空。然后送入蒸汽进行气化反应，燃料层温度逐渐下降。在所得的水煤气中配入部分吹风气即成半水煤气。如此间歇地送空气和蒸汽重复进行，是目前比较普遍采用的补充热量的方法。

生产中广泛采用的间歇法制造半水煤气的工艺流程如图 11－7 所示。

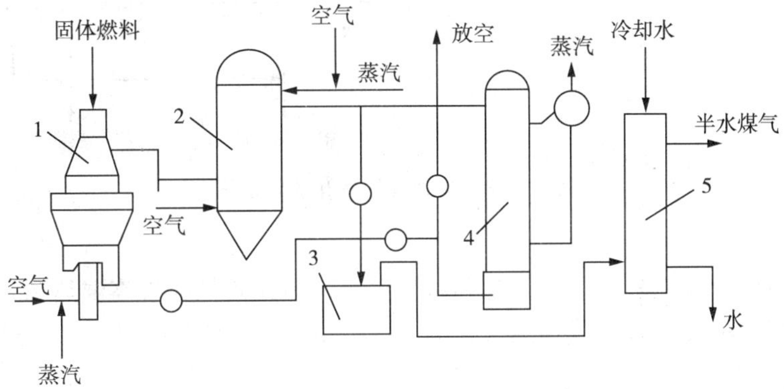

图 11－7　半水煤气制造的工艺流程

1—煤气发生炉；2—燃料蓄热室；3—洗气箱；4—废热锅炉；5—洗气塔

间歇气化时，自本次开始送入空气至下一次再送入空气时止，称为一个工作循环，每个工作循环一般包括五个阶段，每个工作循环一般 3min 左右。间歇式煤气炉为移动床气固反应设备，煤、炭从炉顶部加入，经干燥层和干馏层，进入气化层(吹风时为氧化层和还原层)，然后进入底部的灰渣层。再由炉底排出。

2)富氧空气(或纯氧)气化法

氧(或富氧空气)－蒸汽连续气化法有加压鲁奇法(Lurgi)、常压温克勒法(Winkler)和科柏斯－托切克法(Koppers－Totzek)等。

该法不用空气来加氮，可以进行连续制气。若欲制得合格的原料气，以($CO + H_2$)/N_2 = 3.2 计，N_2 的计量系数将由 3.76 降至 1.68，即：

$$3.68C + O_2 + 1.68N_2 + 1.68H_2O = 3.68CO + 1.68N_2 + 1.68H_2 \tag{11-8}$$

此时，富氧空气中的最低氧含量为：

$$1/(1+1.68)\times100\% = 37.3\%$$

在实际生产中，存在各种热损失。因此，移动床连续气化法所需富氧空气的氧含量约为50%，而 O_2/H_2O 比为0.5~0.6。

当以纯氧为气化剂时，为制得合成氨原料气，应在后续工序中补加纯 N_2，以使氢、氮比符合工艺要求。

鲁奇(Lurgi)加压气化法如图11-8所示。氧与蒸汽自下而上通过燃料层，煤由气化炉顶部加入。燃料层自上而下分为干燥区、干馏区、气化区和燃烧区等区域。在燃烧区进行碳的燃烧反应，在气化区则主要是碳和蒸汽的反应。炉的操作压力为3MPa。

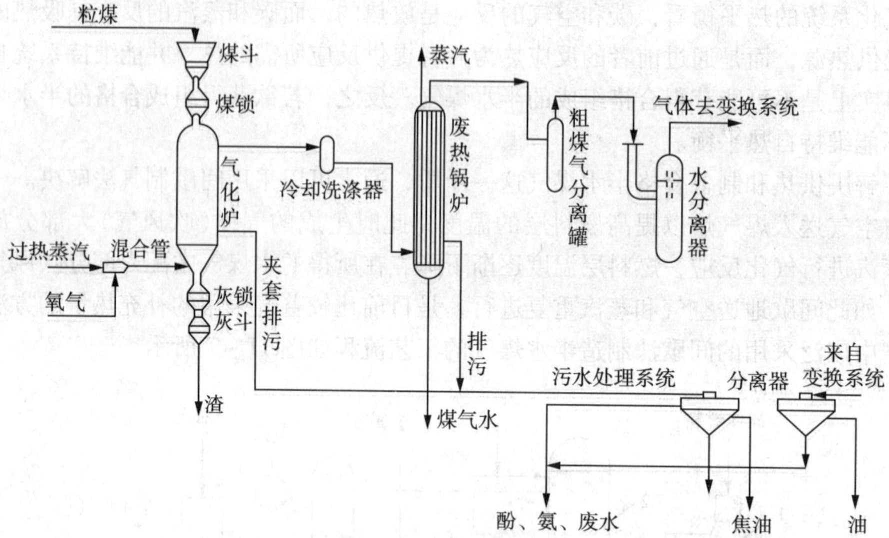

图11-8　鲁奇加压气化流程简图

3)外热法

此法目前尚处于研究阶段。主要是利用核反应余热或其他廉价高温热源，以适当的介质作为载热体直接加热反应系统或预热气化剂，以提供气化过程所需热量。

11.1.3　合成氨原料气的净化

各种方法制得的原料气在送去合成氨之前都需经过净化，以除去其中的有害杂质，如硫化物、CO和 CO_2 等。净化过程主要包括脱硫、CO变换和脱除 CO_2 和少量CO。

(1)原料气的脱硫

硫化物是合成气中危害最大的杂质之一，它不仅对各种催化剂具有强烈的中毒作用，而且能严重腐蚀设备和管道。因此，原料中总硫含量必须控制在 5×10^{-7}(质量分数)以下。下面介绍几种工业上采用的脱硫方法。

脱硫的方法很多，但可归纳为干法脱硫和湿法脱硫两大类。

(2)干法脱硫

原料气中硫化物的形态可分为无机硫(H_2S)和有机硫。有机硫包括二硫化碳(CS_2)、硫氧化碳(COS)、硫醇(R-SH，R代表烃基)、硫醚(R-S-R′)和噻吩(C_4H_4S)等。干法脱硫指采用固体吸收剂或吸附剂以脱除硫化氢或有机硫。

干法脱硫分三类：一是活性炭吸附法，可脱除硫醇等有机硫化物和少量的硫化氢；二是接触反应法，可用氧化锌、氧化铁、氧化锰等进行接触反应脱除无机硫和有机硫；三是转化法，即利用钴钼或镍钼催化剂加氢转化，使有机硫全部转化为硫化氢，然后再用其他脱硫剂(如氧化锌)将生成的硫化氢脱除。

干法脱硫的优点是具有极强的脱出有机硫和无机硫能力，气体净化度高。但由于固体脱硫剂硫容量(单位质量脱硫剂所能脱除硫的最大数量)有限，一般适于脱低硫气体，且反应器体积较庞大。如果原料气中硫含量较高，吸收剂使用周期短，需频繁再生，操作费用大而变得不利。

1)钴钼催化加氢转化

钴钼加氢转化是一种有效脱除含氢原料气中有机硫的预处理措施。有机硫化物脱除较难，但将其加氢转化成硫化氢后再加以脱除就容易得多了。采用钴钼催化剂可使原料气中的有机硫几乎全部地转化成硫化氢，再用氧化锌将硫化氢脱除到 2×10^{-8}(体积分数)以下，反应式为

$$RSH + H_2 = RH + H_2S \tag{11-9}$$

钴钼催化剂系以氧化铝为载体，由氧化钼和氧化钴组成。氧化态的钴和钼加氢活性不大，必须经硫化后才具有相当的活性。硫化后活性组分主要是 MoS_2 和 Co_9S_8。通常认为 MoS_2 提供催化活性，而 Co_9S_8 的主要作用是保持 MoS_2 具有活性的微晶结构，以阻止发生 MoS_2 活性衰退时进行微晶集聚的过程。

工业上钴钼催化剂的操作条件为：温度 350～430℃、压力 0.7～7.0MPa，气态烃空速 500～1500h^{-1}。液态烃空速 0.5～6.0h^{-1}。所需的加氢量是根据气体中含硫量多少来确定，一般相当于原料气中含硫量的 5%～10%。

2)氧化锌法

氧化锌是一种内表面积颇大，硫容量较高的接触反应型脱硫剂，能直接吸收硫化氢和硫醇，反应如下：

$$ZnO + H_2S = ZnS + H_2O \tag{11-10}$$

$$ZnO + C_2H_5SH = ZnS + C_2H_5OH \tag{11-11}$$

$$ZnO + C_2H_5SH = ZnS + C_2H_4 + H_2O \tag{11-12}$$

而 COS 和 CS_2 的脱除是先被加氢转化成 H_2S，然后被 ZnO 所吸收。氧化锌对噻吩加氢转化的能力很低，单用氧化锌不能有效地将有机硫化物全部除尽。

氧化锌脱硫的主反应接近于不可逆，脱硫较完全。工业脱硫的温度在 200～450℃，脱无机硫控制在 200℃左右，脱有机硫则在 350～450℃。氧化锌的硫容量一般为 0.15～0.20 kg/kg，最高可达 0.30kg/kg。使用过的氧化锌不能再生，因此一般只用于脱微量硫。当原料气中硫含量较高时，氧化锌脱硫法常与湿法脱硫或其他干法脱硫(如活性炭脱硫)配合使用。

3)氧化铁脱硫法

即用固体氧化铁(Fe_2O_3)来吸收原料气中的硫化氢，脱硫剂显碱性时，其反应如下：

$$Fe_2O_3\cdot xH_2O + 3H_2S = Fe_2S_3 + (x+3)H_2O \tag{11-13}$$

当氧化铁吸收的硫为本身质量的 40%～60% 时，脱硫剂需要再生。在有充分的水和空气作用下，发生再生反应：

$$2Fe_2S_3 + 2xH_2O + 3O_2 = 2Fe_2O_3\cdot xH_2O + 6S\downarrow \tag{11-14}$$

上两个反应均是放热反应，必须严格控制过程的温度，避免脱硫剂过热及硫黄燃烧。脱硫剂不能呈酸性，否则会生成 FeS 和 FeS_2，这两种物质再生时变成没有脱硫能力的 $FeSO_4$ 而

不是 Fe_2O_3，通常这种方法能将原料气中硫含量降低到 1 ~ 2mg/Nm³。

4）活性炭法

使用活性炭既可以脱除煤气中的硫化氢又可以脱除其他有机硫。当含有一定数量氧和氨的原料气通过活性炭层时，硫化氢被炭的活性表面所吸附，在氨的催化作用下被氧氧化成单质硫，其反应式为：

$$2H_2S + O_2 = 2H_2O + 2S\downarrow \qquad (11-15)$$

氧的加入量比理论值过量 50% ~ 100%，但也不能过量太大，脱硫后的原料气中氧含量不应大于 0.2% ~ 0.3%，氨的含量为 0.3 ~ 0.5g/Nm³，一般脱硫操作温度在 35 ~ 50℃范围。使用此法，净化后的原料气中的 H_2S 含量可降至 0.005 ~ 0.02g/Nm³。

活性炭吸附硫的能力很大，硫容量可为本身质量的 40% ~ 150%。在实际操作中，当硫容量达活性炭质量的 70% ~ 80% 时，须进行再生。再生时用硫化铵溶液萃取活性炭中的硫，其反应式为：

$$(NH_4)_2S + (n-1)S = (NH_4)_2S_n \qquad (11-16)$$

经再生后的活性炭可继续使用，寿命长达 1.5 ~ 2 年。

（3）*湿法脱硫*

采用溶液吸收硫化物的脱硫方法通称为湿法脱硫。适用于含大量硫化氢气体的脱除，湿法脱硫与干法脱硫相比，其优点是：可用来脱除大量无机硫；脱硫剂可以再生，并可从中回收硫黄构成一个连续的循环系统；脱硫剂是便于输送的液体物料，只需在运行过程中补充少量弥补操作损失。

湿法脱硫方法众多，可分为化学吸收法、物理吸收法和物理 - 化学吸收法三类。

化学吸收法是以弱碱性吸收剂吸收原料气中的硫化氢，吸收液（富液）在温度升高和压强降低时分解而释放出硫化氢，解吸的吸收液（贫液）循环使用，常用的方法有氨水催化法、改良蒽醌二磺酸法（ADA 法）及有机胺法。

物理吸收法是用溶剂选择性地溶解原料气中的硫化氢，吸收液在压强降低时释放出硫化氢，溶剂可再循环利用，如低温甲醇洗涤法、碳酸丙烯酯法和聚乙二醇二甲醚法等。

化学 - 物理吸收法是将化学、物理两种方法结合起来，如环丁砜法等。化学吸收法中的 ADA（anthraquinone disulphonic acid，蒽醌二磺酸）法以碳酸钠作为脱硫剂，使用 2，6 - 蒽醌二磺酸钠或 2，7 - 蒽醌二磺酸钠作为催化剂，此外还加有偏钒酸钠（氧的载体）、酒石酸钾钠（稳定剂）、三氯化铁（促进剂）和乙二胺四乙酸（螯合剂）。

依再生方式又可分为循环法和氧化法。

循环法是将吸收硫化氢后的富液在加热降压或汽提条件下解吸硫化氢。

氧化法是将吸收硫化氢后的富液用空气进行氧化，同时将液相中的 HS^- 氧化成单质硫。其过程示意如下：

$$\text{载氧体(氧化态)} + HS^- = \text{载氧体(还原态)} + S\downarrow \qquad (11-17)$$

$$\text{载氧体(还原态)} + 0.5O_2\text{(空气)} = \text{载氧体(氧化态)} + H_2O \qquad (11-18)$$

上述过程是在催化剂的作用下进行的。工业上使用的催化剂有对苯二酚、蒽醌二磺酸钠（简称 ADA）、萘醌、拷胶和螯合铁等。氧化法的关键是选择适宜的氧化型催化剂。

1）氨水中和法

原料气中的硫化氢在脱硫塔中被氨水吸收，反应为：

$$NH_3H_2O + H_2S = NH_4HS + H_2O \qquad (11-19)$$

气体中的二氧化碳和氰化氢也部分被溶液吸收，在溶液中生成碳酸铵、碳酸氢铵和氰化铵。

当原料气含硫化氢小于0.5g/m^{3}时，吸收硫化氢后的稀氨水通入空气，就可将硫化氢吹出，溶液被再生后循环使用：

$$NH_4HS + H_2O = NH_3H_2O + H_2S\uparrow \quad (11-20)$$

这种方法称为氨水中和法，回收得到的是硫化氢气，生产上用得不多。

2)氨水催化法

氨水催化法脱硫的基本原理与ADA法相似，也是氧化法的一种，但碱性物质由碳酸钠改为氨，而催化剂由ADA改为对苯二酚。用氨水催化吸收硫化氢方法原料易得，操作比较方便，能回收硫黄。

氨水催化法已广泛用于合成氨厂脱硫，典型的氨水催化脱硫流程如图11-9所示。一般采用氨水浓度为8~22滴度(1滴度为1/20mol/L氨浓度)，并加有0.2~0.3g/L的对苯二酚作为催化剂。

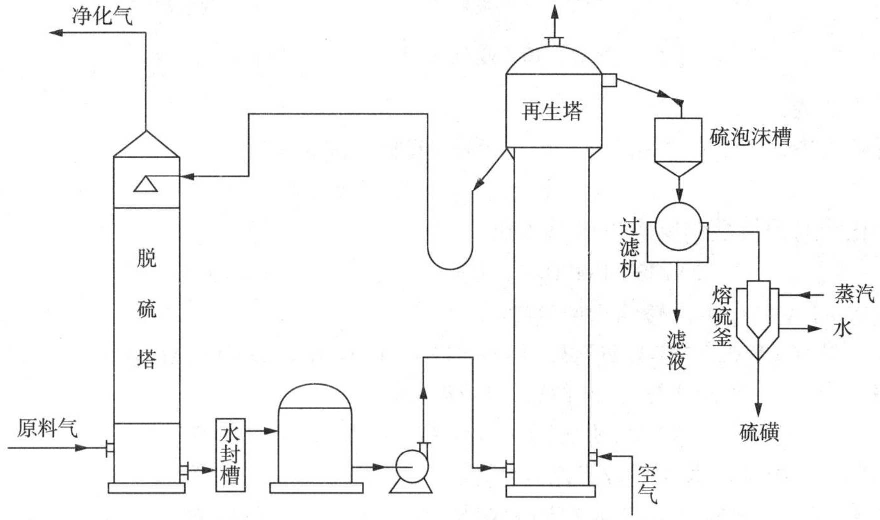

图11-9　氨水催化脱硫流程

相应的脱硫和再生反应如下：

$$NH_4OH + H_2S = NH_4HS + H_2O \quad (11-21)$$

$$NH_4HS + 0.5O_2 = NH_3 + S\downarrow + H_2O \quad (11-22)$$

总的氧化反应系按下式进行：

$$H_2S + O_2 = H_2O + S\downarrow \quad (11-23)$$

氨水催化法有氨损失大、硫容量低(0.15g H_2S/L)的缺点，当煤气中硫含量高时，相应地应增加溶液循环量。

3)改良ADA法

ADA是含有2，6-或2，7-蒽醌二磺酸钠的一种混合体。ADA法脱硫由于析硫过程缓慢，生成硫代硫酸盐较多，在该溶液中加入偏钒酸钠后，可使析硫速度大为加快，称为改良ADA法脱硫。改良ADA法的工艺流程如图11-10所示。

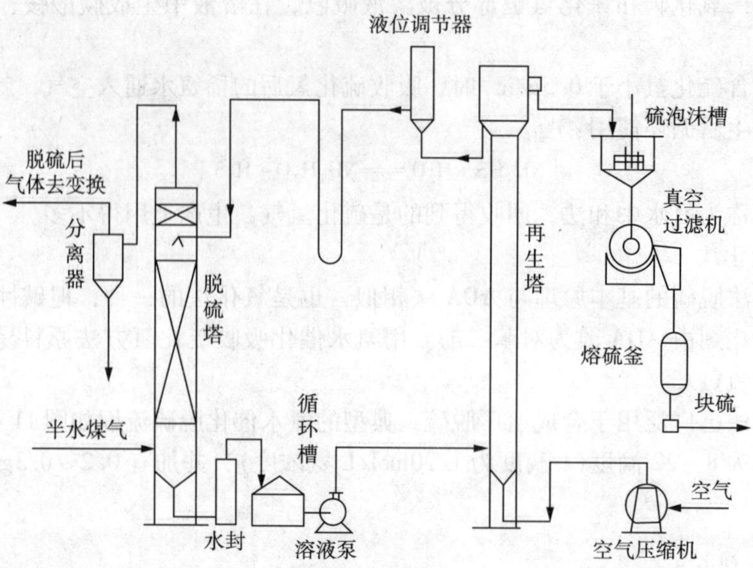

图 11-10　改良 ADA 法的工艺流程

反应历程为：

在脱硫塔中，以 pH 值为 8.5~9.2 的稀碱液吸收硫化氢：

$$Na_2CO_3 + H_2S \xlongequal{\quad} NaHS + NaHCO_3 \qquad (11-24)$$

硫氢化物与偏钒酸钠反应生成单质硫：

$$2NaHS + 4NaVO_3 + H_2O \xlongequal{\quad} Na_2V_4O_9 + 4NaOH + 2S\downarrow \qquad (11-25)$$

氧化态 ADA 氧化焦钒酸钠为偏钒酸钠：

$$Na_2V_4O_9 + 2ADA(氧化态) + 2NaOH + H_2O \xlongequal{\quad} 4NaVO_3 + 2ADA(还原态) \qquad (11-26)$$

在再生塔中，还原态 ADA 被空气中的氧氧化成氧化态：

$$2ADA(还原态) + O_2 \xlongequal{\quad} 2ADA(氧化态) + 2H_2O \qquad (11-27)$$

经再生后的溶液可送入吸收塔循环使用。

改良 ADA 法脱硫液中，还加有酒石酸钾钠，少量三氯化铁和乙二胺四乙酸(EDTA)。酒石酸钾钠的作用在于稳定溶液中的钒，防止生成钒-氧-硫复合物沉淀；加入三氯化铁，可加速还原态 ADA 的氧化速度[Fe^{3+}浓度为$(50\sim100)\times10^{-6}$(质量分数)]；而螯合剂 EDTA 的加入，可防止 Fe^{3+} 生成 $Fe(OH)_3$ 沉淀，EDTA 的加入量至少应与 Fe^{3+} 等物质的量。ADA 溶液的硫容量可达 1000×10^{-6}(体积分数)以上。

(4)一氧化碳变换

采用不同原料制得的合成气，均含有一定量的一氧化碳。一般固体燃料气化制得的水煤气中含 CO 35%~37%，半水煤气中含 CO 25%~34%，而天然气蒸汽转化制得的转化气中 CO 为 12%~14%。对合成甲醇等反应来说，净化后的合成气应具有一定的 CO/H_2，而在合成氨中则需将一氧化碳转化为相应的氢。这是因为一氧化碳不是合成氨的直接原料，而且在一定条件下还会与合成氨的铁系催化剂发生反应，导致催化剂失活。

合成氨原料气中的一氧化碳去除分两步进行，大部分一氧化碳先通过一氧化碳变换反应将无用的一氧化碳转化为有用的氢，并得到副产物二氧化碳作为其他化工产品的原料。一氧化碳变换反应如下：

$$CO + H_2O(g) \xlongequal{\quad} CO_2 + H_2 \quad \Delta H_{298} = -41.19\ kJ/mol \qquad (11-28)$$

在一氧化碳变换系统中，含有 C、H、O 等三种元素，从热力学角度讲，不仅可进行上式的变换主反应，同时还可进行其他反应，如：

$$CO + H_2 = C + H_2O \tag{11-29}$$

$$CO + 3H_2 = CH_4 + H_2O \tag{11-30}$$

由于变换催化剂对主反应具有良好的选择性，因此，仅考虑主反应的平衡即可。

反应过程中消耗的只是水蒸气。因此，一氧化碳变换既是原料气的净化过程，又是原料气制备的继续。而残余的少量一氧化碳再通过其他净化方法加以脱除。

一氧化碳和水蒸气的变换反应是一个可逆放热反应，反应前后没有体积变化。变换反应的平衡主要受温度和水碳比(即原料气中 H_2O/CO 的摩尔比)等因素影响。低温和高水碳比有利于平衡向右移动。但水碳比不宜过高，以免能耗增加，气体体积增大，一氧化碳浓度降低及接触时间减少。

一氧化碳变换是在催化剂存在下进行的。根据催化剂的活性温度及抗硫性能，CO 变换反应催化剂可分为三类：铁铬系、铜锌系和钴钼系等。根据使用催化剂活性温度的高低，又可分为中温变换(或称高温变换)和低温变换。

工业生产中，温度是控制变换反应的最重要工艺条件。由于变换反应是放热反应，随着反应的进行有大量的反应热放出，使催化剂床层出口温度升高。因此，对一氧化碳浓度较高的原料气，通常采用二段变换流程，使大量一氧化碳在第一段较高温度下与水蒸气反应，段间进行冷却；残余的少量一氧化碳则在温度较低的第二段进行变换。

1)CO 高(中)温变换

20 世纪 60 年代以前，主要采用中温变换，催化剂是以 Fe_3O_4 为活性组分，催化剂活性较低，要求反应温度较高(350 ~550℃)，由于操作温度较高，变换后气体中仍含有 3% 左右的 CO。

催化剂一般含 Fe_2O_3 80% ~90%，Cr_2O_3 7% ~11%，并含有 K_2O(K_2CO_3)、MgO 及 Al_2O_3 等成分。中变催化剂加入铬、铜、钾、锌、钴、镍等的氧化物目的是改善催化剂的耐热和耐毒性能。

铁铬系催化剂中，Fe_2O_3 需经还原成 Fe_3O_4 后才具有活性。在生产中，开车时需用含 H_2 或 CO 的气体进行还原。

$$3Fe_2O_3(s) + CO(g) = 2Fe_3O_4(s) + CO_2(g) \tag{11-31}$$

$$3Fe_2O_3(s) + H_2(g) = 2Fe_3O_4(s) + H_2O(g) \tag{11-32}$$

铁铬催化剂在还原过程中，Fe_2O_3 除可转化为 Fe_3O_4 外，在一定条件下还可以转化为 FeO 和 Fe 等物质。因此，在还原和生产操作时，务必严格控制工艺条件，以免发生过度还原反应。温度在 400 ~500℃，水碳比 >2 时，可保证生成 Fe_3O_4。

2)CO 低温变换

20 世纪 60 年代以后，由于脱硫技术的进步，气体中总硫含量可降低到 1×10^{-6} 以下，因而可在较低温度下使用活性高、抗毒性差的 CuO 或硫化钴 - 硫化钼催化剂，由于催化剂活性较高，因而采用低温变换，操作温度为 180 ~280℃，出口气中残余 CO 可降至 0.3% 左右。

目前工业上应用的低变催化剂均以 CuO 为主体。低变催化剂的组成范围为：CuO 15.3% ~31.2%(高铜催化剂可达 42%)、ZnO 32% ~62.2%、Al_2O_3 0 ~40.5%。

低变催化剂的活性组分是金属 Cu，原料气中的 H_2 或 CO 可以把 CuO 还原为金属 Cu：

$$CuO + H_2 = Cu + H_2O(g) \qquad \Delta H_{298} = -86.7\text{kJ/mol} \tag{11-33}$$

$$CuO + CO \longrightarrow Cu + CO_2 \qquad \Delta H_{298} = -127.7\ kJ/mol \tag{11-34}$$

催化剂还原时，可用氮气、天然气或过热蒸汽作载气，配入适量的还原性气体。还原后具有活性的组分是细小的铜结晶——铜微晶。较高的铜含量和较小尺寸的微晶，对提高反应活性是有利的。

单纯的铜微晶，在操作温度下极易烧结，导致微晶增大，比表面积减小、活性降低和寿命缩短。加入 ZnO、Cr_2O_3 及 Al_2O_3 等的作用是分散于铜微晶的周围，将微晶有效地分隔开，提高其稳定性。

与中变催化剂相比，低变催化剂对毒物十分敏感。能引起催化剂中毒或活性降低的主要物质有硫化物、氯化物和冷凝水。

3)一氧化碳变换工艺条件

①压力。压力对变换反应的平衡几乎没有影响，而反应速率与总压约成 0.45 次方的比例关系。因此，变换反应过程的空速随总压的提高而增大。

从能量消耗上看，加压操作也是有利的。由于干原料气的物质的量小于干变换气的物质的量，所以，先将原料气压缩后再进行变换的能耗，要比常压变换后再压缩变换气的能耗低。一般可降低能耗 10% ~15%。同时，加压变换也提高了过量蒸汽的回收价值。但是加压变换需要较高的蒸汽压力，对设备材质的要求相对要高。具体压力应由压缩机各段压力分配而定。一般小型氨厂采用与碳化等压操作，压力为 0.7 ~1.2MPa；中型合成氨厂采用与脱碳等压操作，压力为 1.2 ~1.8 MPa。

②温度。变换反应是一个可逆放热反应。从反应动力学可知，温度升高，反应速度常数增大，而平衡常数随温度的升高而减小。CO 平衡含量增大，反应推动力将变小。可见温度对两者的影响互为矛盾。因此，对于一定催化剂和气相组成以及对应每一个转化率时，必定对应有一个最大的反应速度值。与该值相对应的温度称为最适宜温度。

随着 CO 变换过程的进行，最适宜温度不断降低，这是和绝热催化反应的温度升高互为矛盾的。为了解决这一矛盾，工业生产中通常采用多段变换的办法，即用多段反应、多段冷却的方法进行变换反应。多段冷却的方式又可采用中间换热式、半水煤气冷激和蒸汽冷激。

对于低变过程，由于温升很小，催化剂不必分段。但应特别注意根据气相中水蒸气含量，确定低变过程的温度下限。一般地讲，操作温度的下限应比该条件下气体的露点温度高 20 ~30℃，以避免气体入低变系统后达到露点温度而出现液滴。在设计中，可根据总压和气体湿含量，计算出露点温度再加上 20 ~30℃即为低变操作温度的下限。

③汽/气比(水蒸气比例)。汽/气比是指水蒸气/干半水煤气或 H_2O/CO(摩尔比)。改变水蒸气比例是工业变换反应中最重要的调节手段。

反应初期远离平衡，正反应速率起主导作用，此时 H_2O/CO 的增加对反应速率并无明显影响，且对 CO 和 CO_2 含量的稀释起了重要作用。而 CO 含量的正影响大于 CO_2 含量的负影响。因此，反应速率是随水蒸气比例增大而减小的。

反应后期接近平衡时，提高水蒸气比例可使平衡反应向正反应方向移动，有利于提高最终转化率。

水蒸气用量是变换过程中最主要的消耗指标。工业生产上应在满足生产要求的前提下尽可能降低水蒸气比例，以降低水蒸气的消耗。

4)一氧化碳变换的工艺流程

变换反应的工艺流程有多种形式，实际生产中应根据合成气的生产方法、合成气中一氧化碳含量及对残余一氧化碳含量的要求等因素来进行选择，如中(高)低变串联流程、二段中变流程及三段中变流程等。

①变换工艺流程的设计，首先应依据原料气中 CO 含量高低来加以确定。CO 含量高，应采用中温变换。这是由于中变催化剂操作温度范围较宽，而且价廉易得，使用寿命长。当 CO 含量高于 15% 时，应考虑将反应器分为二段或三段变换(如图 11－11)。

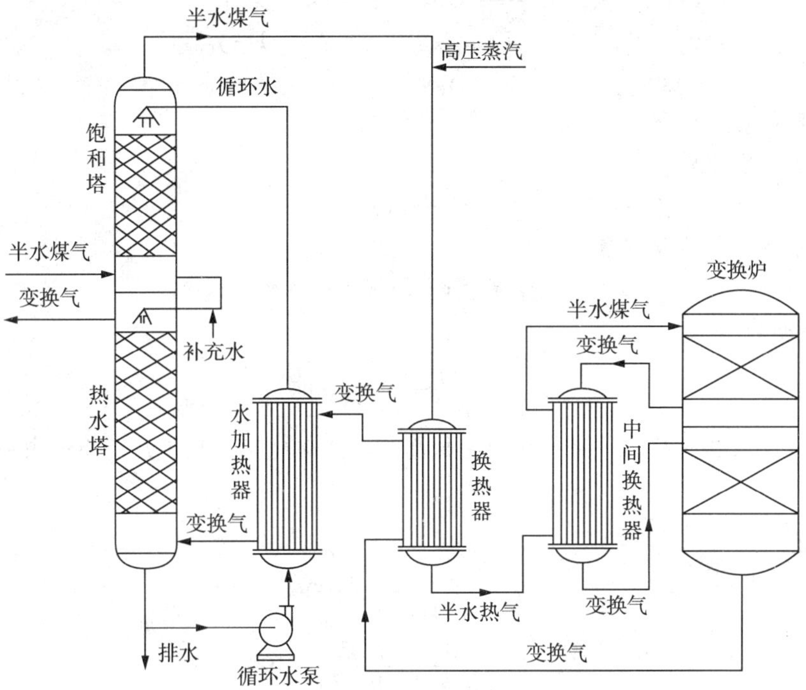

图 11－11　一氧化碳二段变换流程

②根据进入系统的原料气温度和湿含量，考虑气体预热和增湿，合理利用余热。

③应将 CO 变换和脱除残余 CO 的方法结合考虑，如果 CO 脱除方法允许 CO 残量较高，则仅用中变即可。否则，采用中变与低变串联(图 11－12)，以降低变换气中 CO 含量。

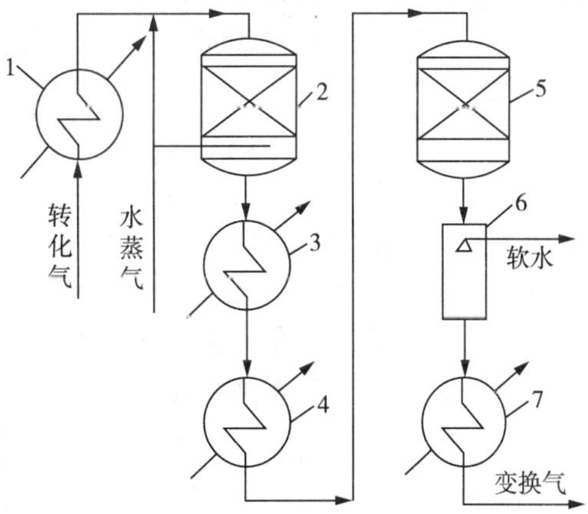

图 11－12　一氧化碳中变－低变串联流程

1—废热锅炉；2—高(中)温变换炉；
3—高(中)变废热锅炉；4—甲烷化炉进气预热器；
5—低温变换炉；6—饱和器；7—脱碳贫液再沸器

中变－低变串联流程一般与甲烷化法配合使用。例如天然气蒸汽转化法制氨流程，由于天然气转化所得到的原料气中 CO 含量较低，这样只需配置一段变换即可。以煤为原料的中、小型氨厂制得的半水煤气中含有较高的 CO，需采用多段中变流程。

例 11－2　已知半水煤气流量为 12000 Nm^3/h，半水煤气中 CO 30%，O_2 0.5%，变换气中 CO 0.3%，(1)计算变换炉的变换率和离开变换系统的原料气量；(2)工业生产中，高温变换采用绝热反应器三段变换的办法，一、二段间的冷却采用中间换热式，二、三段间的冷却采用 H_2O 冷激，画出 CO 变换的 $T-x$ 图。如果后两段间采用半水煤气冷激，分析会出现的问题。

【分析】

(1) 以 1mol 原料气(干基)为基准，设进入变换反应器原料半水煤气中 CO 含量 y_0，流出变换反应器变换气中 CO 含量 y(干基)，CO 变换率为 x，则：

	CO	+	H_2O ══	CO_2	+	H_2	其他
$t=0$ 时	y_0						$1-y_0$
$t=t$ 时	y_0-y_0x			y_0x		y_0x	$1-y_0$

总的物质的量　$1+y_0x$

变换气中一氧化碳量：

$$(1+y_0x)\times y$$

原料气中的一氧化碳的量：

$$y_0 = y_0x+(1+y_0x)\times y$$

CO 变换率为：

$$x=\frac{y_0-y}{y_0(1+y)}\times 100\%$$

温度越低，水碳比越大，平衡变换率越高。变换率越高，反应后变换气中一氧化碳残余量越少。

CO 变换率：

$$x=\frac{y_0-y}{y_0(1+y)}\times 100\% = \frac{0.3-0.03}{0.3(1+0.03)}\times 100\% = 98.7$$

由于进入变换反应器原料半水煤是干气，每变换 1mol CO 生成 1mol CO_2 和 1mol H_2，所以离开变换系统的原料气流量为：

$$12000+12000\times 98.7\%\times 30\% = 15553.2\text{Nm}^3/\text{h}$$

(2) 一氧化碳变换反应：

$$CO+H_2O(g) \text{══} CO_2+H_2 \qquad \Delta H_{298}=-41.19\ \text{kJ/mol}$$

变换反应是一个可逆放热反应。从反应动力学可知，温度升高，反应速度常数增大，而平衡常数随温度的升高而减小。CO 平衡含量增大，反应推动力将变小。可见温度对两者的影响互为矛盾。因此，对于一定催化剂和气相组成以及对应每一个转化率时，必定有一个最大的反应速度值对应最适宜温度。

最适宜温度和平衡温度的关系为：

$$T_m=\frac{T_e}{1+\frac{RT_e}{E_2-E_1}\ln\frac{E_2}{E_1}} \qquad (11-35)$$

式中，T_m 和 T_e 分别为最适宜温度和平衡温度，E_1，E_2 分别为正、逆反应的活化能。当催化剂一定时，E_1、E_2 为常数。

对于反应器的绝热操作，操作温度与转化率 x 的关系可由催化床的热量衡算确定：

$$T=T_0+\lambda(x-x_0) \qquad (11-36)$$

式中 T_0、T——气体混合物在催化床入口及某截面处的温度，K；

x_0、x——催化床入口及某截面处的CO转化率,%；

λ——绝热温升，K。

由于半水煤气中CO含量很高(绝热变换后温升很高)，且变换气中CO含量低，所以需要高温变换和低温变换串联流程(见图10-8)，高温变换采用分段变换分段冷却以提高CO变换率。一、二段间的冷却采用中间换热式，二、三段间的冷却采用H_2O冷激的CO变换$T-x$图，如图11-13所示。

从图11-13可以看出，由于该反应是放热可逆反应，CO变换率和平衡变换率随变换温度升高而降低，在同一温度下，CO变换率不可能超过平衡变换率，所以平衡曲线(T_e)在最适宜温度曲线(T_m)之上。

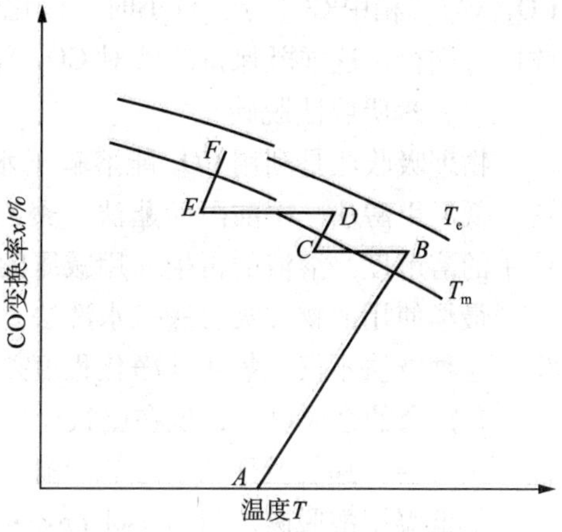

图11-13 CO变换过程的$T-x$

在放热绝热反应中，随着转化率的增大，反应气体温度升高，温度与变换率的关系几乎成一直线(AB)，称为操作线也称温升曲线。

一、二段间的中间换热式是利用反应气预热入炉的半水煤气，从而降低自身温度(见图11-11)。此法要求中间换热器和管线设计合理，以便于温度的调控。中间换热时，因为间接换热只是气体温度降低，气体组成不变，操作线上CO变换率并未改变(BC)，而且平衡曲线(T_e)和最适宜温度曲线(T_m)不变。

二、三段间的冷却采用H_2O冷激，蒸汽冷激可以采用喷水冷激或蒸汽过热方法。

喷冷激式是采用在反应器中喷冷凝水使其蒸发，从而既降低反应气体的温度，又增加水蒸气含量，以满足变换过程对水蒸气的要求。喷水后要使水蒸气和气体混合均匀，确保床层间同一平面温差较低和均匀。蒸汽过热法是利用导入的饱和蒸汽来冷却反应气体，从而降低反应温度并使蒸汽过热。此法的最大优点在于避免热交换器冷端出现冷凝液、遭受严重腐蚀。一般而言，在添加饱和蒸汽的场合，采用蒸汽过热法较为有利；在水质良好的条件下，采用喷水冷激有利于降低蒸汽的消耗。

三、四段间采用H_2O冷激时，降低了气体温度，操作线上CO变换率不变(DE)；但由于水蒸气的比例增大，使$CO + H_2O \rightleftharpoons CO_2 + H_2$化学平衡向右移动，根据平衡温度与最适宜温度的关系式(11-35)，平衡曲线和最适宜温度曲线均发生上移。

最后一段不能用半水煤气(CO)冷激，否则，由于加入CO，降低了气体温度，操作线上CO变换率将下降，变换器出口的CO含量增大，达不到变换标准。

(3)二氧化碳的脱除

工业上常用的脱碳方法为溶液吸收法。该法可分为两大类：一类是循环吸收过程，即吸收CO_2后在再生塔解吸出纯态CO_2，供尿素生产用；另一类是将吸收CO_2的过程与生产产品同时进行，例如碳酸氢铵、联碱和联脲等产品的生产过程。

经一氧化碳变换后的原料气中含有大量的二氧化碳。二氧化碳不仅会使合成氨催化剂中毒，而且稀释了原料气，降低了氢氮分压；此外，二氧化碳本身又是制尿素、纯碱、碳酸氢铵等产品的原料，而且还可用于加工成干冰或供食品行业应用。因此，原料气中的二氧化碳不仅需脱除还要回收利用。脱除气体中 CO_2 的过程称作“脱碳”，CO_2 脱除和回收净化是脱碳过程的双重任务。脱除二氧化碳的方法很多，根据脱除机理可分为物理吸收法、化学吸收法、物理化学吸收法和变压吸附法(PSA)。其中物理化学吸收法是兼有物理吸收和化学吸收的方法；而变压吸附法是采用固体吸附剂吸附脱除 CO_2 的方法。

例如，环丁砜法所用的吸收剂是环丁砜和烷基醇胺类的水溶液。其中环丁砜(学名为1，1－二氯化四氢噻吩)对 CO_2 是一种良好的物理吸收剂。而烷基醇胺(常用的有二异丙醇胺、一乙醇胺、二乙醇胺)很容易与 CO_2 发生化学反应。用一定比例的环丁砜和醇胺水溶液吸收 CO_2，当气相中 CO_2 分压较小时，以化学吸收为主；当 CO_2 分压较大时，物理吸收和化学吸收同时进行。这样既保持溶液对 CO_2 有较大的吸收能力，又可保证脱碳气体较高的净化度。

1)物理吸收法脱碳

物理吸收法是利用 CO_2 能溶解于水或有机溶剂的特性进行操作的。常用的方法有水洗法、低温甲醇法、碳酸丙烯酯法、聚乙醇二甲醚法等。吸收能力的大小取决于 CO_2 在该溶液中的溶解度。溶液的再生采用减压闪蒸法。

最早使用的物理吸收法是水洗法，即采用加压水洗的方法脱除二氧化碳，经减压将水再生。这种方法不仅二氧化碳净化程度差，而且动力消耗高，氢气损失也较大，此法仅适用于 CO_2 有富余的合成氨厂，现在已很少使用。目前国内外常用的物理吸收法主要有低温甲醇洗法、碳酸丙烯酯法及聚乙二醇二甲醚法。

①低温甲醇脱碳法(Rectisol Process)。低温甲醇脱碳法是以工业甲醇为吸收剂的气体净化方法。甲醇能从原料气中有选择地吸收 CO_2、H_2S、COS 等极性气体。CO_2 在甲醇中的溶解度随压力的增加和温度的降低而增加，温度越低，甲醇对 CO_2 的溶解度越大，所以用甲醇吸收二氧化碳宜在高压和低温下进行。图 11－14 是低温甲醇洗涤法吸收 CO_2 的一种工艺流程。

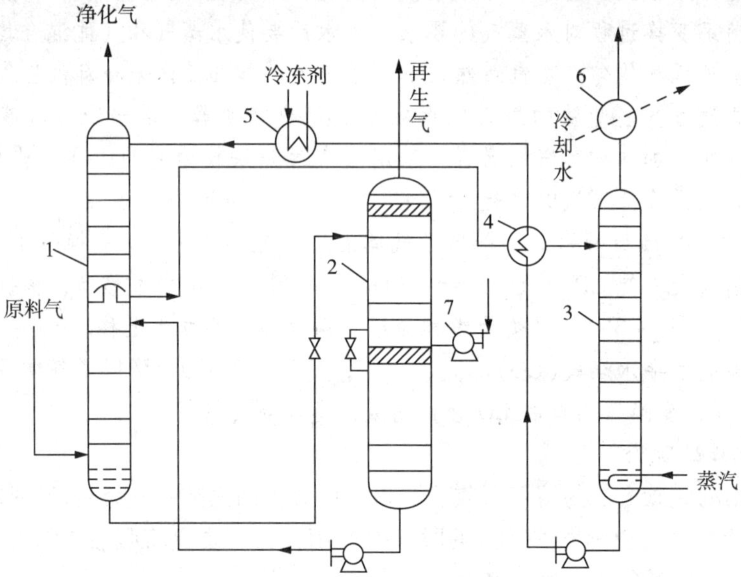

图 11－14　低温甲醇脱碳法吸收二氧化碳流程

1—吸收塔；2—再生塔；3—蒸馏塔；4—换热器；5—冷却器；6—水冷器；7—真空泵

这种工艺流程运用于单独脱除气体中的 CO_2 或处理只含有少量硫化氢的混合气。约

2.5MPa 的原料气经一级膨胀气冷却到 -20℃后进入吸收塔下段，经与吸收塔中部加入的 -75℃的甲醇溶液逆流接触，大量 CO_2 在此段被吸收。由于 CO_2 溶解时放热，因此塔底排出的甲醇溶液(富液)温度升高到 -20℃，送往再生塔经两级减压再生。一级再生在常压下进行，一级膨胀气去原料气预冷器与原料气换热后回收 CO_2 气；二级再生在 0.02MPa 下进行，在此可将吸收的 CO_2 大部分解吸放出，由于 CO_2 解吸时吸热，甲醇溶液(贫液)温度降到 -75℃，经加压后送到吸收塔中部循环使用。为进一步提高气体的净化度，在吸收塔上段用来自蒸馏塔并经冷却的纯甲醇溶剂继续洗涤来自下段的净化气，洗后的富液自上段底部取出送往蒸馏塔再生，经蒸馏塔再生的几乎不含 CO_2 的甲醇溶液(约 65℃)与进蒸馏塔的液体换热并进一步冷却到 -60℃以后，送往吸收塔顶部循环使用。

②碳酸丙烯酯法(简称碳丙法)。碳酸丙烯酯(分子式 $CH_3CHOCO_2CH_2$)是一种具有一定极性的有机溶剂。与甲醇相似，对 CO_2、H_2S 等酸性气体有较大的溶解能力，而 H_2、N_2、CO 等气体在其中的溶解度甚微。

在 25℃和 0.1MPa 下，CO_2 在碳酸丙烯酯中的溶解度为 3.47Nm^3/m^3，而在同样条件下，H_2 的溶解度仅为 0.03Nm^3/m^3。因此，可以利用碳酸丙烯酯从气体混合物中选择性吸收 CO_2。

由碳酸丙烯酯吸收 CO_2 的动力学研究表明，在通常条件下，其吸收速率属液膜控制。烃类在碳丙中的溶解度也很大。因此当原料气中含有较多的烃类时，工业上多采用多级膨胀再生的方法回收被吸收的烃类。如图 11-15 所示。

55℃左右的原料气由吸收塔下部加入，在 2.7MPa 下于吸收塔内用 35℃的碳酸丙烯酯进行吸收，净化后的出塔气体中约含 1% 的二氧化碳。吸收了二氧化碳的碳酸丙烯酯溶液由塔下部引出，经三级膨胀后回收闪蒸出来的气体。其中一级膨胀在 1.0MPa 下进行，高级烃类及氢、氮等气体从溶液中解吸后经压缩返回系统；二级和三级膨胀分别在 0.5MPa 和 0.1MPa 下进行，膨胀气作为二氧化碳回收。为了提高气体的净化度，由三级膨胀器流出的溶剂可送往汽提塔用空气进一步再生，再生后的溶剂返回吸收塔循环使用。

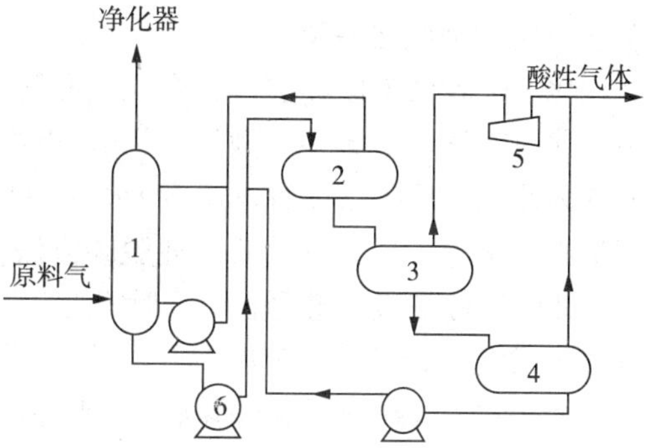

图 11-15　碳酸丙烯酯吸收 CO_2 流程

1—吸收塔；2，3，4—膨胀器；

5—膨胀叶轮机；6—水力透平

碳酸丙烯酯是吸收 CO_2 的一种理想溶剂，其吸收能力与压力成正比，特别适于高压下进行。溶剂的蒸气压低，可以在常温下吸收。吸收 CO_2 以后的富液经减压解吸或鼓入空气，可使之得到再生，无需消耗热量。生产工艺简单，整个脱碳系统的设备都可用碳钢制造。本法的缺点是溶液价格较高，溶剂稍有漏损就会造成操作费用的增高。

③聚乙二醇二甲醚法(Selexol 或 NHD)。聚乙二醇二甲醚法中使用的吸收溶剂是经筛选后的聚乙二醇二甲醚的同系物，分子式为 $CH_3O(C_2H_4O)_nCH_3$，式中 $n=2\sim9$，平均相对分子质量为 250~280。该同系物能选择性地脱除气体中的 CO_2 和 H_2S，无毒且能耗较低。20 世纪 60 年代后，该法广泛应用于工业原料气净化领域中；1993 年中国也开发出同类脱碳工艺并成功地应用于中、小型氨厂，并称之为 NHD 净化技术，其吸收二氧化碳和硫化氢的能力优于国外的 Selexol 溶液，目前正在国内推广应用。Selexol 法工艺流程示于图 11-16。

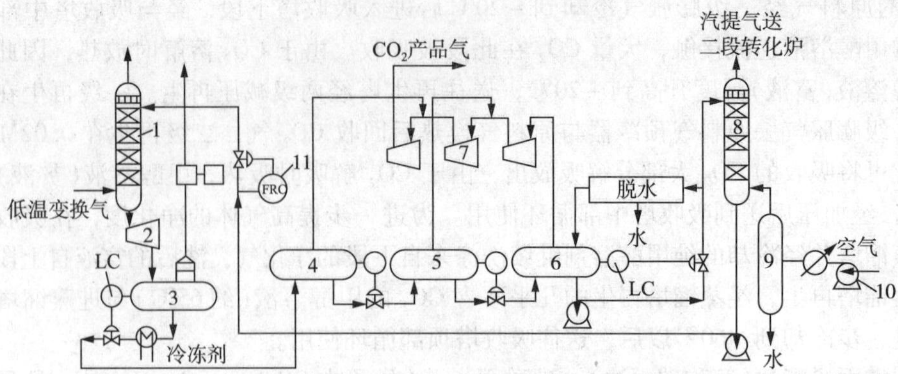

图 11－16　Selexol 法脱碳工艺流程(100% CO_2 回收)

1—二氧化碳吸收塔；2—水力透平；3—循环气闪蒸罐；4—中间闪蒸罐；5，6—低压闪蒸罐；7—二氧化碳压缩机；8—汽提塔；9—分离罐；10—鼓风机；11—FRC 流量控制器

该工艺的主要过程如下：原料气自吸收塔下部加入，自塔顶部引入的 Selexol 溶液与原料气逆流接触吸收二氧化碳。从吸收塔底部流出的富液经水力透平回收动力后进入循环气闪蒸罐，经多级降压闪蒸首先解吸出氢气、一氧化碳和氮气等气体，闪蒸气经分离及压缩返回吸收塔或原料气管线。后几级解吸可将大部分二氧化碳解吸出来，二氧化碳纯度可达99%。解吸二氧化碳的溶剂送往气提塔再生，溶剂从汽提塔顶部加入，空气从塔底部进入以吹出溶液中残余的二氧化碳，再生后的溶液(贫液)由汽提塔流出并用泵打至吸收塔顶部循环利用。

2)化学吸收法脱碳

化学吸收法是用碳酸钾、有机胺和氨水等碱性溶液作为吸收剂，实际上属于酸碱中和反应。此类方法名目繁多。例如，用碳酸钾吸收 CO_2 时，由于向溶液中添加活化剂不同，又可分为改良热钾碱法或称本菲尔(Benfield)法、催化热钾碱法或称卡特卡朋(Catacarb)法和氨基乙酸法等。新开发的低能耗脱碳方法称为 N－甲基二乙醇胺(MDEA)法。

化学吸收法具有选择性好、净化度高、二氧化碳纯度和回收率均高的优点。因此，在原料气中二氧化碳量不能满足工艺需求的情况下，宜采用化学吸收法。

① 热碳酸钾(热钾碱法)法。热钾碱法是 20 世纪 50 年代由美国的 H. E. Benson(本森)和 J. H. FiELD(菲尔特)研究开发的一种化学脱碳方法，随后经过不断改进，在吸收液中又添加了活化剂和缓蚀剂，形成了本菲尔工艺的基础，并于 60 年代后广泛应用于工业生产中。

碳酸钾水溶液具有强碱性，它与 CO_2 的反应如下：

$$CO_2 + K_2CO_3 + H_2O \Longrightarrow 2KHCO_3 \tag{11-37}$$

生成的 $KHCO_3$ 在减压和受热时，解吸出 CO_2，溶液重新再生为 K_2CO_3 循环使用。为了提高碳酸钾吸收二氧化碳的反应速度，吸收操作是在较高温度(105～130℃)下进行，因此该法称作热碳酸钾法，又称热钾碱法。

热碳酸钾法脱除 CO_2 的流程很多。其中最简单的是一段吸收一段再生流程，见图 11－17(a)。工业生产中应用较多的是两段吸收两段再生流程，见图 11－17(b)。

该流程基本保持了吸收和再生等温操作的优点，节省了热量，简化了流程，达到了较高的气体净化度。吸收塔和再生塔可用填充塔和筛板搭。由于填充塔操作稳定、可靠，有成熟的设计和操作经验。因此，多数工厂的吸收塔和再生塔采用填料塔，而筛板塔较少采用。

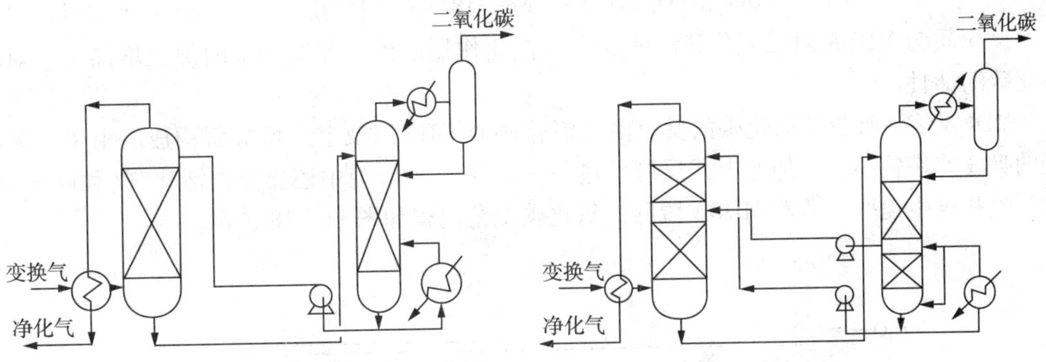

(a)

一段吸收一段再生流程

(b)

两段吸收两段再生流程

图 11－17　一段吸收一段再生和两段吸收两段再生流程

热法有利于提高 $KHCO_3$ 的溶解度，并应用浓度较高的 K_2CO_3 溶液以提高吸收 CO_2 的能力。在操作中，吸收和再生的温度基本相同，可以节省溶液再生的热耗，有效地简化了生产流程。但在此温度下，以单纯的 K_2CO_3 水溶液吸收 CO_2，其吸收速率仍很慢，而且对设备腐蚀严重。因此，在溶液中加入某些活化剂则可大大加快对 CO_2 的吸收速度。为了减轻强碱液对设备的腐蚀，在溶液中还加入如五氧化二钒等缓蚀剂。

可作为活化剂的有三氧化二砷、硼酸或磷酸的无机盐以及氨基乙酸、二乙醇三胺、一乙醇胺、二乙醇胺、二甲胺基乙醇等有机胺类。

热钾碱法中在 K_2CO_3 的溶液中加入少量活化剂二乙醇胺[$(CH_2CH_2OH)_2NH$]，简称 DEA，可以改变吸收反应历程，从而大大加快吸收二氧化碳的速度，同时还可降低液面上二氧化碳的平衡分压，使脱碳气的净化度有所提高。这种二乙醇胺催化热钾碱法脱除二氧化碳称作本菲尔法脱碳。

热钾碱法中在 K_2CO_3 的溶液中添加三氧化二砷作为助剂并起催化作用，称作含砷热钾碱法(即 G－V 法)，主要反应如下：

碳酸钾与三氧化二砷反应生成砷酸二氢钾：

$$K_2CO_3 + As_2O_3 + 2H_2O \longrightarrow 2KH_2AsO_3 + CO_2 \qquad (11-38)$$

含砷钾碱溶液吸收二氧化碳时的反应为：

$$KH_2AsO_3 + CO_2 + H_2O \longrightarrow KHCO_3 + H_3AsO_3 \qquad (11-39)$$

$$K_2CO_3 + CO_2 + H_2O \longrightarrow 2KHCO_3 \qquad (11-40)$$

含砷热钾碱溶液吸收二氧化碳的平衡体系中，二氧化碳平衡分压比相应的普通碳酸钾溶液体系要低得多。钾碱液中添加三氧化二砷后，不仅提高了钾碱液对二氧化碳的吸收量，也加快了吸收二氧化碳的速率，使净制气中二氧化碳下降。

② MDEA 法脱碳。该法是德国 BASF 公司开发的一种化学脱碳方法，所用吸收剂为含 35%～50% MDEA 的水溶液，并添加少量活化剂(如哌嗪)以加速二氧化碳的吸收反应。此工艺于 1971 年开始用于工业生产中。

MDEA 即 *N*－甲基二乙醇胺(*N*－methyldiethanolamine)为叔胺，在溶液中会与 H^+ 结合生成 R_2NH^+，呈现弱碱性。因此被吸收的二氧化碳易于再生。特别是它可以采用与物理吸收法相同的闪蒸再生方法，从而节省大量的热量。MDEA 很稳定，对碳钢不腐蚀。其氮原子是三偶合的，二氧化碳仅形成亚稳态的碳酸氢盐：

$$CO_2 + H_2O + R_3N \longrightarrow R_3NH^+ + HCO_3^- \quad (11-41)$$

反应质为 MDEA 对二氧化碳水解反应的催化作用所致，即胺和水的键合增加了水对二氧化碳的活性。

MDEA 溶液吸收二氧化碳的反应由二氧化碳与 OH^- 以及上式反应所构成。由于二氧化碳的吸收速率较小，为加速上式反应的进行，在 MDEA 溶液中还要添加活化剂(如哌嗪)加快吸收和再生速率。活性 MDBA 脱除二氧化碳工艺流程如图 11-18 所示。

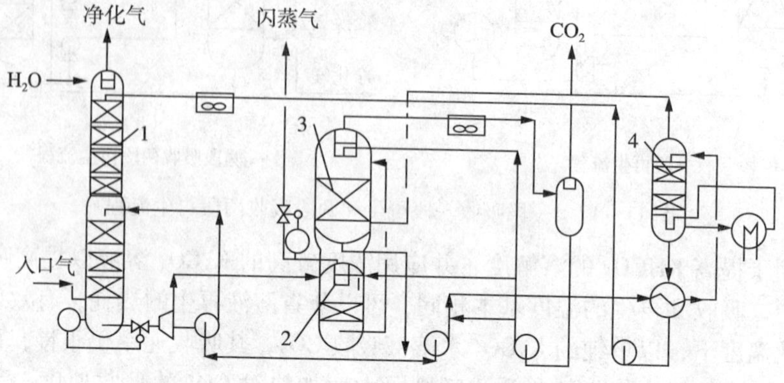

图 11-18　活性 MDBA 脱除二氧化碳工艺流程

1—吸收塔；2—高压闪蒸段；3—低压闪蒸段；4—再生塔

(4)原料气的最终净化

经一氧化碳变换和二氧化碳脱除后的原料气中尚含有少量残余的 CO、CO_2、O_2 和硫化物等。为防止它们对氨合成催化剂的毒害作用，原料气在送往合成之前，还必须经过最后的严格净化处理，此净化处理工序称为原料气的最终净化(简称精炼)。通常规定最终净化后的原料气中 CO 和 CO_2 总含量不得超过 10×10^{-6}(体积分数)。

最终净化的方法一般有三种，即铜氨液吸收法、甲烷化法和深冷液氮洗涤法。近年又出现变压吸附法。

1)铜氨液吸收法

此法于 1913 年已经工业化。在高压和低温下采用铜盐的氨溶液吸收 CO、CO_2、H_2S 和 O_2，然后吸收液在减压和加热条件下进行再生。此法简称为“铜洗”，铜盐氨溶液简称“铜液”。对净化后的气体又称为“铜洗气”或“精炼气”。本法常用于以煤为原料间歇制气的中、小型氨厂。

“铜液”是一种由铜离子、酸根及氨组成的水溶液。其中分为氯化铜氨液、蚁酸铜氨液、碳酸铜氨液和乙酸铜氨液数种。国内一般采用“乙酸铜氨液”吸收法。

铜液的组成比较复杂。乙酸铜氨液由金属铜溶于乙酸、氨和水而制成。由于金属铜不能直接溶于乙酸和氨中，在制备新鲜铜液时必须加入空气，这样金属铜就容易被氧化为高价铜，而形成络合物，其反应如下：

$$2Cu + 4HAc + 8NH_3 + O_2 = 2Cu(NH_3)_4Ac_2 + 2H_2O \quad (11-42)$$

生成的高价铜再把金属铜氧化成低价铜，从而使铜逐渐溶解：

$$Cu(NH_3)_4Ac_2 + Cu = 2Cu(NH_3)_2Ac \quad (11-43)$$

铜液中的铜离子分别以低价和高价两种形式存在。前者以 $[Cu(NH_3)_2]^+$ 形态存在，是吸收 CO 的主要活性组分；后者以络合态 $[CU(NH_3)_4]^{2+}$ 形态存在，它无吸收 CO 的能力，但溶液中又必须有它存在，防止溶液中析出金属铜：

$$2Cu(NH_3)_2Ac = Cu(NH_3)_4Ac_2 + Cu\downarrow \tag{11-44}$$

低价铜离子无色，高价铜离子呈蓝色，高价铜离子浓度越高，铜液的颜色越深。

铜液不仅能吸收气体中的 CO，而且还能吸收 CO_2、O_2 和 H_2S 等，其反应为：

$$Cu(NH_3)_2^+ + CO + NH_3 = Cu(NH_3)_3CO^+ \tag{11-45}$$

$$2NH_3 + CO_2 = NH_2COONH_4 \tag{11-46}$$

$$NH_2COONH_4 + 2H_2O + CO_2 = 2NH_4HCO_3 \tag{11-47}$$

$$4Cu(NH_3)_2^+ + 4NH_4^+ + 4NH_3 + O_2 = 4Cu(NH_3)_4^+ + 2H_2O \tag{11-48}$$

$$NH_3 + H_2S = NH_4^+ + HS^- \tag{11-49}$$

$$2Cu(NH_3)_2^+ + HS^- = Cu_2S\downarrow + 2NH_4^+ + 2NH_3 \tag{11-50}$$

为了循环使用铜液，必须考虑铜液的再生。铜液的再生包括两方面内容：一是把吸收的 CO、CO_2 完全解吸出来；二是将被氧化的高价铜进行还原。

铜液从铜洗塔出来后，经减压并加热至沸腾，使被吸收的 CO、CO_2 解吸出来。此外，进行高价铜还原为低价铜的反应，即高价铜被溶解态的 CO 还原为低价铜过程。溶解态的 CO 易被高价铜氧化成 CO_2，称之为“湿法燃烧反应”：

$$Cu(NH_3)_3CO^+ + 2Cu(NH_3)_4^{2+} + 4H_2O = 3Cu(NH_3)_2^+ + 2NH_4^+ + 2CO_2 + 3NH_4OH \tag{11-51}$$

可以看出，再生和还原是相互依存的过程。

2) 甲烷化

甲烷化法是在催化剂的作用下，CO、CO_2 加氢生成甲烷而达到气体精炼的方法。此法可将原料气中的碳氧化物总量脱至 10^{-5}（体积分数）以下。由于甲烷化过程消耗 H_2 而生成无用的 CH_4。因此仅适用于气体中 CO、CO_2 含量低于 0.5% 的工艺过程中。

碳氧化物加氢的反应如下：

$$CO + 3H_2 = CH_4 + H_2O \tag{11-52}$$

$$CO_2 + 4H_2 = CH_4 + 2H_2O \tag{11-53}$$

当原料气中有 O_2 存在时，O_2 和 H_2O 反应生成水。在某种条件下，还会发生如下副反应：

$$2CO = C + CO_2 \tag{11-54}$$

$$Ni + 4CO = Ni(CO)_4 \tag{11-55}$$

由于甲烷化反应是放热反应，所以反应的平衡常数随温度升高而下降。但在常用温度（280 ~ 420℃）条件下，平衡常数的值都很大。由于原料气中水蒸气含量很低和碳氧化物的平衡含量与压力成反比。因此在反应器正常进气组成条件下，工业上要求甲烷化炉出口气体中 CO 和 CO_2 含量低于 10^{-5}（体积分数）是没有问题的。

甲烷化反应是甲烷蒸汽转化的逆反应，所以其催化剂也是以镍作为活性组分。

甲烷化法精制原料气流程如图 11－19 所示。

3) 液氮洗涤法

液氮洗涤法的突出优点是可以得到只含 1×10^{-4}（体积分数）以下惰性气体的氢氮混合气。该法常与设有空分装置的重油部分氧化、煤富氧气化以及采用焦炉气分离制氢的工艺相配使用。

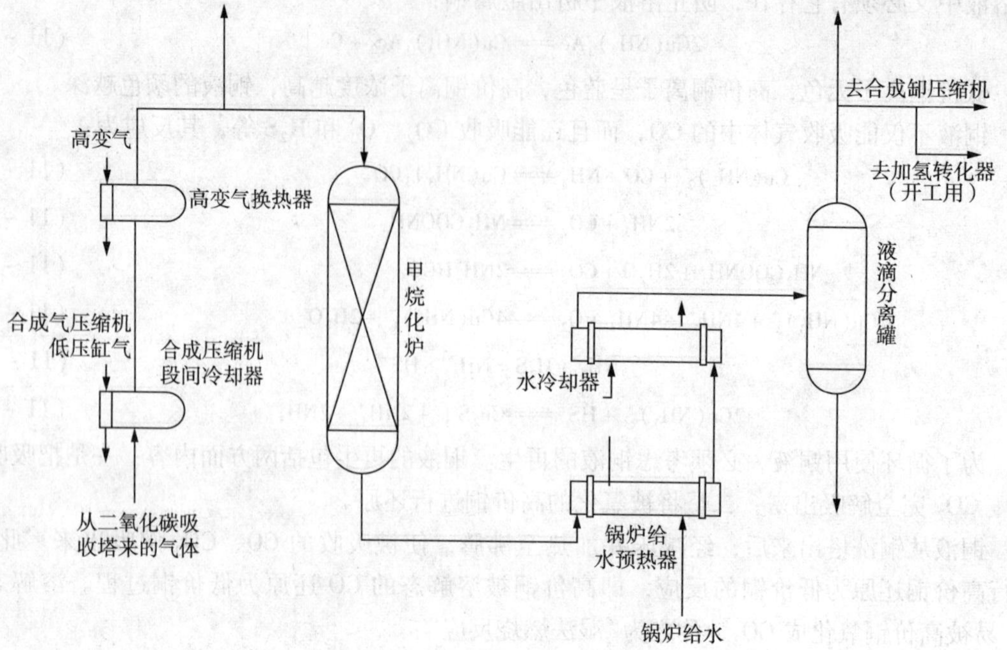

图 11－19　甲烷化法精制原料气流程

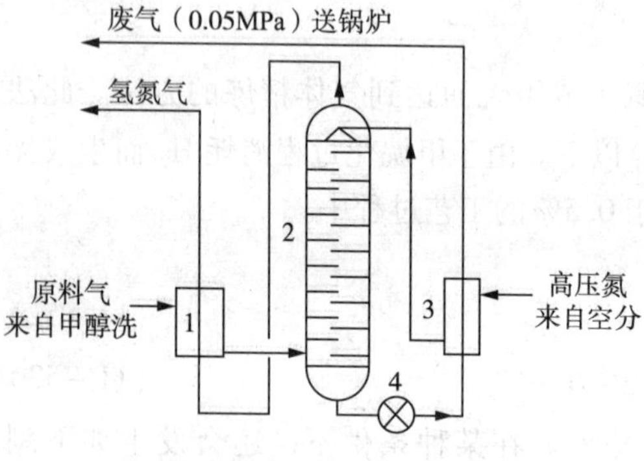

图 11－20　氮洗工艺流程

该法是一种深冷分离法，是基于各种气体的沸点不同这一特性进行的。CO 具有比氮沸点高以及能溶解于液态氮的特性，同时考虑到 N_2 是合成氨的直接原料之一，从而在工业上实现以液态氮洗涤微量 CO 的方法。用液氮洗涤时 CO 冷凝在液相中，而一部分液氮蒸发到气相中。如果进入氮洗系统的气体中含有少量的 O_2、CH_4 和 Ar，由于它们的沸点都在 CO 以上，脱除 CO 的同时也将这些组分除去。

氮洗工艺流程见图 11－20。

11.1.4　氨的合成

氨合成反应是在高压和催化剂存在下的气－固催化反应过程，也是整个合成氨流程中的核心部分。

(1)氨合成反应

氨合成反应式为：

$$\frac{1}{2}N_2 + \frac{3}{2}H_2 \xlongequal{\quad} NH_3 \quad \Delta H_{298} = -46.22\text{kJ/mol} \tag{11-56}$$

这是一个可逆放热和物质的量减少的反应。当压力一定时，温度下降，平衡氨含量增加；当温度一定时，压力增大，平衡氨含量增大。虽然低温时平衡氨含量较高，但化学反应速度较小，达到平衡需较长时间。因此，工业上为了有较快的反应速度，应在催化剂的起燃温度(400～450℃)以上进行反应。为了有较高的平衡氨含量，必须在高压下进行氨的合成。

由于反应过程中转化率较低，反应后气体中氨含量不高，一般只有 10%～20%，故采用分离氨后的氮氢气体循环的回路流程。

(2)氨合成催化剂

对氨合成具有催化活性的金属很多，如锇、铂、钼、钨、铀、锰、铬、铁等。其中以铁为主体并添加促进剂的催化剂价廉易得，活性良好，使用寿命长，在工业上得到了广泛的应用。

大多数铁催化剂都是经过精选的天然磁铁砂利用熔融法制备的，其活性组分为金属铁。未还原的铁系催化剂活性组分为 FeO 和 Fe_2O_3，其中 FeO 约占 24% ~ 38%（质量），Fe^{2+}/Fe^{3+} 约为 0.5，此成分相当于 Fe_3O_4。催化剂中加入的助催化剂有 Al_2O_3、K_2O、CaO、MgO、SiO_2、BaO、CoO 等多种。

Al_2O_3、MgO 是通过改善还原态铁的结构而呈现促进作用的，称作结构型促进剂；K_2O 和 CaO 可以使金属电子的逸出功降低，有利于氮的活性吸附，从而提高催化剂活性，属于电子型促进剂。CaO 还可以降低熔体的熔点和黏度，有利于 Al_2O_3 和 Fe_3O_4 固熔体形成；SiO_2 除具有“中和”K_2O、CaO 等碱性组分的作用外，尚可提高催化剂的抗水毒害和耐烧结性能。

催化剂还原后 Fe_3O_4 晶体被还原成细小的 $\alpha-Fe$ 晶体，疏松地处于 Al_2O_3 骨架上，其结构变成多孔海绵状，这些孔呈不规则树枝状，内表面积约为 4 ~ 16m^2/g。

氨合成催化剂的主要活性组分是 Fe_3O_4，必须经过还原后才有活性。催化剂还原反应式为：

$$Fe_3O_4 + 4H_2 \longrightarrow 3Fe + 4H_2O(g) \quad \Delta H_{298} = 149.9\text{kJ/mol} \tag{11-57}$$

可以看出，还原过程是吸热的。工业上一般用电加热器或加热炉提供热。在还原后期可由上层已还原好的催化剂在氨合成时放出的反应热来提供。

(3)工艺条件的选择

氨合成的工艺条件一般包括压力、温度、空速、氢氮比和初始氨含量等。工艺条件的选择，一方面应尽量满足反应本身的要求，同时考虑实际可能的条件使单位产品的总能耗最低，做到长周期、安全、稳定地运转，达到良好的技术经济指标。

1)压力

从化学平衡和反应速度的角度来看，较高的操作压力是有利的。但压力的高低直接影响到设备的投资、制造和合成氨功耗的大小。其中合成氨功耗主要包括原料气压缩功、循环气压缩功和氨分离的冷冻功。压力过高则原料气压缩功耗太大；而压力过低则循环气压缩功、氨分离冷冻功又太高。

几十年来，氨合成操作压力变化很大，早期各国普遍采用 30 ~ 35MPa 压力，到 50 年代提高到 40 ~ 50MPa。此后，由于蒸汽透平驱动的离心压缩机采用和合理利用大型装置，操作压力降至 15 ~ 24MPa。随着合成氨工艺的改进，合成压力已经可降低至 10 ~ 15MPa 又不引起总功耗的上升。

2)温度

氨合成反应温度决定于所使用的催化剂及合成塔的结构。同其他的可逆放热反应一样，存在一个最适宜温度 T_m（或最佳温度）的问题。最适宜温度随氨浓度增加而下降，随压力降低，惰气含量的增加而降低。同时，催化剂活性对最适宜温度的影响也是显著的。

催化剂床层的进口温度的低限由催化剂起始反应温度决定，床层热点温度的高限由催化剂的耐热温度决定。因此合成反应温度一般控制在 400 ~ 500℃，到生产后期，催化剂活性已经下降，操作温度应相应地提高。

3）空间速度

空间速度的大小，不仅与氨净值（合成塔进出口氨含量之差）、循环气量、系统阻力降和催化剂生产强度有关，而且还直接影响到反应热的合理利用。提高空间速度虽然增加催化剂的生产强度（指单位时间单位体积催化剂上生成氨的量），但将导致出塔气体中氨含量的下降。

采用高空速强化生产的方法，由于造成出塔氨含量的降低，从而导致循环气量及压力降增大，增加了循环压缩机的功耗，降低了反应热的回收率。因此，这种方法已不再被人们推荐。

一般地讲，氨合成操作压力高，反应速度快，空速可高一些；反之可低一些。例如，30MPa 的中压法合成氨空速在 20000 ~ 30000h^{-1}间；15MPa 的轴向冷激式合成塔，其空速为 10000h^{-1}。

4）合成塔进口气体组成

合成塔进口气体组成包括氢氮比、惰性气体含量和初始氨含量。

最适宜氢氮比与反应偏离平衡的状况有关。当接近平衡时，氢氮比为 3，可获得最大平衡氨含量；当远离平衡时，氢氮比为 1 最适宜。生产实践证明，最适宜的循环氢氮比应略低于 3，通常在 2.5 ~ 2.9 间。

惰性气体的存在，无论从化学平衡、反应动力学还是动力消耗讲，都是不利的。但要维持较低的惰性气体含量需要大量地排放循环气，导致原料气单耗增高。生产中必须根据新鲜气中惰性气体含量、操作压力、催化剂活性等综合考虑。

进塔氨含量的高低，需综合考虑氨冷凝的冷负荷和循环机的功耗。通常操作压力为25 ~ 30MPa 时采用一级氨冷，进塔氨含量控制在 3% ~ 4%；而在 20MPa 合成时采用二级氨冷，15MPa 下合成时采用三级氨冷，此时进塔氨含量可降至 1.5% ~ 2.0%。

（4）氨的分离

即使在 100MPa 的压力下合成氨，合成塔出口气体的氨含量也只能达到 25% 左右。因此必须将生成的氨分离出来，将未反应的氢氮气送回系统循环利用。

氨的分离方法有冷凝分离法和水或溶剂吸收法。溶剂吸收法尚未获得工业应用。目前，工业生产中主要为冷凝法分离氨。

冷凝法分离氨是利用氨气在高压下易于液化的原理进行的。高压下，与液氨呈平衡的气相氨含量随温度降低、压力增高而下降。如操作压力在 45MPa 以上，用水冷却即可使氨冷凝。而在 20 ~ 30MPa 下操作，水冷只能分出部分氨，气相中尚含有 7% ~ 9% 的氨，需进一步以液氨为冷冻剂冷至 0℃以下，方可将气相氨含量降至 2% ~ 4%。

冷凝的液氨在氨分离器中与气体分开后经减压送入贮槽。同时带入一定量的氢、氮、甲烷和氩气（包括溶解和夹带），这些气体大部分在氨贮槽中释放出来，工业上称为“贮槽气”或“弛放气”。

（5）氨合成塔

氨合成塔是整个合成氨生产工艺中最主要的设备，它必须适应过程在接近最适宜温度下操作，力求小的系统阻力降以减少循环气的压缩功耗，结构上应简单可靠，满足合成反应高温高压操作的需要。

1）结构特点

氨合成塔是合成氨生产中的关键设备之一。由于工业上氨的合成是在 15 ~ 30MPa 及

400～520℃的高温高压下进行的，为防止这种苛刻条件下氢、氮对碳钢的腐蚀，氨合成塔通常由耐高压的封头、内件和外筒构成。进入合成塔的气体先经过内件与外筒之间的环隙，由于内件外面设有保温层，从而减少向外筒的散热，因此外筒只承受高压（操作压力与大气压力之差）而不承受高温，可用普通低合金钢或优质低碳钢制作。内件虽在高温（500℃左右）下操作，但只承受环隙气流与内件气流的压力差（约1～2MPa），可用耐热镍铬合金钢制作。内件由催化剂筐、热交换器、电加热器三个主要部分构成。大型氨合成塔的内件一般不设电加热器，由塔外供热炉供热。

2）氨合成塔主要型式

氨合成塔的结构型式繁多。工业上，按降温方式不同，可分为冷管冷却型（连续换热式）、冷激型和中间换热型。目前常用的主要有冷管式和冷激式两种塔型，前者为连续换热式，后者属于多段冷激式。冷激型具有结构简单、制造容易的特点，凯洛格四层轴向冷激式氨合成塔如图11－21所示。中间换热型氨合成塔是当今世界的发展趋势，但其结构较复杂。

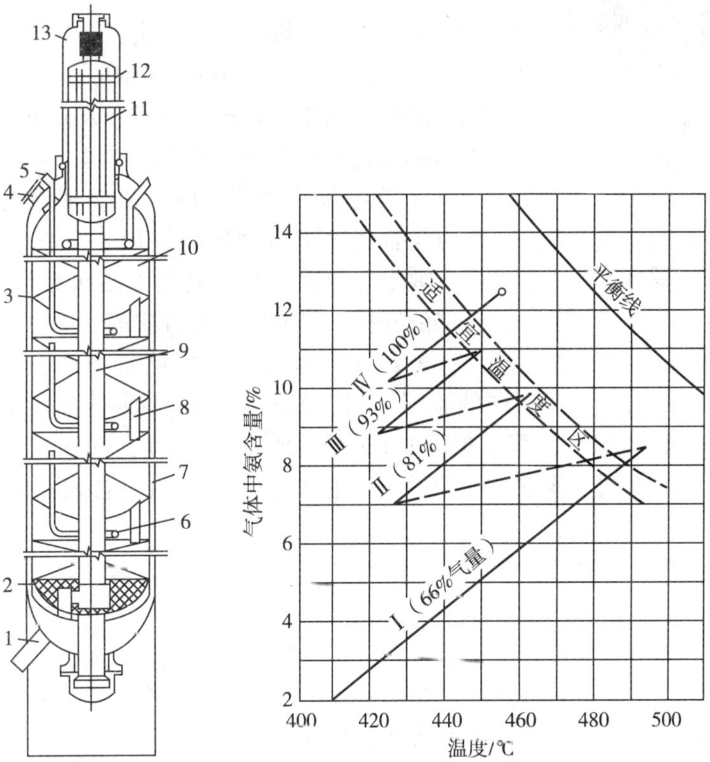

图11－21　轴向冷激式氨合成塔及对应的床层温度分布

1—塔底封头接管；2—氧化铝球；3—筛板；4—人孔；5—冷激式接管；6—激管；7—下筒体；8—卸料管；9—中心管；10—催化剂筐；11—换热器；12—上筒体；13—波纹连接管

大型氨厂均采用冷激式合成塔。合成塔内的催化剂床层分为若干段，在段间通入未预热的氢、氮混合气直接冷却，故称为多段直接冷激式氨合成塔。按床层内气体流动方向的不同，可分为沿中心轴方向流动的轴向塔和沿半径方向流动的径向塔。

连续换热式又称内部换热式，特点是在催化剂床层中设置冷却管，通过冷却管进行床层内冷、热气流的间接换热，以达到调节床层温度使合成反应在接近最适宜温度线进行的目的。冷却管的形式有单管、双管和三套管之分。根据催化剂床层和冷却管内气体流动的方向，又有并流式和溢流式冷却管之分。早期多采用并流双套管，1960 年后开始采用并流三套管式和并流单管式。图 11－22 为 TopsΦe S－200 型氨合成的带下部换热器型氨合成塔（另一种是下部不带换热器型）。

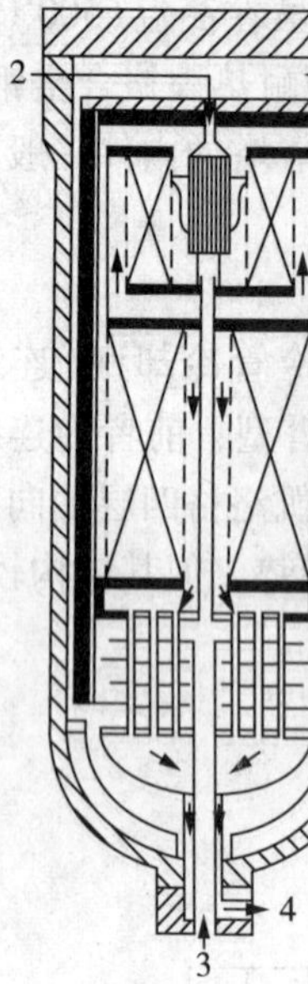

图 11－22　TopsΦe S－200 型带下部换热器氨合成塔简图
1—主线进口；2—冷气进口；3—冷副线；4—气体出口

该塔采用了径向中间冷气换热的 TopsΦe S－200 型内件，代替原有层间冷激的 TopsΦe S－100 型内件。由于取消了层间冷激，不存在因冷激降低氨浓度的不利因素，使合成塔出口氨浓度有较大的提高，功耗较原冷激内件节省 $4.6\times10^5 kJ/t\ NH_3$。

（6）氨合成工艺流程

氨合成工艺流程有多种，但都包含以下几个基本步骤：

①通过压缩机将净化的合成气压缩到合成所需的压力；

②净化的原料气升温合成氨；

③冷却冷冻系统分离出口气体中的氨，未转化的氢氮气用循环压缩机升压后返回合成系统；

④弛放部分循环气使惰性气体含量在规定值以下。

在工艺流程的设计中，要合理地配置上述各环节。重点是合理地确定循环压缩机、新鲜原料气的补入以及惰气放空的位置、氨分离的冷凝级数（冷凝法）、冷热交换器的安排和热能回收的方式等。

氨合成流程据所用压缩机型式、氨分离冷凝级数、热能回收的方式的不同而出现不同的流程。如美国凯洛格（Kellogg）氨合成工艺流程、丹麦的托普索流程、日本的 NEC 流程、英国 ICI 公司 AMY 流程和美国 Braun 公司的低温净化流程等。尽管合成工艺不同，但它们仍有许多相似之处，这是由氨合成反应本身的特性所决定的：

未反应原料气循环：由于受化学平衡制约，氨合成率不高，有大量未反应的氢氮气需循环利用。

氨冷凝分离：氨合成中的平衡氨含量取决于反应温度、压力、氢/氮比及惰性气体含量，当这些条件一定时，平衡氨含量是一个定值。无论进口气体中有无氨，出口气体中氨含量总是一个定值。因此，反应后气体中所含的氨必须冷凝分离，以使循环回合成塔入口的混合气中氨含量尽可能少，提高氨净值。

弛放气：由于新鲜合成气中带入的惰性气体在系统中不断累积，当达到一定值时，会影响反应的正常进行，降低合成率和平衡氨含量。因此需定期或连续放空一些循环气，造成一定损失。

压缩：由于氨合成系统是在高压下进行的，而原料气制备及净化的压力较低，需压缩加压；另一方面，设备及合成塔床层的压力降等，使循环气与合成塔进口气产生压力差，需循环加压弥补压力降损失。

图 11－23 是一种节能型的凯洛格法氨合成工艺流程。

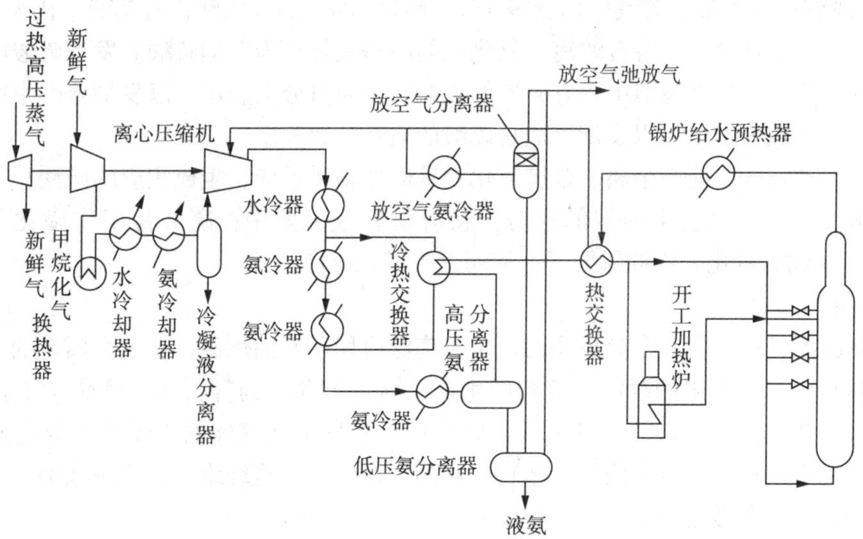

图11－23　节能型凯洛格法氨合成工艺流程

新鲜的合成气首先经离心压缩机的第一段压缩后，进入到新鲜气甲烷化气换热器、水冷器及氨冷器，逐步冷却到8℃。经冷凝液分离器除去水分后，进入压缩机第二段并与循环气在气缸内混合，继续压缩至压力达到15.5MPa，温度为69℃，经水冷却器降至38℃。此后气体分为两路，一路约50%的气体经过两级串联的氨冷器进行冷却。一级氨冷器中液氨在13℃下蒸发将气体冷却到22℃，二级氨冷器中的液氨在－7℃下蒸发，进一步将气体冷却到1℃左右。另一路气体与高压氨分离器来的－23℃的气体在热交换器内换热，降温至－9℃。两路气体汇合后温度为－4℃，再经过第三级氨冷器，利用－33℃下蒸发的液氨将气体进一步冷却到－23℃，然后送往高压氨分离器。分离液氨后，含氨2%的循环气经过热交换器预热到141℃后，进入轴向合成塔。部分进气进入合成塔后沿外筒与催化剂筐之间的环隙自下而上到塔顶部的内换热器，经出塔气预热到425℃左右，再由上而下流过四层催化剂床，并与各催化剂层间引入的冷激气汇合。从最下一层出来的气体进入一根直立的中心管，自下而上地进入塔顶换热器管内，将热量传给进塔气后，由塔顶出来。合成塔出口气经过加热锅炉给水，再与进塔气换热后被冷却至45℃，绝大部分气体回到高压缸循环段进行下次循环。

11.2　硫酸

11.2.1　硫酸的性质和用途

(1)硫酸的性质

纯硫酸是一种无色透明的油状液体，故有“矾油”之称。在10.5℃时凝固成晶体。市售浓硫酸相对密度为1.84～1.86g/mL。浓度98%的硫酸沸点为330℃。硫酸水溶液的沸点随着硫酸浓度的增加而增加，但存在一个恒沸点，此时硫酸的含量为98.3%，恒沸点温度为336℃。浓硫酸的平衡水蒸气压很低，甚至远远低于同一温度下的饱和水蒸气压。依据这一特性，浓硫酸广泛用作干燥剂，用来干燥那些不与它反应的各种气体。

工业上的硫酸是指三氧化硫与水以任意比例溶合的溶液。如果三氧化硫与水的摩尔比小于1，则形成硫酸水溶液；若其摩尔比等于1，则是100%的纯硫酸；若其摩尔比大于1，称之为发烟硫酸。换言之，凡溶有游离三氧化硫的纯硫酸都称为发烟硫酸。发烟硫酸浓度通常有三种表示方法：以发烟硫酸中含有游离的三氧化硫质量分数表示、以发烟硫酸中所含的总三氧化硫质量分数表示以及以发烟硫酸总硫酸的质量分数表示。

硫酸是一种强酸，能与金属、金属氧化物等碱性物质反应，生成相应的硫酸盐。硫酸具有强的吸水性，能与水发生强烈的反应。在有机合成工业中，硫酸常用作磺化剂，以—SO_2OH基团取代有机化合物的氢原子，从而发生磺化反应。

(2)硫酸的用途

硫酸在国民经济中占有十分重要的地位，广泛应用于石油炼制、有色金属矿的提炼、纺织品的漂白和印染、毛皮的鞣制、淀粉的生产、除草剂和炸药等行业。就化学工业本身而言，化学肥料和酸类的制造、各种无机盐的生产、多种工业气体的干燥等都要使用很多硫酸；在有机化工领域，染料中间体、塑料、药品、橡胶、人造纤维、合成洗涤剂、蓄电池等的生产也都要以硫酸做原料。

11.2.2 硫酸的生产方法

硫酸的工业生产，基本上有两种方法，即亚硝基法和接触法。

亚硝基法中又可分为铅室法和塔式法。铅室法始于18世纪，因其设备庞大，生产强度低，如今已被淘汰。塔式法是在铅室法基础上发展起来的。铅室法生产硫酸的化学反应为：

$$SO_2 + NO_2 = SO_3 + NO \tag{11-58}$$

$$2NO + O_2 = 2NO_2 \tag{11-59}$$

$$SO_3 + nH_2O = H_2SO_4 + (n-1)H_2O \tag{11-60}$$

$$NO_2 + NO = N_2O_3 \tag{11-61}$$

$$SO_2 + N_2O_3 + H_2O = H_2SO_4 + 2NO \tag{11-62}$$

塔式法是将上述基本上属于气相的反应，利用较小的塔设备并喷淋硫酸，从而转入反应速度较快的液相中进行，以提高生产能力，反应式为：

$$2NO + O_2 = 2NO_2 \tag{11-59}$$

$$NO + NO_2 = N_2O_3 \tag{11-61}$$

$$2NO_2 + H_2SO_4 = HNO_3 + HNSO_5 \tag{11-63}$$

$$N_2O_3 + 2H_2SO_4 = 2HNSO_5 + H_2O \tag{11-64}$$

$$2HNSO_5 = H_2SO_4 + 2NO \tag{11-65}$$

虽然亚硝基法在历史上起过重要作用，但因产品酸浓度低，酸中杂质多，生产中耗用大量的硝酸或亚硝酸盐等原因，已全部被接触法所取代。

接触法硫酸生产过程分三步，即从含硫原料制造SO_2气体、SO_2氧化为SO_3、SO_3与水结合生成硫酸。接触法的特点是SO_2的氧化是在固体催化剂存在下用空气中的氧氧化成SO_3的。

接触法不仅可制得任意浓度的硫酸，而且可制得无水SO_3及不同浓度的发烟酸。该法操作简单、稳定，热能利用率高。

目前，生产硫酸的原料主要有硫铁矿、硫黄、含SO_2冶炼气及其他含硫原料。

11.2.3 硫铁矿制硫酸

直接由矿山开采的硫铁矿一般呈大小不一的块状，在送往焙烧工序制 SO_2 之前，必须将矿石进行粉碎、分级筛选粒度和配矿等处理；尾砂虽然不需破碎，因其含水量高，冬季贮藏易结块，故对尾砂需进行干燥脱水处理。

(1) SO_2 炉气的制造

1) 硫铁矿焙烧反应

硫铁矿的焙烧，主要是矿石中的二硫化铁与空气中的氧反应，生成 SO_2 炉气。焙烧反应分两步进行：

FeS_2 受热分解反应

$$2FeS_2 = 2FeS + S_2 \quad \Delta H_{298} = 295.68\ kJ \tag{11-66}$$

该反应为吸热反应，温度越高，对硫铁矿的热分解越有利。

生成的 S_2 及 FeS 的氧化反应

$$S_2 + 2O_2 = 2SO_2 \quad \Delta H_{298} = -724.07\ kJ \tag{11-67}$$

$$4FeS + 7O_2 = 2Fe_2O_3 + 4SO_2 \quad \Delta H_{298} = -2453.3\ kJ \tag{11-68}$$

$$3FeS + 5O_2 = Fe_3O_4 + 3SO_2 \quad \Delta H_{298} = -1723.79kJ \tag{11-69}$$

综合上式，得到硫铁矿焙烧总反应式：

$$4FeS_2 + 11O_2 = 8SO_2 + 2Fe_2O_3 \quad \Delta H_{298} = -3310.08\ kJ \tag{11-70}$$

$$3FeS_2 + 8O_2 = 6SO_2 + Fe_3O_4 \quad \Delta H_{298} = -2366.28\ kJ \tag{11-71}$$

其中空气足量的焙烧生成 Fe_2O_3 称为常规焙烧，而空气不足的焙烧生成 Fe_3O_4(磁铁)称为磁性焙烧。硫铁矿焙烧还与矿石种类、粒度等因素有关，为了保证硫铁矿焙烧完全，工业上应控制焙烧温度在600℃以上。

硫铁矿的焙烧是非均相反应过程。反应在两相的接触表面上进行，整个反应过程由一系列反应步骤所组成。FeS_2 的分解速度大于 FeS 的氧化速度，因此，FeS 氧化反应是整个反应过程的控制步骤。提高焙烧温度、减小矿石粒度、增强气固两相间的相互运动以及提高入炉空气中的氧含量等可以提高硫铁矿的焙烧速率。

2) 沸腾焙烧

硫铁矿的沸腾焙烧，是流态化技术在硫酸制造工业的具体应用。流体通过一定粒度的颗粒床层，随着流体流速的不同，床层会呈现固定床、流化床及流体输送三种状态。对沸腾焙烧来讲，必须保持气流速度在临界速度(最大颗粒流化的气流速度)与吹出速度(最小颗粒吹出的气流速度)之间。对于不均匀粒径的硫铁矿，通常取床层内粒子的平均粒径来计算临界流态化速度和吹出速度。

沸腾炉焙烧炉结构如图11-24所示。炉体为钢壳，内衬保温砖再衬耐火砖。为防止冷凝酸腐蚀，钢壳外面有保温层。炉子上部为扩大段，中部为炉膛，下部为空气分布室。分布板上安装许多风帽。空气由鼓风机引入风室，经风帽均匀分布向炉膛喷出。炉膛下部有加料室，矿料由此进入炉膛空间。为避免因温度过高导致炉料熔结，通常在炉膛或炉壁周围安装水箱或冷却器以带走热量，保护炉体。炉后设有废热锅炉，用于产生蒸汽。为了提高硫的烧出率，一般控制操作炉温在850~950℃，炉底压力9~12 kPa，炉气中 SO_2 含量为14%。这三项指标是相互联系的。其中炉温对稳定生产尤为重要。为了保持炉温稳定，必须要稳定空气加入量、矿石组成及投矿量。同时采用增减炉内冷却元件数量来控制炉床温度。

采用沸腾焙烧与常规焙烧相比，具有以下优点：操作连续，便于自动控制；固体颗粒较小，气固相间的传热和传质面积大；固体颗粒在气流中剧烈运动，使得固体表面边界层受到不断地破坏和更新，从而使化学反应速度、传热和传质效率大为提高。

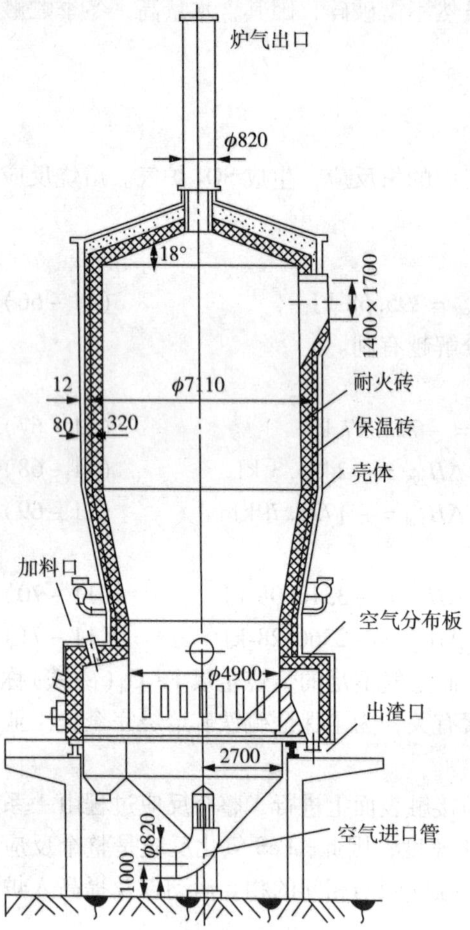

图 11-24　沸腾焙烧炉

(2) SO_2 炉气的净化及干燥

硫铁矿焙烧得到的炉气除含有 SO_2 外，还含有 SO_3、水分、三氧化二砷、二氧化硒、氟化氢及矿尘等。炉气中的矿尘不仅会堵塞设备与管道，而且会造成以后工序催化剂失活。砷和硒则是催化剂的毒物；炉气中的水分及 SO_3 极易形成酸雾，不仅对设备产生严重腐蚀，而且很难被吸收除去。因此，在炉气送去转化之前，必须先对炉气进行净化。

1)矿尘的清除

工业上对炉气矿尘的清除，依尘粒大小，可相应采取不同的净化方法。对于尘粒较大的(10 μm 以上)可采用自由沉降室或旋风分离器等机械除尘设备；对于尘粒较小的(0.1～10 μm)可采用电除尘器；对于更小颗粒的矿尘(<0.05μm)可采用液相洗涤法。

2)砷和硒的清除

砷和硒在焙烧过程中分别形成 As_2O_3 和 SeO_2，它们在气体中的饱和含量随着温度降低而迅速下降。

当炉气温度降至 50℃ 时，气体中的砷和硒的氧化物已降至净化所规定的指标以下。采用湿法净化工艺，用水或稀硫酸洗涤炉气，在 50℃ 以下可达到较好的净化效果。砷、硒氧化物一部分被洗涤液带走，其余部分呈固体微粒悬浮于气相中，形成酸雾中心。

3)酸雾的清除

由于采用硫酸溶液或水洗涤炉气，洗涤液中有相当数量的水蒸气进入气相，使炉气中的水蒸气含量增加。当水蒸气与炉气中的 SO_3 接触时，则可生成硫酸蒸气。被洗涤的炉气中硫酸的蒸气分压与同一温度下所接触的硫酸液面上饱和蒸气压之比称为过饱和度。当过饱和度等于或大于过饱和度的临界值时，硫酸蒸气就会在气相中冷凝，形成在气相中悬浮的微小液滴，称之为酸雾。

酸雾的清除通常是在电除雾器中完成。电除雾器的除雾效率与雾粒直径成正比，为提高电除雾效率，一般采用逐级增大粒径、逐级分离的方法。一是逐级降低洗涤酸浓度，从而使气体被增湿，酸雾吸收水分而增大粒径。二是气体被逐级冷却，使酸雾也被冷却，同时气体中的水分在酸雾表面冷凝而增大粒径。此外增加电除雾器的段数，降低气体在电除雾器中的流速，也能达到提高除雾效率之目的。

4）炉气的干燥

炉气经洗涤降温和除雾后，虽已除去砷、硒、氟和酸雾，但炉气被水蒸气所饱和。这些水蒸气如果进入 SO_2 转化器，会与 SO_3 再次形成酸雾，且会造成对钒催化剂的破坏。因此，炉气在进入转化工序前务必进行严格的干燥。

浓硫酸具有强烈的吸水性，故常用来作干燥剂。在同一温度下，硫酸的浓度越高，其液面上水蒸气的平衡分压越小。当炉气中的水蒸气分压大于硫酸液面上的水蒸气分压时，炉气即被干燥。

（3）二氧化硫的催化氧化工艺条件

SO_2 氧化为 SO_3 的反应，是一个可逆、放热及体积缩小的反应：

$$SO_2 + 0.5O_2 = SO_3 + Q \qquad (11-72)$$

平衡常数 K 随着温度降低而增大。常压下平衡转化率已较高，通常达 95% ~98%，在工业生产中无需采用高压。为了提高反应速度，工业上常采用催化剂。

1）SO_2 氧化催化剂

SO_2 氧化反应所用催化剂，主要用铂、氧化铁及钒三种。

铂催化剂活性高，但价格昂贵，且易中毒。氧化铁催化剂价廉易得，在 640℃以上高温时才具活性，转化率仅有 50% 左右，难以令人满意。相比之下，钒催化剂无论其活性、热稳定性还是机械强度都比较理想，而且价格适宜。因而现今在工业上已获得广泛使用。

钒催化剂是以 V_2O_5 为主要活性成分，以碱金属盐类（硫酸盐）作助催化剂，以硅胶、硅藻土、硅酸盐作载体。

引起钒催化剂中毒的主要毒物有砷、氟、酸雾及矿尘等。除了矿尘属覆盖催化剂表面降低钒催化剂活性外，其他三种毒物都是以化学中毒形式降低催化剂活性。

对于钒催化剂，在某温度范围内有两个反应速度常数和相应的活化能数值，这是有别于其他催化剂的一个特点。在用阿仑尼乌斯方程表示的反应速度常数与温度的关系曲线图中，出现一折点。之所以出现这种折点，是因为在低温下，析出了无活性的四价钒，从而使催化剂的低温活性降低。值得注意的是，折点不是固定不变的，而是与气体组成及催化剂中 K_2O/V_2O_5 比值有关，随着 K_2O/V_2O_5 的比值及转化率的提高，折点向着低温方向移动。

2）最佳反应温度

SO_2 氧化是一个可逆放热反应。显然，温度降低对化学平衡是有利的。但从动力学角度看，要提高反应速度，就必须适当提高反应温度。因此，温度对平衡和动力学两者的影响是互为矛盾的，存在一个最佳反应温度。

转化率越高，最佳温度越低，在相同温度下，转化率越高则反应速度越小。

此外，如果最佳温度的计算值超出了催化剂的活性温度范围，必须以催化剂的活性温度来确定操作温度。换句话说，最佳温度只有在催化剂的活性温度范围内，才具有工业实际意义。

例 11－3 SO_2 氧化成 SO_3 时的氧化的动力学方程为：

$$r = k_1 p_{(O_2)} \left[\frac{p_{(SO_2)}}{p_{(SO_3)}}\right]^{0.5} - k_2 p_{(O_2)}^{0.5} \left[\frac{p_{(SO_3)}}{p_{(SO_2)}}\right]^{0.5}$$

推导出最佳温度与平衡温度之间的关系式。

［推导］ SO_2 氧化成 SO_3 是一个可逆放热反应，

$$SO_2 + 0.5O_2 = SO_3 + Q$$

化学反应速度表达式：

$$r = r_1 - r_2$$
$$= k_1 p_{(O_2)} \left[\frac{p_{(SO_2)}}{p_{(SO_3)}} \right]^{0.5} - k_2 p_{(O_2)}^{0.5} \left[\frac{p_{(SO_3)}}{p_{(SO_2)}} \right]^{0.5}$$

式中 r_1 和 r_2 分别是正反应和逆反应的速度，k_1 和 k_2 分别是正反应和逆反应的速度常数，当反应达到热力学平衡时，正反应速度和逆反应速度相等：

$$k_1 p_{(O_2)} \left[\frac{p_{(SO_2)}}{p_{(SO_3)}} \right]^{0.5} - k_2 p_{(O_2)}^{0.5} \left[\frac{p_{(SO_3)}}{p_{(SO_2)}} \right]^{0.5} = 0$$

$$\frac{p_{(SO_3)}}{p_{(O_2)}^{0.5} p_{(SO_2)}} \times \frac{E_2}{E_1} = \frac{k_1}{k_2}$$

$\frac{k_1}{k_2} = K_p$ 为反应平衡常数，令 $J_p = \frac{p_{(SO_3)}}{p_{(O_2)}^{0.5} p_{(SO_2)}}$，$y_i$ 表示各组分的摩尔分数，当达到化学平衡时：

$$K_p = \frac{p_{(SO_3)}}{p_{(O_2)}^{0.5} p_{(SO_2)}} = \frac{y_{(SO_3)}}{y_{(O_2)}^{0.5} y_{(SO_2)}} \times p^{0.5}$$

所以提高反应压力和降低反应温度对化学平衡有利，但从动力学角度看，降低反应温度必然会降低反应速度。因此，温度对热力学平衡和动力学的影响是互为矛盾的，必然存在一个最佳反应温度。在该温度下，对于一定的炉气组成和欲要达到的某瞬时转化率，其反应速度为最大。对反应速度与反应温度的关系式微分，并令 dr/dT = 0 求极值，即：

$$p_{(O_2)} \times \left(\frac{p_{(SO_2)}}{p_{(SO_3)}} \right)^{0.5} \frac{dk_1}{dT} - p_{(O_2)}^{0.5} \left(\frac{p_{(O_2)}}{p_{(SO_2)}} \right)^{0.5} \frac{dk_2}{dT} = 0$$

因为 $\frac{dk_j}{dT} = \frac{k_j}{k_i} \times \frac{dk_i}{dT} = k_i \times \frac{d\ln k_i}{dT}$，根据阿仑尼乌斯方程 $\frac{d\ln k_i}{dT} = \frac{E_i}{RT}$，则

$$p_{(O_2)} \times \left(\frac{p_{(SO_2)}}{p_{(SO_3)}} \right)^{0.5} \frac{k_1 E_1}{RT} - p_{(O_2)}^{0.5} \left(\frac{p_{(SO_3)}}{p_{(SO_2)}} \right)^{0.5} \frac{k_2 E_2}{RT} = 0$$

整理得：

$$\frac{p_{(SO_3)}}{p_{(O_2)}^{0.5} p_{(SO_2)}} \times \frac{E_2}{E_1} = \frac{k_1}{k_2} = K_p$$

即

$$J_p \times \frac{E_2}{E_1} = K_p$$

两边取对数得

$$\ln J_p - \ln \frac{E_2}{E_1} = \ln K_p$$

$$\frac{E_2 - E_1}{RT_m} - \ln \frac{E_2}{E_1} = \frac{E_2 - E_1}{RT_e}$$

$$\frac{E_2 - E_1}{RT_m} = \frac{E_2 - E_1}{RT_e} + \ln \frac{E_2}{E_1}$$

$$T_m = \frac{T_e}{1 + \frac{RT_e}{E_2 - E_1} \ln \frac{E_2}{E_1}}$$

3)二氧化硫最适宜浓度的确定

SO_2 最适宜浓度的确定，首先应在保证产量和最大经济效益前提下考虑。硫酸产量决定于其心脏设备送风机的能力。一般硫酸厂为了节省电力，都是采用送风量大而风压低的罗茨机或离心式送风机。众所周知，硫酸厂系统阻力的70%是集中在转化器的催化剂层。显然，若炉气中 SO_2 浓度过低，势必会影响硫酸产量。若采用较浓的 SO_2 炉气，对增产虽然有好处，但又必须增加催化剂装填量才能保证达到工艺规定的转化率。这样也将导致催化剂层阻力增大。由此可见，SO_2 最适宜浓度在很大程度上取决于催化剂层的阻力。实践证明，炉气中 SO_2 浓度在7%左右，其综合经济效益是最佳的。

若采用两转两吸工艺，SO_2 浓度在原来基础上可提高1%～2%。

4)最终转化率选择

最终转化率，也是硫酸生产的主要指标。提高最终转化率，不仅可降低尾气中 SO_2 含量，减少环境污染；而且可提高硫的利用率。但与此同时会导致催化剂用量和流体阻力的增加。因此，最终转化率的确定也同样存在最优化问题。

最终转化率与采用的工艺、设备及操作条件密切相关。对于“一转一吸”流程，在尾气不回收的情况下，当最终转化率为97.5%～98%时，硫酸的生产成本最低。对于有 SO_2 回收装置，最终转化率可取得低些。如果采用“两转两吸”工艺，最终转化率可达到99.5%。

(4) SO_2 氧化工艺流程

1)多段反应段间冷却

工业生产中，为了使转化器中 SO_2 氧化过程尽可能向正反应方向进行，以获得最佳经济效益，必须及时地从反应系统中移走反应热。为此，SO_2 转化多为分段进行，在每段间采用不同的冷却形式。

对于反应器的绝热操作，操作温度与转化率 x 的关系可由催化床的热量衡算确定：

$$T = T_0 + \lambda(x - x_0) \tag{11-73}$$

式中 T_0、T——气体混合物在催化床入口及某截面处的温度，K；

x_0、x——催化床入口及某截面处的 SO_2 转化率，%；

λ——绝热温升，K。

一般情况下，λ 为常数，其数值随原料气中 SO_2 的原始含量而变化。为有效地移去多段转化器每一段产生的热量，在段间多采用间接换热和冷激式两种冷却方式，如图11-25所示。

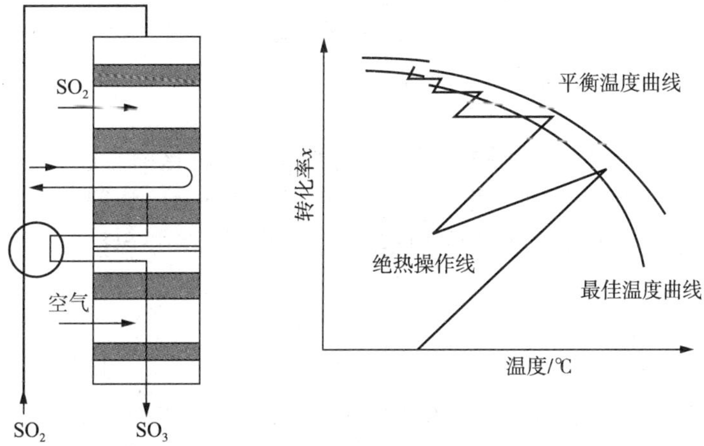

图11-25　多段反应段间冷却和 $T-x$ 图

由图看出，间接换热就是使反应前后的冷热气体在换热器中进行间接接触，达到使反应后气体冷却的目的。依换热器安装位置不同，又分为内部间接换热和外部间接换热两种形式。内部间接换热式转化器，结构紧凑，系统阻力小，热损失少，但结构复杂，不利于检修。尤其不利于生产的大型化。而外部换热式转化器结构简单，虽然系统管线长，阻力及热损失都会增加，但易于大型化生产。目前在大中型硫酸厂得到广泛应用。

间接换热各段绝热操作线斜率 λ 值相同，冷却线均为水平线。这是因为 λ 值仅受 SO_2 原始浓度的影响，且在冷却过程中，混合气体中 SO_2 转化率不会发生变化。应该指出，尽管段数多，对提高 SO_2 转化率及使操作接近最佳温度线越有利，但段数越多，设备及操作更为复杂。因此，在实际生产中分段并非越多越好，通常采用4~5段。

所谓冷激，是指采用冷的气体与反应后的热气体直接混合，使反应物系温度降低。冷激所用的激冷气体不同，又分为炉气冷激和空气冷激。

炉气冷激是指进入转化系统的新鲜炉气，一部分进入第一段催化床，其余的炉气作冷激用。与间接换热不同，冷却线不是水平线而是斜线。因为炉气被冷激后，所加入的部分新鲜炉气，使二氧化硫转化率有所下降。另外，炉气冷激与间接换热相比，要达到相同的转化率，催化剂用量要有所增加，且最终转化率越高，催化剂用量增加越多。综合两者特点，工业上一般采取部分冷激操作。对于部分冷激，同样存在着段间最佳分配问题。

空气冷激是指在转化器段间补充预先经硫酸干燥塔干燥的空气，通过直接换热以降低反应气体的温度。进入转化器的新鲜混合气体全部进入第一段催化床，冷空气是外加的，其冷激量视需要而调节。添加冷空气不影响冷却过程中 SO_2 转化率，冷却线仍呈水平线。但加入空气后，进入下段催化床气体混合物中的 SO_2 浓度比上段原始 SO_2 浓度降低，O_2 含量有所增高。因此，每添加一次冷空气，过程的平衡曲线、最佳温度曲线及绝热操作线都会相应改变。

采用空气冷激，可达到更高的转化率。但空气冷激只有当进入转化器的气体不需预热且含有较高 SO_2 浓度时才适用。对于硫铁矿为原料的 SO_2 转化工艺，因新鲜原料气温度低，需预热，只能采用部分空气冷激。

2）一转一吸和二转二吸

SO_2 氧化工艺流程有一转一吸（一次转化一次吸收）流程和两转两吸流程。一转一吸流程 SO_2 最终转化率较低，SO_3 吸收后尾气中 SO_2 含量较高。

两转两吸是 SO_2 炉气在转化器中经过三段（或两段）转化后，送中间吸收塔吸收 SO_3（一吸），吸收后的尾气再送回转化器进行最后一段（或两段）的转化，转化气体送到吸收塔吸收 SO_3（二吸），如图 11-26 所示。

硫酸生产中两转两吸工艺发展很快，该工艺最终 SO_2 转化率能达99%以上。两次转化有10多种流程，用得较多的是四段转化，分为（2+2）和（3+1）流程。图 11-26 是（3+1）流程各种换热配置方式，由于在两次转化间增加了吸收工艺除去 SO_3，有利于后续 SO_2 转化反应进行得更完全。

（5）SO_3 吸收工艺条件

SO_3 经催化氧化后，转化气中约含7%的 SO_3 及0.2%的 SO_2，其余为 O_2 和 N_2。用硫酸水溶液吸收转化气中的 SO_3，可制得硫酸和发烟硫酸。在实际生产中，一般用大量的循环酸来吸收 SO_3，目的是要将硫酸生成热引出系统。吸收酸的浓度在循环中不断增大，需要用稀酸或水稀释，与此同时不断取出产品硫酸。

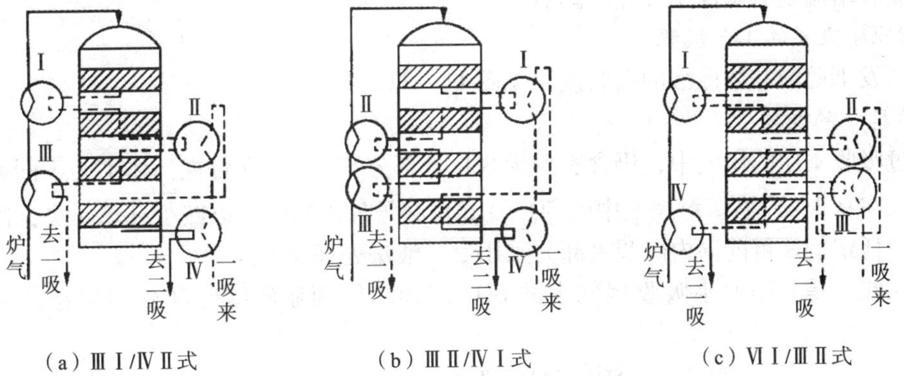

图 11－26　(3＋1)二转二吸流程及换热配置方式

1)吸收酸浓度

仅从化学反应来看，三氧化硫可用任意浓度的硫酸或水吸收，即对吸收酸浓度无严格要求。但对吸收操作来讲，为了使 SO_3 能被吸收完全并尽可能减少酸雾，要求吸收酸液面上的 SO_3 与水蒸气分压要尽可能低。任何温度下浓度为 98.3% 的硫酸液面上总蒸汽压为最小。因此吸收酸浓度选择 98.3% 比较合适。若吸收酸浓度太低，因水蒸气分压增高，易形成酸雾；但若吸收酸浓度太高，则液面上 SO_3 分压较高，难以保证吸收率达到 99.9%。

工业生产中，三氧化硫吸收是与二氧化硫炉气干燥结合起来考虑的。一般吸收酸浓度取 98% 合乎生产实际。

2)吸收酸温度

吸收酸温度对吸收率影响也较大。从吸收角度看，温度越高越不利于吸收操作。因为酸温度越高，吸收酸液面 SO_3 和水蒸气分压也越高，易形成酸雾，导致吸收率下降，且易造成 SO_3 损失。酸温升高的另一后果是对管道腐蚀性加剧。因此，综合考虑酸雾形成、吸收率及管路腐蚀等因素，工业生产中，控制吸收酸温度一般不高于 50℃，出塔酸温度不高于 70℃，进入吸收塔的气体温度一般不低于 120℃。如果炉气干燥程度较差，气体的温度还可适当提高。

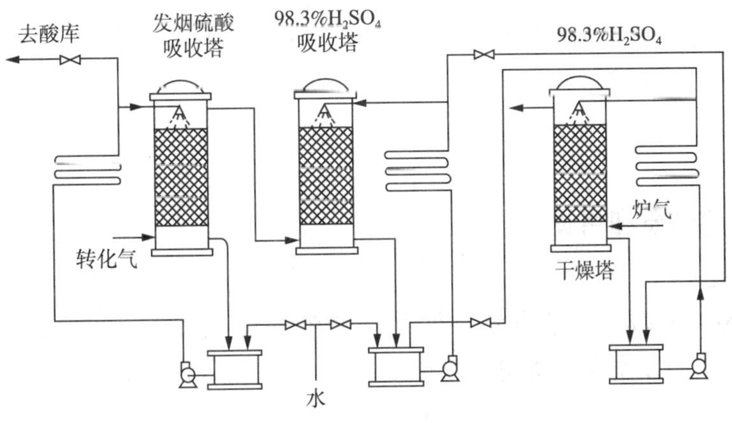

图 11－27　生产发烟硫酸和浓硫酸的吸收流程

3)进塔气温度

气体温度较低有利于吸收。在吸收 SO_3 时，为了避免生成酸雾，气体温度不能太低。转化气进吸收塔温度必须高于转化气露点 。

(6) SO_3 吸收的工艺流程

生产发烟硫酸和浓硫酸的吸收流程见图11-27。

(7)尾气的处理

经过吸收工序的尾气中，仍含有少量 SO_2 及部分 SO_3，其含量视具体工艺不同而略有差别，一般在0.3%左右。对尾气中的 SO_2 及 SO_3 必须加以回收，以减少环境污染，降低硫酸生产的消耗定额。目前国内硫酸大部分采用氨-酸法处理尾气。

氨-酸法是利用氨水吸收尾气中的 SO_2 及 SO_3 得到亚硫酸铵和硫酸氢铵溶液，其反应为：

$$SO_2 + 2NH_3 + H_2O = (NH_4)_2SO_3 \tag{11-74}$$

$$SO_2 + (NH_4)_2SO_3 + H_2O = 2NH_4HSO_3 \tag{11-75}$$

$$2(NH_4)_2SO_3 + SO_3 + H_2O = 2NH_4HSO_3 + (NH_4)_2SO_3 \tag{11-76}$$

因为亚硫酸铵和亚硫酸氢铵溶液不稳定，易与尾气中剩余氧发生副反应：

$$2(NH_4)_2SO_3 + O_2 = 2(NH_4)_2SO_4 \tag{11-77}$$

$$2NH_4HSO_3 + O_2 = 2NH_4HSO_4 \tag{11-78}$$

上述反应均为放热反应。当循环吸收液中亚硫酸铵达到一定浓度时，吸收率降低，因此除不断引出部分溶液外，还应向循环塔内连续加入氨，以调整吸收液的成分，保持吸收液中 $(NH_4)_2SO_3/NH_4HSO_3$ 浓度比例。

$$NH_3 + NH_4HSO_3 = (NH_4)_2SO_3 \tag{11-79}$$

欲得到较浓的 SO_2 气体，可将部分母液送至分解塔，加入93%的硫酸将溶液进行分解：

$$(NH_4)_2SO_3 + H_2SO_4 = (NH_4)_2SO_4 + SO_2 + H_2O \tag{11-80}$$

$$2NH_4HSO_3 + H_2SO_4 = (NH_4)_2SO_4 + 2SO_2 + 2H_2O \tag{11-81}$$

为提高分解率，一般使硫酸加入过量30%~50%，过量的硫酸再在中和塔内用氨中和。中和后的溶液为呈微碱性母液。

分解出来的高浓度 SO_2 气体，用硫酸干燥后得到纯 SO_2 气体，工业上可单独加工成液体 SO_2 产品。

工业上要求尾气回收率不低于90%。经尾气处理后，SO_2 浓度不高于 3×10^{-4}(质量分数)。

11.3 硝酸

11.3.1 硝酸的性质和用途

(1)硝酸的性质

纯硝酸(100% HNO_3)为带有窒息性与刺激性的无色液体，相对密度1.522，沸点83.4℃，熔点-41.5C，常温时能进行分解：

$$4HNO_3 = 4NO_2 + O_2 + 2H_2O \tag{11-82}$$

放出的二氧化氮溶于硝酸而呈现黄色。

硝酸能以任意比例与水混合，并放出热量。工业硝酸依 HNO_3 含量多少可分为浓硝酸(96%~98% HNO_3)和稀硝酸(45%~70% HNO_3)。

硝酸是强酸之一，氧化性很强。除金、铂及某些其他稀有金属外，各种金属都能与稀硝酸作用生成硝酸盐。但由浓硝酸与盐酸按1∶3(体积比)混合形成的“王水”却能溶解金和铂。

(2)硝酸的用途

硝酸是基本化学工业重要的产品之一，产量在各类酸中仅次于硫酸。主要用于制造肥料，如硝酸铵、硝酸钾等。用硝酸分解磷灰石可制得高浓度的氮磷复合肥。

浓硝酸最主要用于国防工业，是生产三硝基甲苯(TNT)、硝化纤维、硝化甘油等的主要原料。生产硝酸的中间产物——液体四氧化二氮是火箭、导弹发射的高能燃料。硝酸还广泛用于有机合成工业，用硝酸将苯硝化并经还原制得苯胺，硝酸氧化苯制造邻苯二甲酸，均可用于染料生产。

制造硝酸最早的方法是用浓硫酸分解硝石($NaNO_3$)。1901 年开始用电弧法，使空气中的氮和氧直接化合成一氧化氮，再进一步加工成硝酸。此法耗电量大、成本很高。1913 年世界上首次实现了采用哈伯工艺，由氮和氢气直接合成氨的工业化生产。1932 年氨氧化法生产硝酸的新工艺具有实际意义，且成本大为降低。电弧法随之被淘汰。

目前，工业硝酸均是采用氨氧化法进行生产。该工艺包括氨的接触氧化，一氧化氮的氧化和氮氧化物的吸收。用此工艺可生产浓度为45% ~60%的稀硝酸。

60 年代后，硝酸生产的技术特点是，采用大型化机组，适当地提高操作压力，采用高效设备，降低原料及能量消耗，解决尾气中氮氧化物的污染问题。

11.3.2 氨的催化氧化制 NO

(1)氨氧化反应

氨和氧可以进行下列三个反应：

$$4NH_3 + 5O_2 = 4NO + 6H_2O \qquad \Delta H = -907.28\ kJ \qquad (11-83)$$

$$4NH_3 + 4O_2 = 2N_2O + 6H_2O \qquad \Delta H = -1104.9\ kJ \qquad (11-84)$$

$$4NH_3 + 3O_2 = 2N_2 + 6H_2O \qquad \Delta H = -1269.02\ kJ \qquad (11-85)$$

除此之外，还可能发生下列副反应：

$$2NH_3 = N_2 + 3H_2 \qquad \Delta H = 91.69\ kJ \qquad (11-86)$$

$$2NO = N_2 + O_2 \qquad \Delta H = -180.6\ kJ \qquad (11-87)$$

$$4NH_3 + 6NO = 5N_2 + 6H_2O \qquad \Delta H = -1810.8\ kJ \qquad (11-88)$$

在一定温度下，几个反应的平衡常数都很大，实际上可视为不可逆反应。比较各反应的平衡常数，以式(11-85)为最大。如果对反应不加任何控制而任其自然进行，氨和氧的最终反应产物必然是氮气。欲获得所要求的产物 NO，不可能从热力学去改变化学平衡来达到目的，而只可能从反应动力学方面去努力。即要寻求一种选择性催化剂，加速反应式(11-83)，同时抑制其他反应进行。长时期的实验研究证明，铂是最好的选择性催化剂。

(2)氨氧化催化剂

目前，氨氧化用催化剂有两大类：一类是以金属铂为主体的铂系催化剂；另一类是以其他金属如铁、钴为主体的非铂系催化剂。

铂系催化剂价格昂贵，催化活性最好。具有良好的机械性能和化学稳定性，易于再生，容易点燃，操作方便。在硝酸生产中得到广泛应用。为了增加铂的机械强度，减少铂在使用过程中的损失，常用铂、铑、钯的三元合金。其成分为：93% Pt，4% Pd，3% Rh。

铂系催化剂不用载体，因为用了载体后，铂难以回收。为了使催化剂具有更大的接触面积，工业上将其做成丝网状。新铂网表面光滑而具弹性，但活性不好。为了提高活性，在使用前需进行“活化”处理。方法是用氢火焰进行烘烤，使之变得疏松、粗糙，以增大接触面积。

铂与其他催化剂一样，许多杂质都会降低其活性。空气中的灰尘和氨气中夹带的油污等会覆盖铂的活性表面，造成暂时中毒；H_2S 也会使铂网暂时中毒，尤其是 PH_3，气体中即使仅含有 0.0002%，也足以使铂催化剂永久性中毒。为保护铂催化剂，预先必须对反应气体进行净化处理。即使如此，铂网还是会随着时间的增长而逐渐中毒。因此，一般在使用 3 ~ 6 个月后就应进行再生处理。

再生的方法是将铂网从氧化炉中取出，先浸入 10% ~15% 盐酸溶液中，加热到 60 ~ 70℃，在该温度下保持 1 ~2h，然后将铂网取出用蒸馏水洗涤至水呈中性。再将其干燥并用氢火焰重新活化。活化后的铂网，活性一般可恢复正常。

铂网在硝酸生产中受到高温及气流的冲刷，表面会发生物理变化，细粒极易被气流带走，造成铂的损失。铂的损失量与反应温度、压力、网径、气流方向以及接触时间等因素有关。一般认为，温度超过 800 ~900℃，铂的损失会急剧增加。因此，常压下氨氧化时铂网温度一般为 800℃，加压时一般为 880℃。

由于铂价格昂贵，目前工业上用数层钯—金捕集网置于铂网之后来回收铂。在 750 ~ 850℃下被气流带出的铂微粒通过捕集网时，铂被钯置换。铂的回收率与捕集网数、氨氧化操作压力及生产负荷有关。常压下，用一张捕集网可回收 60% ~70% 的铂；加压氧化时，要回收 60% ~70% 的铂，需要两张甚至更多张捕集网。

非铂系催化剂氧化率不及铂网高，因此至少目前还难以完全替代铂网，多数情况下是将两者联合使用。但实践表明，由于技术及经济上的原因，节省的铂费用往往抵消不了由于氧化率低造成的氨消耗，因而非铂催化剂未能在工业上大规模应用。

(3)氨催化氧化工艺条件的选择及流程

氨催化氧化工艺要求有较高的氨氧化率，尽可能高的生产强度，较低的铂损失。具体工艺条件要求如下：

1)温度

氧化温度越高，催化剂的活性也越高。要达到 96% 以上的氨氧化率，温度不得低于 780℃。但若温度太高，超过 920℃时，铂的损失速度剧增，且副反应加剧。因此，常压下氨氧化温度取 780 ~840℃ 比较适宜。压力增高时，操作温度可相应提高，但不应超过 900℃。

2)压力

氨氧化反应实际上可视为不可逆反应，压力对于 NO 产率影响不大，但是加压有助于反应速度的提高。尽管加压(如 0.8 ~1.0 MPa)氧化导致氨氧化率有所降低，但由于反应速度的提高可使催化剂的生产强度增大。尤其是压力提高可大大节省 NO 氧化和 NO_2 吸收所用的昂贵不锈钢设备。生产中究竟采用常压还是加压操作，应视具体条件而定。一般加压氧化采用 0.3 ~0.5 MPa，国外有采用 1.0 MPa。也有采用综合法流程，即氨氧化采用常压，NO_2 吸收采用加压，以兼顾两者之优点。

3)接触时间

接触时间应适当。时间太短，氨气体来不及氧化，致使氧化率降低；但若接触时间太长，氨在铂网前高温区停留过久，容易被分解为氮气，同样也会降低氨氧化率。

当铂网规格一定时，接触时间与网数成正比，而与处理的气量成反比。为了避免氨过早氧化，常压下气体在接触网区内的流速不低于0.3m/s。加压操作时，由于反应温度较高，宜采用大于常压时的气速。但最佳接触时间一般不因压力而改变。故在加压时增加网数的原因就在于此。

另外，催化剂的生产强度与接触时间有关，在其他条件一定时，铂催化剂的生产强度与接触时间成反比，即与气流速度成正比。从提高设备的生产能力考虑，采用较大的气速是适宜的。尽管此时氧化率比最佳气速时稍有减小，但从总的经济效果衡量是有利的。

4)混合气体组成

氨氧化的混合气中，氧和氨的比值(O_2/NH_3)是影响氨氧化率的重要因素之一。增加混合气中氧浓度，有利于氨氧化率的增加；增加混合气中的氨浓度，则可提高铂催化剂的生产强度。因此，选择O_2/NH_3比值时需全面考虑硝酸制造过程，除氨氧化需氧外，后工序NO氧化仍需要氧气。在选择O_2/NH_3比时，还要考虑NO氧化所需的氧量。为此，需考虑总反应式：

$$NH_3 + 2O_2 \xlongequal{} HNO_3 + H_2O \qquad (11-89)$$

式中，$O_2/NH_3=2$，配制$O_2/NH_3=2$的氨空气混合气，则可计算出氨浓度为$[NH_3]=9.5\%$。因此，在氨氧化时，若氨的浓度超过9.5%，则在后工序NO氧化时必须补加二次空气。

氧氨比在1.7~2.0时，对于保证较高的氨氧化率是适宜的。工业生产中，为提高生产能力，一般均采用较9.5%更高的氨浓度，通常往氨-空气混合物中加入纯氧配成氨—富氧空气混合物。必须注意，氨在混合气中的含量不得超过12.5%~13%。否则便有发生爆炸的危险。若在氨—富氧空气中加入一些水蒸气，可以降低爆炸的可能性，从而可适当提高NH_3和氧的浓度。

5)爆炸及其预防措施

氨-空气混合气中，当氨的浓度在一定范围内，一旦遇到火源便会引起爆炸，此时氨的最小浓度称为该混合气体的最低爆炸极限；氨的最大浓度称为最高爆炸极限；从最低到最高这一范围统称为爆炸极限。爆炸极限越宽，气体混合物越容易爆炸。爆炸极限与混合气体的温度、压力、氧含量、气体流向、容器的散热速度等因素有关。当气体的温度、压力及氧含量增高，气体自下而上通过，容器散热速度减小时，爆炸极限变宽。反之，则不易发生爆炸。

11.3.3 NO氧化制NO_2

NO只有在氧化为NO_2后，才能被水吸收，制得硝酸。一氧化氮与氧的反应如下

$$2NO + O_2 \xlongequal{} 2NO_2 \quad \Delta H = -112.6\ \text{kJ} \qquad (11-90)$$

$$NO + NO_2 \xlongequal{} N_2O_3 \quad \Delta H = -40.2\ \text{kJ} \qquad (11-91)$$

$$2NO_2 \xlongequal{} N_2O_4 \quad \Delta H = 56.9\ \text{kJ} \qquad (11-92)$$

上述三个反应均为放热和体积减小的可逆反应，提高压力、降低温度有利于平衡右移，即有利于NO氧化反应进行。三个反应，以第一个为最慢，是整个氧化过程的控制步骤。为了加快NO氧化速度，提高氧化度，必须了解该反应的热力学和动力学。

工业生产中，氮氧化物气体中一般都含有一定量的NO、NO_2、N_2O_3、N_2O_4、O_2等气体，当达到平衡时，NO氧化的K_P是随着温度的降低而增大的。当温度在200℃以下，NO

氧化率几乎可达100%。

在常压下温度低于100℃或0.8 MPa下温度低于200℃，一氧化氮的氧化率$\alpha(NO)$几乎为100%；当温度为800℃时，$\alpha(NO)$几乎为零。换言之，在这种情况下，NO_2几乎完全分解为NO和O_2。

从上述讨论可知，NO氧化的良好条件是：加压、低温及最适宜的气体浓度。

氮氧化物自氨氧化产生，经余热回收后，一般可冷至200℃左右。为了使NO进一步氧化，需将气体进一步冷却，且温度越低越好。但气体中由于含有水蒸气，在达到露点时，水蒸气开始冷凝，会有部分氮氧化物溶解在水中形成冷凝酸。这样降低了气体中氮氧化物浓度，不利于以后的吸收操作。

为了解决这一问题，必须将气体快速冷却，使其中的水分很快冷凝。同时，使NO来不及充分氧化成NO_2，减少NO_2的溶解损失。工业上一般采用快速冷却器冷却氮氧化物气体，随后进行干法氧化或湿法氧化。

干法氧化是将气体通过一个氧化塔，保持足够的停留时间，以达到充分氧化之目的。实际上，NO在输送管道中往往已有相当一部分氧化，而无需另设氧化塔。

湿法氧化是将气体通入塔内，塔中采用较浓的硝酸喷淋。NO和O_2在气相空间、气液相界面及液相主体进行氧化反应。由于硝酸的存在，加速了NO的氧化，其反应式为：

$$2HNO_3 + NO \longrightarrow 3NO_2 + H_2O \tag{11-93}$$

湿法氧化较干法氧化有许多优点，湿法氧化时，大量喷淋酸移去了反应热，降低了氧化温度，且NO氧化在液相中反应速度也较快。

例11-4 某实验得出某反应的速度常数与反应温度的关系如图11-28所示。试分析其合理性。

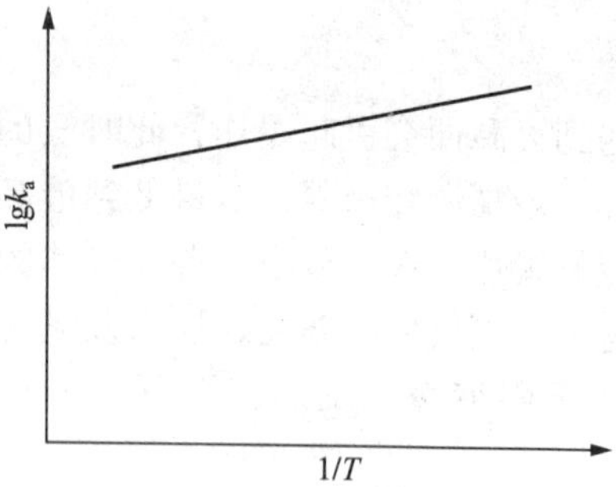

图11-28 某反应的速度常数与反应温度的关系

【分析】

根据阿仑尼乌斯定律：

$$k = A\exp\left[-\frac{E}{RT}\right] \tag{11-94}$$

$$\lg k = -\frac{E}{RT} + C \tag{11-95}$$

该反应速度常数与温度的关系出现异常，反应速度常数随着温度的上升而减小，不符合阿仑尼乌斯定律。换句话说，如果服从阿仑尼乌斯定律，则反应活化能应为负值，反应活化能为小于0显然不合理。

应当指出，描述反应速度常数的阿仑尼乌斯定律只能完全符合本征反应(基元反应)，而由多步反应组成的非本征体系并非完全服从。所以由上述实验结果可以判断该反应并非基元反应，k_a是表观速度常数。

现在以NO氧化生成NO_2的反应为例加以说明。实验证明NO氧化生成NO_2速度方程式可写成：

$$r_{(NO_2)} = kp_{(NO)}^2 p_{(O_2)} \tag{11-96}$$

式中，k为反应速度常数。该反应速度常数是随着温度的上升而减小的。对这种反常现象，前苏联学者古兹和马林的理论解释是这样的，NO氧化除了在气相中进行外，更主要是在气液相界面和液相中进行的，其步骤有：

(1)在相界面上，NO以很快的速度迭合成$(NO)_2$

$$2NO = (NO)_2 \tag{11-97}$$

(2)在气液相界面及液相中，$(NO)_2$ 与 O_2 作用

$$(NO)_2 + O_2 = N_2O_4 \tag{11-98}$$

$$(NO)_2 + O_2 = 2NO_2 \tag{11-99}$$

(3)当气液相界面积很大时，可能生成络合分子：

$$NO + O_2 = NO \cdot O_2 \tag{11-100}$$

$$NO \cdot O_2 + NO = 2NO_2 \tag{11-101}$$

第(1)步反应很快，瞬间可达平衡，平衡常数为：

$$K_1 = \frac{p_{[(NO)_2]}}{p_{(NO)}} \tag{11-102}$$

第(2)步反应为最慢，是决定总速度的控制步骤，其反应速度为：

$$r_{(NO_2)} = \frac{dp_{(NO)_2}}{dt} = k_2 p_{(NO)_2} p_{(O_2)} \tag{11-103}$$

联立上述两个方程解得

$$\begin{aligned} r_{(NO_2)} &= \frac{dp_{(NO)_2}}{dt} \\ &= k_1 k_2 p^2_{(NO)} p_{(O_2)} \\ &= k_a p^2_{(NO)} p_{(O_2)} \end{aligned} \tag{11-104}$$

式中，表观速度常数 $k_a = k_1 \cdot K_2$。K_1 为平衡常数，由于放热反应，K 随着温度升高而减小；而 K_2 与一般反应速度常数一样，随着温度升高而增大。但两者随温度变化增加或减小的幅度是不一样的。K 值减小的幅度超过 k_2 值增加的幅度，所以总的结果仍表示出温度升高，K 值减小。

如果把阿仑尼乌斯定律应用于表观速度常数 $k_a = K \cdot k_2$，则

$$k_a = \frac{k_{1+}}{k_{1-}} \times k_2 \tag{11-105}$$

$$\begin{aligned} A\exp\left[\frac{E_a}{RT}\right] &= A \times \frac{\exp\left[-\frac{E_{1+}}{RT}\right]}{\exp\left[\frac{E_{1-}}{RT}\right]} \times \exp\left[-\frac{E_2}{RT}\right] \\ &= A\exp\left[\frac{E_{1+} - E_{1-}}{RT}\right] \times \exp\left[-\frac{E_2}{RT}\right] \\ &= A\exp\left[-\frac{\Delta H}{RT}\right] \times \exp\left[-\frac{E_2}{RT}\right] \\ &= A\exp\left[-\frac{\Delta H + E_2}{RT}\right] \end{aligned} \tag{11-106}$$

所以，$E_a = \Delta H + E_2$

对于放热反应，ΔH 为负值，由于放热值大于活化能 E_2，则表观活化能为小于 0 的负值。所以，所以总的结果表现出温度升高，k_a 值减小。但本征反应(基元反应)的活化能一定是大于 0 的。

11.3.4 氮氧化物吸收制硝酸工艺

(1)氮氧化物吸收的反应

除一氧化氮外，其他氮氧化物均能与水作用：

$$2NO_2 + H_2O \xlongequal{\quad} HNO_3 + HNO_2 \quad \Delta H = -116.1\ kJ \qquad (11-107)$$

$$N_2O_4 + H_2O \xlongequal{\quad} HNO_3 + HNO_2 \quad \Delta H = -59.2\ kJ \qquad (11-108)$$

$$N_2O_3 + H_2O \xlongequal{\quad} 2HNO_2 \quad \Delta H = -55.7\ kJ \qquad (11-109)$$

在吸收过程中，N_2O_3 含量极少，可以忽略。此外，HNO_2 只有在 0℃以下及浓度极小时才较稳定，在工业生产条件下，它会迅速分解。

$$3HNO_2 \xlongequal{\quad} HNO_3 + 2NO + H_2O \quad \Delta H = 75.9\ kJ \qquad (11-110)$$

用水吸收氮氧化物的总反应式可概括为：

$$3NO_2 + H_2O \xlongequal{\quad} 2HNO_3 + NO \quad \Delta H = -136.2\ kJ \qquad (11-111)$$

由此可见，用水吸收 NO_2 时，只有 2/3 NO_2 转化为 HNO_3，而 1/3 NO_2 转化为 NO。工业生产中，需将这部分 NO 重新氧化和吸收。正是由于 NO_2 的吸收和 NO 氧化同时交叉进行，使整个吸收过程比较复杂。

吸收反应为放热的及分子数减少的可逆反应。由化学平衡基本原理知，提高压力降低温度对平衡有利。尽管低浓度硝酸有利于吸收，但成品酸浓度也较低。反之，如果硝酸浓度高于60%，吸收过程很难进行。总之，从化学平衡来讲，在一般条件下，用硝酸水溶液吸收氮氧化物气体，成品酸所能达到的浓度是有一定限制的，常压法制得不超过 50% 硝酸；加压法制得最高浓度不超过 70% 硝酸。

(2) 氮氧化物吸收影响因素

1) 温度

吸收过程的反应，除亚硝酸分解是吸热反应外，其余均为放热反应。降低温度，有利于平衡向生成硝酸方向移动。例如夏季温度高，常压下产品酸浓度难以超过 47% ~48%；而在冬季，由于温度低，成品酸可达 50% 以上。

同时，降低温度有利于 NO 氧化，且可以减小反应体积，对提高设备生产强度及总吸收度的增加都是有利的。

由于 NO_2 吸收和 NO 氧化放出大量的热，因此在吸收过程中要及时除去这些热量以保证较低的吸收温度。工业生产中一般用冷却水，氮氧化物吸收温度维持在 20 ~35℃。若要进一步降温，需利用液氨冷却盐水移去反应热，可使吸收温度降至 0℃左右。

2) 压力

提高压力，不仅可使吸收平衡向生成硝酸的方向移动以制得更浓的产品酸，而且对硝酸生成的速度有很大影响。这是因为 NO 氧化所需的空间几乎与压力三次方成反比，加压可以大大节省制作吸收塔昂贵的不锈钢材料用量，节省设备投资。

应该注意，压力不可选择太高，如果压力过高，一则动力消耗增加，二则吸收设备对材料的要求更为苛刻。因此，最适宜吸收压力的选择，要视吸收塔、压缩机、尾气膨胀机的价格、电能消耗及对成品酸浓度的要求等一系列因素而定。目前，除常压操作外，加压操作压力在 0.7 ~0.9 MPa 之间，国外也有采用 1.3 ~1.7MPa 下操作的实例。

3) 气体组成

要提高 HNO_3 浓度，必须增加 NO_2 浓度，即尽可能提高进入吸收塔气体的氧化度 α(NO)，同时要尽可能减少溶解在水中的 NO_2 量。工业生产通常采用快速冷却器，除去水分后，将气体充分氧化，然后进入吸收塔。

气体进入吸收塔的位置对吸收过程也有影响。从气体冷却器出口的气体温度约在 40 ~45℃，考虑到管道中 NO 继续氧化，实际上进入第一吸收塔塔底的气体温度可升高到 60 ~

80℃。若气体中尚有较多的 NO 未氧化为 NO_2，而且温度又较高，则氮氧化物遇到浓度为 45% 的硝酸，不仅难以吸收，而且 HNO_3 容易分解。此时，第一吸收塔只起氧化作用，生产成品酸的位置就会移到第二吸收塔。为了使第一吸收塔出成品酸，常压下气体应当从第一吸收塔的塔顶加入。当气体由上而下流过第一塔时，在塔的上半部可能继续氧化，而在塔的下半部被吸收，这样成品酸就可以从第一塔导出，同时也提高了吸收效率，实践证明这一工艺是可行的。

当氮－空气混合气中氧浓度大于 9.5% 时，在吸收部分必须补加二次空气。由于 NO 氧化与 NO_2 吸收同时进行，以致于很难确定最适宜的氧含量。通常是控制吸收后尾气中氧浓度在 3% ~5% 左右，尾气中的氧含量太高，说明前面补加的二次空气量太大，稀释了氮氧化物浓度，导致处理气量大，阻力高。反之，若尾气中氧含量太低，说明补加空气量少，不利于 NO 氧化。实际生产中，为了简化流程，一般采用空气一次或两次加入吸收系统。

在氨催化氧化时，若采用纯氧或富氧空气，不仅能提高氨的氧化率，而且有利于吸收操作。采用的氧含量越高，吸收容积系数越小。若在加压操作的同时，采用高氧空气，则混合气体中氨含量、氧化率、成品酸产量及浓度都能相应提高。

(3) 氮氧化物吸收工艺流程

用水吸收氮氧化物制造稀硝酸可分为常压吸收和加压吸收两种流程。反应中放出的大量热，可采用直接或间接冷却方式除去。在吸收系统的前部，反应热较多，此处要求较大的冷却面积；在吸收系统的后部，反应热较少，相应的冷却设备面积可以小些，以致于在最后可以利用自然冷却来清除热量。

常压法吸收热是靠大量循环酸除去的，若只用一个吸收塔，势必要求塔顶喷淋酸浓度高，硝酸液面的平衡分压较大，相应的尾气中氮氧化物含量增高，致使总吸收度降低。因此，常压吸收通常要用 6 ~8 个吸收塔以保证获得一定浓度的稀硝酸。吸收塔按气液逆流方式组合，即后一个塔的吸收液，经冷却后逐一向前一塔转移，其中第一及第二吸收塔为成品酸产出塔。常压吸收塔多采用填料塔，用花岗岩、塑料及耐酸不锈钢等材料制造。

工业生产中，成品酸浓度越高，氮氧化物溶解量越大，酸呈现黄色。为了减少酸中氮氧化物损失及提高成品酸的质量，需要在成品酸被送往酸库之前，将酸中溶解的氮氧化物解吸出来，这一工序称之为“漂白”。

对于加压吸收，一般选用 1 ~2 个吸收塔。加压吸收通常采用筛板搭，一般内装塔板 30 ~40 块。为移去反应热，在塔板上设置冷却蛇管，依靠冷却介质间接换热。吸收塔从底部到顶部可分为漂白、氧化及吸收三个区域。塔的整体均需用不锈钢材料制作。

11.3.5 稀硝酸生产工艺流程

稀硝酸生产流程按操作压力不同分为常压法、加压法及综合法三种流程。工艺流程的优劣，主要决定于技术经济指标和投资费用，具体包括氨耗、铂耗、电耗及冷却水消耗等。

常压法是指氨的氧化和氮氧化物的吸收均是常压下进行的。优点是由于氨的氧化压力低，所以氨的氧化率高，铂损耗低，设备简单，吸收塔生产水平要求低。缺点是氮氧化物的吸收压力低，导致成品酸浓度低，吸收不完全，尾气需要进行处理，吸收容积大，占地多。

加压法是指氨氧化和氮氧化物吸收均在加压下进行(中压法，高压法)。优点是氮氧化物的吸收吸收压力高，所以硝酸浓度高，尾气 NO_x 浓度低，吸收容积小，能量回收率高。缺点是氨的氧化加压，导致氨的氧化率低，铂损耗大。

综合法是氨常压氧化，氮氧化物加压吸收。从降低氨耗、提高氨利用率角度来看，综合法具有明显的优势。它兼有常压法和加压法两者的优点。产品酸浓度47%～53%。采用氧化炉和废热锅炉联合装置，设备紧凑，节省管道，热损失小。但是纸板过滤器易烧毁。

图11－29为综合法生产稀硝酸的典型工艺流程。采用带有透平装置的压缩机，降低电能消耗；采用泡沫筛板吸收塔，吸收效率高达98%。

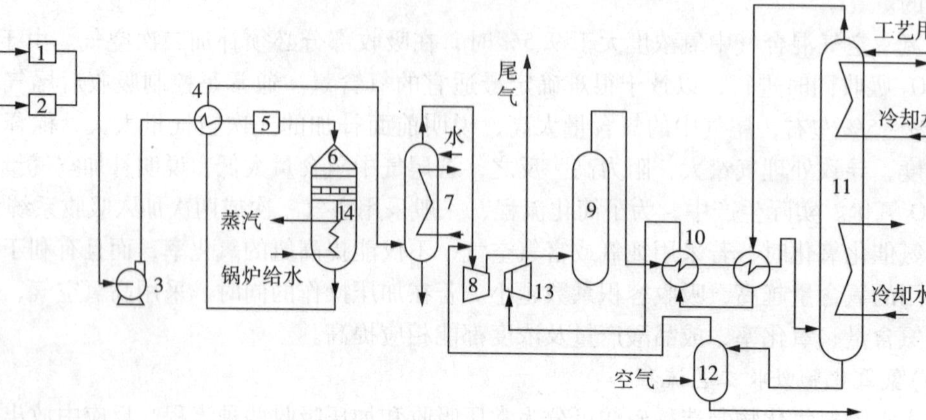

图11－29　综合法生产稀硝酸示意流程

1—氨过滤器；2—空气过滤器；3—混合气鼓风机；4—混合气预热器；5—过滤器；6—氧化炉；7—气体冷却洗涤器；8—透平压缩机；9—氧化器；10—尾气预热器；11—吸收塔；12—漂白塔；13—尾气透平；14—废热锅炉

11.3.6　硝酸生产尾气的处理

如前所述，尾气中仍含有少量的氮氧化物，含量多少取决于操作压力。如果将尾气直接放空，势必造成氮氧化物损失和氨耗增加，不仅提高了生产成本，而且严重污染大气环境。因此，尾气放空之前必须严格处理。

国际上对硝酸尾气排放标准日趋严格，一般 NO_x 排放浓度不得大于 2×10^{-4}（质量分数）。为此，曾对硝酸尾气治理做了大量研究工作，开发了多种治理方法，归结起来有以下三种：

(1)溶液吸收法

溶液吸收法是硝酸尾气治理最早采用的方法，以碱液吸收法最为典型。该方法简单易行，处理量大，适用于尾气中 NO_x 含量较高的常压法硝酸生产。其不足之处是难以将尾气中 NO_x 降到 2×10^{-4}（质量分数）以下。

碳酸钠吸收 NO_x 的化学反应为：

$$Na_2CO_3 + N_2O_3 = 2NaNO_2 + CO_2 \qquad (11-112)$$

$$Na_2CO_3 + 2NO_2 = NaNO_2 + NaNO_3 + CO_2 \qquad (11-113)$$

由此可见，当尾气中NO和 NO_2 比例为1∶1时，生成 $NaNO_2$；若 NO_2 量多于NO，则生成的产品除 $NaNO_2$ 外，还有 $NaNO_3$。应该指出，尾气中NO和 NO_2 比例是根据 NO_x 浓度、氧浓度及气体在吸收塔中停留时间而确定的。

实际生产中，碳酸钠浓度一般控制在200～250g/L。若浓度太低，溶液循环量太大，输送及蒸发能耗剧增；若浓度太高，将会影响吸收速度。在吸收塔内，溶液不断进行循环吸收，直到溶液中含 $NaNO_2$ 250～350g/L；$NaNO_3$ 40～60g/L；Na_2CO_3 3～8g/L时为止。

如果希望全部生成硝酸钠，可用稀硝酸进一步将亚硝酸钠“转化”：

$$3NaNO_2 + 2HNO_3 = 3NaNO_3 + 2NO + H_2O \quad (11-114)$$

生成的 NO 可以送回硝酸吸收塔进一步氧化吸收。

转化操作必须保持反应温度 90 ~ 95℃，并通入空气搅拌。在转化后期，为了加速反应，宜将温度提高到 100 ~ 105℃，酸度不低于 10g/L，反应后溶液内剩余 $NaNO_2$ 含量低于 0.05g/L。最后将此溶液中和，离开转化器的溶液组成为 $NaNO_3$320 ~ 450g/L；$NANO_2$0.05g/L；Na_2CO_3 0.3g/L。经进一步浓缩、结晶，制得成品硝酸钠。

(2) 固体吸附法

此方法是以分子筛、硅胶和活性炭等作吸附剂来吸附 NO_x。其中以活性炭吸附容量最高，分子筛次之，硅胶最低。但是分子筛基本上不吸附 NO，只有在氧存在条件下，分子筛能将 NO 催化氧化为 NO_2 后加以吸附。国内曾对丝光沸石分子筛做过许多研究，结果表明，该方法可将硝酸尾气中 NO_x 脱除到 2×10^{-4}(质量分数)以下。

固体吸附法的优点是净化度高，当吸附剂失效后，可用热空气或水蒸气将其再生。但是固体吸附法容量小，当尾气中 NO_x 含量高时，吸附剂需要量很大，且吸附再生周期短。因此，该方法在工业上未能得到广泛应用。

(3) 催化还原法

催化还原法的特点是脱除 NO_x 效率高，并且不存在湿法吸收伴生副产品及废液的处理问题。气体在加压时，还可以采用尾气膨胀透平回收能量。是目前被广泛采用的硝酸尾气治理方法之一。

催化还原法依还原气体不同，可分为选择性还原和非选择性还原两种方法。前者采用氨作还原剂，将 NO_x 还原为 N_2：

$$8NH_3 + 6NO_2 = 7N_2 + 12H_2O \quad (11-115)$$

$$4NH_3 + 6NO = 5N_2 + 6H_2O \quad (11-116)$$

所用催化剂以铂最为有效，一般以三氧化二铝为载体，铂含量为 5%，可制成粒状或球形结构。反应温度 200 ~ 300℃，氨过量 20% ~ 50%，空速高达 $150000h^{-1}$。此法可将尾气中 NO_x 降至 2×10^{-4}(质量分数)以下。

非选择性还原法是在催化剂存在下将尾气中的 NO_x 和 O_2 一同除去。还原气体可采用天然气、炼厂气及其他燃料气，其反应为：

$$CH_4 + 2O_2 = CO_2 + 2H_2O \quad (11-117)$$

$$CH_4 + 4NO_2 = 4NO + CO_2 + 2H_2O \quad (11-118)$$

$$CH_4 + 4NO = 2N_2 + CO_2 + 2H_2O \quad (11-119)$$

非选择性还原最好的催化剂是钯和铂，通常以 0.5% 含量载于三氧化二铝载体上。应该注意，钯对硫中毒极为敏感，用钯作催化剂时，燃料气需预先脱硫。

用 CH_4 作还原剂时反应温度高，尾气需预热，且因每 1% 的 O_2 与 CH_4 反应会使催化剂床层温升 130 ~ 140℃，而催化剂及设备材质允许最高温度为 780℃。因此，当氧含量大于 2.6% 时，必须分两段转化，并回收反应放出的大量热。

11.3.7 浓硝酸的生产

浓硝酸制备通常有间接法和直接法。间接法是在稀硝酸中加入脱水剂并经浓缩制成浓硝酸；直接法则是将氮氧化物、氧和水直接合成。另外，尚有采用氨氧化、超共沸生产和精馏的浓硝酸生产方法。

(1)稀硝酸的浓缩

浓硝酸不能由稀硝酸蒸馏制取，因为 HNO_3 和 H_2O 会形成二元共沸物。在 0.1 MPa 下，共沸点温度为 120.05℃，硝酸浓度为 68.4%。

为了制造浓硝酸，可加入“脱水剂”，其作用就在于破坏共沸混合物。作为脱水剂的要求是：能大大降低硝酸液面上的水蒸气分压；同时要求脱水剂本身蒸汽压应极小，热稳定性好，不与硝酸反应，对设备腐蚀性小，来源广泛，价格便宜。工业上常用的脱水剂有浓硫酸和碱土金属的硝酸盐。其中以硝酸镁最为普遍。

纯硝酸镁为三斜晶系的无色结晶，具有极强的吸水性，可生成 1、2、3、6、9 个分子结晶水的硝酸镁[$Mg(NO_3)_2 \cdot xH_2O$]。将硝酸镁溶液加入稀硝酸中，生成 $HNO_3 - H_2O - Mg(NO_3)_2$ 的三元混合物，硝酸镁吸收稀硝酸中的水分，使水蒸气分压大大降低。加热此三元混合物蒸馏出高浓度 HNO_3。

用硝酸镁法浓缩稀硝酸，多采用填料塔进行操作。

(2)氨直接合成浓硝酸

以氨为原料直接合成浓硝酸，首先必须制得液态 N_2O_4，将其按一定比例与水混合，加压通入氧气，按下列反应式合成出浓硝酸。

$$2N_2O_4(l) + O_2(g) + 2H_2O(l) = 4HNO_3 \qquad \Delta H = -78.9\ kJ \tag{11-120}$$

工艺过程包括以下几个步骤：

1)氨的接触氧化。这一步骤的生产工艺与稀硝酸生产情况相同，此不赘述。

2)氮氧化物气体的冷却和过量水的排出。以氨为原料用吸收法制造浓硝酸总反应为：

$$NH_3 + 2O_2 = HNO_3 + H_2O \tag{11-121}$$

按该反应，只能得到浓度为 77.8% 的硝酸。为了得到 100% HNO_3，必须将多余水除去。通常采用快速冷却器除去系统中大部分水，同时减少氮氧化物在水中的溶解损失。然后采用普通冷却器进一步除去水分并将气体降温。

3)NO 的氧化

NO 氧化分两步进行。首先用空气中的氧将 NO 氧化，使氧化度达到 90% ~ 93%，然后用浓硝酸(98%)进一步氧化，反应如下：

$$NO + 2HNO_3 = 3NO_2 + H_2O \tag{11-122}$$

如果采用加压操作将 NO 氧化，就不必用浓硝酸，而仅用空气中的氧即可将 NO 氧化完全。

4)液态 N_2O_4 的制造

将 NO_2 或 N_2O_4 冷凝便可制得液态 N_2O_4。在 −20 ~ 20℃ 温度范围内，液态 N_2O_4 的蒸气压 p 与温度的关系为：$\lg p = 14.61gT - 33.1573$

由此可见，温度越低，则 N_2O_4 的平衡蒸气压越小，冷凝就越完全。实际操作一般将冷凝过程分两步进行。首先用水冷却，然后用盐水冷却。盐水温度约 −15℃，冷凝温度可达 −10℃。低于 −10℃时，N_2O_4 会析出固体，堵塞管道和设备，恶化操作。

5)N_2O_4 合成硝酸

直接合成浓硝酸的反应包括如下步骤：

$$N_2O_4 = 2NO_2 \tag{11-123}$$

$$2NO_2 + H_2O = HNO_3 + HNO_2 \quad (11-124)$$

$$3HNO_2 = HNO_3 + H_2O + 2NO \quad (11-125)$$

$$2HNO_2 + O_2 = 2HNO_3 \quad (11-126)$$

$$2NO + O_2 = 2NO_2 = N_2O_4 \quad (11-127)$$

有利于直接合成浓硝酸的条件是：提高操作压力；控制一定的反应温度；采用过量的 N_2O_4 及高纯度的氧，并加以良好的搅拌。

原料配比对反应速度影响甚大，从反应式看，$N_2O_4 : H_2O = 92 : 18 = 5.11 : 1$。若按比例合成浓硝酸，即使采用很高的压力，反应时间仍需很长。若能增加原料配比，可大大缩短反应时间。实际生产中最适宜的原料配比，是以最低费用为目标来确定的。一般采用配料比 6.82 左右。相当于原料中含有 25% ~30% 过剩量的 N_2O_4。

此外，氧的用量及纯度也十分重要。一般氧的耗用量为理论量的 1.5 ~1.6 倍，氧的纯度为 98%。若氧的纯度降低，则难以得到纯硝酸。

直接合成浓硝酸的工艺流程有早期的霍科(Hoko)法，20 世纪 60 年代末出现了考尼亚(Conia)、萨拜(Sabar)、住友(Sumitomo)等法。住友法浓硝酸和稀硝酸联合生产工艺流程见图 11 -30。

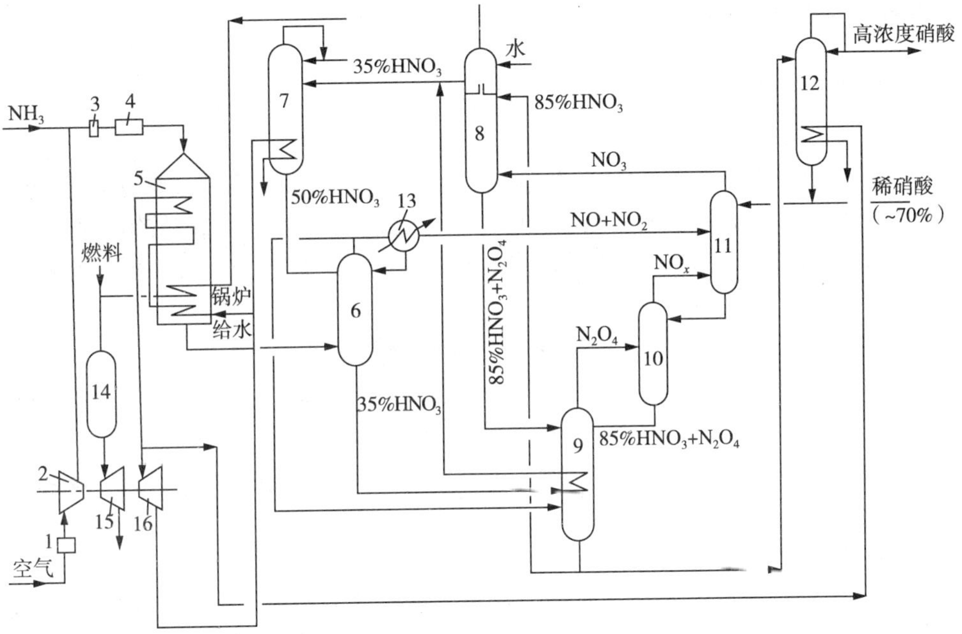

图 11 -30　住友法浓硝酸和稀硝酸联合生产工艺流程

1，3—过滤器；2—空气压缩机；4—氨燃烧器；5—废热锅炉；6—分解冷凝器；7—稀硝酸精馏塔；8—NO_2 吸收塔；9—漂白塔；10—反应器；11—尾气吸收塔；12—浓硝酸精馏塔；13—冷凝器；14—尾气燃烧器；15—尾气透平；16—蒸汽透平

11.4　纯碱

11.4.1　纯碱的性质和用途

纯碱的化学名即碳酸钠(Na_2CO_3)，也称为苏打或碱灰，为无水、白色粉末。相对分子

质量106.00，相对密度2.533，熔点851℃，易溶于水并能与水生成$Na_2CO_3 \cdot H_2O$(商品名碳氧)、$Na_2CO_3 \cdot 7H_2O$和$Na_2CO_3 \cdot 10H_2O$(又称晶碱或洗涤碱)三种水合物。微溶于无水乙醇，不溶于丙酮。工业产品的纯度在99%左右，依颗粒大小、堆积密度的不同，可分为超轻质纯碱、轻质纯碱和重质纯碱，其堆积密度(t/m^3)分别为0.33~0.44，0.45~0.69，0.8~1.1。

纯碱是一种强碱弱酸生成的盐，它的水溶液呈碱性，并能与强酸发生反应，如：

$$Na_2CO_3 + 2HCl = 2NaCl + H_2O + CO_2\uparrow \tag{11-128}$$

在高温下，纯碱可分解为氧化钠和二氧化碳，反应式如下：

$$Na_2CO_3 = Na_2O + CO_2\uparrow \tag{11-129}$$

另外，无水碳酸钠长期暴露于空气中能缓慢地吸收空气中的水分和二氧化碳，生成碳酸氢钠。

$$Na_2CO_3 + H_2O + CO_2 = 2NaHCO_3 \tag{11-130}$$

纯碱是一种重要的基本化工原料，年产量在一定程度上可以反映出一个国家化学工业发展的水平。纯碱的主要用途，用于生产各种玻璃，制取各种钠盐和金属碳酸盐等化学品；其次用于造纸、肥皂和洗涤剂、染料、陶瓷、冶金、食品工业和日常生活。因此，纯碱在国民经济中占有极为重要的地位。

11.4.2 纯碱的工业生产方法

(1)路布兰法生产纯碱

1791年，法国人路布兰提出用食盐和硫酸反应制取纯碱的方法。该法以食盐、硫酸、煤和石灰石为原料，首先用食盐和硫酸反应生成硫酸钠，而后将无水硫酸钠、石灰石及煤混合后置于反射炉内加热到950~1000℃，即生成碳酸钠。经过浸取、浓缩而得纯碱。主要化学反应为：

$$2NaCl + H_2SO_4 = Na_2SO_4 + 2HCl \tag{11-131}$$

$$Na_2SO_4 + 2C = Na_2S + 2CO_2\uparrow \tag{11-132}$$

$$Na_2S + CaCO_3 = Na_2CO_3 + CaS \tag{11-133}$$

该法由于原料利用率低，产品质量差，成本高，生产过程不连续等原因，越来越不能满足工业发展的需要，目前已被完全淘汰。

(2)氨碱法生产纯碱

1861年，比利时人苏尔维(E·solvay)提出了氨碱法制纯碱，也称苏尔维法。苏尔维法生产纯碱主要是采用食盐、石灰石、焦炭和氨为原料。主要化学反应为：

$$CaCO_3 = CaO + CO_2 \tag{11-134}$$

$$CaO + H_2O = Ca(OH)_2 \tag{11-135}$$

$$NaCl + NH_3 + H_2O + CO_2 = NaHCO_3\downarrow + NH_4Cl \tag{11-136}$$

$$2NaHCO_3 = Na_2CO_3 + CO_2\uparrow + H_2O \tag{11-137}$$

$$2NH_4Cl + Ca(OH)_2 = CaCl_2 + 2NH_3 + H_2O \tag{11-138}$$

该法具有原料来源方便，生产过程连续，成本低，产量高等优点，至今仍在纯碱生产中广泛采用。

(3)联合法生产纯碱和氯化铵

1942年，中国著名化学家、制碱泰斗侯德榜先生提出了联合制碱法，首次提出肥料与纯碱生产联合，该法原料利用率高，产品质量好，成本低，是目前工业化生产中采用的主要方法之一。除此之外，还有天然碱加工法等。

该法主要采用食盐、氨、以及合成氨生产过程中所副产的二氧化碳气体为原料，同时生产纯碱和氯化铵肥料，将合成氨和纯碱两大工业联合，故简称“联合制碱”或“联碱”。

11.4.3 氨碱法生产纯碱

氨碱法主要生产过程包括盐水制备、石灰石煅烧、氨盐水制备及其碳酸化、重碱的分离及煅烧、氨回收等。如图 11－31 所示。

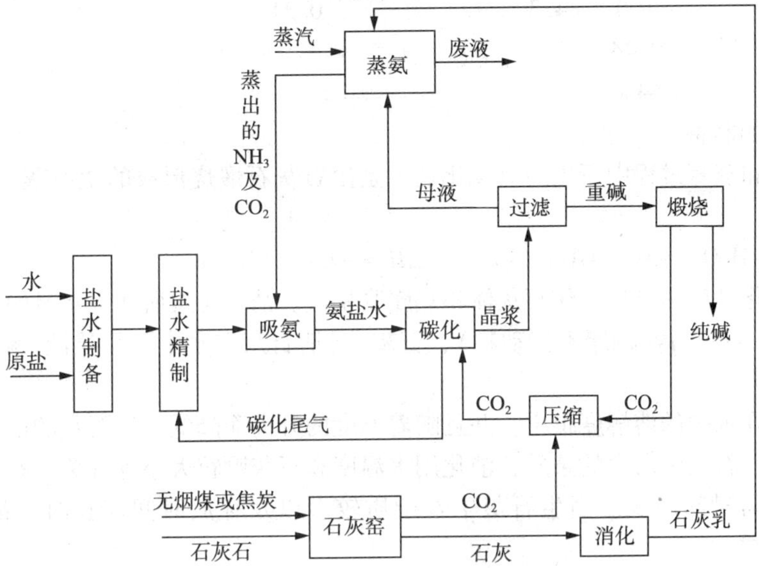

图 11－31　氨碱法示意流程图

(1) *石灰石煅烧与石灰乳制备*

氨碱法生产纯碱需要大量的二氧化碳和石灰乳，前者供氨盐水碳化之用，后者供蒸氨之用。石灰及二氧化碳可由煅烧石灰石而得，生石灰经消化即得石灰乳。

1) *石灰石煅烧*

石灰石中含碳酸钙 95% 左右，另含 $MgCO_3$ 及少量 SiO_2、Fe_2O_3 及 Al_2O_3 等约 2% ~4%，煅烧时的主要反应为：

$$CaCO_3(s) \longrightarrow CaO(s) + CO_2(g) \quad \Delta H = 179.6\ kJ/mol \qquad (11-139)$$

这是一个体积增加、吸热的可逆反应。根据平衡移动原理，升高温度及降低 CO_2 分压可使平衡向右移动。通过计算可知理论上二氧化碳分压达 0.1 MPa 时石灰石的分解温度为 1180K。

石灰石煅烧吸收的热量通常由加入窑内的焦炭或无烟煤燃烧提供，再鼓入空气，使燃料充分燃烧，以提供更多的能量。石灰石煅烧以后，产生的气体统称为窑气。窑气中产生的 CO_2 主要是 $CaCO_3$ 的分解，另外，鼓入空气使燃料燃烧也产生一部分 CO_2，并带入一定量的氮气。氮和过量的氧都将降低 CO_2 浓度。实际生产中，窑气 CO_2 浓度一般为 40% ~43%，窑气经冷却、净化、压缩后备用。

例 11－5　已知某石灰石中含 92%（质量）的 $CaCO_3$ 和 2%（质量）的 $MgCO_3$，燃料中含

固定碳为 84%，配焦率(F)为 6.8%，试计算所得窑气中 CO_2 的质量分数量。

【解】

$$CO_2\text{ 的质量分数}=\frac{\dfrac{w_{(CaCO_3)}\%}{100}+\dfrac{w_{(MgCO_3)}\%}{84.3}+\dfrac{w_{(C)}\%}{12}\times F}{\dfrac{w_{(CaCO_3)}\%}{100}+\dfrac{w_{(MgCO_3)}\%}{84.3}+\dfrac{w_{(C)}\%}{12}\times F\times\dfrac{1}{0.21}}$$

$$=\frac{\dfrac{0.92}{100}+\dfrac{0.02}{84.3}+\dfrac{0.84}{12}\times 0.068}{\dfrac{0.92}{100}+\dfrac{0.02}{84.3}+\dfrac{0.84}{12}\times 0.068\times\dfrac{1}{0.21}}$$

$$=0.44$$

$$=44\%$$

2)石灰乳的制备

盐水精制和蒸氨过程中所用的氢氧化钙，是由石灰石煅烧形成的生石灰加水消化而得。其反应式如下：

$$CaO\ (s)+H_2O = Ca(OH)_2(s)\qquad \Delta H=-64.9\ kJ/mol \tag{11-140}$$

生石灰消化是放热过程，使石灰体积热膨胀松散。消化时按所加入水量的不同可得到消石灰(细粉末)、石灰膏(稠厚不流动物)、石灰乳(消石灰在水中的悬浮液)和石灰水(氢氧化钙的水溶液)。

氢氧化钙在水中的溶解度很小，并且随着温度的升高而降低，生石灰的消化速度与石灰石的煅烧时间、石灰中所含的杂质、消化用水温度和石灰颗粒大小等有关。石灰石煅烧温度越高，消化所需时间越长。当生石灰中含杂质较多以及存放时间较长时，都会影响消化速度。

石灰乳较稠，对生产有利，但过于稠厚粒度变大，流动性差，容易沉淀而堵塞管道和设备，不便于输送。一般生产中使用的石灰乳含活性氧化钙约为 160 ~ 120tt(滴度，工业中常用浓度单位，等于 1/20 摩尔浓度)，相对密度约 1.17 ~ 1.27。

化灰机为一卧式回转筒，稍有斜度(约 0.5°)，出口朝着一端倾斜。生石灰和水从一端加入，互相混合反应，圆筒内装有螺旋形推料器，转动时将水和石灰向前推动，尾部有孔径不同的两层筛子，已消化的石灰乳从筛孔中流出进入灰乳捅，筛内剩下的生烧或过烧的石灰则由筛子内流出，大块可以重新入窑再烧，称为返石；小块称为废石，排弃之。

(2)饱和食盐水的精制

由原盐在化盐桶中所制得的盐水称为粗盐水，其中含有钙盐和镁盐等杂质，含量虽然不大，但在后续盐水吸氨及碳酸化过程中，能和 NH_3 及 CO_2 作用生成沉淀或复盐[$Mg(OH)_2$、$NaCl\cdot MgCO_3\cdot Na_2CO_3$、$MgCO_3\cdot Na_2CO_3$ 等]，不仅会使设备和管道结垢甚至堵塞，同时还会造成氨及食盐的损失。在碳化之前若不将这些杂质除去，便会影响纯碱的质量。因此，粗盐水必须经过精制才能用于制碱。

目前，工厂所采用的盐水精制方法有以下几种。

1)石灰 - 氨 - 二氧化碳法

首先将粗盐水中加入石灰乳除去镁盐：

$$Mg^{2+}+Ca(OH)_2 = Mg(OH)_2\downarrow +Ca^{2+} \tag{11-141}$$

除镁时，为加速杂质沉淀，还需加入助沉剂以提高精制效果。

除镁后的盐水称一次盐水，然后将其送入除钙塔。利用碳酸化塔后的尾气(其中含氨及二氧化碳)除去一次盐水中新加入的和原有的钙离子，反应式为：

$$Ca^{2+} + 2NH_3 + CO_2 + H_2O \longrightarrow CaCO_3\downarrow + 2NH_4^+ \qquad (11-142)$$

此法适用于含镁较多的海盐，利用碳酸化塔的尾气可使成本低廉。但也有溶液中氯化铵含量增加，导致碳酸化过程中氯化钠转化率降低，氨损失增大，以及流程和操作较为复杂的缺点。

2)石灰－纯碱法

用石灰乳先除去粗盐水中的镁盐，而后再用纯碱除去一次盐水中的钙盐，其反应式为：

$$Mg^{2+} + Ca(OH)_2 \longrightarrow Mg(OH)_2\downarrow + Ca^{2+} \qquad (11-143)$$

$$Ca^{2+} + Na_2CO_3 \longrightarrow CaCO_3\downarrow + 2Na^+ \qquad (11-144)$$

此方法除钙时，不生成铵盐而生成钠盐，因此不引起碳酸化过程中氯化钠转化率的降低。

本法使钙镁沉淀、加入、脱除是一次完成的。所用的石灰乳量相当于溶液中的镁离子含量；而纯碱加入量相当于溶液中钙镁离子含量之和。实际上应按化学计量稍过量一些。本法的优点是操作简单、劳动条件好、精制度高，但要消耗纯碱。

除钙镁以后的盐水称二次盐水，又称精盐水，送往吸氨工序以作吸氨之用。盐水精制中所生成的镁和钙的沉淀物分别称为一次泥和二次泥，可进一步加工成碳酸镁、氯化镁、高级镁砂、金属镁和轻质碳酸钙等化工原料。

3)精盐水的吸氨

精盐水的吸氨操作称为氨化，目的是制备符合碳酸化过程所需浓度的氨盐水，以利于吸收 CO_2，同时起到最后除去盐水中钙镁等杂质的把关作用。盐水吸氨所用的气氨来自蒸氨塔，气氨中还含有少量二氧化碳和水蒸气。

精制盐水与由蒸氨塔送来的气体发生如下反应：

$$NH_3(g) + H_2O(l) \longrightarrow NH_4OH\ (aq) \qquad \Delta H = -35.2\ kJ/mol \qquad (11-145)$$

$$2NH_3(aq) + CO_2(g) + H_2O\ (l) \longrightarrow (NH_4)_2CO_2(aq) \qquad \Delta H = -95.0kJ/mol \qquad (10-146)$$

此外，气体还与盐水中残余微量 Ca^{2+}、Mg^{2+} 发生下列反应：

$$Ca^{2+} + (NH_4)_2CO_3 \longrightarrow CaCO_3\downarrow + 2\ NH_4^+ \qquad (11-147)$$

$$Mg^{2+} + (NH_4)_2CO_3 \longrightarrow MgCO_3\downarrow + 2NH_4^+ \qquad (11-148)$$

$$Mg^{2+} + 2NH_4OH = Mg(OH)_2\downarrow + 2NH_4^+ \qquad (11-149)$$

由于 NH_3 在水中的溶解度很大，并建立如下平衡：

$$NH_3 + H_2O = NH_4OH = NH_4^+ + OH^- \qquad (11-150)$$

盐水吸氨是一个伴有化学反应的吸收过程，由于液相中溶有游离状态的 NH_3 及 CO_2，且又有$(NH_4)_2CO_3$ 生成，这样液面上氨的分压一般较同一浓度氨水上方氨的平衡分压有所降低。

吸氨过程在吸氨塔内进行，吸氨塔是一个多段铸铁单泡罩塔。经冷却至35～40℃的精制盐水和已冷却至50℃的由蒸氨塔出来的含氨气体，两者一起导入吸氨塔进行吸氨操作。由于吸氨是放热过程，所以盐水吸氨必须采用边吸收边冷却的工艺流程。低温不仅对吸氨有利，而且可以减少其中的水蒸气含量，以避免盐水过于稀释。但温度过低会生成$(NH_4)_2CO_3 \cdot H_2O$、NH_4HCO_3、NH_4COONH_2 而结晶出来，将设备和管道堵塞。一般来讲，吸氨塔中部温度不得超过60~65℃。

为了减少吸氨系统因装置不严密而泄漏气体，以及考虑保护操作环境，加快蒸氨塔内 CO_2 和 NH_3 的蒸出，提高蒸氨塔的生产能力，节约蒸汽用量等因素，吸氨操作一般在微负压下进行的。

吸氨塔内氨盐水浓度不能太高，否则会降低吸氨效率。按碳酸化反应过程要求，理论 $NH_3/NaCl$ 摩尔比为1。若 $NH_3/NaCl>1$，则会有多余的 NH_4HCO_3 和 $NaHCO_3$ 共同析出，降低了氨的利用率；若 $NH_3/NaCl<1$，则又会降低钠的利用率，增加食盐的消耗。生产中一般取 $NH_3/NaCl$ 比为1.08~1.12，即 NH_3 稍为过量，以补偿碳酸化过程中氨的损失。

4）氨盐水的碳酸化

氨盐水的碳酸化是氨碱法制纯碱的一个重要工序。它同时伴有吸收、结晶和传热等单元操作，各单元操作相互关系密切且互为影响。碳酸化总反应式如下：

$$NaCl + NH_3 + CO_2 + H_2O \xlongequal{} NaHCO_3 \downarrow + NH_4Cl \tag{11-151}$$

显然碳酸化的目的是为了获得适合于质量要求的碳酸氢钠结晶。此工艺过程，首先要求碳酸氢钠的产率要高，即氯化钠和氨的利用率要高；其次要求碳酸氢钠的结晶质量要好，结晶颗粒尽量大，以利于过滤分离。而降低碳酸氢钠粗成品的含水量，又有利于重碱的煅烧。

①钠利用率和氨的利用率。工业上钠利用率亦称钠效率，即生成碳酸氢钠结晶的氯化钠占原有氯化钠总量的百分比，并以 $U(Na)$ 表示：

$$\begin{aligned} U_{(Na)} &= \frac{\text{生成 } NaHCO_3 \text{ 固体的物质的量}}{\text{原来 } NaCl \text{ 的物质的量}} \\ &= \frac{\text{母液中 } NH_4Cl \text{ 的物质的量}}{\text{母液中全氯的物质的量}} \\ &= \frac{[Cl^-]-[Na^+]}{[Cl^-]} \end{aligned} \tag{11-152}$$

式中，$[Cl^-]$ 和 $[Na^+]$ 分别代表碳化最终溶液中相应的离子浓度。

氨的利用率亦称氨效率，即生成氯化铵结晶的碳酸氢铵占原有碳酸氢铵总量的百分比，并以 $U(NH_3)$ 表示：

$$\begin{aligned} U_{(NH_3)} &= \frac{\text{生成 } NH_4Cl \text{ 的物质的量}}{\text{原来 } NH_4HCO_3 \text{ 的物质的量}} \\ &= \frac{\text{母液中 } NH_4Cl \text{ 的物质的量}}{\text{母液中全氯的物质的量}} \\ &= \frac{[NH_4{}^+]-[HCO_3{}^-]}{[NH_4{}^+]} \end{aligned} \tag{11-153}$$

式中，$[NH_4^+]$ 及 $[HCO_3^-]$ 分别代表最终溶液中相应的离子浓度。

当温度32℃时可以达到纯碱生产理论上钠的最高利用CO率，即 $U(Na)$ 为84%。

②碳化度。工业上把氨盐水吸收 CO_2 时所饱和的程度定义为碳化度，定义为碳化液体系中全部 CO_2 物质的量与总 NH_3 物质的量之比。对于未析出结晶的碳化氨盐水来说，取样液分析计算即可；对于已析出结晶的碳化液来说，由于一部分二氧化碳被氨盐水吸收成为 $NaHCO_3$ 析出，同时液相中还出现等物质的量的结合氨 $c(NH_3)$，此 $c(NH_3)$ 可用来间接地表示 $NaHCO_3$ 中的 CO_2。因此，悬浮液的碳化度为：

$$R_S = \frac{[CO_2]+c(NH_3)}{T(NH_3)} \tag{11-154}$$

式中，$T(NH_3)$、$c(NH_3)$、$[CO_2]$ 分别为碳酸化清液中总氨、结合氨、二氧化碳的摩尔浓度。R_s 值越大，总氨转变成 NH_4HCO_3 越完全，NaCl 的利用率 $U(Na)$ 也就越高。在实际生产中应尽量提高碳化液的碳化度以提高钠利用率。但因受各种条件的限制，实际生产中的碳化度一般只能达到 0.9 ~ 0.95。

由于氨盐水吸收二氧化碳的反应是伴有化学反应的吸收过程，因此，这与一般的物理吸收过程大不相同。在原始液浓度、温度及碳化度相同的条件下，CO_2 分压越大，则吸收速度越快。

反应速度常数是随着温度的上升而增加，而液面上二氧化碳的分压也随温度的上升而增大，从而相对降低了吸收的推动力。众所周知，吸收速度是正比于反应速度常数和推动力的。因此，温度的升高并不利于氨盐水吸收二氧化碳。因此，当氨盐水浓度和碳化度一定且温度升高时，吸收速度有可能增加也有可能减少。研究结果表明，当碳化度 $R_s < 0.5 \sim 0.6$，温度高时吸收速度较快；当碳化度 $R_s > 0.5 \sim 0.6$，温度高时吸收速度则较慢。

③碳化塔和清洗塔。碳化塔是氨碱法制碱的主要设备之一。它是由许多铸铁塔圈组装而成，分为上、下两部分。一般塔高为 24 ~ 25m，塔径为 2 ~ 3m。塔上部是 CO_2 吸收段，每圈之间装有笠形泡帽，塔板是略向下倾的中央开孔的漏液板，孔板和笠帽边缘有分散气泡的齿缝以增加气液间的接触面积。塔的中下部是冷却段，是 $NaHCO_3$ 析出的区域，氨盐水继续吸收 CO_2 的同时生成大量 $NaHCO_3$ 结晶析出。

在碳酸化过程中，碳酸氢盐不断析出，部分连同杂质沉淀黏附在塔的笠帽板及冷却水管上，使塔堵塞，要经常清洗。向部分结疤的碳酸化塔中通入新鲜的氨盐水可溶去沉淀，该塔称为清洗塔。清洗塔的底部仅通入稀的 CO_2 气，塔本身不冷却。新鲜氨盐水中含有大量游离氨，与沉析在塔壁和塔板上的碳酸氢盐作用，使碳酸氢盐逐渐转化成碳酸盐而溶解，稀 CO_2 气起搅拌和使氨盐水初步碳酸化作用，所以又称预碳酸化塔或中和塔。出清洗塔的含碳酸盐的氨盐水引入碳酸化塔正常生产。

碳酸化塔是多塔切换操作的。碱厂的碳酸化塔常多个编组运转，一般以 5 个以上为一组，如 1 塔清洗，4 塔制碱。

氨盐水先经过处于清洗状态的碳酸化塔，在此塔中氨盐水溶解掉塔中沉淀的碳酸氢盐，同时吸收从塔底导入的石灰窑窑气中的 CO_2，吸收都是逆流操作。

清洗塔出来的部分碳酸化的氨盐水送处于制碱状态的碳酸化塔，进一步吸收 CO_2 而发生复分解反应，生成 $NaHCO_3$。碳酸化所需的 CO_2 是按浓度从碳酸化塔的不同地段导入的。中部导入含 CO_2 为 43% 的石灰窑气，底部导入含 CO_2 为 90% 以上的 $NaHCO_3$ 煅烧炉气。碳酸化塔顶的尾气用于食盐水精制。碳酸化塔底含 $NaHCO_3$ 结晶的悬浮液送往真空过滤机过滤。滤得的 $NaHCO_3$ 送往煅烧炉，使重碱受热分解而生成纯碱作为产品，分解出的 CO_2 送去碳酸化。

5）重碱的过滤

碳化取出液中含有 45% ~ 50%（体积）的固相 $NaHCO_3$，须通过过滤设备将 $NaHCO_3$（俗称重碱）结晶浆与母液分离，分离后所得的湿重碱再送往煅烧炉以制取纯碱，母液送往蒸氨工段处理。

重碱过滤时，须对滤饼进行洗涤，将重碱中残留的母液洗去，降低成品纯碱中氯化钠的含量。洗涤宜用软水，以免带入 Ca^{2+}、Mg^{2+} 形成沉淀堵塞滤布。同时，洗水量应控制适当以保证重碱的质量及减少损失。

重碱过滤分离设备有转鼓式真空过滤机和筛网式离心机。

真空过滤机主要由滤鼓、错气盘、碱液槽、压辊、刮刀、洗水槽、搅拌机及传动装置组成。转鼓式真空过滤机是借助于真空机(真空泵)的作用将过滤机滤鼓内抽成负压，使过滤介质层(滤布)两面形成压力差，随着过滤设备的运转，碳化悬浮液中的母液被抽走，重碱则被吸附在滤布上，然后由刮刀刮下。真空过滤机的操作，主要是调节真空度，真空度的大小(一般为26.7~33.3 kPa)决定过滤机的生产能力、重碱的含水量及成品纯碱的质量。其次是滤饼的洗涤，洗水温度应适宜。温度太高则 $NaHCO_3$ 的溶解损失大，温度太低则洗涤效果差。洗水用量过多，除增加 $NaHCO_3$ 溶解损失外，还会使母液体积增大，增大蒸氨负荷；洗水用量过少，则洗涤不彻底，难以保证重碱的质量。滤饼的洗涤一般控制 $NaHCO_3$ 的溶解损失为2%~4%，所得纯碱成品中含 NaCl 不应大于1%。

筛网式离心机是利用离心力的作用使碳化取出液中的重碱与母液分离。这种分离设备流程简单，动力消耗低，不需要复杂的真空系统，湿重碱的含水量可降至10%以下，但对重减的粒度要求较严，生产能力低且氨损耗大。

6)重碱的煅烧

由过滤后所得的湿重碱经过煅烧即得成品纯碱。同时回收二氧化碳，供氨盐水碳酸化用。生产上对煅烧的要求是成品纯碱中含盐分少，不含未分解的 $NaHCO_3$，产生的炉气含二氧化碳浓度高且损失少；还应尽量降低煅烧的能耗。

重碱为不稳定的化合物，常温下可部分分解变成碳酸钠，升高温度则加速其分解。

$$2NaHCO_3(s) = Na_2CO_3(s) + CO_2\uparrow + H_2O\uparrow \quad \Delta H = 128.5\ kJ/mol \tag{11-155}$$

湿重碱在煅烧过程中，除了 $NaHCO_3$ 的分解及游离水分受热变成水蒸气外，还发生如下副反应：

$$(NH_4)_2CO_3 = 2NH_3\uparrow + CO_2\uparrow + H_2O\uparrow \tag{11-156}$$

$$NH_4HCO_3 = NH_3\uparrow + CO_2\uparrow + H_2O\uparrow \tag{11-157}$$

$$NH_4Cl + NaHCO_3 = NaCl + CO_2\uparrow + H_2O + NH_3\uparrow \tag{11-158}$$

副反应的发生，不仅增加热能消耗，而且也增大系统中氨的循环量，使纯碱中夹带有氯化钠，影响产品质量。可见，过滤工序中滤饼的洗涤是很重要的。

反应温度越高，分解速度越快。在温度为175℃及煅烧40 min时，$NaHCO_3$ 和 NH_4HCO_3 均已分解完，水分也几乎蒸发完了。这个煅烧温度和时间为工艺操作的控制条件。

重碱煅烧成为纯碱的效率可用“烧成率”表示。即100份质量的重碱，经煅烧以后所得产品的质量分数，烧成率的大小与重碱组成及水分含量有关。理论上纯 $NaHCO_3$ 的烧成率应为

$$\frac{w(Na_2CO_3)}{2w(NaHCO_3)} \times 100\% = \frac{106}{168} \times 100\% = 63\%$$

实际生产中重碱的烧成率约50%~60%。

重碱煅烧后，可以得到高浓度的二氧化碳气，称为“炉气”。目前我国生产厂的炉气中二氧化碳含量一般在90%左右。

重碱煅烧设备分为外热式回转煅烧炉、内热式蒸汽煅烧炉和沸腾煅烧炉。

外热式回转煅烧炉炉体是用钢板焊制而成的圆筒设备，加料口及出料口设有防止漏气的装置。炉体两端安有滚圈，架卧在两对托轮上，后托轮上有防止炉体轴向串动的凸缘，炉内有一条固定于两端的链条，链条与刮板相连，用以刮去炉壁上的附着物并搅拌打碎碱块。炉内用煤或重油为燃料加热，炉体每分钟转动6~7转。该炉因受结构限制，热效率较差，生

产能力低，炉体易损坏，所以逐渐被内热式蒸汽煅烧炉所代替。

内热式蒸汽煅烧炉目前使用较多，炉体为卧式圆筒形，炉体上有两个滚圈，炉体与物料的质量通过滚圈支承在托轮上，在出料口端靠近托轮的炉体上装有齿轮圈，由此带动炉体回转。炉体内装有三层蒸汽加热管，管外焊有螺旋导热片以增大传热表面，气室设在炉尾，导入高压蒸汽后，冷凝水由原管回气室，并流入冷凝水室，经疏水器送往扩容器，闪蒸一部分蒸汽后，冷凝水返回锅炉。内热式蒸汽炉具有生产能力大，热效率高等特点。

沸腾煅烧炉流化态技术运用于重碱煅烧，目前已有一定规模的生产。其特点是运转设备少，维护费用低，采用内返碱技术，简化了流程。重碱煅烧过程中，物料均一性好，提高了传质传热效果，生产强度大。

由锅炉送来的中压蒸汽作为热源，分别进入沸腾炉加热器，副炉加热器及沸腾气加热器，并在其中冷凝。冷凝水通过疏水器、节流装置后进入扩容器，闪蒸出低压蒸汽后，余水返回锅炉软水池。

中压蒸汽除用作热源以外，还与部分炉气混合，再经加热器升温至160℃以上，进入沸腾炉作为沸腾用气。

重碱由螺旋输送机送入沸腾炉，在流化状态下受热分解为纯碱，然后经副炉及出碱螺旋输送机送入碱仓。重碱分解产生的炉气与沸腾用气混合由炉顶进入旋风分离器，分离回收碱粉以后的气体去炉气净化系统。

7)氨的回收(蒸氨)

氨碱法生产中所用的氨是循环使用的，每生产1t纯碱约需循环0.4～0.5t氨。由于逸散、滴漏等原因，还需往系统中补充1.5～3.0 kg的氨。因此，减少氨的损失和尽量回收氨是氯碱法生产中一个不可忽视的问题。目前，氨碱法生产中，一般是将各种含氨料液汇集起来，再用加热蒸馏的方法回收氨。

含氨料液主要包括过滤母液和淡液(炉气洗涤液、冷凝液及含氨杂水)。过滤母液含有可直接蒸出的“游离氨”，以及需加石灰乳(或其他减类物质)使之反应才能蒸出的结合氨(亦称固定氨)。为了减少灰乳的损失，可先将过滤母液中的游离氨和二氧化碳蒸出，然后再加石灰乳，分解其中的结合氨，使其变成游离氨而蒸出。

淡液中只含游离氨。为了减轻蒸氨塔加热段的负荷，可将淡液蒸馏与过滤母液蒸馏分别在两塔中进行，以回收其中的氨。

过滤母液先进入蒸氨塔加热段蒸出其中的游离氨，而后母液进入预灰桶，将母液中的结合氨分解为游离氨，然后进入灰乳蒸馏段将游离氨蒸出。

在加热段中主要发生的反应：

$$NH_4OH = NH_3 + H_2O \tag{11-159}$$

$$(NH_4)_2CO_3 = 2NH_3 + CO_2 + H_2O \tag{11-160}$$

$$NH_4HCO_3 = NH_3 + CO_2 + H_2O \tag{11-161}$$

$$NaHCO_3 + NH_4Cl = NaCl + NH_3 + CO_2 + H_2O \tag{11-162}$$

$$Na_2CO_3 + 2NH_4Cl = 2NaCl + 2NH_3 + CO_2 + H_2O \tag{11-163}$$

当料液由预灰桶进入石灰乳蒸馏段时，CO_2已蒸完，体系中的NH_4Cl被分解而得的游离氨。石灰乳蒸馏段中的反应：

$$Ca(OH)_2 + 2NH_4Cl = CaCl_2 + 2NH_3 + 2H_2O \tag{11-164}$$

$$Ca(OH)_2 + CO_2 = CaCO_3 + H_2O \tag{11-165}$$

蒸氨需要大量热，工业生产中一般由蒸氨塔底部直接通入蒸汽(0.16～0.17 MPa)加热。通过控制蒸汽压力和蒸汽用量使预热段底部液体温度达到100℃左右，以尽量除净入塔母液中的游离氨和二氧化碳。因为进入蒸氨塔底部的料液中含氨已较少，掺入蒸汽的凝液对其成分影响不大，同时还可省去庞大的换热设备。

对于蒸氨来说减压是有利的，蒸氨塔上、下部的压力是不同的，蒸氨塔下部压力与直接入塔蒸汽压力相同，约0.16～0.17MPa。故塔顶一般略呈约666 Pa 的真空，这样虽能防止氨的逸散损失，但却产生了系统漏入空气的可能，所以要求系统严密以免空气稀释氨气而不利于吸收。

塔底温度一般维持在110～117℃，塔顶温度维持在80～85℃较好。在一定蒸汽压力下，用改变蒸汽用量及母液量来调节温度。如蒸汽用量不足，将导致液体抵达塔底时尚不能将氨逐尽而造成损失；若蒸汽用量过多，则温度也越高；氨蒸出固然可以完全，但气相中水蒸气分压也大大增加，当此气体用于饱和盐水吸氨时，将会稀释氨盐水。另外，温度越高，母液中氯化铵的腐蚀性也更加严重。

用于蒸氨的石灰乳，一般含活性 CaO 浓度为180～220 滴度，用量应比化学计量过量些以保证蒸氨完全。一般调和液中 CaO 过量不超过1.2 滴度，这应根据母液流量及浓度、预热母液中含 CO_2 量和石灰乳的浓度、操作温度等因素来调节。

废液中的氨含量一般控制在0.028 滴度以下，废液中氨的含量是蒸氨操作效果的重要标志。若废液中氨含量过高，说明氨回收效果不好，造成氨的损失；若废液中氨含量过低，则加入灰乳必须过量很多，则易造成设备及管道堵塞。

11.4.4 联合法生产纯碱

氨碱法是目前工业生产纯碱的主要方法之一。其特点是原料廉价易得，氨可以循环使用，损失较少；适用于大规模生产，易于机械化和自动化。但该法原料利用率低，尤其 NaCl 的利用率不高。氯离子则完全没有被利用，氯化钠的利用率也只有28%左右。蒸氨过程中，消耗大量的蒸汽和石灰，还要排出大量的废液和废渣，严重污染环境，因而厂址受到限制。这也是氨碱法生产的致命弱点。

我国著名化学家侯德榜教授对联合制碱技术进行了系统的研究，1942 年提出了比较完整的联合制碱工艺流程。以食盐、氨及合成氨工业副产的二氧化碳为原料，同时生产纯碱及氯化铵，即联合法生产纯碱与氯化铵。

根据加入原料的次数及析出氯化铵温度的不同，联合制碱有多种工艺流程。我国一般采用一次碳化，两次吸氨，一次加盐的工艺流程。其中流程左边为制碱部分，右边为氯化铵生产部分。如图 11－32 所示。

联合制碱法与氨碱法相比，原料利用率高，其中氯化钠的利用率可达90%以上；不需要石灰石及焦炭，节约了原料，使纯碱和氯化铵的产品成本降低；无需蒸氨塔、石灰窑、化灰机等笨重设备，缩短了流程，节省了投资；尤其是生产中无大量废液、废渣排出，厂址不受限制，为内地建厂创造了条件。

在联碱生产中，设备腐蚀是一个至关重要的问题。腐蚀不仅影响纯碱产品的质量，而且影响到设备的使用寿命、钢材的消耗等各个方面。

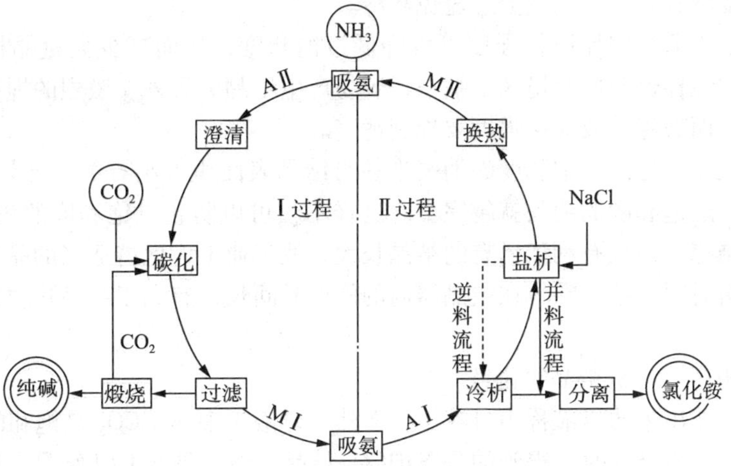

图 11－32　一次碳化两次吸氨联碱法示意流程图

(1)联合法纯碱生产过程

联合法纯碱生产过程中盐水精制、氨盐水制备、过滤、碳酸化和煅烧等工艺与氨碱法基本相同。由于采用合成氨工业产品氨及副产的二氧化碳为原料，又联产氯化铵，所以省去了石灰石煅烧、消化和蒸氨过程。

纯碱生产过程中碳酸化反应系放热反应，降低温度，平衡向生成 $NaHCO_3$ 和 NH_4Cl 的方向移动，可以提高产率。但温度降低，反应速度减慢，影响生产能力。在工业生产中，一般控制碳化塔取出温度在 32～38℃为宜。

(2)联合法氯化铵生产过程

将重碱过滤母液Ⅰ吸氨成为氨母液Ⅰ，并使之降温冷析和加入氯化钠盐析出氯化铵结晶的工艺过程，是联碱法较氨碱法的主要不同之处。它不仅生产氯化铵产品，而且获得了合乎制碱要求的母液Ⅰ。

1)氯化铵结晶原理

重碱在碳化塔中析出是由于溶液不断吸收 CO_2 而生成了 $NaHCO_3$。当其浓度超过该温度下的溶解度即过饱和时便开始析出结晶。同样氯化铵在冷析结晶器中，由于溶液不断降温而形成所对应温度下的过饱和度而析出结晶。过饱和度是结晶过程的一种推动力。

过饱和溶液是不稳定的，但在一定过饱和度内，不经摇动，无灰尘落入或无晶种投入则难以引发结晶生成和析出。一旦投入一小颗晶体或落入灰尘或经振动都会引起结晶生成。当溶液处于这种状态时称为介稳状态。在介稳区内，不析出或很少引发新的晶核，则原有晶核却可以长大。在不饱和区域内，投入晶体便被溶解；在不稳区域内，晶核可在瞬间形成。因此，欲制得大颗粒的结晶，过饱和度应控制在介稳区内。

晶体的析出可分为过饱和度的形成、晶核生成和晶核成长三个阶段。为获得大颗粒结晶，必须避免大量的晶核析出，并应使原有晶核长大。氯化铵颗粒的大小，决定于下列诸因素：

①溶液成分。溶液成分是影响结晶粒度的主要因素。介稳区较窄，操作越易超出介稳区而进入非介稳区，以致产生大量晶核，结晶的粒度小。

②冷却速度。过饱和度是随着降温速度的加快而增大的。冷却速度越快，则过饱和度越大。过饱和度愈大，愈容易超越介稳区界限，此时极易析出大量晶核，难以获得大颗粒结

晶，故冷却速度不宜太快，工业上应避免骤冷。

③搅拌强度。适当增加搅拌强度可以降低过饱和度，从而减少大量晶核析出。但应指出，过分激烈的搅拌也会使介稳区限缩小，容易产生细晶。另外，激烈的搅拌，易使大粒结晶因摩擦、撞击而破碎，故搅拌强度要控制适当。

④晶浆固液比。母液过饱和度的消失难易与结晶表面积大小有关。当晶浆固液比大时，结晶表面积大，过饱和度的消失就越完全。这样不仅可以防止过饱和度的积累，减少细晶，减轻设备管道结疤，而且有利于已有的结晶长大，故工业上应保持适当的晶浆固液比。

⑤结晶停留时间。结晶颗粒在结晶器内的停留时间长，有利于结晶颗粒长大，从而可获得大颗粒结晶。

2）母液Ⅰ吸氨和冷析结晶氯化铵

由碳化液过滤出来的母液称为母液Ⅰ，显然，母液Ⅰ中 $NaHCO_3$ 是饱和的，而 NH_4Cl 并不饱和。当降温冷析结晶时，得到的是 $NaHCO_3$ 结晶，而不是 NH_4Cl 结晶。所以母液Ⅰ必须吸氨。母液Ⅰ吸氨后成为氨母液Ⅰ，可使溶液中溶解度小的 $NaHCO_3$ 和 NH_4HCO_3 转化成溶解度较大的 Na_2CO_3 和 $(NH_4)_2CO_3$（离子反应方程式为 $HCO_3^- + NH_3 = CO_3^{2-} + NH_4^+$）。所以吸氨过程，使氨母液Ⅰ在冷却时可以防止 $NaHCO_3$ 和 NH_4HCO_3 的共析。

氯化钠和氯化铵的单独溶解度随温度的变化并不相同。氯化铵的溶解度是随温度降低而减少的，而氯化钠的溶解度受温度变化的影响不大。16℃时，两者溶解度相等。在 25℃以下时，NH_4Cl 的溶解度随温度的降低而减小，而 NaCl 的溶解度随温度的降低而增加。所以，将氨母液Ⅰ冷却就可以使 NH_4Cl 单独析出，NaCl 不会共析，纯度较高。冷析温度越低，析出 NH_4Cl 越多。

工业生产中，一般控制 NH_4Cl 的冷析结晶温度应不低于 5～10℃。

3）加盐及盐析结晶

由冷析结晶器出来的母液称为半母液Ⅱ，半母液Ⅱ中 NH_4Cl 是饱和的，而 NaCl 并不饱和。将固体洗盐加入半母液Ⅱ中，此时 NaCl 就溶解。由于共同离子效应使得 NH_4Cl 继续析出，这样既出产品又补充了原料盐。

在盐析过程中，氯化铵的结晶热、机械摩擦热及氯化钠带入显热三者之总和，远大于氯化钠的溶解热，所以盐析结晶的温度是升高的，一般比冷析结晶器温度高 5℃左右。盐析结晶温度 15℃左右，且制碱与制铵两过程的温差以 20～25℃为宜。

盐析结晶过程中析出氯化铵的量，取块于结晶器内的温度和加入氯化钠的量。温度越低，析出氯化铵越多；在一定的温度下，加入氯化钠越多，氯化铵的产量越大，母液Ⅱ中氯化钠的浓度也越高。在正常操作时，母液Ⅱ中加入氯化钠的量受其在母液中溶解度的限制。

氯化钠在母液Ⅱ中的溶解度与温度有关，母液Ⅱ温度越低，达到平衡时母液Ⅱ中氯化铵含量越低，氯化钠的饱和浓度越大。

实际生产中，由于氯化钠的粒度较大，以及氯化钠在盐析器内的停留时间短；所以，固体氯化钠来不及溶解而混入氯化铵产品中，会降低氯化铵的质量。为了保证氯化铵产品的质量，实际工业生产中控制母液Ⅱ的氯化钠含量为饱和浓度的 95% 左右。

4）并料流程和逆料流程

氯化铵由氨母液Ⅰ析出，一般分两步进行，先经冷析后盐析，然后晶浆分别取出，经再稠厚分离出氯化铵，此即所谓并料流程。将盐析结晶器的结晶借助于晶浆泵或气升设备送回到冷析结晶器的晶床中。产品全部从冷析器取出的流程，工业上称为逆料流程。

逆料流程盐析晶浆中掺杂的固体洗盐返回到钠离子浓度较低的半母液Ⅱ中，可得到充分的溶解。与并料流程相比，总的产品纯度可以提高。但在并料流程中，冷析结晶器可以得到粒度较大、质量较高的"精铵"，而逆料流程不能制得精铵。逆料流程对原盐的粒度要求不严，可使盐析结晶器在接近氯化钠饱和浓度的条件下进行操作，提高了设备的利用率。

例 11－6 图 11－33 所示是联碱法制碱和氯化铵四元等温相图，已知母液Ⅱ中的 NaCl 和 NH_4HCO_3 的组成位于 Q 处。叙述联碱法制碱和氯化铵的生产过程。

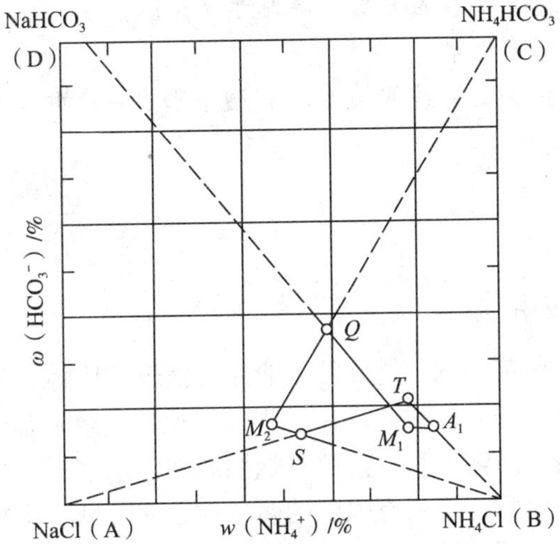

图 11－33 联碱法制碱和氯化铵的四元等温相图

【分析】

四元等温相图中，四个顶点分别表示 NaCl、NH_4Cl、NH_4HCO_3 和 $NaHCO_3$ 四个纯组分，每条边线分别表示相应两个组分不同组成的混合物，相图中任意一个点向左移动说明该系统的 Na^+ 浓度逐渐增大，NH_4^+ 浓度逐渐减小，向右移动结果相反；相图中任意一个点向上移动说明该系统的 HCO_3^- 浓度逐渐增大，Cl^- 浓度逐渐减小，向下移动结果相反。

该图是联碱法的一次碳酸化，两次吸氨、冷析－盐析流程的相图。

(1) $Q \rightarrow M_1$ 为二次吸氨及碳酸化析碱过程：

当氨母液Ⅱ中的组成位于图中的 Q 处时，通入 CO_2，氨盐水不断吸收 CO_2 使母液中 $NaHCO_3$ 达到过饱和，将不断析出 $NaHCO_3$ 固体。由于母液中 Na^+ 和 HCO_3^- 浓度持续降低，此时，母液的组成沿 QD 延长线向右下方移动，直到不会有 NH_4HCO_3 和 NH_4Cl 共析为止（M_1 点，滤液为母液Ⅰ），以保证析出 $NaHCO_3$ 的纯度。图中说明析出的 $NaHCO_3$ 夹杂少量 NH_4HCO_3。

(2) $M_1 \rightarrow A_1$ 为一次吸氨过程：

由于分离 $NaHCO_3$ 后的母液Ⅰ是被 $NaHCO_3$ 饱和的，如果直接进入第二过程的析铵，会先析出 $NaHCO_3$，影响产品 NH_4Cl 的质量。为了增大 $NaHCO_3$ 的溶解度和降低 NH_4Cl 的溶解度，应使相图中 NH_4Cl 结晶区扩大，并缩小 $NaHCO_3$ 结晶区。故将母液Ⅰ吸氨，母液中的重碳酸盐变为溶解度大的碳酸盐（离子反应方程式为 $HCO_3^- + NH_3 = CO_3^{2-} + NH_4^+$），此时 NH_4^+ 浓度增大使 M_1 点移至 A_1（氨母液Ⅰ）点。

(3) $A_1 \rightarrow T$ 为冷析结晶 NH_4Cl 过程：

氨母液Ⅰ降温冷冻使母液中 NH_4Cl 达到过饱和，析出 NH_4Cl 固体。由于母液中 NH_4^+ 和

Cl^-浓度持续降低，此时，母液的组成沿 A_1B 延长线向左上方移动析出 NH_4Cl 结晶至 T 点。

(4) $T \rightarrow S$ 为母液Ⅰ加 NACl 过程；

冷析结晶 NH_4Cl 母液中加入固体 NaCl，固体 NaCl 溶解。由于母液中 Na^+ 和 Cl^- 浓度增加，母液的组成沿 TA 延长线向左下方移动至 S 点。

(5) $S \rightarrow M_2$ 为盐析结晶 NH_4Cl 过程：

加 NaCl 的母液的组成到达系统 S 点时，由于同离子效应，再析出部分晶体 NH_4Cl，母液的组成沿 SB 延长线到达 M_2（液固分离后得到母液Ⅱ）。

(6) $M_2 \rightarrow Q$ 为母液Ⅱ吸氨过程；

母液Ⅱ经吸氨沿 QC 线回到系统 Q 点，在相图上形成一个联碱生产的闭合循环过程。

11.5　烧碱

11.5.1　烧碱的性质和用途

烧碱即氢氧化钠，亦称苛性钠。烧碱的工业品有液体和固体，其中液体为不同含量的氢氧化钠水溶液；固体白色不透明，常制成片、棒、粒状，或熔融态以铁桶包装。

氢氧化钠吸湿性很强，易溶于水，溶解时强烈放热。水溶液呈强碱性，手感滑腻；也易溶于乙醇和甘油，不溶于丙酮。烧碱有强烈的腐蚀性，对皮肤、织物、纸张等侵蚀剧烈；易吸收空气中的二氧化碳变为碳酸钠；与酸起中和作用而生成盐。

烧碱是一种基本的无机化工产品，广泛应用于造纸、纺织、印染、搪瓷、医药、染料、农药、制革、石油炼制、动植物油脂加工、橡胶、轻工等工业部门；也用于氧化铝的提取和金属制品加工。

11.5.2　电解食盐水溶液的基本原理

(1) 电解过程基本定律

电解过程为电能转化为化学能的过程。当以直流电通过熔融态电解质或电解质水溶液时，产生离子的迁移和放电现象，在电极上析出物质的过程。电解过程中，在两个电极上究竟有哪种离子放电及其放电数量，即参加电化学反应的反应物与生成物之间，理论上存在着严格的定量关系，这就是法拉第(Faraday)电解定律。

1) 法拉第第一定律

电解过程中，电极上所生成的物质的质量与通过电解质的电量成正比，即与电流强度及通电时间成正比。

$$G = K \cdot Q = K \cdot I \cdot t \tag{11-166}$$

式中　G——电极上生成物质的质量，g；

Q——通过的电量，A·s 或 A·h；

K——电化当量；

I——电流强度，A；

T——时间，s 或 h。

由上式可知，如果要提高电解生成物的产量，则要增大电流强度，或延长电解时间。

2) 法拉第第二定律

将等量的直流电流通过电解质时，在电极上析出物质的量与电解质的当量成正比。产生1克当量的任何物质都需要消耗同样多的电量F，1F约等于96500库仑(以符号C表示)的电量，称为1法拉第，即：

$$1F = 96500C = 96500A \cdot s = 26.8A \cdot h$$

根据法拉第第二定律，可计算出通过单位电量时，在电极上所析出物质的质量，其数值即为该物质的“电化当量”。但是，对某一具体物质而言，若所用的电量单位不同，当然“电化当量”的数值也就不同。工业生产中，常以26.8A·h来表示1法拉第电量。当电解食盐水溶液时，1A·h电量理论上可生成：

$$K_{(Cl_2)} = \frac{35.46}{26.8} = 1.323g/(A \cdot h)$$

$$K_{(H_2)} = \frac{1.008}{26.8} = 0.0376g/(A \cdot h)$$

$$K_{(NaOH)} = \frac{40.01}{26.8} = 1.492g/(A \cdot h)$$

电解时，根据电流强度、通电时间及运行电槽数和电解质的电化当量，可计算出该物质在电极上的理论产量。

(2)电解效率

1)电流效率

实际生产过程中，由于在电极上要发生一系列的副反应以及漏电现象，所以电量不能完全被利用，实际产量比理论产量低。实际产量与理论产量之比，称为电流效率或电流利用率，用η_I表示。

$$\eta_I = \frac{G_{实际产量}}{G_{理论产量}} \times 100\% \tag{11-167}$$

在现代氯碱工厂中，电流效率一般为95%～97%。

2)电压效率

电解过程发生时所必须的最小外加电压叫做理论分解电压。它在数值上等于阳极析氯电位与阴极析氢电位之差，以$E_{理}$表示，可由能斯特(Nernst)方程或吉布斯一霍姆亥兹(Gibbs－Helmholtz)方程求得。

电解时电解槽的实际分解电压(或称操作电压)叫做槽电压。槽电压由理论分解电压、超电压以及各种电压降组成。工业上隔膜电解槽的槽电压一般为3.2～3.8V；水银电解槽的槽电压一般为4.2～5.6V。

超电压(过电位)系离子在电极上的实际放电电位与理论放电电位的差值。金属离子在电极上放电析出时的过电位并不大，但对于有气体析出的电极反应，则过电位就相当大。过电位与多种因素有关，例如析出物质的种类、电极材料的性质、电流密度、电极表面特性、电解质溶液温度等对过电位均有影响。

在电解过程中，由于超电压的存在，无疑要多消耗一部分电能，这是不利的一面。但是，可以根据电解产物在电极上超电压的不同，采用不同的电解方法。例如，在隔膜法电解中，Cl^-和OH^-都趋向阳极，单从离子放电效应来讲，OH^-应该先放电而逸出O_2，但由于O_2在石墨电极上的超电压较高，相比之下Cl^-的过电位较低，这就形成了OH^-在阳极上的实际放电电位比Cl^-实际放电电位高，因而阳极上Cl^-先放电而逸出Cl_2。同样在铁阴极上，虽然H_2比金属钠具有更高的超电压，但H^+较Na^+的理论放电电位要低得多。因此，在铁阴极上，总是 H^+ 先放电而选出 H_2。

以水银为阴极的电解法中，H_2 在水银阴极上具有很高的超电压，当增加电流密度时，H_2 的超电压数值更大。与此同时，Na^+ 在水银阴极上放电，却由于去极化作用反而降低了分解电压，因而 Na^+ 在水银阴极上先放电变成钠汞齐。

理论分解电压与实际的槽电压之比称作电压效率，以 η_E 表示，即：

$$\eta_E = \frac{E_{理}}{E_{实}} \times 100\% \tag{11-168}$$

欲提高电压效率，必须降低电解槽的实际操作电压，这应从减少各种电压降着手。一般来说，隔膜电解槽的电压效率在 60% 以上。

3）电能效率

电解是利用电能来进行化学反应而获得产品的过程。电能可用下式进行计算：

$$W = \frac{Q \cdot U}{1000} = \frac{I \cdot t \cdot U}{1000} \tag{11-169}$$

式中 W——电能，kW · h；

Q——电量，A · h；

I——电流强度，A；

t——时间，h；

U——槽电压，V。

在电解过程中，理论所需的电能与实际消耗的电能数值之比称为电能效率，以 η 表示：

$$\eta = \frac{W_{理}}{W_{实}} \times 100\% \tag{11-170}$$

由于电能（W）是电量（Q）和电压（U）的乘积，所以电能效率也就是电流效率与电压效率的乘积，即：

$$电能效率 = 电流效率 \times 电压效率 = \frac{U_{理} \times Q_{理}}{U_{实} \times Q_{实}} \tag{11-171}$$

在工业生产中，若要降低电能耗，就要设法降低槽电压，尽量提高电流效率。并且随着电流密度的提高，O_2 在阳极的超电压升高，使 OH^- 难于在阳极放电，可以减少副反应；而产量是随电流密度的增加而成比例增加。因此，适当提高电流密度，将会使电能的消耗相应有所下降。

11.5.3 电解食盐水溶液生产烧碱工艺

烧碱工业生产有苛化法和电解法两种。

苛化法是 1884 年开始在工业上采用的生产烧碱方法。用纯碱水溶液与石灰乳通过苛化反应而生成烧碱：

$$Ca(OH)_2 + Na_2CO_3 = 2NaOH + CO_2 + H_2O \tag{11-172}$$

电解法是采用电解饱和食盐水溶液生成烧碱，并副产氯气和氢气。因此，电解法生产烧碱又称为氯碱工业。电解法工业上先后采用过三种方法。1890 年德国在哥里斯海姆建成世界上第一个工业规模的隔膜电解槽装置投入生产；1892 年美国卡斯勒发明水银法电解槽；1975 年世界上第一套离子交换膜法电解装置在日本旭化成公司投入运转。

电解饱和食盐水溶液生产烧碱的三种工艺都包括食盐水精制、食盐水电解和产品精制三个部分。它们的原料和产品相同，主要差别在于食盐水电解过程。

(1)饱和食盐水的精制

盐水的质量对隔膜和离子交换膜的寿命、槽电压和电流效率都有重要的影响。盐水中的 Ca^{2+}、Mg^{2+} 和其他重金属离子以及阴极室反渗透过来的 OH^- 结合成难溶的氢氧化物会沉积在膜内，使膜电阻增加，槽电压上升；还会使膜的性能发生不可逆恶化而缩短膜的使用寿命。SO_4^{2-} 和其他离子(如 Ba^{2+} 等)生成难溶的硫酸盐沉积在膜内，也使槽电压上升，电流效率下降。

食盐水的精制在纯碱生产章节已经详细介绍了。一次精制食盐水可用于隔膜法和水银法电解。由于离子膜娇嫩，所以用于离子膜法电解的盐水，纯度远远高于隔膜法和水银法，须在原来一次精制的基础上，再进行第二次精制。

先将一次盐水以碳素管式过滤器过滤，使其中悬浮物含量小于 1×10^{-6}(质量分数)；而后以螯合树脂法再进行精制，使钙、镁含量小于 2×10^{-8}(质量分数)。只要将盐水中的钙、镁离子总量保持在 2×10^{-8}(质量分数)以下，硫酸根离子浓度在 4g/L 以下，就能保证膜的使用寿命和较高的电流效率。

(2)电解过程

1)隔膜法和离子交换膜电解原理

隔膜法是以石墨为阳极(或金属阳极)，铁为阴极，采用石棉隔膜的一种电解方法。隔膜是由一种多孔渗透性材料做成。能将阳极产物与电极产物隔开，可使电解液通过，并以一定的速度流向阴极而可阻止 OH^- 向阳极扩散。目前，工业上较多使用立式隔膜电解槽，如图 11－34 所示。

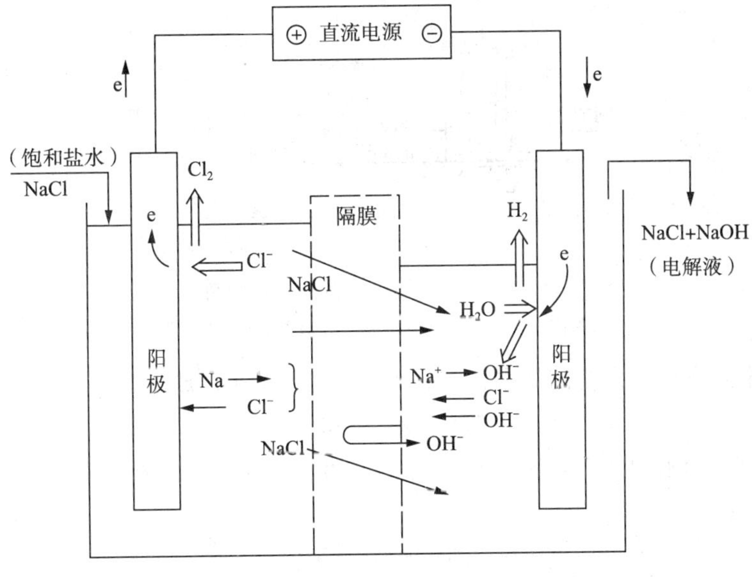

图 11－34 隔膜法电解原理示意图

隔膜法电解和离子交换膜电解在阳极上和阴极上所发生的反应与一般隔膜法电解相同。明显区别是隔膜法电解槽采用的隔膜是石棉隔膜，而离子交换膜电解槽采用的隔膜是离子交换膜。在离子交换膜法电解槽中，由一种具有选择透过性能的阳离子交换膜将阳极室和阴极室隔开，该膜只允许阳离子(Na^+)通过进入阴极室，而阴离子(Cl^-)则不能通过。离子膜法烧碱较传统的隔膜法、水银法具有能耗低、产品质量高、占地面积小、生产能力大及能适应电流昼夜变化波动等优点。并彻底根治了石棉、水银对环境的污染。

在电解过程中，饱和精制盐水进入阳极室，去离子水加入阴极室调节烧碱溶液浓度。在电解槽阳极室的食盐水溶液中，主要含有 Na^+、Cl^-、H^+ 和 OH^-。当通入直流电时，Na^+ 和 H^+ 向着阴极移动，Cl^- 和 OH^- 向着阳极移动。在阳极表面上，由于 Cl^- 的放电电位较 OH^- 的放电电位低，所以 Cl^- 先放电生成 Cl_2：

$$2Cl^- - 2e \longrightarrow Cl_2 \uparrow \tag{11-173}$$

在电解槽阴极室的在阴极表面上，由于 H^+ 的放电电位较 Na^+ 的放电电位低，所以 H^+ 先放电生成 H_2：

$$H_2O + e \longrightarrow 1/2\ H_2 \uparrow + OH^- \tag{11-174}$$

阳极液中的 Na^+ 不断地通过隔膜的孔隙流入阴极室，与 OH^- 结合成 NaOH 溶液。

电解食盐水总反应式为

$$2NaCl + 2\ H_2O \longrightarrow H_2 \uparrow + Cl_2 \uparrow + 2NaOH \tag{11-175}$$

2）水银法电解原理

以石墨为阳极，以水银为阴极的电解方法称为水银法电解。水银法电解也是电解饱和食盐水生产烧碱的重要方法之一。

如图 11－35 所示，水银法电解较隔膜法电解而言，阴极材料采用水银，阴、阳极之间没有隔膜，电解槽由两个相联的设备上一电解室和解汞室组合而成。电解室中产生氯气，解汞室中产生氢气和氢氧化钠，这就从根本上解决了 NaOH 与 Cl_2 以及 H_2 与 Cl_2 的混合问题。另外，在解汞过程中，通过控制加入一定水量，使烧碱浓度提高。因此，水银法电解可以生产高纯度、高浓度的烧碱。

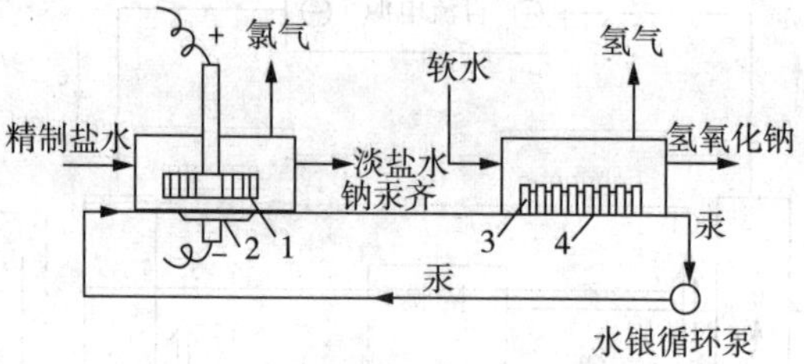

图 11－35　水银电解槽流程示意图

1—石墨阳极；2—水银阴极；3—石墨解汞板；4—钠汞齐

在水银法电解室中通入精制盐水，在石墨阳极上发生 Cl^- 放电反应：

$$2Cl^- - 2e \longrightarrow Cl_2 \uparrow \tag{11-176}$$

在汞阴极上，盐水中的 Na^+ 在汞阴极上放电生成金属 Na，金属 Na 立即与 Hg 形成了 $NaHg_n$（钠汞齐）：

$$Na^+ + e \longrightarrow Na \tag{11-177}$$

$$Na + nHg \longrightarrow NaHg_n \tag{11-183}$$

当 $NaHg_n$ 中的 Na 在 0.2%～0.3% 左右时，$NaHg_n$ 具有较好的流动性，沿着电解室的坡度流向解汞室。

当 $NaHg_2$ 进入解汞室后，在石墨解汞板的作用下，加入水使 $NaHg_n$ 分解成 H_2 和 NaOH：

$$NaHg_n + H_2O \longrightarrow NaOH + 1/2\ H_2 + nHg \tag{11-178}$$

鉴于水银法存在的汞污染问题，这种电解方法不再发展。但该法在电解法制烧碱过程中起了非常重要的作用，因此，仍有必要对水银法电解进行了解。

(3)电解液的精制

1)电解液的蒸发

由隔膜电解槽阴极室流出的电解液含有 NaOH 10% ~12%、NaCl 16% ~18%、SO_4^{2-} 0.1% ~0.6%。为得到符合商品规格的烧碱(NaOH≥30%，NaCl≤4.7%)，还必须将电解液进行蒸发。

电解液蒸发的主要目的是将含 NaOH 10% ~12% 的电解液浓缩，使之成为符合一定规格的商品液碱。通过电解液浓缩，还可以将其中氯化钠结晶分离出来，以提高碱液的纯度。并将分离得到的盐制成盐水，返回盐水精制工序使用。

电解液蒸发过程中，NaCl 在 NaOH 水溶液中的溶解度随 NaOH 含量的增加而明显减小，随温度的升高而稍有增大。碱溶液始终是一种被 NaCl 所饱和的水溶液。因而随着烧碱浓度的提高，NaCl 便不断地从电解液中结晶出来，从而提高了碱液的纯度。

为了减少加热蒸汽的耗量，提高热能利用率，电解液蒸发常在多效蒸发装置中进行。随着效数的增加，单位质量的蒸汽所蒸发的水分也越多，蒸汽利用的经济程度自然越佳；但蒸发效数过多，其经济效益的增加并不明显，故过多蒸发效数并不必要。实际生产中，通常采用二效或三效蒸发工艺。

2)固碱的制造

从蒸发工序来的液碱浓度一般不大于 50%，其用途有限，且不便作长途运输和贮存。故常将一部分液碱制成固体烧碱。生产方法有间歇锅式蒸煮法和连续膜式蒸发法。

间歇锅式蒸煮法制固碱采用铸铁锅以直接明火加热，生产过程分为蒸发、熔融和澄清，整个生产过程都在熬碱锅中进行。液碱被加热至沸腾时水分不断蒸发，随着碱液纯度的提高，沸点也相应升高。熔融碱的温度降至 330℃时，即用碱泵注入铁桶包装，待自然冷却后即为成品固碱。

连续膜式蒸发法制固碱根据薄膜蒸发的原理，采用升、降膜蒸发器，分别用蒸汽和熔融盐(由 7% $NaNO_3$、40% $NaNO_2$ 及 53% KNO_3 组成)加热，将 45% 的液碱浓缩为熔融碱，经冷却制得固碱。

参考文献

[1] 徐绍平，殷德宏，仲剑初等．化工工艺学．大连：大连理工大学出版社，2004

[2] 曾之平，王扶明．化工工艺学．北京：化学工业出版社，2008

[3] 薛荣书，谭世语等．化工工艺学．重庆：重庆大学出版社，2007

[4] 韩冬冰等．化工工艺学．北京：中国石化出版社，2003

[5] 李淑芬．现代化工导论．北京：化学工业出版社，2004

[6] 王桂茹．催化剂与催化作用．大连：大连理工大学出版社，2006

[7] 黄仲涛，耿建铭．工业催化．北京：化学工业出版社，2006